개정판

영양교육 및 실습

김현오 · 이영순 · 이현옥 · 이현주 · 문숙희 · 김애정 공 저

光文閣
www.kwangmoonkag.co.kr

머리말

인류의 식생활이 날로 발전함에 따라서 영양학 연구가 급진적으로 발달되어 국민의 체위 향상과 체력 증진, 성인병 예방 등에 중점을 두고 있다. 각 가정이나 산업체, 병원, 학교, 보건소, 사회복지 시설 등에서 영양사의 업무가 한층 더 중요한 사명을 갖게 되고, 최근 한국영양교육평가원 설립과 국민영양관리법이 제정되면서 영양교육의 중요성이 강조되고 있다.

이에 따라 영양사는 식품영양학에 대한 학문을 연구하고 상대방에게 전달하여 실생활에 실천할 수 있도록 고도의 전문지식과 지도 기술 등을 지니고 있어야 한다.

본서에는 영양교육 이론과 실무를 위한 영양교육 기법과 매체 이용법이 수록되었고 최근 관심과 필요성이 커지고 있는 영양상담과 매스미디어에 의한 영양교육의 내용, 국민건강 영양조사 그리고 실제 영양교육을 위한 지도방법과 자료를 부록으로 삽입하여 현장에서 영양지도용으로 사용할 수 있도록 하였다.

또한 영양사국가고시 시험 교과목의 학습목표에 따라 집필하여 시험을 준비하는 학생들에게 좋은 길잡이가 될 것이다.

향후 영양교육의 발달에 따라 지속적으로 수정, 보완하고자 하며 많은 도움을 주신 광문각 박정태 사장님과 편집부 직원들에게 깊은 감사를 드린다.

2011년 8월

저자 일동

Contents

부 록 299

제 1 장 영양교육의 개념

1-1 영양교육의 의의

영양교육이란 건강증진을 위하여 식행동을 변화시키고자 하는 계획된 교육과정이다. 개인이나 집단이 올바른 식생활을 영위하여 신체적·정신적으로 건강을 유지하고 타고난 건강 권리를 찾을 수 있도록 도와주는 과정이다. 피교육자의 신념, 태도, 환경의 영향, 지식의 변화를 통하여 식품에 대한 이해도를 높이고, 과학적이며 건전한 식생활을 영위하도록 하는 과정이다. 따라서 영양문제에 대해 올바른 지식을 주어 바르게 이해시킨 다음 영양에 대하여 바람직한 태도를 가지게 하고 실천하게 하는 것으로 영양교육은 KAP(Knowledge, Attitude, Practice)와 관련된 행위의 모든 것이다. 즉, 영양지식을 제공하고 올바른 식생활에 대한 긍정적인 태도를 갖도록 하며, 이를 실천하는 데 장애요소가 없도록 관련되는 모든 요인을 중재하는 종합적 활동이라고 할 수 있다. 그러므로 영양교육은 건강교육의 특별한 한 부분으로 이해되어야 하며, 건강교육의 개념으로 고려되어야 한다.

영양상담은 영양교육의 일환으로 영양위험을 가진 개인이나 집단이 영양적 필요를 충족시키고, 식행동 변화를 위한 장애물을 제거하여 건강한 식생활을 유지할 수 있도록 상담자가 돕는 과정으로, 내담자와의 양방향 의사소통 과정이 중요시된다.

개인이나 지역사회의 영양상태 진단 결과에 따라 필요한 영양서비스 계획을 수립하고, 서비스를 제공하여 식행동을 변화시킨 후 이를 유지해 나가도록 돕는 일이 영양교육과 상담이라고 할 수 있다. 이는 병원이나 학교, 노인대학, 복지시설 등 어느 곳에서든지 다양한 형태로 실시될 수 있다. 저소득층의 구매력을 향상시키기거나 보충식품을 지급하는 등의 직업적이고 적극적인 형태의 영양서비스도 있을 수 있으나, 식생활이 풍요로워진 현대에 와서는 식사계획을 포함한 좁은 의미의, 직접적인 영양교육과 상담의 비중도 커지고 있다. 영양교육의 개념적인 위치는 표 1-1과 같다.

표 1-1 영양교육의 개념적인 위치

영양 ↗ 연구 대상으로써 → 영양학 ↘ 실천의 행위로써 → 먹는다) 의의로서 ↗ 절대적 의의 → 의의의 대상으로써 → 동물 ↘ 상대적 의의 → 인간-실천에 있어서 → 식생활 →

→ 어떻게 하면 보다 좋은 영양 섭취의 상태를 높이는가?(자연과학적 입장)
↘ 보다 즐거운 식사를 하기 위하여는 어떠한 조건이 존재하고, 이것을 어떻게 고려하는가?(사회적 입장)
] 영양교육 →

→ 최종목표로서 → 보다 좋은 건강

영양교육은 영양사가 활동하는 데 반드시 알고 실천해야 되는 필수학문으로 영양사의 수행 업무는 다음과 같다.

① 보건 행정기관에서의 영양 업무에 관한 행정업무를 담당한다.
② 영양지도 업무 대행을 위한 영양관계 조사업무를 주관한다.
③ 병원, 산업장, 학교, 교육원, 양로원 등 집단 급식소에서의 급식관리업무를 관리한다.
④ 상기 집단 급식소 및 일반 가정에서의 영양관리 및 영양교육 업무를 대행한다.
⑤ 식품제조업소 및 식품판매업소에서의 연구와 선전지도에 관한 업무를 실시해야 한다.
⑥ 영양사 및 조리사 양성시설에서 교직의 업무를 담당한다.
⑦ 연구기관 및 후생시설(탁아소, 고아원, 양로원 등)에 대한 급식 및 식사지도 업무를 담당한다.

1-2 영양교육의 목적과 목표

1 목적

영양교육의 목적은 국민에게 영양에 관한 지식과 기술을 보급하고 영양 수준을 향상시키기 위해 교육하는 것이 그 주요 목적이며 구체적으로 필요한 영양 지식을 필요한 양만큼 대상자 또는 피교육자에게 습득시키고, 긍정적인 사고로 이를 실천하게 하는 것이다. 영양교육을 통하여 영양개선을 이룩함으로써 국민의 질병을 예방하고 건강을 증진시키며 개개인의 체위와 체력향상을 도모하여 건강하게 활동하게 함으로써 국민 전체의 복지와 번영에 기여하는 것이 영양교육의 최종 목적이라 할 수 있다.

영양은 신체에 대한 영양과 식품에 대한 영양, 식사에 대한 영양의 세 가지 계통을 포함해서 생각할 수 있다. 그러므로 이 세 가지의 영양을 개선하도록 지도하는 것이고 영양지도의 목적이 된다.

① 국민의 신체영양, 즉 영양상태의 개선 및 이를 통한 건강상태의 증진을 꾀하고 나아가 국가발전의 원동력이 되는 국민체위 향상을 목적으로 한다.

② 국민의 식사영양, 즉 식생활 형태 및 조리방법 개선을 통한 바람직한 영양섭취방법의 적정화를 이루며 또한 이의 실천을 위한 부엌 개선, 환경위생 개량, 기타 식습관 및 경제적 제조건의 극복 등이 이룩될 수 있도록 지도해야 한다.

③ 이와 같은 국민의 식사영양의 상태가 합리화되기 위해서는 식사 조건에 직접 관계되는 국민의 식품영양에 대한 개선 지도가 무엇보다 먼저 선행되어야 한다. 즉 자유로운 영양식품 재료의 염가 구입이 가능하도록 식품재료의 생산과 유통상의 원활한 상호관계가 이루어지도록 해야 될 것이고, 또한 소매에서의 공급상태도 개선되도록 되어야 할 것이다. 이러한 목적을 달성하기 위하여 식량, 기타 식품의 생산, 수입, 분배, 가공, 저장, 유통 및 판매의 합리화로 식량과 기타 식품의 공급의 적절한 대책이 수립되어야 한다. 국민의 식사 및 식품영양에 결함이 생길 때는 국민의 심신은 빈약해질 뿐만 아니라, 기타 여러 가지 전염성 질병에도 걸리기 쉽게 되며, 그렇게 되면 국민의 일반생활의 활동력은 저하되고 결국은 신체적 소모를 초래하게 된다. 이는 나아가 국민의 수명을 단축시키는 요인이 되는 것이며 국력의 감퇴를 뜻하게 된다.

지도라 함은 결코 무리하게 강압적으로 잡아끌어 당기는 것 같은 방법이어서는 안 된다. 영양개선을 위한 영양지도의 목표는 "영양상 올바른 지식이 각 사람, 각 가정에서 생활화되어 마음 편히 실행될 수 있도록 교육시키는 것"이 되어야 한다. 마음 편히 실행할 수 있다는 것은 각각의 경제나 습관 등 생활양식에 맞추어 자발적으로 자연히 바로 잡아지도록 되어야 한다. 영양지도는 WHO의 건강의 정의에서도 지적한 바와 같이 건강이란 단순히 질병이나 허약하지 않은 것뿐만 아니라 육체적, 정신적, 사회적으로 완전히 양호한 상태이어야 한다. 다만 영양이라 하는 면만을 생각해서 노력하는 것은 올바른 영양지도라고 할 수 없다. 즉 생활지도가 되어야 한다. 구체적으로 살펴보면 다음과 같다.

① 올바른 지식이 이해되어 납득이 되게 한다.
② 이것이 생활화되도록 이끌어 준다.
③ 영양면 뿐만 아니라 생활 전체를 끌어올린다.
④ 일률적으로 적용되는 것이 아니고 각각의 실태 속에서 적절히 구현되어야 한다.

따라서 영양교육의 목적은 피교육자들의 식생활 전반과 밀접한 관련이 있는 영양에 관한 올바른 이론과 기술을 활용하여, 경제적·도덕적·영양학적으로 합리적인 식생활을 영위하도록 선도하고 그들의 영양개선을 달성하는 것이다.

2 목표

영양교육의 목표는 영양교육의 목적에 비해 구체적이고 하위 단계다. 영양교육의 지식-태도-실천 즉, KAP와 관련된 행위로 영양교육의 개념 중에서도 행동의 변용이 가장 중심이 되는 목표다. 영양교육의 목표는 영양개선이며 최종 목표는 보다 좋은 건강으로 사람들이 영양을 개선한다는 한가지 목표를 가지고 교육자와 피교육자가 함께 존재하는 것이다. 그러므로 교육목적을 전달하는 방법을 살펴보면 다음과 같다.

① 식품과 영양에 관한 지식, 기술의 이해를 목표로 한다.
② 의욕을 일으켜 관심을 갖게 하여 이해시킨다.
③ 감정과 의지를 일으켜 생각을 바꾸게 한다.
④ 식사하는 태도와 행동을 변화시킨다.
⑤ 실천을 촉진시키는 계기를 만들어 국민의 건강을 증진시킨다.

1-3 영양교육의 내용

영양이라고 하는 것은 결국 사회생활을 하는 인간의 음식물, 즉 식사의 문제이고 이것이 실행되지 않으면 아무런 의미가 없는 것이다.

위의 문제점들을 고려할 때 영양에 관한 지식은

① 영양소의 결핍이 있으면 아무리 기호에 맞는 좋은 식사라도 문제가 있다는 뜻에서 영양소를 포함시킬 필요가 있다. 그러나 이보다 더 중요한 것은

② 식품, 식사, 식습관이나 식생활을 포함시키는 것이다. 그러므로 구체적으로

③ 풍부한 또는 균형잡힌 식생활이란 어떻게 할 것이며 그렇게 하기 위해서는 어떻게 하면 좋은가에 대하여 영양교육을 실시하여야 한다.

즉, 적응능력을 포함해서 행동면에서 영양교육의 목적이 달성되도록 하여야 한다. 영양교육은 교육대상(사람이나 지역)에 대한 영양관계 조사를 근거로 하여 그 대상에 적합하고 필요한 내용을 지도해야 한다.

영양교육 내용도 다른 교육과 마찬가지로 KAP와 관련된 행위로 지식, 태도 및 실천의 세 가지 요소가 포함되는데 구체적으로 어떠한 지식이 필요하며 어떠한 행동으로 영양개선을 실천할 것인가 등을 포함시켜 영양교육을 통하여 올바른 식생활의 필요성과 기초지식을 습득시켜 바른 식생활의 실천을 하게 하려면 다음과 같은 내용이 중요하다.

① 피교육자의 경험, 이미 알고 있는 지식, 가치관, 관심요소와 생활방식 등을 고려해야 한다.
   ㉠ 기초지식인 영양지식 외에 다섯 가지 기초식품군
   ㉡ 성장과 단백질 식품, 이유식 지도
   ㉢ 영양적으로 균형잡힌 식단 작성법, 영양섭취 실태 및 식품소비 유형의 변화, 식량생산과 배분문제
   ㉣ 경제적이고 위생적인 조리법(식품의 낭비와 손실방지)
   ㉤ 영양부족 또는 영양과잉 문제(식생활과 건강과의 관계)

② 피교육자가 요구하는 교육내용을 제공하도록 하되 너무 내용이 많으면 도리어 방해가 된다.

③ 내용의 전달은 논리적이고 단계적이어야 하며 간단한 것에서 복잡한 것으로, 일반적인 것에서 전문적인 것으로 진행되어야 한다.

또한 영양교육은 가정의 식생활에 응용하도록 지도해야 하므로 영양교육의 내용은 합리적으로 식품을 선택할 수 있도록 다음과 같은 것을 포함해야 한다.

① 우리가 먹는 음식물이 영양이며, 우리 몸이 그것을 어떻게 이용하고 있는가?
② 음식을 우리 몸의 성장과 건강에 필요한 여러 가지 영양소들로 구성되어 있다.
③ 사람은 일생에 거쳐 같은 종류의 영양소를 필요로 하나 필요한 양은 나이에 따라 다르다.
④ 음식은 조리하는 방법에 따라 영양소 함량, 외관, 음식 맛이 달라진다.

1-4 영양교육의 중요성

현대 식생활은 경제의 고도성장과 더불어 영양사상의 향상이 이루어지고 있는 반면에 영양과학 입장에서 식생활의 상태를 보면 여러 가지 결함이나 불합리한 점이 지적되고 있다.

즉, 섭취된 음식물은 다음 사항에 대해 주의해야하고 또 이를 잘 수행할 수 있게 지도하는 것에 영양교육의 중요성을 둘 수 있다.

① 소화, 흡수, 이용을 저지하지는 않는가?
② 건강유지를 억제하지 않는가?
③ 발육, 발달, 체력을 저해하지 않는가?
④ 능률의 향상을 제지하지 않는가?
⑤ 비경제적인 식생활을 하지는 않는가?

식량사정에 따른 변화와는 관계없이 영양교육은 위에 필요로 하고 있는 올바른 방법이 수행되어야 한다. 영양교육의 중요성은 그림 1-1의 두 가지 순환도를 비교하면 더욱 명확해진다.

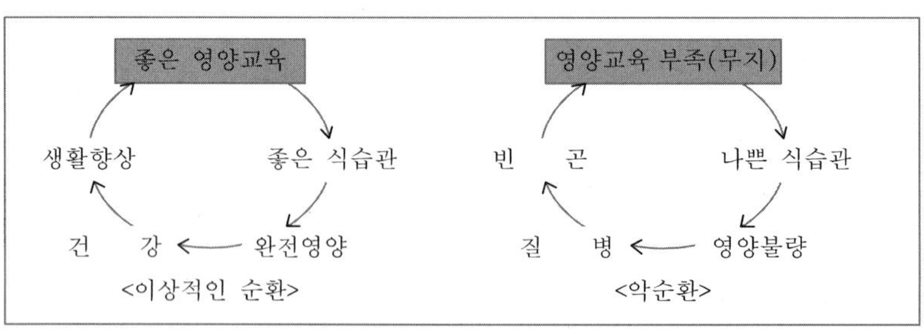

그림 1-1 영양교육의 중요성

1-5 영양교육의 효과

일상생활 중에서 식생활을 영양적으로 실시한 경우, 효과는 다음과 같다.

① 육체적으로는 교육의 선도, 건강 강화, 체질 개선, 치료 촉진, 질병 감소, 사망률 저하 등이다.

② 정신적으로는 도덕심을 높인다.

③ 사회정책으로서는 노동임금을 안정시키며 생계비의 합리화, 능률의 증진 등이다.

④ 식량정책으로서는 식량 생산, 또는 소비의 강화 등이다.

1-6 영양교육 실시에 필요한 조건

영양개선을 하기 위해서는 식생활 문제가 가장 중요한 것이므로 바른 영양지식이 생활화되도록 해야 한다. 영양교육 실시 과정은 계획 – 실행 – 평가(Plan–Do–See)로 단순화 된다.

① **계획**(plan): 영양지도 계획에 있어 맨 먼저 착수해야 할 것은 피교육자의 실태파악이다. 영양상태를 파악함으로써 피교육자에게는 영양개선의 의욕이 솟도록 하고, 지도자에게는 지도의 목표와 지도방법을 설정할 기초 자료를 제공해 주게 된다. 그리고 교육의 목표와 수단·매체를 검토하고, 구체적인 교육 실행과 평가를 모두 계획하게 되며, 구체적인 지원까지도 계획에 포함된다.

② **실행**(do): 실천방법을 말하는 것으로, 피교육자의 지식이 높아지는 것만이 영양교육의 효과가 있는 것은 결코 아니며, 피교육자가 실천함으로써 비로소 영양교육의 의의가 있다고 할 수 있다. 따라서 지도·교육에 있어서는 획일적이고 절대적인 최선의 방법은 결정할 수가 없는 것이다. 왜냐하면, 대상자의 생활조건, 사상, 수용능력 등의 조건에 따라서 방법이 달라져야 하므로, 지도자층에서도 단일한 방법으로 일관할 수는 없다. 대상자나 피교육자가 달라지거나 영양 교육의 실시 시기가 달라지면 여기에 적절한 방법을 강구함으로써 효과를 더 크게 올릴 수 있다. 즉, 여기에 지도의 기술이 필요한 것이다.

③ **평가(see)**: 피교육자의 변화하는 실태라든지 교육 방법의 적부를 파악하기 위해서 한 가지 방법을 사용하고 난 후에는 반드시 효과 평가를 하여야 한다. 그 결과가 과학적으로 통계 처리되는 것이 바람직하며, 이러한 분석자료는 새로운 문제점을 제시해 주고, 또 다음 단계의 교육·지도의 기초자료가 된다. 또, 생활에 뿌리박힌 영양문제는 단기간에 피교육자의 변화를 바랄 수는 없다. 여러 단계를 거쳐 고도의 관점에서 개선 계획을 가지고 반복 지도를 함으로써 효과를 낼 수 있으며, 되도록 강제성을 피하여야 한다. 대상자가 합리적인 식생활을 영위하도록 습관화시킴으로써 비로소 영양교육의 효과가 나타나는 것이다.

1-7 영양교육 활동의 어려운 점

1 교육내용과 방법선정의 문제

피교육자 구성이 단일·획일적이 아니라는 점, 즉 나이, 성별, 노동 정도가 다르므로, 식생활은 각자의 기호에 따라 크게 영향을 받는다. 특히 우리나라 사람의 식습관이나 식생활의 균형은 기호와 만족감에 치우치기 쉽다. 식생활에 대한 사고방식은 매우 보수적이고, 개인의 경제상태 역시 영양교육에 미치는 영향이 매우 크다. 그러므로 영양교육의 방법과 내용이 제각기 다른 대상자들에게 맞도록 다양하게 조정되어야 하는 어려움이 생긴다.

2 교육효과의 문제

영양과 관련된 교육효과는 장기적이며 완속적·비가시적·복합적인 특징이 있다. 영양교육을 실시한 다음에 나타나는 효과는 속도가 더디고 매우 장기적으로 나타나므로 바로 드러나지 않는다. 예를 들면 식품과 영양의 결함으로 야기되는 해독과 위험이 곧 판정, 인식되지 않는 것과 같다. 즉 먹은 즉시로 식품과 영양의 결함으로 야기되는 해독과 위험은 곧 판정·인식되는 것이 아니며, 즉 먹은 즉시로 병에 걸리는 식중독 현상이외는 장기간에 걸쳐서 체위, 체력, 건강에 영향을 미치게 되며, 대부분은 직효성이 없다. 또한 실천의욕, 도덕, 마음의 척도를 변하지 않게 하는 것이 어렵다. 우리의 식생활 개선을 저해하는 문제는 다음 요소들에 의해 일어난다.

① 타성, 의욕의 결핍
② 무지, 지식의 편중·부정확·부족
③ 인습
④ 가족관계
⑤ 현금 수입 상태
⑥ 식량 유통의 부적합
⑦ 지역적인 특수성
⑧ 가정간의 생활격차

그러므로 식생활 개선을 위해 노력해야 할 문제들은 다음과 같다.

① 영양섭취 상태에 대한 각 가정간의 격차를 줄일 것
② 매끼 식사의 영양소 균형을 잘 유지할 것
③ 식량의 생산·공급에 적절한 방법을 강구하여 식사비의 안정을 도모할 것
④ 급식시설, 외식시설 운영을 적절히 할 것
⑤ 식품 공해를 방지 할 것
⑥ 성인병 등에 대한 치료, 예방을 위한 식사 지도를 할 것

1-8 영양개선의 방향과 영양교육의 필요성

1 영양개선의 방향

1) 영유아 및 아동의 영양지도

아동 영양의 중요성과 식습관 형성은 부모를 닮는다. 그러므로 가장 좋은 방법은 부모가 직접 식사 준비를 하여 먹는 일에 올바르고, 정확한 태도를 가질 때 아동의 바른 식습관이 자연스럽게 형성되며, 식구가 오손도손 모이는 식탁을 중심으로 좋은 영양이 공급될 때 아동의 건전한 정신 발달이 이루어진다. 어린이가 좋은 분위기에서 균형된 식사를 하면 아동이 공부하는 데 도움이 된다.

학령기 아동들의 영양상태는 국민체위 향상과 식습관 형성을 위하여 극히 중요한 시기이므로 현대과학에 근거를 두어 균형된 식사로 양육하는 것은 부모와 국가, 사회의 책임으로 노력과 성의가 필요하다.

2) 성인병에 대한 영양지도

우리의 식생활은 양적, 질적 향상과 더불어 간편화, 다양화, 고급화, 국제화 추세에 있는데 그 변형 내용의 주류를 보면 다음과 같다.

① 곡식 소비량의 감소
② 육류, 우유, 달걀 등의 소비 증가
③ 술, 과자류, 음료 등 기호식품의 소비 증가와 다양화
④ 식생활의 세계화
⑤ 가공식품의 증가와 외식 빈도의 증가

우리나라 국민의 체력은 식생활 개선에 따라 차차 향상될 수 있으며, 밥에 대한 지나친 편중도 점차 개선하여 우유와 유제품의 섭취, 신선한 과실, 녹황색 채소류, 육류, 달걀 및 양질의 어패류 등의 소비량을 늘림으로써, 영양의 균형을 생활 수준에 맞춰야 한다.

3) 병원에서의 영양지도

병원의 임상영양사는 환자의 영양상태 평가, 영양관리계획, 영양공급, 영양지원과 식사요법을 위한 영양상담 및 영양교육을 담당한다.

4) 저소득층에 대한 영양지도

① 저소득층을 대상으로 한 급식센터 설치
② 영양 개선 지구의 설정과 이에 대한 중점적 지도

5) 농어촌에 대한 영양지도

① 농번기에 있어서의 협동 공동 취사제의 실시 지도
② 농업협동조합을 통한 영양식품의 계획적 판매에 대한 지도
③ 식품 가공 시설 설치 및 가공 기술의 지도

6) 식료품 판매점 및 시장에 대한 지도

① 경영자에 대한 영양교육
② 식료품 취급의 영양적 교육 및 판매 지도
③ 영양 상담소의 설치 지도

7) 일반 식당에 대한 지도

① 점심의 식단 지도

② 경영자의 영양교육

8) 특수 영양식품의 보급 및 지도

① 주요 식품에 대한 급원 강화의 지도
② 식품표시제도의 적정화, 구매를 위한 식품영양의 정보전달에 대한 지도

2 영양교육의 필요성과 방향

1) 영양교육의 필요성

보건·의료 단계 중 건강증진과 질병예방 단계 및 만성 퇴행성 질환과 생활습관병이 대상인 2차 예방 차원에서 영양교육은 매우 중요하다. 이러한 질환은 평생건강관리의 주요 대상이며 삶의 질 향상을 위한 건강증진과도 밀접한 것이다. 따라서 영양교육은 건강증진의 단계로 다음과 같은 측면으로 나누어 그 필요성을 살펴 볼 수 있다.

(1) 인구 사회적 변화

① 인구 동태적인 변화 : 경제발전과 더불어 핵가족화, 자녀와 가족 수의 감소, 독거가구의 증가 등 가족 구성원이 변화로 대가족제도에서 볼 수 있었던 식생활의 가족공동체 성격이 점차 약화되고 식생활의 개인화가 촉진되고 있으므로 각자 스스로 식생활을 영위하는 방법과 기술을 익혀야 할 필요성이 증가하고 있다.
② 가정 역할의 사회화 : 가사가 주부 전담에서 가족구성원 분담으로 변화하고 가사자체도 점차 외부화 내지 사회화하는 추세로 가정 밖에서의 조리된 음식을 이용하게 되었다. 자녀들도 보육시설에 갈 나이만 되면 많은 시간을 가정 밖에서 보내기 시작한다.

(2) 식품산업의 발달

식품과 영양과 관련된 산업의 발달로 수많은 가공식품, 편의식품, 건강보조식품 다양한 형태의 식품점, 국제화된 외식산업 등이 나날이 새롭게 변화하고 있다. 이에 식품표시제(food labeling), 영양표시제(nutrition labeling), 어린이 건강지킴이 신호등 표시제가 실시되고 있으며 소비자들도 식품 선택을 현명하게 할 수 있는 능력을 길러야 한다.

(3) 현대사회의 특성

현대사회에서는 인간적 교류가 점차 쇠퇴하고 폐쇄적인 개인화가 두드러지고 있다. 그러기 때문에 자신의 영양이나 식생활에 문제가 있어도 이를 인식하지 못 할 수도 있다. 이런 현대인의 특성을 극복하려면 영양교육을 통해 스스로 태도를 변화시켜야 한다. 그러기 위해서는 컴퓨터나 라디오 방송·신문 같은 여러 매체의 역할이 중요하다.

(4) 질병구조의 변화

사회가 현대화 되면서 식생활과 관련된 질병, 즉 성인병 증가와 함께 사람들은 건강에 지대한 관심을 갖게 되었다. 그러므로 영양교육을 통하여 식생활 문화를 개선함으로써 이런 질병으로부터 건강을 증진, 예방하고 조기발견과 치료를 할 수 있으며, 또 악화를 방지하고 재활하는 것을 도울 수 있다.

(5) 국가 정책적 차원

① 의료비의 절감을 들 수 있다.

건강검진(health screening)으로 질병의 조기발견, 조기치료의 가능성을 열고, 질병 위험인자와 스트레스, 운동상태, 영양상태 등의 전문적인 노력을 기울이고 있다. 이러한 건강검진은 개인의 경제적 손실을 최소화 할 뿐만 아니라 장기적으로는 보험 급여비의 지출을 줄일 수 있다.

② 국가 경제적 측면에서 영양교육이 필요하다.

최근 우리나라의 식량자급율은 감소하고 식품수입은 증가하는 추세에 대한 대처방안이 이루어져야 한다.

③ 음식물 쓰레기의 문제를 해결하기 위한 영양교육이 절실하다.

우리나라 음식물 쓰레기 주요 발생원인은 음식점과 가정으로(각각 전체 음식물 쓰레기 발생량의 42%, 41%) 성상별로는 채소류(53.1%)와 어육류(18.6%)가 주종을 이루고 있다. 대부분 매립 처리되고 2.1%만이 가축먹이와 퇴비 등으로 재활용되고 있는 실정이다.

2) 앞으로의 영양교육 방향

(1) 영양교육의 접근 방법

과거에는 영양교육의 실행에 있어서 지식이나 태도가 실천하는 행동으로 연결되지 않는 문제점이 지적되어 왔다.

결국 "왜"라는 과학적 지식보다는 "어떻게"라는 실제적으로 행동을 수행하는 구체적 방법이 필요하다. 이러한 접근 방법이 지식을 강조하는 방법에 비해 변화에 효과적이라고 인식되고 있다.

우리나라에서도 보다 간단한 식사평가나 영양평가(nutrition screening) 방법, 실질적인 연령별 식사지침 등에 관한 관심이 높아지고 있어서 이러한 경향을 반영하고 있으며 앞으로 이같은 접근이 가속화 될 것으로 보인다.

(2) 영양교육과 관련법 개정

오늘날의 건강문제는 인구의 고령화, 운동부족, 흡연, 과음 및 불균형된 식생활 등이 주된 건강 위험요인으로 작용하고 있다. 이들은 대부분이 건강에 해로운 생활양식이나 습관에 기인한다고 볼 때, 우리나라 행정당국도 보건문제에 대해 질병의 치료에 의존하기보다는 질병발생 이전의 건강증진과 질병예방을 도모하는 적극적인 정책을 추진하게 되었다. 즉, 보건정책이 의료적 접근에서부터 건강교육 강화로 바뀌고 있으며 따라서 영양교육도 강조되고 있다.

1995년 제정된 국민건강증진법은 국민영양개선에 관한 사항을 구체적으로 규정하고 있으며 이에 따라 국가 수준에서 여러 가지 영양교육 사업이 활발해지기 시작하였다. 이어서 1997년 지역보건법 시행규칙이 공포됨에 따라 전국의 보건소(225개)나 보건지소, 보건의료원(17개) 관련 보건기관에 영양사가 배치되어 주민들을 위한 식생활교육 등 영양사업에 주도적인 역할을 담당할 수 있는 근거가 마련되었다. 앞으로 도시형 보건지소도 신설될 것이므로 영양사 배치는 확대되어 지역주민을 위한 영양개선활동이 확산될 것이다. 2000년에는 고등학교에서 영양교사를 제도화하며 2006년부터 시행됨으로써 학교에서의 영양교육도 강조되고 있다. 2005년 영유아 보육법시행규칙에서도 보육시설종사자 배치기준에 '100인 이상을 보육하는 시설인 경우 영양사 1인을 두는 것을 원칙'으로 명시하여 영유아의 영양지도와 그 부모와의 상담이 증가하게 되었다. 임상영양치료(상담영양사의 영양진단, 치료 및 상담서비스) 분야에서도 미국은 당뇨환자와 신장질환자의 임상영양치료에 보험혜택을 주고 있으며 우리나라도 양양상담을 건강검진에 포함시키고 일부 상담활동은 상담료 적용이 가능해져서, 점차 임상영양 교육과 상담이 활성화될 것으로 기대된다. 2010년에는 국민영양관리법이 9월부터 시행되었다.

(3) 영양교육 사업분야

앞으로 영양교육을 더욱 강조해야 할 분야는 다음과 같다.

① 생애주기별로 특성화된 영양교육의 전개

• 임산부와 수유부, 영유아의 영양대책

• 활동기나 청소년을 위한 학교급식과 영양교육

• 노인의 건강증진에 대한 치료

• 직장에서의 건강증진 프로그램

② 질병과 관련된 영양교육의 강화

식생활과 관련된 성인병에 예방과 치료를 위해 영양교실의 운영이라든지 질병이환율이 높은 연령층을 대상으로한 집중적인 영양교육 계획이 중요하다.

③ 사회적 소외집단을 위한 영양교육의 수행

• 저소득층을 위한 급식센터나 영양개선지구 선정

• 농촌이나 벽지의 영양문제

• 독거노인의 영양문제

• 농번기의 협동 공동 취사의 지도

• 농업협동조합을 통한 식품생산, 가공 및 계획적 판매에 대한 지도

• 사회복지 시설에서의 영양교육

④ 식품과 소비자에 관련된 분야

이 분야의 영양교육을 소비자와 생산자 행정당국의 세 입장에서 모두 강조되어야 한다.

♣ 참고문헌 ♣

1. 김숙희, 유정열, 이기열, 이성우, 한인규. 영양교육. 동명사, 1982
2. 구재옥, 박혜련, 김경원, 윤은영. 영양교육과 상담. 한국방송통신대학교 출판부, 2006
3. 대한지역사회영양학회. 건강진단에서 영양 스크리닝의 필요성. 1998년 대한지역사회영양학회 추계학술대회 초록집, 1998
4. 모수미. 우리나라의 영양교육의 현황과 개선방안. 한국영양학회지 23(3) : 208~221, 1990
5. 박기준. 국민건강증진법, 국민영양 11 : 2~8, 1995
6. 박영숙, 이정원, 서정숙, 이보경, 이혜상. 영양교육과 상담. 교문사, 2006
7. 성진근. 식량문제와 국민경제의 새로운 선택. 1996년 대한지역사회영양학회 춘계학술대회 초록집, pp14~38, 1996
8. 장수경, 이용억, 김현오, 김영순, 오성자. 영양교육. 광문각, 1995
9. 이영미, 이민준. 영양교육. 신광출판사, 2002
10. 전세열, 강지용, 김정균. 영양교육. 지구문화사, 1995
11. 정희곤. 영양교육. 형설출판사, 1996
12. 조수헌. 건강검진에서 나타나는 건강문제. 1997년 대한지역사회영양학회 춘계학술대회 초록집, pp1~11, 1997
13. 한민수. 외식산업의 현황과 전망Ⅱ. 한국식생활문화학회 춘계학술대회 초록집, pp45~48, 1994
14. 한양일, 이강자. 영양교육. 수학사, 1991
15. 浜苦代治・岩尼裕之. "榮養指導論", 第一出版, 1988
16. 栢崎浩・岡崎光子. "榮養指導論", 朝倉, 1987
17. 前川當子. "公衆榮養", 1987
18. 古米地孝之助 外 二人. "要說公衆榮養", 第一出版, 1985
19. 青樹久蕙・淺野眞智子 外 8人. "榮養指導理論:, 化學同人, 1987
20. 宮奴忠夫 編著. "健康敎育・榮養敎育"(榮養大學강좌(9)), 光生館, 1982.
21. 鈴木健. "公衆榮養", 醫齒藥, 1982
22. 浜苦代治. "榮養指導提要", 第一出版, 1986.
23. 藤澤良知. "榮養指導實習, 同文書院, 1994
24. 藤澤良知・田引勢郎・大谷八奉. "榮養指導 handbook", 第一出版, 1988

25. American Dietetic Association and US Public Service, Worksite Nutrition, 2nd ed., ADA, 1993
26. Fujisawa Y, Suzuki T, Nishimura K, and Tokano A. 榮養指導 Manual, 南山堂, 1989
27. Guldan G. School Lunch Program, Proceedings of the 2nd Asian Congress of Dietetics, Seoul, 1998
28. Ivy M Cerender, A Elizabeth Sloan, Beverly H Tanis. "What are the needs of nutrition educators?" J. Nutrition Education, 10 : 82, 1978
29. Snetselaar L. Nutrition Counseling Skills, Aspen Publication, 1989

제2장 영양교육의 역사적 배경

2-1 한국 식문화의 역사적 배경

1 고려시대 이전

1) 삼국시대 이전

구석기시대에는 곡류, 과일, 나무뿌리 등을 채집하는 한편 동물을 사냥하거나 조개 줍기를 하여 양질의 단백질을 섭취하며 살았을 것으로 생각된다. 주로 타제 석기가 사냥이나 채집에 사용되었다. 돌로써 창을 만들어 찌르거나 던져서 물고기를 잡기도 했으며 투창은 그 시기에 매우 우수한 무기였다. 조개는 껍데기 속에 가식부가 있으므로, 처음에는 조개를 내리치거나 돌로 두들겨서 껍데기를 부수었을 것이나, 손을 쓰는 재능이 늘고 슬기로워지므로 돌을 손에 쥐기 편한 모양으로 다듬어서 타제 석기를 만들었을 것이다.

건국신화에 환웅천왕은 사람이 되기를 원하는 곰과 호랑이에게 마늘과 쑥만 먹고 100일간 햇빛을 보지 못하도록 하였는데 이는 특정한 식품이 종교적 의미와 결부된 점 외에 부족 구성원들에게 일종의 영양교육의 역할도 하였던 것으로 추측된다. 여기서 마늘은 크기가 작은 산마늘, 산부추, 달래 따위로 생각되는데 이것들은 피를 잘 통하게 하고 몸의 습기를 제거하며 신진대사를 활발하게 한다고 하였고, 이시진이 쓴 '본초강목'

에도 '마늘은 감기를 예방하고 냉증에 좋으며 변비나 피부 질환에 도움을 주고 설사 같은 증세에 효능이 있으며 소화를 촉진하고 이뇨와 해열작용이 있다'고 되어 있다.

구석기 시대의 식생활은 사냥이나 조개 및 물고기를 잡거나 또는 풀뿌리, 과실 등을 채취하여 먹었으며 불의 사용법도 알았던 것으로 생각된다.

신석기 시대에는 마제석기를 이용하였으며 투창에서 발달한 화살도 발명되었다. 낚시바늘, 작살, 통나무배 등에 의해 고기잡이가 더욱 성해지고 화살의 발명으로 날쌘 짐승이나 큰 짐승도 쉽게 잡을 수 있게 되었다. 이 무렵에는 흙을 가열하면 굳어진다는 것을 알고 토기를 만들게 되었다. 토기를 이용하여 삶는 조리가 시작되었고 더 나아가 찌는 요리도 할 수 있게 되었다.

토기가 만들어지고 곧 이어 원시농업이 시작되었다. 먹다 남은 열매를 버렸던 것이 싹이 트고 자라서 또다시 열매가 많이 생기는 것을 보고 파종하는 것도 알게 되었다. 인류는 오랜기간 동안의 사냥에 의해서 짐승의 습성이나 생태를 알게 되어 성질이 비교적 온순한 동물을 생포하여 기르게 되었고 또한 이들이 새끼를 낳는다는 것도 알게 되어 목축이 발달하게 되었다.

이 시기 특히 금속을 정제하는 기술을 얻게 되어 철제기구가 보급됨으로 더욱 농업이 발달하게 되었다.

부족국가 시대에는 지역에 따라 식생활에 차이가 있었는데, 부여에서는 목축업과 농경이 식생활의 주축이 되었으며 고구려에서는 밭농사를 위주로 하면서 술이나 장 등의 발효식품을 사용하기까지 하였다고 한다. 한편 낙랑에서는 중국을 통하여 본초학(本草學)이 전해져 의학과 식생활에 영향을 주었으며, 복어 독의 위험성에 대하여 경고하는 영양교육도 있었다. 삼한지역에서는 다른 부족에 비하여 농업이 늦게 발달하였으니 기후가 좋고 토지가 기름져서 벼농사가 발달하였다고 한다.

표 2-1 한국 식생활 문화의 시대구분

시대	식생활 문화
선사시대	자연식품 채취
부족국가시대	벼재배, 주·부식 분리
삼국시대	식생활의 계층화
통일신라시대	식생활 체제정착
고려시대	식생활 변천
조선 전기시대	한식의 발달

조선 후기시대	한식의 완성
개화기	식생활의 다양화
일제시대	식생활의 궁핍화
현대	합리적인 식생활의 모색

2) 삼국시대

삼국시대에는 철기 문화가 더욱 발달하여 철제 농기구를 사용하면서 본격적인 농업이 발전하였다. 백제는 서해안의 비옥한 평야를 차지하고, 벼농사가 가장 활발하였으며 쌀의 조리법도 솥을 이용하여 밥을 지었고 떡을 해 먹기도 하였다. 북쪽에 위치한 고구려 기후와 풍토에 따라 벼보다는 주로 조를 재배하였으며, 신라는 보리농사를 주로 하면서 벼농사도 하였다.

삼국시대의 채소로는 마늘, 무, 상추, 가지 등이 있었으며 복숭아, 개암, 석류 등의 과일류도 재배하였다. 열매류로는 잣이 유명하여 신라의 사신들이 중국에 갈 때마다 많은 잣을 팔았다고 한다.

곡물은 떡, 과자, 술, 감주로 만들어 먹고 밤도 생산되었다. 술의 발효법을 이용하여 메주를 띄어 간장과 된장을 만들고 육류를 얇게 져며 말린 포(脯)도 등장했다. 조미료로 장과 소금이 사용되고 꿀과 기름도 사용되었다. 약재로는 인삼과 금가루가 있었다.

육류는 주로 목축과 사냥에 의해 얻어졌고 수렵을 통해서 돼지, 햄, 토끼, 범, 사슴 등을 잡았다. 수산물로는 조기, 새우, 상어, 가자미, 수어, 붕어, 돌고래, 말린 문어, 다시마, 노어 등이 있었다.

신라에는 육전(肉典)이라는 기관이 있어 말이나 소, 돼지, 개, 닭 등의 가축을 사용하여 육류 식품을 공급하였으며, 대선부(大膳部)에서는 전국에서 공물로 바친 육장·된장·간장·술안주·과실·과자·떡을 사용하여 궁중 일상의 조리와 가공을 총괄하였다고 한다.

3) 통일신라시대

신라가 삼국을 통일하면서 통일신라는 고구려와 백제의 발달한 식생활 문화를 수용, 융합하면서 새로운 식생활 문화를 확립해 갔으며 여기에는 외국과의 다양한 교류도 큰 역할을 하였다. 이 시기에는 식생활이 풍요로웠고, 한국 식생활 체계가 정착해 갔다. 이렇게 정착한 식생활 문화는 일본에도 영향을 미쳤다. 왕족, 귀족들은 불교의 융성으로 차를 마시는 풍습이 유행했으며 차와 함께 강정, 유밀과 등의 과정류도 만들어졌다. 채소류로 오이, 미나리가 생산되었다. 미숫가루와 단술이 음청류로 쓰였으며 천초, 생강, 귤피 등 향신이 나는 조미료가 들어간 나박김치 등 국물김치가 개발되었다.

2 고려시대

고려왕조는 불교를 국교로 삼았으므로 어육을 피하고 채소를 주로 하는 요리가 발달하였다. 그러나 고려말 몽고의 침입을 받으면서 불교가 쇠퇴하고 몽고인들에 의해 육식을 하게 되었다.

권농정책으로 농업이 성하였으며 양곡이 증산되었다. 이 시기 보리와 밀이 재배되었는데 밀가루는 주식의 일부로 사용되었다.

우리나라 식생활의 대표적 부식인 국이 발달되었으며 밥과 국이 기본적인 상차림의 구조가 되었다. 조리방법도 매우 발달하여 고려시대에 비로소 한국 식생활이 확립되었으며 조리법도 기름에 튀기거나 지지는 요리가 있었다.

이 시기에는 조미료가 발달하였고, 국가가 소금의 전매권을 갖게 되어 소금의 보급이 국가적 체계 하에서 이루어졌다. 이로 인하여 조리법과 식품저장법에 변혁이 일어났다. 또한 이 시기에 주막이 생겼으며 이로 미루어 판매를 목적으로 음식을 준비하는 전문적 요리사가 출현하여 음식문화 및 이에 대한 교육이 대중화되었음을 알 수 있다.

제례는 신분에 따라 차리는 음식의 가짓수가 달랐으나 내용에 있어서는 소채, 과일, 생선, 고기, 밥, 국, 술, 떡 등으로 신분에 관계없이 진설되었다. 이러한 제례는 각 가정마다 특색 있는 음식문화의 발전과 교육에 크게 기여한 것으로 보인다.

고려초기, 중앙에 의식(醫食)행정을 총괄하는 대의감(大醫監)을 두고 나라 전체의 의료, 위생 등의 행정을 맡아보게 하였으며, 어찬(御餐)을 바치는 상식국(尙食局)이 있어서 주례에 나오는 식의(食醫)를 두었다는 기록이 처음 나온다. 식의는 식품위생학 및 의약학의 지식을 가지고 왕과 귀족, 관리 등의 위생 식사요법에 관계되는 일을 보았다고 기록되어 있다. 또한 식의는 전국에서 공물로 바친 식품에 대한 성질과 해독의 유무를 조사하고 질병에 대한 식사요법이 적합한지를 판정하는 중요한 임무를 하였다고 한다.

3 조선시대

1) 조선시대 식생활의 특징

조선시대는 유교를 국교로 하면서 지금까지의 식생활에 변화를 가져왔는데 특히 신분차별과 절차의 형식화를 중시하는 측면으로 크게 변화되었다. 특히 조상에 대한 봉제사와 가족제도에 따른 식생활이 크게 중시되었다. 이 시기에 고추가 전래되었으며 이것이 식생활에 준 영향은 대단한 것이었다. 고추는 지금의 김치류를 비롯한 모든 반찬요리에 이용되었고 고추장의 주원료가 되었다.

고려 때와 같이 식의가 있어 질병의 치료에 음식을 관련시켜 지도하였다. 세조는 의약론에서 식의의 역할을 가르쳤는데 식의란 입에 맞도록 먹게 함으로써 몸이 건강하도록 하는 것이라고 하였다. 이와 같은 의미에서 식의는 오늘날의 영양사와 비슷한 업무를 일부 수행하고 있었다고 보인다. 한편 태종 때는 의녀(醫女)를 양성하여 주로 부인들의 진찰과 치료를 담당하였으며, 환자식의 조리에도 관여하였다. 이들의 양성제도는 국가에 의한 본격적인 영양교육 및 요리교육을 포함하고 있었을 것으로 생각된다.

조선시대의 궁중에서 연구된 조리, 가공법이 궁중을 드나드는 양반을 통하여 차차 민간에도 퍼지게 되어 우리 음식이 발전하는 계기가 되었다. 이때의 식습관의 형태인 식의동원(食醫同源)의 개념에 근거를 둔 전통식사법이 지금 우리 사회의 규범으로 자리잡고 있다.

2) 조선시대 식생활 관련 서적

이 시기의 조리법은 『음식지미방(飮食知味方, 규곤시의방)』이나 『규합총서(閨閤叢書)』 등의 책에 정리된 것이 남아 있다. 이로 미루어 문자로 정리된 형식의 교육이 있었을 것으로 보이며, 그 밖에 시집가는 딸들을 통해 전해진 『계녀가(誡女歌)』와 같은 내방가사 형식으로도 전해졌다.

조선시대에는 조리법 외에도 식품과 관련된 자료를 여러 곳에서 얻을 수 있다. 세종은 한방의학의 백과사전인 『의방유취(醫方類聚)』를 편찬하였는데 그 내용 중에는 음식과 건강과의 관계도 포함되어 있으며, 『동국여지승람(東國與地勝覽)』에 실린 각 지방의 토산은 고려 말기로부터 16세기에 이르는 식품사의 사전이라고 할 수 있다.

한편 우리나라의 독자적인 의학서인 『향약집성방(鄕藥集成方)』에는 주독, 식중독, 등 식품에 관련된 응급치료에 관한 것도 기재하는 등 식품위생에 기여하였다. 허준의 『동의보감(東醫寶鑑)』, 이창정의 『수양총서류집(壽養叢書類輯)』 등 한방에 관한 여러 서적들에는 식품에 의하여 건강을 유지시키려는 영양학과 같은 목적이 포함되어 있었다. 이 시대의 식생활은 『산림경제(山林經濟)』, 『사시찬요초(四時纂要抄)』와 기타 실학파의 책을 통하여 알 수 있다. 이들 자료에 의하면 식품의 재료가 오늘날과 거의 같았음을 알 수 있다.

조선시대 실학자인 박지원의 소설인 『양반전(兩班傳)』을 보면 양반들의 음식예절에 대하여 언급하고 있는데, 당시 상당히 엄격한 식생활 교육이 이루어지고 있었음을 알 수 있다.

조선시대에는 문헌상으로도 음식의 금기법이 등장하고 있는데, 상극류의 음식은 같이 먹지 말도록 하고 있으며, 노인이 금해야 하는 음식이라든지 산부가 금해야 하는 음식, 어떤 환자는 어떤 음식을 금해야 한다는 등 여러 가지 금기음식이 있었다.

구황식품은 흉년이나 천재지변으로 굶게 된 백성들의 기근을 구하는 식품으로 세종은 『구황본초(救荒本草)』를 인쇄하여 대용식품에 관하여 사전에 지도, 교육하도록 하였고, 『산림경제』에도 구황식품에 대한 설명이 있다. 너무 오랫동안 굶주린 사람에게는 너무 배불리 먹이지 말고 장국물이나 묽은 찬 죽을 마시게 하고 부기가 가시지 않으면 북나무껍질 즙을 내어 죽을 쑤어 준다고 하였다. 이와 같은 내용은 영양결핍 시 발생하는 부종에 대한 식사요법을 백성들에게 교육시키는 내용이라고 할 수 있다.

국민 가운데 한 사람이라도 굶주리는 것은 정부의 책임이라는 원칙 아래 의료보호책으로써 동서활인서(東西活人署)를 설치하여 가난한 환자를 치료해 주고 제생원(濟生院, 혜민서)을 두어 의식학 연구, 의서 간행, 의녀 양성 등에 주력하였다. 이러한 조선시대의 구료사업(救療事業)은 일종의 식품정책 및 영양교육이라고 볼 수 있다.

고종 때 이제마는 『동의수세보원(東醫壽世保元)』에 사람의 체질을 태음인, 태양인, 소양인, 소음인의 넷으로 나누어 각각에 대하여 먹을 수 있는 음식과 먹어서는 안 될 음식을 정하여 우리나라의 독특한 의학과 식사요법을 집필하였다.

표 2-2 영양교육과 관련된 조선시대 도서

내 용	관련도서명
조리법	동규합총서, 음식디미방, 반가음식책
영양교육, 식품전반	동의보감, 수양총서류집
주독, 식중독	향약집성방
음식과 건강	의방류취, 동의보감, 산림경제
식품저장법	산림경제, 임원경제지, 규합총서, 주방문
구황식품, 식생활	산림경제, 사시찬요초, 동국여지승람
지역특산물	규합총서, 동국여지승람

3) 새로운 식품의 개발과 전래

조선시대에는 고추, 호박, 고구마, 감자 등의 외래식품이 받아들여져 우리나라의 음식문화에 큰 영향을 미쳤다.

새로운 식품이 전국적으로 받아들여지기 위해서는 요리법의 개발, 기존 음식과의 조화 등이 이루어지고 이것이 교육과정을 거쳐 전파되는 것을 전제로 한다.

4) 서양 식생활과 의료시설의 유입

유길준의 『서유견문(西遊見聞)』에는 서양인의 음식법에 대하여 소개하고 있으며 특히 음식의 종류뿐 아니라 나이프나 포크 등 각종 기구나 식기 및 예절까지 자세히 설명하고 있다.

고종 이후에 서양의료시설이 들어오기 시작했으며, 이때 제중원(濟衆院)과 세브란스 병원 등이 설립되었다. 또한 이때에는 위생국을 두고 위생시험소를 설치하여 세균검사, 음식물, 식기 등의 화학검사를 하였다.

4 근세 이후

1945년까지는 식품영양학이 다른 학문에서 조금씩 다루어졌으나 해방 이후 영양교육이 강조되고 국민영양의 중요성도 인식되어 독립분야로서 필요성이 인정되었다. 이에 따라 각 대학이나 전문대학에 식품영양학과가 만들어졌으며, 또한 영양학을 공부하고 나아가 영양개선을 위한 영양관리 및 실제적인 지도 업무를 습득하여 이를 실행하는 영양교육의 주체자로서 영양사의 필요성이 인식되어 비로소 영양사가 탄생하게 되었다.

1) 영양사의 탄생

1929년 이화여자전문학교에 가정과가 창설되면서 과학지식에 근거한 영양학을 교육하기 시작하여, 1945년 해방이후 고등교육기관의 설립과 더불어 영양학교육을 가정과 교과과정에서 필수과목으로 책정하였다. 1950년대 후반부터 가정대 출신의 이학사가 병원에서 급식책임자로 일하게 되면서 영양사라는 명칭이 사용되었다. 전문적인 영양사 양성의 필요성을 느낀 초급대학 및 4년제 대학교수를 중심으로 1961년 7월 23일 한국영양사양성연합회가 발족되어 영양사면허 제도를 건의하고 1962년 1월 20일 식품위생법 제정과 더불어 영양사 면허제도로 명시되며, 그 해 명지초급대학이 1차로 영양사 양성학교로 지정되었고, 그와 동시에 덕성여자초급대학, 숙명여자대학이 연이어 영양사 양성학교로 신청하여 지정되었다. 1962년 9월 22일 보건소법이 제정되어 보건소 업무에 영양의 개선이 명시되었다.

1963년 보건사회부령 제112호로 영양사에 관한 규칙이 공포되면서 영양사의 자격 조건이 규정되고 1964년부터 영양사면허증이 발급되어 명지초대 32명, 덕성초대 25명, 총 57명이 배출되어 영양사가 탄생되었다. 영양사면허증 소지자로서 영양사 취업은 1965년 공군본부에 유환선(문관)이 영양사로 채용되고, 고대병설초대와 명지초대 졸업생 6명(각각 3명)이 기술의정 1기생으로 소위로 임관하여 항공의료원, 수도육군 통합병원 등에서 군대 병원급식관리를 하게 되었다.

1967년 식품위생법상 집단급식소에 영양사 배치가 법제화되면서 영양사 채용 수요가 늘어나기 시작하여 약 100여명의 영양사가 병원, 산업체 급식소 등에서 근무하게 되었다.

1997년 12월 13일 개정된 국민건강증진법에 영양교육과 영양개선에 관한 조사·연구사업 등을 영양개선의 주요사업으로 명시하고, 지역주민을 대상으로 한 영양지도의 내용으로 영양상담, 영양조사 및 효과측정, 홍보 및 영양교육, 기타 영양과 식생활 개선에 관한 사항 등을 주 내용으로 명시하였다.

2000년 1월 7일「한국표준직업분류」가 개정고시(통계청 고시 제 2000-2호)됨에 따라 영양사가 전문가중 보건의료전문가로 분류되었으며 임상영양사, 급식관리영양사(급식관리영양사, 학교급식영양사), 보건 및 상담영양사(보건영양사, 상담영양사), 기타영양사(식품위생영양사)로 세분류되었다.

1.전문가 - 14.보건의료전문가 - 145.영양전문가 - 1450.영양전문가 - 14501.임상영양사 - 14502.급식관리영양사 - 14503.보건 및 상담영양사 - 14509.기타영양사

2000년 1월 12일「보건의료기본법 제정 공포」로 영양사가 보건의료인(보건의료인이라 함은 보건의료관계 법령이 정하는 바에 의하여 자격·면허를 취득하거나 보건의료서비스에 종사하는 것이 허용된 자)으로 분류되었다.

2000년 7월 28일 식품위생법 개정으로 기업체 영양사 의무고용이 자율화되었으며, 영양사 자격시험 대상이 고등교육법에 의한 학교에서 식품학 또는 영양학을 전공한 자로서 교과목 및 학점이수 등에 관하여 보건복지부령이 정하는 요건을 갖춘 자로 바뀌었다.

보건복지부는 2003년 6월부터 당뇨와 고혈압 등 7개 질환(당뇨병, 고혈압, 심장질환, 암, 장루수술, 투석 및 치주질환)에 관한 교육 및 상담료를 병원 영양치료 비보험으로 취급할 수 있는 법적 근거를 마련하였다.

영양사란 질병예방과 건강증진을 위해 급식관리 및 영양서비스를 수행하는 전문인을 말한다. 한국표준직업 분류에는 보건의료전문가중 영양전문가로, 건강증진 및 질병치료를 목적으로 영양기법 및 활용에 관하여 연구・개발하고, 전문적인 영양서비스를 제공하며 이에 관해 조언하는 자로 임상영양사, 급식관리영양사, 보건영양사, 상담영양사, 기타영양사로 분류되어 있다.

영양사 업무는 크게 급식관리, 영양서비스로 나뉘며, 급식관리 직무로 식단관리, 식재료 구매관리, 식재료 보관 및 재고관리, 조리작업관리, 배식관리, 퇴식 및 식기 세정, 소독관리, 위생관리, 급식시설 및 기기관리, 인력관리, 급식경영 관련 업무를 수행하고 있으며, 영양서비스 직무로 영양상태평가, 영양 치료, 영양교육, 보건영양사업 관련 업무를 수행하고 있다.

앞으로 우리나라의 영양사는 임상, 급식경영, 보건 등 전문자격을 가진 영양사로 더욱 세분될 예정이며, 활동분야도 더욱 확대될 전망이다.

표 2-3 영양사의 취업분야 현황 구분

세부분야	집단급식소
사업체	기업, 관공서, 금융기관, 호텔, 백화점, 연구소, 연수원 등
학교	유치원, 초등학교, 중학교, 고등학교, 대학(기숙사, 식당), 특수학교 등
병원	종합병원, 일반병원, 치과병원, 한방병원, 요양소, 한의원, 군병원, 산부인과, 건강증진센터 등
사회복지시설	노인복지시설, 아동복지시설, 정신질환자복지시설, 부녀복지시설, 장애인복지시설, 부랑인복지시설, 결핵환자 복지시설 등
보육시설	영유아보육시설 등
특수시설	직업훈련기관, 캠프수련장, 교정시설, 선수촌, 군대, 선박 등
비집단급식소	보건소
급식산업	급식위탁회사, 급식생산업체(도시락), 건강식품상담업체, 외식산업(조리지도, 식단개발 등)
기타	대학, 연구기관, 국가 및 지방자치단체, 식품회사, 요리학원, 스포츠헬스센터, 매스컴관련업, 영양정보센터 등

① 임상영양 분야

병원에서는 임상영양사가 배치되어 각 분야의 의료전문인들과 병원의료팀의 한 구성원으로 영양서비스 제공을 통한 환자의 영양적 치료에 기여하게 될 것이며, 환자의 개인별 특성과 요구에 부응하는 적절한 영양서비스의 중요성이 인정되어 적정정원이 확보될 것이다. 가정 진료제도의 정착에 따라 퇴원 환자의 식품 선택 및 조리 지도,

영양 상담 및 교육 등 각종 영양 서비스의 제공을 위해 영양사가 활동하게 될 것이다.

국민의 건강에 대한 관심증가로 건강진단센터, 헬스센터, 체중조절센터 등이 늘어나면서 영양교육 및 상담자로서의 영양사가 늘어날 전망이다.

노인인구의 증가와 노인복지정책의 확대로 양로원과 노인복지시설이 늘어나고, 만성질환의 증가로 장기간의 치료가 필요한 인구가 점차 증대되어 병원 대신에 이들을 보살피고 관리해 주는 요양원이 증가하면서 이들 시설에서 식사제공 및 영양상담자로서의 영양사의 배치가 증가할 것이다.

2010년 한국영양교육평가원의 설립으로 그동안 대한영양사협회에서 실시된 임상영양사 자격이 국가시험으로 바뀌어 한국영양교육평가원에서 실시될 예정이다.

② 지역사회 보건영양 분야

우리나라는 국민건강증진법과 지역보건법이 제정되는 등 질병예방과 건강증진을 위한 지역사회의 영양 개선 사업의 중요성이 강조되고 있는 시점에서 1997년 2월 14일 지역보건법 시행규칙이 공포됨에 따라 전국 모든 보건소 및 보건지소와 관련 보건기관에 영양사가 배치되어 영양사업의 주도적인 역할을 담당할 수 있는 근거가 마련되었다.

또한 농촌부녀자들을 위한 생활개선활동 중 식생활개선 부분의 중요성이 커감에 따라 농촌지도소 등에 영양사가 생활지도사로 배치되어 활동이 증가될 전망이다.

③ 학교급식 분야

2003년 영양교사 제도가 도입되어 초·중등교육법 시행령 제40조의 3에 영양교사의 배치 기준이 규정되어 영양교사 자격을 취득하고 임용시험에 합격한 영양교사가 급식학교에 임용·배치되어 있다.

영양교사는 식사제공과 더불어 편식 교정, 올바른 식습관 형성, 식사예절 등을 가르치는 교육자로서의 역할과 건강 및 영양상담자로서의 역할이 강화될 것이며, 영양 식품, 건강교육 등의 관련자료를 연구・개발하고, 어머니교실, 학교급식위원회 등 학부형과의 밀접한 관계를 통해 가정과 지역사회 식생활 개선의 지도자로서의 역할을 한다.

학교급식법 제 8조에 명시된 영양교사의 직무는 식단작성, 식재료의 선정 및 검수, 위생안전·작업관리 및 검식, 식생활지도, 정보제공 및 영양상담, 조리실 종사자의 지도 감독, 그밖의 학교 급식에 관한 사항 등이다.

④ 사업체급식 분야

사업체 급식소에서 영양사는 기존 급식관리자로서의 역할뿐 아니라 근로자의 평균 연령 증가와 만성 질환 예방 대책으로 직장단위 건강관리 교육이 활성화되면서 근로자에 대한 식생활 지도와 상담을 담당하는 영양교육자로서 역할이 강화될 것이다.

⑤ 급식사업 분야

급식 위탁업체의 증가에 따라 급식경영에 경험이 있는 유능한 영양사들의 급식경영인으로의 진출이 늘어날 것이다.

외식 및 외부활동 증가에 따라 도시락업체에 영양사의 진출이 꾸준히 이루어질 것이고, 가족단위 외식이 중심이 되는 패밀리레스토랑, 인터넷을 통해 식단 및 식품을 배달해 주는 유통업체에서 급식관리자 및 영양상담자로서 영양사의 역할이 활발해질 것이다.

건강에 대한 관심이 늘어나면서 건강식 배달업, 건강 식당 등이 새로운 업종으로 활기를 띠면서 회원제로 운영하는 이들 업종에 회원의 건강상태, 합병증 여부, 싫어하는 음식, 필요열량 등을 고려하여 식단을 작성하고 질병에 대한 영양상담자로서 영양사의 활동이 늘어날 것이다.

⑥ 식품 분야

백화점, 수퍼마켓, 쇼핑센터 등에서 소비자들의 서비스제공 차원으로 영양, 식품, 건강정보 제공이 활기를 띠면서 영양사의 배치가 늘어날 것이다.

식품회사에서 연구, 소비자에 대한 교육, 소비자 상담, 신제품 개발, 영업, 제품홍보, 자료의 제작 등 영양사의 역할이 다양해 질 것이다.

각종 건강보조식품이나 가공식품들이 늘어나면서 새로운 식품들의 영양적 특성 등을 파악하고 소비자들에게 적절한 정보를 제공해 주는 영양사들의 활동이 증가될 것이다.

⑦ 복지 분야

사회복지 분야의 활성화에 힘입어 사회복지시설, 영유아보육시설, 모자보호시설 등에서의 영양개선에 대한 관심이 증가되면서 식사제공 및 영양관리를 위해 영양사의 배치가 활발히 이루어질 것이다.

⑧ 행정 분야

보건복지부, 농림부, 교육부 등 중앙행정부서와 시·도청 및 시·교육청 등 지방행정 부서에 식품영양관련 정책 및 사업, 식품위생에 관한 지도 업무 수행자로 영양사의 진출이 증가할 전망이다.

⑨ 연구 및 교육분야

영양부문의 정책사업이 늘어나면서 식품·영양 관련 연구기관에서 영양 관련 연구가 늘어나고, 영양사 면허 소지 연구원도 증가될 것이다.

또한 고학력자의 증가에 따라 영양사 출신 교수도 늘어나며, 식품영양학과의 교직이수가 가능해져서 중·고등학교 가정교사로의 진출이 가능해질 것이다.

⑩ 영양정보 분야

영양관련정보를 제공하여 개인이나 집단의 영양관리에 도움을 줄 분야로 앞으로 영양사의 진출이 예상된다.

⑪ 매스컴 분야

건강·식품·영양정보의 비중이 매스컴에서 커짐에 따라 전문인력인 영양사의 진출이 증가할 것이다.

⑫ 군급식 분야

60만 군인에 대한 양질의 급식과 효율적인 급식관리를 위해 영양사가 배치되어야 하는 분야이다. 현재 군에서는 장병들의 영양개선을 위해 자체 영양사를 채용하여 급식하는 부대도 있다.

⑬ 개인개업

임상영양사제도의 확립과 지역주민의 영양서비스의 요구증대에 따라 지역병원과의 연계로 비만, 당뇨병, 고혈압, 심장혈관질환 등 만성질환자와 임신·수유부 등을 대상으로 영양상담을 실시하는 개인 영양상담실 개설 필요성이 증가될 것이다.

이에 보조를 맞추어 대한영양사회에서는 환자나 일반인에게 질병 치료 및 예방을 위한 전문적인 임상영양서비스를 제공하기 위해 임상영양사 제도를, 급식산업에 대한 최신동향 습득을 통해 급식전문인으로서의 경쟁력을 강화하고 효율적이고 경제적인 급식영양서비스를 제공하기 위해 급식경영영양사 제도를 두고있다.

2) 응용영양 사업

국민의 식생활 형태는 일시에 변화되기 어려운 습관적인 측면이 있으며, 이러한 식생활의 변동은 주거생활의 양식도 변화시키게 된다. 이에 따라 식생활 개선사업은 조직적 · 종합적이고 계속적인 노력과 교육이 필요하며 개별적인 노력보다 국가적 또는 국제적인 노력이 보다 유효한 수단이 될 수 있다. 이 점을 인식하여 국제적으로도 1967년부터 UNICEF, FAO, WHO가 공동으로 한국의 응용영양사업 추진에 관한 협약을 맺어 기술적인 지원을 하게 되었다. 그리하여 1968년 농촌진흥청에 처음으로 응용영양 담당관 실을 만들고 쌀 중심의 식생활 형태를 개선하고 영양식품의 생산을 증가시키면서 국민의 체력향상과 식량자급의 길을 모색하기 위하여 응용영양 사업에 착수하게 되었다.

FAO는 재정이 허용하는 범위 내에서 농사, 원예, 양계, 식품가공 분야 자문관이나 영양교육 전문가를 파견하고, 식품과학 및 응용영양 과정 장학금을 지원하였다. 또한 WHO는 중앙단위 응용영양사업 자문위원회에 참여하여 기술적인 지원을 하였다.

응용영양 사업은 국민의 영양개선 필요성으로 인하여 그 중요성이 입증되었으며, 국제기구의 관심과 지원, 국민 영양개선에 기울인 노력은 근간의 국가경제 발전의 원동력이 되었다고 볼 수 있다.

또한 1995년 국민건강증진법이 제정됨으로써 더욱 체계적으로 국민의 식생활과 영양상태를 조사하게 되었으며 이를 토대로 영양개선방안을 강구하고 영양지도를 실시하도록 규정하고 보건교육, 질병예방, 영양개선 및 건강생활 실천을 강조하여 만성퇴행성질환의 예방을 통한 국민의 건강증진과 의료비용의 감소 효과를 기대하고 있다.

2-2 외국의 영양교육

1 미국

미국은 미국 농무성(U.S. Dept. of Agriculture, USDA)를 통해 영양교육 대상자들을 위한 다양한 교육자료를 만들고 각종 훈련 프로그램, 교육 프로그램, EFNEP (Expanded Food and Nutrition Education Program) 등에 대하여 재정적인 지원을 하고 있다.

1970년 후반까지는 영양교육의 목표가 주로 식품의 올바른 선택을 통한 영양결핍 방지의 지침을 제시하였으나 이로 인하여 오히려 모든 식품의 소비를 증가되도록 함으로써 만성질환을 가져왔다. 따라서 이제는 더 많이 먹는 것 대신 더 조금 먹으라는 지도를 하게 되었다.

영양상담의 역사는 그리스 시대에 식품이 병의 치료에서 중요한 역할을 한다고 인식한 내과 의사들에 의해 시작되었다고 볼 수 있다. 19세기 초에 토머스 제퍼슨(Thomas Jefferson)이 그의 주치의에게 보낸 편지에서 자신의 식습관에 관하여 설명하고 있는데, 이것이 최초의 식사기록이라고 보아진다. 20세기 초에 프란세스 스턴(Frances Stearn)이 뉴잉글랜드 메디컬 센터에서 식품치료를 시작하였는데 이는 오늘날의 병원영양사라고 할 수 있다. 영양상담은 대상자의 요구내용 즉 개선해야할 영양문제가 무엇인가를 먼저 규명되어야 그 내용이 집단의 영양상태 향상을 위한 영양교육사업의 대상이 될 것이다. 이러한 영양교육 사업 내용을 선발하기 위해 미국의 Heart Smart Family Health Promotion Program의 경우 1974년부터 20년간에 걸친 Bolgalusa Heart Study를 거쳐 심장질환이 여러 가지 건강 문제 중 그 지역사회에서 가장 심각한 문제라고 규명하였다. 동시에 이런 문제가 다른 집단에 비해 상대적으로 더 심각한 인구 집단으로써는 식이 위험요인을 가지고 있는 초등학생과 그 가족이라는 것을 찾아내어 그들 집단을 집중적 교육집단으로 정하였다. 따라서 과거에는 영양 상담자의 권위적인 측면(authoritarian side)에 주로 의존하였으나 오늘날에는 필요에 따라 다양한 역할이 요구된다. 즉 각 피상담자 개인의 특성과 상황에 따라 어떤 전략을 사용할지와 어떤 상담자의 역할을 수행해야 할지를 결정할 필요가 있다.

현재 미국에서 사용하고 있는 식사구성안은 미 농무성이 1991년에 제시한 식품 피라미드를 기초로 하여 2005년에 개발한 것으로 다양한 식품섭취와 함께 운동의 중요성을 강조한 식품 피라미드이다. 식품 피라미드를 기초로 미국영양사회는 대민 영양교육을 활발히 수행하고 있다. 또한 보건성과 함께 'Healthy People 2010'의 건강목표의 한 부분으로 '2010년 영양목표'를 제시하고, 이 목표를 근거로 영양사업을 진행하여 21세기의 국민영양·건강을 대비하고 있다.

2 일본

일본영양사회는 1927년 만들어져 1945년 후생성이 영양사 규칙, 사립 영양사 양성소 지정규칙을 제정하면서 '영양사회'를 체계화하여 모든 영양사가 가입하도록 하였다. 1948년에는 '영양개선 모델마을'을 설치하여 10년 간 종합적인 운영으로 성과를 올려 다른 지역에까지 파급되는 결과를 가져왔고, 1958년에는 영양교육으로서 '기초식품군' 개념을 보급하였다. 1963년에는 일본영양사회가 '관리영양사제도'를 도입하였으며, 1964년 동경올림픽이 끝난 뒤 국민들 사이에 건강체력만들기에 대한 관심이 높아지게 되자 정부에서도 1965년부터 '체력만들기 국민회의'를 발족하게 되었다. 제 2차 국민건강대책 중에서 1978년에는 '국민의 건강만들기 대책'을 제시하여 '체력만들기 운동'과의 연계성을 갖도록 하였고 1985년에는 '건강증진을 위한 식생활 지침'을 보급하고, 1990년에는 개인의 특성에 따라 실천할 수 있도록 대상 특성별 '건강증진을 위한 식생활 지침'을 책정하여 국민들에게 바람직한 식생활을 실천하도록 교육하고 있다. 이와 같은 정책을 실천하기 위해서 지역사회와 보건소 역할을 강조하여 보건소 영양지도원과 지역사회 영양사를 배치하고 있다. 보건소의 영양사는 관리 영양사와 의사 특례비례에 의한 영양사를 영양지도원으로 보직하고 있다.

일본의 건강정책인 2000년의 '21세기 국민건강 만들기 운동'은 건강지표의 수치를 바탕으로 목표치를 선정하여 개선정도를 평가할 수 있도록 했다. '건강 일본인 21'에서는 국민건강에 중요한 9가지 분야인 영양 · 식생활, 신체활동 · 운동, 휴양 · 마음의 건강 만들기, 담배, 알콜, 치아의 건강, 당뇨병, 순환기병, 암을 설정하였고, 2010년도 목표치를 세워 목표달성 방법을 구체적으로 제시하고 있다. 목표달성을 위한 영양사업의 효과적인 확산을 위해서 각 지역보건소에 영양지도원을 배치하여 지역사회의 영양업무를 체계적으로 추진하고 있다.

소비자에 대한 영양교육 활동으로는 '특정보건용식품 중 특수영양식품 표시제도', 'JSD 식품 표시제도', '건강식품인정제도'를 실시하고 있다.

3 기타

세계보건기구(WHO)는 2001년 비만이 세계적으로 만연된 문제라고 규정하였으며, 그 후 비만에 대한 우려가 급속히 높아졌다. 유럽에서도 비만인구가 늘어나면서 식품에 대한 표시규정을 강화하고 있으며 2003년 7월에는 규제 프로그램을 강화하여 식품표시 규제뿐 아니라 식품광고도 규제하겠다고 했다. 특히 어린이 비만을 방지하는 것에 중점을 두고 영양 및 건강과 관련된 표시 내용을 과학적으로 입증하고 광고를 통해 과잉소비를 부추기거나 사실과 다른 제품의 특징을 시사하여 소비자를 기만하거나 인기 제품임을 연상케 하는 광고를 해서는 안 된다고 하였다.

♣ 참고문헌 ♣

1. 강인희. 한국식생활사. 삼영사, 1979
2. 김광호, 정지영, 정은자, 시동주, 박규동, 정은실. 식생활과 문화. 광문각, 2000
3. 김상근. 보건소 시범영양사업과 영양상담. 지역사회영양학회지, 2(3):434-437, 1999
4. 김성란. 보건소 영양상담의 실제. 지역사회영양학회지, 2(3):438-439, 1999
5. 김숙희, 유정렬, 이기열, 이성우, 한인규. 영양교육. 동명사, 1993
6. 대한영양사회. 우리나라 영양사 현황과 대한영양사회 활동. 1994
7. 모수미, 구재옥, 박양자, 박영숙, 손숙미, 서정숙. 지역사회영양학. 교문사, 2001
8. 박양자. 지역사회 종합개발계획 접근에 의한 빈농 영양개선사업. 한국농촌생활과학회지 4(2):155, 1993
9. 박영숙, 이장원, 서정숙, 이보경, 이혜상. 영양교육과 상담. 교문사, 2006
10. 송오금. 외국의 국민영양관련 조사사업 -필리핀의 경우-. 한국영양학회지 29(4):399-405, 1996
11. 이기백. 한국사신론. 일조각, 1979
12. 이성우. 한국식생활의 역사. 수학사, 1992
13. 이성우. 한국식품문화사. 교문사, 1984
14. 이성우. 한국요리문화사. 교문사, 1985
15. 장유경, 정영진, 문형경, 윤진숙, 박혜련. 지역사회영양학. 신광출판사, 1998
16. 전세열, 강지용, 김정균. 영양교육. 지구문화사, 1997
17. 전혜성. 미국에서의 성인병 예방을 위한 직장인 영양교육. 대한영양사회 · 대한지역사회영양학회 제3차 소비자가 만족하는 영양서비스 제공을 위한 심포지엄, 1996
18. 윤서석. 개정증보한국식품사연구. 신광출판사, 1974
19. 香川芳子. 四群点數法のすべて. 女子營養大學出版部, 1993
20. 難波三郞. 일본에 있어서 영양서비스의 최신 동향, 대한영양사회 소비자가 만족하는 영양서비스 제공을 위한 심포지엄, 1994
21. 中村丁次. 일본에서의 근로자 건강증진을 위한 THP운동. 대한영양사회 · 대한지역사회 영양학회 제3차 소비자가 만족하는 영양서비스 제공을 위한 심포지엄, 1996
22. 香川芳子. 지역사회의 영양향상을 위한 대학의 역할. 1997년도 대한지역사회영양학회 추계학술대회, 1997
23. Adachi M. Methodology of nutrition education program for supermarket

managers, 1996년도 대한지역사회영양학회추계학술대회, 1996
24. Flores M.T. LAKASS. A partnership with communities for nutrition, International Workshop, 한국영양학회지, 28(6):563, 1995
25. Flores MT. National Nutrition Policy and Plan of Action, Instruments for Philippine Developement, 1995년도 한국영양학회 춘계심포지움, 한국영양학회지 28(6):525, 1995
26. Gillespie A.H. Developing a University-Community Partnership Model Intergrating Research and Intervention to Improve Food Decisions in Families and Communities, 1997년도 대한지역사회영양학회 추계학술대회, 1997
27. Johnson CC, Nicklas TA. Health ahead- The Heart Smart Family approach to the prevention of cardiovascular disease, The American Journal of the Medical sciences 310(suppl. 1):s127-132, 1995
28. Kimby SD, Baranowski T, Reynolds KD, Taylor G, and Binkley D. Children's fruit and vegetable intake, Socioeconomic, adult-child, regional, and urban-rural influences, J Nutr Edu 27(5):261, 1995
29. Nestle M. Dietary Guidance for the 21th century, new approaches, J Nutr Edu 27(5):272, 1995
30. Nestle M, Lee PR, Baron RB. Nutrition policy update, Nutrition Update 1:285, 1991
31. Pickoff AS, Berenson GS, Schlant. Introduction to the symposium celebrating the Bogalusa Heart Study, The American Journal of the Medical sciences 310(suppl. 1):s1-2. 1995
32. Sakamoto M. Effect of nutrition education on childhood adult disease syndroms, Korea-Japan symposium on community nutrition, 서울대학교 생활 과학연구소, 1991
33. Snetselaar LG. Nutrition counseling skills, p3-9, Aspen publication, 1989

제 3 장 영양교육 방법 및 기술

3-1 영양교육의 대상

영양교육의 대상은 넓게는 국민 전체이며 대상에 따라 각각 적절한 교육수단이 선정되지 않으면 안 되므로 편의상 다음과 같이 분류한다.

1 영양생리면

개인(개인을 포함한 가정)으로 즉 유유아, 청소년, 장년, 노년, 환자(당뇨병, 고혈압, 비만 등), 운동선수, 노동자, 임산부, 수유부 등

2 급식 관계

집단으로 단체급식 시설(공장, 사업소, 학교, 병원, 기숙사, 아동복지시설, 사회복지시설, 급식 센터), 그 외의 단체(부락, 공동취사, 여관, 호텔 등)

3 사회, 경제 관계

도시와 농촌, 읍·면 소재지와 각 사회별 부유층, 중산층, 빈곤층 등

4 환경적인 기타 조건

낙도, 광산지대 중에서도 갱내 노동자, 특수 공장지대 주거자 및 노동자 등

3-2 영양교육의 원칙

영양지도를 하는 원칙적인 방법을 논의하면 우선 영양지도를 해야 하는 배경적 이론의 구성이 이루어져야 하며 이러한 배경적 이론 구성을 기초로 하여 각 분야별로 조직적이고 과학적인 계획을 세워 실시하여야 할 것이다. 이것을 영양개선이라는 대전제하의 이론 면에서 보면, 먼저 전체 국민을 포함한 지역 또는 지역사회의 특수 영양을 중심으로 한 철저한 조사와 과학적인 분석을 해서 이에 대한 통계적 처리를 함으로써 그 핵심을 파악한다.

두 번째로 그 영양적 기준을 어디에 둘 것인가, 또는 그러한 조건하에서의 개선목표를 어디에 둘 것인가를 설정하고, 다음에 이러한 목표설정을 충족시킬 수 있는 영양교육의 방법은 어떤 것이 좋을까, 또 단체급식에서의 영양관리 방식은 어떻게 해야 할 것인가, 또 효과판정은 어떻게 할 것인가 등을 결정하여 시행토록 해야 할 것이다.

영양지도는 하나의 커뮤니케이션(communication) 활동이다. 즉 커뮤니케이션이란 무엇이 어떤 대상에 대해서 어떤 내용을 여러 가지 매체를 이용하여 여러 가지 방법으로 어떠한 것이든 영향을 주어 무슨 효과든지 효과를 가져오게 하는 활동으로서 영양지도를 실시하는데 있어서 필요한 요소는 여러 가지 있으나 Halord에 의한 커뮤니케이션 활동의 5가지 요소를 들어보면 다음과 같다.

① 영양교육의 주체가 '누가(who)'
영양지도를 담당하는 영양사, 또는 조직기관, 단체 등
② 영양교육의 객체는 '누구에게(to whom)'
대상으로 일반주민, 주부, 단체급식 고객, 기타 식품제조업자, 소비자 등
③ 영양교육의 내용으로서 '무엇을(what)'
영양지도의 내용으로 영양지식, 급식의 의의, 영양개선의 의의 등

④ 영양교육의 방법 및 기술로서 '어떻게 하여(in which channel)'
어떤 통로 즉 교육매체(media) 즉 교재에 해당

⑤ 영양교육실시 결과로서 '어떤 효과를 가지고(with what effect)'
교육의 목표, 효과가 이에 속함(즉 체위 향상, 급식효과 향상시켜 궁극적으로 영양개선을 꾀함)

3-3 영양교육의 방법과 기술

대상자의 특성과 영양교육의 목표에 따라서 영양교육의 내용과 방법이 달라진다. 영양교육의 목표가 설정되면 이를 달성하기 위해 한 가지 교육방법이 아니라 여러 가지 다양한 교육방법을 함께 또는 반복 사용하는 것이 효과적이다. 항상 똑같은 교육방법으로는 큰 성과를 거두기 어려우므로 교육자는 계획적이고 효과적인 여러 가지 교육방법을 잘 알고 선택하여야 한다.

1 교육방법의 유형

영양교육은 교육자와 교육대상자 사이에 서로 교류해서 공감대를 형성하는 일종의 커뮤니케이션(communication) 과정으로 상대에게 협조를 구하기 위해서는 자기의사를 전달하는 방법이 필요하다.

그림 3-1과 같이 커뮤니케이션 유형에 따라 교육방법은 5가지로 분류되는데 교육대상자에게 적절한 유형을 선택하여 효과적인 교육이 이루어지도록 한다.

개인형 교육방법은 교육자와 교육대상자가 1대 1로 접촉하여 긴밀히 상호 작용하면서 정보를 교환하는 형태로 가장 효과적이나 많은 시간과 인원이 필요하며 비능률적이다. 이에 반해 강의형 교육방법은 교육자가 다수의 대상자들에게 동시에 정보를 전달하므로 능률적이나 대상자 개개인의 능력이나 지식 등을 고려하지 않아서 개인형 교육방법에 비해 효과는 다소 떨어진다.

토의형 교육방법은 교육 대상자들 간의 상호작용을 통하여 정보와 의견을 교환하고 결론을 이끌어내는 형태로 교육자는 대상자들 간의 상호작용을 조정하고 유익한 정보를 제공해 주는 역할을 한다. 또한 실험형 교육방법은 교육대상자가 주어진 원 교육자료(raw material)를 토대로 하여 스스로 배우는 형태로 교육자의 역할은 교육목적 및 목표에 맞는 원 교육자료를 제공해 주는 것이다. 원 교육자료란 전시되어 있는 자료, 교육내용과 관련된 상황이나 모형 등을 전시한 시뮬레이션(simulation) 또는 견학, 역할연기법, 인형극, 동물사육실험 등이 포함된다. 이 방법은 대상자의 능동적 참여가 이루어졌을 때 훨씬 효과적으로 나타난다. 독립형 교육방법은 교육대상자가 교육자의 직접적인 도움을 받지 않고 정보를 얻게 되는 형태로 이때 대상자는 전문가에 의하여 상호작용이 가능하도록 개발된 컴퓨터 프로그램이나 비디오테이프 등의 교육자료를 활용하게 된다.

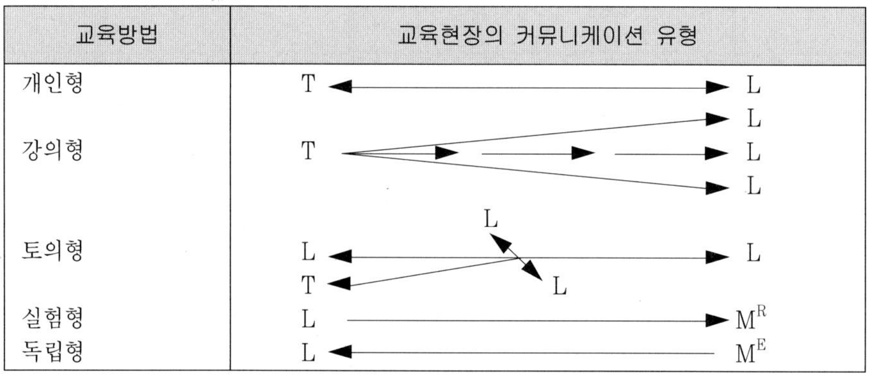

T : 교육자(teacher) L : 교육대상(learner)

M^R : 고안된 교육자료(encoded material) M^E : 원 교육자료(raw material)

그림 3-1 커뮤니케이션 유형에 따른 교육방법

이들 교육방법은 모두 장단점을 가지고 있으므로 영양교육을 할 때에는 한 가지 교육방법에만 의존할 것이 아니라 여러 교육방법을 적절히 혼합하여 서로 보완되도록 하는 것이 효과적이다.

일반적으로 교육방법을 영양교육에서 많이 이용하는 형태로 분류해 보면 개인지도, 가정지도, 집단지도, 학교지도, 지역사회지도, 대중계몽(홍보활동) 등이 있다. 개인지도와 가정지도에서는 개인형 교육방법이 이용되고 집단지도에서는 강의형이나 토의형 교육방법이 적절하다. 때로는 집단지도에서 실험형 교육방법을 이용하기도 한다. 학교지도와 지역사회지도는 학생이나 지역주민들을 대상으로 이루어지는 교육이므로 일종의 집단지도라 할 수 있다. 또한 대중계몽은 개인지도나 집단지도와는 달리 교육자와 대상자가 직접 대면하지 않고 신문이나 라디오, 텔레비전 등의 대중매체를 이용하여 이루어지는 간접적 교육방법으로 독립형 교육방법에 속한다고 볼 수 있다.

2 문제해결과 방법적 단계

일반적으로 문제해결의 방법적 단계에는 다음의 5단계가 있다.

제1단계 - 문제를 인지한다.
제2단계 - 문제의 정체, 내용을 밝힌다.
제3단계 - 해결을 위한 착상을 세운다.
제4단계 - 착상의 내용을 추론에 의해 검토한다.
제5단계 - 착상을 실험적·시행적으로 확인한다.

이 제5단계에서 좋은 해결이 나오지 않으면 다시 제3단계로 돌아가서 수정을 가하거나 또는 다른 해결책을 생각하는 등 반복함으로써 생활개선이나 태도의 향상이 이루어지게 된다.

3 영양교육실시의 원칙(일반론적 원칙)

영양교육은 체계를 세워서 실시하면 큰 효과를 얻을 수 있으며, 그 교육을 지도하는 측에서의 일반원칙을 살펴보면 다음과 같다.

1) 실태의 파악(현상파악)

우선 실태(현상)를 잘 파악하는 일이 중요하며 현 상태를 파악한 후에 영양교육을 실시해야 한다. 실태의 파악은 지역의 상태(집단, 개인의 상태), 영양관계기관 및 단체·업자 등의 소재, 대표자 및 성격, 지역주민의 식습관, 기호, 영양상태, 영양지식 정도, 식량사정, 경제적 상태, 환경위생 상태, 질병 이환율, 사망률 등을 조사한다. 이것은 지역이라고 하는 하나의 큰 대상에 대한 것이지만 집단이나 개인에 대하여도 같다고 할 수 있다.

2) 문제의 발견

실태파악으로 얻어진 자료를 근거로 하여 그 지역의 개인이나 집단에 대하여 어떻게 영양교육을 하여야 되는가 하는 점, 즉 문제점은 무엇인가에 대하여 발견하는 것이다.

대상 집단의 영양문제는 그 집단이 속해있는 지역사회에 대한 전반적인 평가를 통하여 알아낼 수 있지만 그 집단만의 국한된 평가를 통하여 보다 정확한 영양문제를 발견할 수 있다. 대상 집단에 대한 기존의 식품섭취실태조사, 임상진단 및 신체계측,

생화학적 조사 자료를 수집하고 검토하는 과정을 통하여, 또는 새로운 표본조사에 의한 보다 현실적이고 질적인 자료수집과 결과분석을 통하여 대상집단의 영양문제나 그들의 요구를 정확히 알아내도록 한다. 식품섭취실태조사를 통해서는 식품 및 영양소 섭취량 분석, 식습관 분석이 가능하고 임상진단 및 신체계측에서는 영양과잉이나 불량에 따른 임상증상, 신체의 발달충실 정도를 알아보며 생화학적 조사에서는 혈액과 조직, 요 등의 영양소 및 대사산물의 농도분석을 통하여 영양문제를 찾아낸다.

그 문제점들이 여러 가지로 많을 경우에는 중요성의 순위에 따라 가장 중요한 것 또는 빨리 해결해야 할 문제부터 선택하도록 한다. 이 경우에는 물론 예산이나 인원 등도 충분히 고려되도록 해야 한다.

3) 문제의 진단

발견된 당면문제의 근본적인 특성을 파악하여 영양적, 사회적 입장에서 분석, 정리하고 문제점 중에서 대상자가 실행해야 할 것과 기업체가 실행해야 할 것은 무엇이며 대상자가 문제에 대한 인식(관심)의 정도는 어떠하며, 실행가능성은 어느 정도인가 등도 분석한다.

영양문제를 근본적으로 해결하기 위해서는 영양문제 그 자체의 단편적인 해결보다는 그 원인과 관련요인의 분석이 매우 필요하다. 영양문제에는 그 원인과 관련된 한 가지 요인이 독립적으로 영향을 미치는 것이 아니라 여러 요인들이 복합적으로 얽혀서 영양상태에 영향을 미친다. 따라서 영양문제가 어떻게 발전되어 왔고 여기에 어떤 원인이나 요인이 작용했는지 파악해야 하므로 이와 관련된 자료의 수집이 필요하다. 대상 집단의 영양문제의 원인이나 관련요인을 분석하는데 이용할 수 있는 유용한 자료로는 식품수급표, 영양권장량, 국민건강·영양조사자료, 인구동태통계자료, 보건통계자료 등이 있다. 대상 집단의 영양상태는 생물학적 특성, 생활양식, 사회경제적 여건, 지역사회 여건, 국가적 배경의 영향을 받는다.

표 3-1 영양상태와 관련된 요인

개인적 요인			환경적 요인	
생물학적 특성	생활양식	사회경제적 여건	지역사회 여건	국가적 배경
· 성 · 연령 · 유전 · 질병에 대한 저항력	· 식행동 · 육체적 활동의 종류·수준·시간 · 취미	· 주거 · 학력 · 직업 · 수입과 고용 · 사회적 유대관	· 주거환경 · 식품환경 · 물의 공급 · 건강과 영양서비스	· 정부의 영양정책 · 문화적 특성

	· 여가시간과 내용 · 스트레스 대처 능력 · 약물사용 · 음주, 흡연 · 안전의식 수준 및 행동 · 종교적 행위	계(가족, 친구, 동료)	· 주요산업과 식품관련기술 · 행정부서의 조직 · 의료보건체계 · 오락이나 레저 프로그램	

4) 대책의 수립(계획수립의 방안)

목적을 분명하게 한다. 즉 진단에 의하여 얻어진 문제점을 개선함으로써 어떠한 효과가 나타날 것인가를 예견한다.

① 목적을 달성하기 위한 몇 가지 방법을 선택한다.

② 선정된 방법 중에서 경제적, 긴급성, 실현가능성 등을 기준으로 최선의 방법을 설정하여 구체적이고 면밀한 계획표를 작성한다.

③ 관계자에게 설명하고 납득되도록 한다.

대상자에 대한 진단이 이루어진 다음에는 영양문제를 개선하거나 해결하기 위한 영양교육 활동계획을 수립하여야 한다. 통합된 영양개선활동의 일부분으로서의 영양교육은 다른 영양중재활동(intervention)과도 연관되므로 영양교육 담당자의 활동은 다른 영양사업요원들의 활동과 밀접한 관련이 있어야 한다. 또한 그 지역사회의 책임자나 정책 담당자, 또는 정책적인 지원을 책임지는 관련 정부부처의 책임자들의 협력을 얻기 위해서는 이들이 참석할 수 있는 세미나나 워크샵 같은 모임을 자주 주선하여 영양문제와 관련된 내용을 자주 다루는 것이 좋다. 계획을 수립할 때에도 영양교육 담당자, 다른 연계된 영양개선 활동 담당자, 지역사회정책 담당자, 정부 관련부처의 담당자 및 대상 집단의 대표가 가능한 모두 모여서 서로 협력하여 계획해야 한다. 특히 대상자들이 참여한 계획수립은 영양문제에 대한 대상자들의 인식을 더욱 절실히 하고 그 문제를 해결하고자 하는 욕구와 동기를 강하게 하여 능동적이고 성공적인 영양교육의 가능성을 높인다.

대상자들의 영양문제를 해결하고 영양상태를 개선하기 위한 영양교육 활동의 계획수립은 다음 단계를 거친다.

첫째, 여러 영양문제 중에서 가장 시급한 문제를 선정한다. 영양문제의 우선순위를 정하는 방법은 공정하고 객관적이어야 하며 영양문제의 크기, 심각성, 효과성, 정책적인 지원 등의 내용을 고려하여 선정하는 것이 좋다.

둘째, 영양문제를 해결하기 위한 목적(goal)과 목표(objectives)를 설정한다. 목적은 영양문제 내에서 이루고자 하는 변화의 일반적인 설정으로서 포괄적이고 광범위한 장기계획이다. 이러한 목적을 달성하기 위해서는 구체적이고 세부적인 단기계획이 필요한데 이를 목표라고 한다. 목표는 중간목표와 결과목표로 분류된다. 가까운 목표로서의 중간목표는 영양문제의 원인이나 관련요인의 변화를 예측하는 것으로서 영양교육 실행 후 곧 달성할 수 있는 목표이다. 일반적으로 영양과 관련된 지식과 태도의 변화, 더 나아가 행동의 변화까지도 포함한다. 먼 목표로서 결과목표는 영양문제의 원인이나 관련요인이 변화됨으로써 나타나는 건강상의 변화, 즉 영양문제의 해결을 예측한 것으로서 영양교육 실행 후 어느 정도의 시간을 요하는 목표이다.

셋째, 목적과 목표를 달성하기 위한 영양중재방법을 선택한다. 영양중재란 영양문제를 유발하는 원인이나 요인을 시정하여 영양문제를 해결하고자 하는 시도로서 여러 방법이 있다. 예를 들어 철 결핍성 빈혈이 부적절한 식품선택에 의하여 발생했다고 할 때 주식에 철분을 강화시키는 방법, 올바른 식품선택에 대한 영양교육, 철분영양의 중요성에 대한 홍보를 위한 대중매체 이용 등의 여러 중재방법이 있다. 따라서 이들 중 적절한 중재방법을 선택해야 하는데 대상 집단의 영양문제의 유발요인을 개선하고 대상자들의 생활습관에 익숙하면서 그들의 요구에 근접하며 지역사회의 지원이 가능한 영양중재 방법을 선택하는 것이 좋다.

넷째, 영양교육 과정을 설계하고 마케팅 전략을 개발한다. 영양교육의 내용, 방법, 매체선정 및 활용 등을 포함하는 일체의 교육과정을 설계하고 교육시기, 인력, 예산 등을 구체적으로 정한다. 또한 이를 널리 홍보하기 위한 마케팅 전략을 개발한다.

다섯째, 영양교육 활동에 대한 평가를 계획한다. 평가란 목표의 성취여부 및 정도를 확인하는 것으로서 그 결과를 다음 계획수립에 반영하게 되므로 중요한 절차이다. 평가를 위하여 영양교육 실행 중과 후에 여러 종류의 정보가 수집되어야 하는데, 어떠한 정보를 어떻게 수집하여 분석할 것인가를 미리 계획하도록 한다.

여섯째, 영양교육 활동의 예비실시 및 평가를 통해 계획을 완성한다.

5) 실시(Practise)

계획적이고 조직적이어야 하며 반복지도가 필수적이다.

영양교육 활동의 모든 과정에 대한 계획을 하고 사전 평가하여 이를 보완한 후에는 영양교육의 본격적인 활동인 실시로 들어간다. 실시는 계획을 행동으로 실천하는 것으로서 계획에 충실하게 따르는 것이 목표이다. 그러나 영양교육을 효과적으로 실행하기 위해서는 융통성과 적절한 관리능력이 요구된다. 영양교육자는 대상 집단에 대해 가장 최선의 교육을 제공하도록 노력할 의지가 있어야 한다. 너무 조급하게 일시적인 변화를 기대하지 말고 애정을 가지고 끈기 있게 긴 안목으로 교육하는 것이 바람직하다.

6) 효과판정(평가)

모든 일을 함에 있어서는 그 일의 종료 시에 기대한 목적을 달성하였는가에 대하여 그 효과를 판정하는 일이 중요하다.

판정에 의하여 얻어진 결과는 새로운 계획을 세우거나, 개선계획을 세울 때 자료로 이용하기 위하여 정리, 보존되어야 하며, 얻어진 내용이 소기의 목적을 충분히 이루지 못하였을 경우는 문제를 재진단해 보고 계획을 세워 다시 실시해야 한다. 이와 같이 되풀이함으로써 효과가 궁극적으로 나타날 것이다. 이상의 관계를 살펴보면 그림 3-2와 같다.

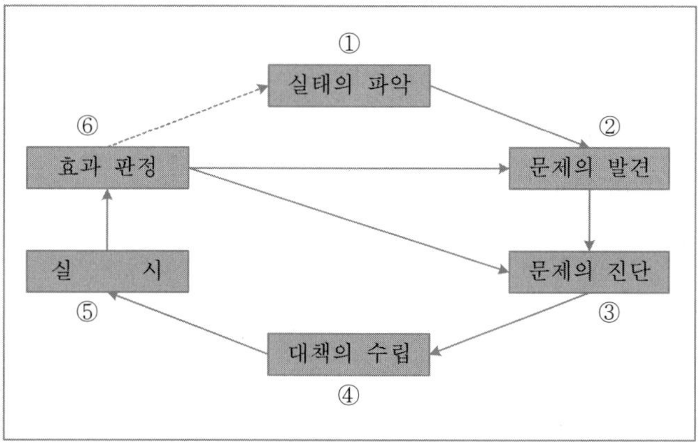

그림 3-2 영양 교육의 체계

한 문제에 대해서 효과 판정이 이루어지면 다음 단계에서는 ②의 문제 발견에 따라서 문제를 발견하게 되고 또한 판정 결과 여하에 따라서는 직접 ③의 문제의 진단이 되어 새로운 개선 계획을 세울 수 있다. 때로는 ⑥의 판정 결과가 직접 또는 간접적으로 ①의 실태 파악을 위해 유력한 자료로 되기도 한다.

평가의 내용은 영양교육에 투입된 자원평가, 영양교육의 실행과정평가, 영양교육의 효과평가 등이 있다. 투입자원평가와 실행과정평가는 영양교육 실행 중에 수시로 이루어져야 하고 영양교육이 실행된 후에는 다시 전반적인 평가와 함께 효과평가가 이루어져야 한다. 또한 교육의 실행이 끝난 직후에 대상자들의 지식·태도의 변화정도를 파악하고 실행 후 일정한 기간이 지나서 대상자의 행동변화와 영양상태를 조사하여 영양문제의 해결여부를 통하여 영양교육의 효과를 평가한다. 즉 영양교육의 목적 및 목표 달성 여부를 확인하는 것이다. 만약 목적이나 목표가 달성되지 않았다면 영양교육활동의 문제점을 파악하고 목적이나 목표의 적절성에 대해서도 평가하도록 한다.

평가의 방법에는 여러 가지가 있는데 단순한 관찰이나 개인의 면접을 통하여 평가하기도 하고 평가도구를 이용하여 교육대상자의 지식, 태도, 행동 및 건강상태의 변화를 평가할 수도 있다. 행동이나 건강상태를 평가하는 방법은 식품섭취실태조사, 임상진단 및 신체계측, 생화학적 조사 등이 있다.

평가는 단순히 평가에서 그치는 것이 아니라 여러 용도에 이용될 수 있다. 첫째, 영양교육 활동의 담당자에 의하여 즉각적으로 영양교육 진행에 반영할 수 있다. 둘째, 영양문제가 발생한 지역사회의 책임자나 관련부처 담당자는 평가결과를 토대로 영양정책을 수립할 수 있고 이러한 영양교육 활동의 지속, 확대 또는 중단 등 재정립에 이용할 수 있다. 셋째, 다른 지역에서 이와 비슷한 영양교육 활동을 계획할 때 성공이나 실패의 요인을 미리 파악하여 시간과 경비를 절감할 수 있다.

3-4 영양교육의 실천단계

영양지도는 자신들의 의지로 행동하는 의욕을 갖도록 뒷받침해 주는 것이다. 지도는 결코 무리하게 강압적으로 잡아 이끄는 방법이 되어서는 안 된다. 영양개선을 위한 영양지도의 목표는 영양상 올바른 지식을 각 가정에서 생활화하여 마음 편히 실행할 수 있어야만 한다. 그리고 각자의 경제나 습관 등 생활의식에 맞추어서 말보다 자발적으로 실천하는 방법으로 지도해야만 한다.

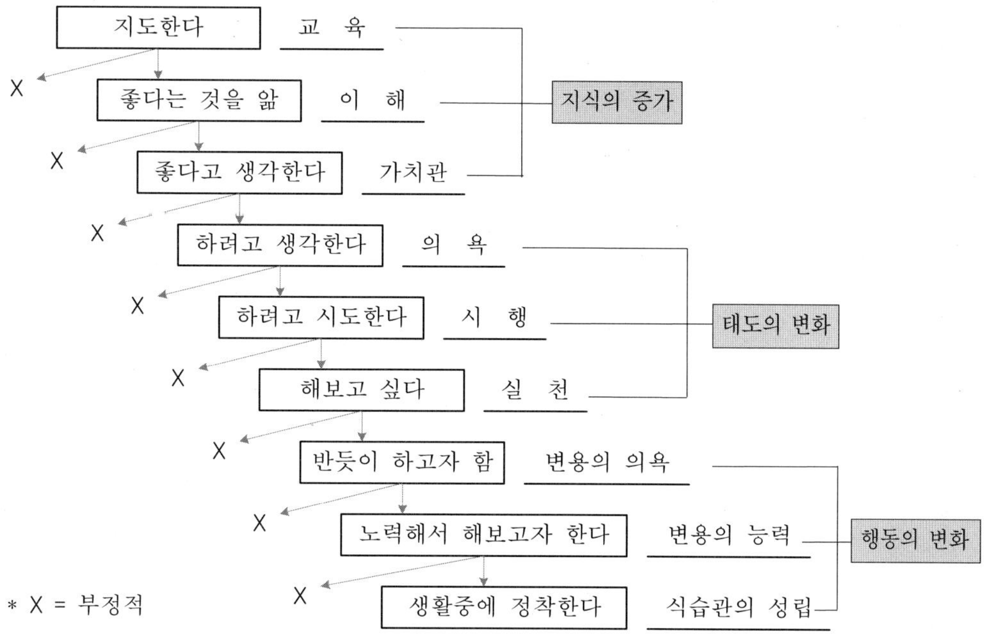

그림 3-3 지도에서 태도변용의 단계

3-5 영양지도의 유형

영양지도는 일종의 커뮤니케이션이므로 일방통행적인 것이 아니고 상호간(영양지도를 받는 사람과 하는 사람 사이)에 의사와 언어가 서로 교통하는 전달의 과정이 되어야 할 것이다. 영양지도는 크게 두 가지 그룹으로 나눌 수 있다. 즉 지도방법에 따른 분류와 다른 하나는 지도대상에 의한 분류로 구분할 수 있다.

① 지도 대상자들과 직접 영양상담을 하거나 혹은 급식 시설내의 모든 관계 종사자에 대한 개별적인 지시 또는 주의를 줌으로써 영양지도를 하는 면접형이 있고,

② 이용 가능한 기회를 포착해서 요령껏 지도를 하는 기회교육이 있다. 예를 들어, 공장 등과 같은 산업체급식소에서는 생산으로 인해 시간이 부족하여 적당한 시간을 얻어 영양교육을 하기 힘들고, 경영자에게 영양교육을 위한 시간을 내어달라는 것은 오히려 역효과를 초래하는 경우가 많기 때문에 적

당한 기회를 포착해야 한다. 따라서 점심시간을 이용하거나 혹은 어떠한 특수한 모임이 있을 때에 잠시 동안에 시간을 얻는다든가 하는 식의 기회를 이용한 영양교육이 되어야 한다는 것이다.

③ 문서, 기타 인쇄물에 의한 영양지도 방법도 있다. 이것은 어떤 특정인에게 받아 대필하게 하는 지도적 메모라든가 부탁, 기타 관계되는 단체 등에게 주는 통지와 같은 유인물, 작은 신문형 인쇄물, 팸플릿, 잡지 등을 이용하는 영양지도 방법이다.

④ 실습, 실연을 통한 영양지도 방법도 있다. 이것은 강습회 같은 것으로서 영양상담장에 대한 조리법의 실연이라든가, 또는 영양시설 내에 종사하는 관계자에 대한 조리법 등을 실제로 실습시킴으로써 영양지도에 임하게 하는 방법이다.

⑤ 여러 가지 특수식품에 대한 시식회를 가짐으로써 직접 피교육자들이 참여하고 의사를 발표할 수 있게 하는 방법이 있다.

⑥ 관계되는 급식시설 또는 식품생산업소 등을 견학함으로써 복잡한 설명 없이 쉽게 그리고 명확히 익힐 수 있도록 하는 지도방법이 있다.

기타 현장지도, concourse, 놀이, 전시 현상 등이 있으며 가장 효과적인 것으로 매스컴을 통한 것이 있다.

다음은 지도방법에 의한 분류와 지도대상에 의한 분류를 간략화하여 표시한 것이다.

1) 지도방법에 의한 영양지도의 분류(communication형으로 분류)

(1) 개별지도
- ① 면접, 구두지도
- ② 기회교육
- ③ 문서·인쇄물 등에 의한 지도
- ④ 실습·실연을 통한 교육
- ⑤ 시식을 통한 평가교육
- ⑥ 현장교육을 통한 교육

(2) 집단지도
- ① 기회교육
- ② 문서 또는 인쇄물에 의한 지도
- ③ 실습·실연을 통한 강습교육
- ④ 시식을 통한 Panel형 교육
- ⑤ 강의식 교육
- ⑥ 좌담 또는 토의에 의한 지도
- ⑦ 견학을 통한 실제교육
- ⑧ 영양지도자의 이용을 통한 지도
- ⑨ 현장실습지도
- ⑩ concourse를 이용한 경쟁발표를 통한 지도
- ⑪ 놀이를 통한 교육

(3) 매스컴 지도
- ① 문서와 인쇄물 등을 이용한 지도
- ② 전시 또는 게시 등을 통한 지도
- ③ 현상을 이용한 경쟁형 지도
- ④ 방송 등 매스컴을 통한 교육

2) 대상에 의한 영양지도의 분류(지도대상에 따라 구분)

(1) 개인지도
- ① 면접 또는 대화를 통한 영양 지도
- ② 기회교육(Chance 이용)
- ③ 문서·기타 인쇄물에 의한 지도
- ④ 실습·기타 실연을 통한 지도
- ⑤ 시식을 이용한 Panel형 지도
- ⑥ 현장지도를 이용한 실습형 교육

(2) 가정지도
- ① 면접 구두를 통한 상담형 지도
- ② 기회교육
- ③ 문서 기타·인쇄물의 이용 지도
- ④ 실습·실연을 통한 지도
- ⑤ 시식을 통한 test형 지도
- ⑥ 현장실습지도

(3) 지역지도
- ① 기회를 잘 이용하는 지도교육
- ② 서류·인쇄물을 이용한 지도
- ③ 현장실습을 이용한 지도

(4) 시설지도

- ① 면접, 대화 등 상담형 지도
- ② 기회를 이용하는 교육
- ③ 문서 · 인쇄물을 이용한 지도
- ④ 실습 · 실연을 통한 교육
- ⑤ 시식을 통한 Panel형 지도
- ⑥ 좌담 또는 토의를 통한 의견 교환 지도
- ⑦ 현장을 통한 교육
- ⑧ 현장실습지도

(5) **집단지도** - 지도방법에 의한 분류에서의 집단지도와 내용이 같다.

(6) **대상지도** - 지도방법에 의한 분류에서의 매스컴과 그 내용이 같다.

현장지도의 경우는 가정에서 혹은 병원이나 산업장 등 단체급식 시설 내에서의 현장실습 지도를 뜻하는 것으로서 자가용 식량의 영양적 계획 생산 및 공동가공 등으로 실제 실습지도를 하는 것이며 concourse 지도로 관계되는 적당한 식단 작성 및 기타 조리의 과학화 등에 대한 경제의식을 줌으로써 발전적인 지도가 되도록 하는 것이다. 전시지도는 소규모의 전시에서 전람회, 게시판을 이용한 장기적인 지도 현수막 등을 통한 일시적인 강조교육 등을 들 수 있다.

3-6 개인지도(Individiual guidance)

개인지도 또는 개인면담(individiual guidance, individiual contact)은 그림 3-4와 같이 직접 얼굴을 맞대고(face to face) 지도하기 때문에 가장 효과적인 방법이나 많은 시간과 노력 및 인원이 요구되는 결점이 있다. 반면 넓지는 않으나 깊게 지도되는 장점도 있다.

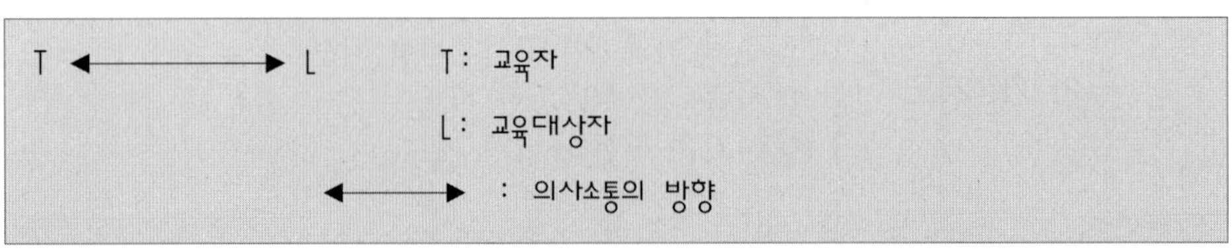

그림 3-4 개인지도 방법

개인지도는 지도라기보다는 상담(counselling)인 경우가 많으며, 대상은 꼭 한 사람만이 아닌, 문제에 따라서는 주위에 있는 특정한 사람 2~3명도 대상이 될 수 있다. 그러므로 사례연구(case work)라고 생각하는 편이 옳다.

개인면담의 원칙적 요건은 다음과 같다.

① 대상을 파악한다.
② 문제점을 발견하고 집약한다.
③ 대화하고 설득한다.
④ 문제해결을 위하여 협력한다.
⑤ 경과를 관찰하고 반복지도 및 사후지도를 한다.

면담시간은 상대방이 가장 한가한 시간을 이용하며 1회 면담에는 20~30분 정도가 가장 적당하다.

개인면담에 있어서는 무엇보다도 면담자의 태도가 중요하다. 면담자의 태도가 동정적이거나 불성실하다면 조언을 하더라도 반감을 일으킬 수 있고 교육적 효과를 기대할 수 없기 때문에 세심한 주의가 요구된다. 훌륭한 면담자가 갖추어야 할 태도는 다음과 같다.

① 성실한 태도로 상대방에게 안심감과 신뢰감을 주어야 한다.
② 인내력이 있어야 한다.
③ 언제나 객관성이 있어야 한다.
④ 상대방의 입장을 이해하고 공감대를 갖도록 노력한다.
⑤ 중립적 입장을 유지하면서 친절해야 한다.
⑥ 주위 집중력이 있어야 한다.
⑦ 상대방의 기분, 표정 등을 예리하게 파악할 줄 알아야 한다.
⑧ 경험을 살리는 힘을 길러야 한다.

이와 같은 면담에 사용되는 말에는 많은 주의가 필요하다.

① 표준어와 경어를 사용한다.
② 외국어, 유행어, 신조어, 비어, 속어 등을 사용하지 않는다.
③ 알기 쉬운 말로 정확히 하며, 어휘는 풍부히 한다.

또한 면담자는 면담의 목적 설정 및 주제선정 등을 미리 잘 준비해 두어야 한다. 이것은 가정방문, 면담을 이용하여 특정계획을 위한 기초정보를 모으려고 하는 사회지도자, 영양조사원, 생활개선지도원, 보건요원 등 여러 분야의 사람들이 익혀두어야 할 기본적인 영양방법이라 하겠다. 개인지도에는 다음과 같은 경우가 있다.

1 일반의 영양상담

개개인에 대하여 수시로 상담에 응하는 것과 일정한 장소에서 특정한 날짜와 시간에 실시하는 것(상담소)이 있다. 상담소의 경우는 상설적인 것과 임시적인 것이 있다. 상담에 대한 일반적인 요령을 들어보면 다음과 같다.

① 상대방이 안심하고 상담할 수 있는 좋은 분위기(good climate)를 조성하고 태도를 갖는다.
② 상대방의 말을 잘 들어 준다. 가장 효과적인 영양교육은 상대방의 말을 잘 경청하는 것이므로 면담자가 말을 많이 하지 않는 것이 좋다.
③ 상대방의 문제가 무엇인가를 빨리 파악하고 문제해결을 생각한다.
④ 연령, 직업, 가족구성, 배우자의 유무, 주소 등은 필요에 따라서 이야기를 진행시켜 가면서 묻는다. 응답하기 곤란한 말은 말의 중간이나 맨 끝부분에서 묻는다.
⑤ 상대방이 요구하는 문제에 대해서는 친절한 해답과 지도를 한다.
⑥ 필요에 따라서는 간단히 실연을 한다.
⑦ 유인물(leaflet;크기 20×30㎝ 정도) 등을 사용하고 필요한 메모 등을 하여 주면 더욱 좋다.
⑧ 문제점에 대한 해답이 나오지 않을 경우에는 다음에 상담을 다시 하기로 약속하거나 참고자료를 보내는 등 계속적으로 지도를 한다.
⑨ 상담소에서 실시할 때는 상담지도표(표 3-1)를 만들어 기록한다.
⑩ 될 수 있는 한 사후지도를 한다. 그 후의 경과나 결과가 좋은가, 나쁜가를 우편으로 연락한다.

상담 방법의 종류로는

① 상담소 방문(Official calls): 영양전문기관이나 단체에 설치된 상담소를 이용하여 영양과 섭생, 임신과 영양, 육아 식이요법 등의 상담을 한다. 가정 방문에 비해 시간, 경비, 노력이 절약되는 장점이 있다.
② 임상 방문(clinic visiting): 보건소 또는 병원에서 상담을 한다.
③ 전화 상담(telephone calls): 가정 방문이나 임상 방문이 어려울 때 이용한다. 편리하고 능률적이지만 교육효과는 다소 떨어진다(간단한 정보교환만 가능).

표 3-1 영양상담표

No. 상담자

이 름		성별	♀, ♂	생년월일		
주 소				직 업	부 업	
가족구성 및 가정환경						
날 짜	상 담 내 용		지 도 요 점		비 고	

④ 서신지도(personal letters): 인원부족으로 가정방문이 어렵거나, 교통불편, 원거리 또는 그 지역의 방문대상이 적을 때 이용한다. 교육내용 사전에 준비할 수 있고 시간과 경비가 절약되는 장점이 있지만 전화상담과 같이 직접교육이 아니므로 효과는 적다.

⑤ 가정방문(home visiting): 가정을 직접 방문하여 개별적인 영양상담을 한다. 개인의 생활환경을 직접 보고 파악할 수 있어서 개인의 특성과 요구에 맞는 상담이 가능하며 사회의 관심사나 시연 등에 참여하도록 독려할 수 있는 장점이 있지만 교육자의 시간, 경비, 노력이 많이 요구되므로 지역사회의 모든 가정 방문이 불가능하여 접근 가능한 곳에 제한이 된다는 단점이 있다.

⑥ 인터넷 상담: 병원, 보건소 및 영양관련 학회, 영양사 협회 등의 전문기구나 단체에 개설된 홈페이지를 방문하거나 전자메일을 이용하여 상담을 받을 수 있다. 영양교육자는 교육내용을 사전에 준비할 수 있고 시간과 경비가 절약되는 장점이 있지만 전화상담과 같이 직접교육이 아니므로 효과는 적다. 요즈음에는 너무나 많은 영양관련정보를 주변에서 흔히 접할 수 있는데, 신뢰할 수 있는 영양전문조직이나 기구로부터 전문가의 의견을 따르는 것이 영양문제 해결에 도움이 된다.

2 영양병리 면과의 관계지도

임산부, 유유아, 결핵, 신장병, 당뇨병, 고혈압증, 빈혈증, 비타민 결핍증, 기타 특수한 상태에 있는 영양지도 대상자들에 대한 치료식사에 관한 영양지식을 보완시키고,

또 그러한 특수식에 관한 식단 작성과 조리, 이유식과 같은 특수식품의 이용법 등을 구체적으로 지도하여야 한다. 의사로부터 충분하고도 정확한 진단결과와 내용을 연결 받아 파악해야 할 것이며, 특히 이와 같은 사람의 영양지도는 사후 영양관리가 중요하므로 가능하면 정기적인 가정방문과 같은 적극적인 지도가 요망된다.

3 편식교정의 특수 개인지도

가정의 어머니들이 호소해 오는 내용 중 가장 높은 비율을 차지하는 것이 집의 어린이들이 편식하는 경향이 너무 심하다는 것이다. 영양지도자는 당연히 편식하는 나쁜 식습관을 바로 잡아 주어야 할 것이며 중요한 임무중의 하나다.

① 무엇보다 먼저 편식을 하게 된 동기를 파악해야 한다. 즉 무엇이, 무슨 이유로, 언제부터 싫어졌나 하는 것을 파악해야 한다.

② 다음으로 조리방법을 바꾸거나 또는 맛(조미, 간을 맞추는 일)에 따라 어느 정도 반응이 달라지는지를 알아야 한다.

③ 편식을 하게 된 이유와 내용을 잘 파악하였으면 어떠한 방법으로 이를 바로 잡을 수 있을까 하는 방법을 강구하여야 한다.

㉠ 고집이 센 경우는 잘 타일러서(유도한다) 조금씩 시식하는 형식으로 먹게 한다.

㉡ 식품의 크기에 유의하여 처음에는 잘게 잘라 한입에 넣을 수 있게 하고 차차 크게 하는 방법을 쓴다.

㉢ 맛을 여러 가지로 조절해 본다.

㉣ 조리하는 것을 직접 보여주는 방법, 또는 같이 참여케 하는 방법 등을 쓴다.

㉤ 환경을 개선한다. 친한 친구들과 같이 동석시켜서 서로 어울려 먹게 한다.

㉥ 영양에 대한 지식을 가르쳐서 스스로 먹도록 하는 방법을 강구한다.

㉦ 계속적으로 꾸준히 교정하도록 노력해야 한다.

4 어떻게 하면 말을 잘할 수 있는가?

말은 자기의 생각을 타인에게 전하는 수단이며, 이쪽에서 생각하고 있는 것을 상대방에게 정확히 전달시킬 수 없다면 의미가 없는 것이다. 말은 이와 같이 의사나 사상을 전달하는 것이므로 좋은 말을 하기 위해서는 훌륭한 마음씨를 가지고 있지 않으면 안 된다. 기본적으로 마음씨가 좋지 않다면, 아무리 훌륭한 말을 한다 해도 결국 언제인가 자기 마음의 추한 것이 말에 나타나게 마련인 것이다.

또 말은 사상의 전달에만 그치지 않고 더 나아가 상대방을 설득하고자 하는 의의가 내포되어 있는 것이다. 영양지도에 있어서 말의 중요성은 특히 큰데, 말이 영양지도의 도구가 되기 때문이다.

1) 말의 활용

말을 하는 데에는 네 가지의 활동이 있다. 인간이 서로 생각을 전하는 데는 말하는 것 이외에 듣고, 읽고, 쓰는 방법이 있으며 이들은 상호관계가 있다. 그리고 말의 의의인 전달·설득의 효과를 올리기 위해서는 ㉠ 잘 듣기 ㉡ 잘 읽기 ㉢ 잘 쓰기 ㉣ 말 잘 하기의 네 가지에 숙련되도록 훈련을 해야 한다.

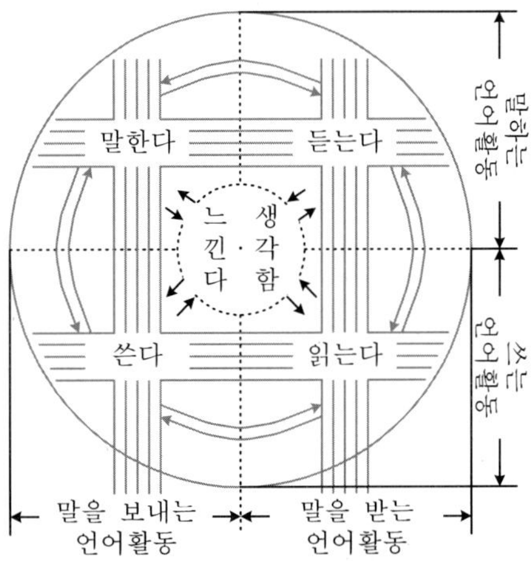

그림 3-5 말의 활용

2) 말의 종류

말은 그 목적에 따라 네 가지 종류로 나눌 수 있다.

① 상대방을 즐겁게 해주거나 또는 감동시키는 등의 말로서 소위 만담·농담·잡담 등

② 어떤 결과에 대한 보고를 하는 말로서 체험보고, 조사연구보고 등

③ 상대방에게 "과연 그런데"라고 생각할 수 있게 하는, 즉 이쪽의 주장을 받아들여 주도록 하는 설득의 말

④ 상대방에게 이쪽의 의도를 이해해 주도록 하고, 그 요구에 맞는 행동이 일

어나도록 하는 말 등이다.

영양지도의 최종 목표는 상대방의 태도를 어떻게 해서 바꾸게 할 수 있는가, 또 그렇게 해서 결국 뜻한 대로 행동에 옮길 수 있게 할 수 있게 하는 것이다. 따라서 단지 재미있는 만담조의 말로서는 효능이 없으며, 그렇다고 해서 상대방을 승복시켜 무릎을 꿇게 하는 것이 되어서도 안 된다. 그러므로 그림 3-5에서 보는 네 가지 언어활동을 유효적절하게 조화시켜 말을 해야 할 것이다.

3) 말의 진행방법

말을 진행시키는 데 있어서는 우선 사용할 말을 선택해야 한다.

① 정확한 말을 ② 알기 쉬운 말을 쓰며 ③ 억지로 외국어를 쓰지 않도록 한다. ④ 또 유행어나 새로운 말은 가급적 피해야 하며 ⑤ 포근한 정다운 말을 ⑥ 품위있는 말솜씨로 ⑦ 경어를 골라서 씀으로써 ⑧ 말을 윤택하고 풍부하게 하는 것이 중요하다.

영양지도는 선전과는 달리 홍보활동이므로 그 말의 내용은 '진실성이 있는' 것은 물론이려니와 그러한 말이 되려면 '자신이 있는', '명확한 이론'이 되지 않으면 안 된다. 또 잘 이해해서 납득할 수 있는 그러한 내용의 말이 되도록 준비가 되어야 한다. 말의 순서는 말이 복잡할 때는 정순법으로 요약→설명→결론, 앞에서 미리 지식이 있을 경우에는 요약법으로 설명→결론, 바쁜 사람과 판단이 빠른 사람의 경우는 역순법으로서 결론→설명, 이들 세 가지 중에서 상대방의 상황에 따라 마땅한 것을 골라서 말을 진행해나가면 되는데 이때 주의해야 할 것은 요점을 명백히 해야 하고, 쓸데없는 군말을 하지 않도록 하며, 단숨에 내뱉는 식의 말을 피하고, 상대의 반응을 잘 살펴 가면서 말을 진행하도록 할 것은 물론이다. 기타 주의해야 할 것을 들어보면 다음과 같다. ① 편한 마음가짐으로 말을 진행할 것이며, ② 장소의 상황을 잘 살펴야 한다. ③ 목소리는 명랑하고 깨끗해야 한다. 그리고 부드러워야 하며 발음이 정확해야 한다. ④ 말의 내용중 예를 들 때는 특히 주위에서 쉽게 찾아볼 수 있는 것을 들어서 설명해야 하고 여기에 유머를 섞어서 말을 진행하면 더욱 효과적이다. ⑤ 말에는 반드시 호기심을 갖게 하거나 해독이 명확하게 되도록 내용을 조절해야 한다. ⑥ 물론 중요한 사항은 반복해서 몇 번 되풀이 말을 해도 된다. ⑦ 끝마칠 때는 반드시 질의응답의 시간을 갖는 것을 잊어서는 안 된다. ⑧ 6하 원칙적 조건을 이용한다.

· Who(누가) - 영양지도의 경우는 영양사 또는 조직, 기관, 단체 등이다.
· Says what(무엇에 대해) - 지도의 내용으로 영양지식, 급식의 의의나 식비문제 등
· In which channel(어떤 통로로) - 소위 매체교재 등
· To whom(누구에게) - 상대방으로 일반 주민, 급식자 등
· With what effect(어떤 효과를 가지고) - 급식효과를 올리고자 하는 목적을 기대하며

· How nicely - 얼마나 훌륭하게

4) 대화의 방법

자기 생각을 상대방에게 전하는 데는 다음과 같은 방법이 있다.

① 면접 { 1 : 1············ 일반 영양상담
1 : 소그룹 ··· clinic 상담

② 토의형식 1 : 소그룹 ··· 연구집회, 좌담회 } 에서의 토의

③ 강의형식 1 : 대그룹

(1) 강의형식의 특색

영양사의 활동 분야의 하나로서 강의형식에 의한 강연, 강습회는 가끔 이용되는 지도방법으로서 영양사의 인격이나 식견이 대중에게 잘 반영되는 방법이다. 이 강의형식의 장단점을 잘 살펴보면 다음과 같다.

표 3-2 강의 형식의 특색

장 점	단 점
1. 한 번에 많은 대상에게 똑같이 작용이 미칠 수 있다. 2. 비교적 단시간에 일정량의 지식을 보급시킬 수 있다. 3. 계통적으로 모든 것을 종합 정리할 수 있다.	1. 멍하니 들어 넘기는 경우가 생기기 쉽다. 2. 단시간이어서 깊이 연구되지 않고 넓고 얕게 되기 쉽다.

(2) 토의형식의 특색

강의형식과 같이 일방적인 주입식 교육으로서는 무언지 부족하고, 어떤 문제에 대해선 더욱 깊은 연구를 하고 서로 의견을 나눔으로써 문제 해결을 하고자 하는 태도가 최근에 와서는 더욱 강해져서 소위 민주적 해결을 갖고자 하는 것이 토의 형식이다. 그러나 여기에도 장단점은 있다. 즉 각자가 역할연기를 잘 이해하고 협조적이어야만 효과를 기대할 수 있다.

표 3-3 토의형식의 특색

장 점	단 점
1. 토의에 참가한 각자가 자주적이며 또한 적극적이 된다. 2. 타인의 발언을 잘 듣고 듣는 명수가 되고, 또한 잘 이해해서 자기의 논점과의 상위점을 명확히 잡는다. 3. 협조성이 양성된다.	1. 각자의 역할을 이해하지 않으면 특정인만의 발언장이 되고 민주성이 없어질 위험이 있다. 2. 이와 같은 경우는 물론 효과가 없어진다.

5) 말이나 문자의 감각

동일한 의미를 가진 일이라 해도 말이나 문자를 바꾸면 느낌이나 그 힘이 틀려지게 마련이다. 즉 '아' 다르고 '어' 다르다는 뜻이다.

예) 결핍 … 부족 … 없다
많이 있다 … 상당히 있다 … 많다 … 적지 않다.

예) 잔디밭에 들어가지 마시오
lawn under your take care

예) 동일어도 사용하는 곳에 따라 느낌이 다르다.

마시는 술 / 먹는 음식 } 비교   술 먹으러 가자 / 차 한잔 마십시다 } 비교

예) 같은 의미로 표시했는데 다른 의미로 표현된다.
증가되어 있지 않다 … 증가는 멎었다.

6) 말의 선택

상대방이 이해하기 쉽고 불쾌감을 주지 않는 말을 골라서 쓸 것이며, 다소의 감각에 상이점이 있다 하더라도 잘 알 수 있는 말, 즉 상대방이 말을 선택할 수 있게 하는 것이 좋다. 알기 쉽게 하기 위해서 가급적이면 해설적인 말을 쓰는 것이 좋다. 또 불쾌감을 주지 않기 위해서 상대방의 감정을 생각하면서 대화할 것이며 다음과 같이 명령조나 억압적인 말을 쓰거나 단정적인 말은 쓰지 않는 것이 좋다.

예시문			
	동물성 단백질을 더 많이 섭취하세요(명령, 억압형).	→	동물성 식품을 조금만 더 섭취하신다면 훨씬 좋아지실 것 같습니다.
	밤소경은 먹는 방법이 좋지 않기 때문입니다. 비타민 A가 많은 것을 먹지 않으면 안 됩니다(단정형).	→	밤소경은 대개가 음식을 너무 가려먹는 데서 온 결과가 많습니다. 녹황색이 짙은 야채나 혹은 가능하면 소간 같은 것을 드시면 많은 효과를 보실 수 있습니다(구체적인 설명형이 좋다).

7) 표어

표어는 가장 짧고 가장 단순화된 문장이다. 표어의 목적은 다음과 같다. 즉
① 바라는 바를 즉시 알아차리기를 바란다(즉각적인 빠른 이해).
② 머리에 강한 인상을 주어서 가급적이면 입에 자주 오르내리기를 바란다(강한 인상).
③ 내용대로 협력 또는 실행의 기분을 갖도록 해줘야 한다(실행성의 요구).
이런 점을 감안해서 만들 때의 형태를 다음과 같이 생각한다.

- 간단명료하며 길지 않을 것
- 의미가 바로 표현되어야 할 것
- 실행될 수 있는 것(즉 목적하는 것은 단 한 가지다)
- 어구도 잘 외우기 쉬운 것일 것
- 가급적 구체성이 있을 것
- 영양표어의 예 … 표어에도 유행성이 있다.
- 쌀은 7분도, 배는 8분(7, 8의 순이 좋다)
- 쌀은 한발 앞, 배는 한술 앞
- 좋고 싫음 많은 아기, 허한 아기(어구가 약하다)
- 기름을 한 술만 더 … (단순하고 구체적이다)
- 골고루 섞인 영양, 아침 · 점심 · 저녁(구체성이 결여)
- 이번에도 4색 식품, 훌륭한 배합반찬
- 행복한 내일에는 오늘의 식사개선
- 뭉클뭉클 영양에, 껑충껑충 일처리
- 영양은 새마을, 우리의 저력
- 식사개선 부군협력, 부인의 지혜
- 영양개선, 새마을의 1,000불 소득 이정표

3-7 가정지도(가정방문, Home visiting)

가정지도는 개인이 아닌 가정이라는 집단(group)을 대상으로 영양지도를 하는 것이므로 집단지도(group work)라고 할 수 있으나, 실제면에 있어서 집단과 같이 공통되는 영양 문제를 논제로 갖는 것이 아니고 가족구성원 개개인의 필요한 요구에 맞는 영양문제를 다룰 수 있으며, 가족 구성원의 공통적인 영양문제를 다룬다 하더라도 가족구성원의 주도자인 주부를 상대로 하는 지도가 일반적이므로 일종의 개인지도(case work)라고 할 수 있다.

즉 그 가족이 갖는 문제점 해결을 위한 필요에 응하는 지도를 해야 한다. 이와 같이 그 가족의 필요에 응하는 지도를 하려고 하면 다음과 같은 두 가지 방법이 있다.

① 개인지도의 직접 연장과 같은 특정한 문제를 갖는 가정을 상대로 지도하는 방법

② 지역사회의 영양개선 사업의 일부로써 지역영양 개선 활동에 연계된 가정지도이다.

전자의 경우는 특정한 가정을 호별 지도하는 방법으로서 영양상담을 요청한 주부를 대상으로 지도하게 되는 것이 보통이다. 여기서는

① 가정 전체적인 문제를 해결하기 위한 영양상담을 하게 된다.

② 특히 편식아가 있을 때에 가족전체의 식사처리 문제의 해결방법 또는 조리 기타 식품재료 문제까지도 해결방안을 모색해야 한다(개인지도편 참조).

③ 가족의 공통적인 영양상 결함문제를 다루고 영양개선에 대한 교육적인 상담도 해야 한다.

그러나 영양사 자신만으로는 하나하나 다 처리하기가 시간적으로나 또는 경제적인 면에서도 매우 힘든 일이므로 상기와 같은 일을 조산원 또는 가족계획요원 기타 보건관계 담당요원들로 하여금 영양사에게서 요점과 요령을 습득하여 대행처리하고 결과에 대해 평가와 계속적인 대행방법을 연구 처리함이 바람직하다.

가정지도상의 유의점(호별지도상)

① 방문일정을 미리 알려준다. 갑자기 방문하지 말고 방문일정을 미리 연락하여 양해를 구해두어야 한다.

② 지도대상은 되도록이면 그 가정의 실권자 및 주부이어야 한다.

③ 내용에 따라서는 문제를 제시하는 방법을 연구해 두어야 한다.

④ 인내력을 가지고 반복해서 지도를 한다. 한 번으로 해결되는 일은 적으므로 여러 번 반복해서 지도할 각오로 착수해야 한다.

⑤ 가족구성 및 생활실태 등을 미리 잘 파악한다.

⑥ 사무적이 아닌 친절, 성의를 가지고 한다. 즉 친밀감이 가는 구체적이고 알뜰한 지도가 되어야 한다.

표 3-4 가정지도를 위한 강습 프로그램

제1일	오리엔테이션	① 식단성분에 대한 내용 강의	
제2일	② 식단작성법 강의	식단작성법 실습	
제3일	③ 조리이론 강의 ④ 식품재료 강의	조리 및 식품재료 실습	
제4일	식량구성 및 식품교환법 강의	식품교환 실습	
제5일	식단작성요령 자습, 식품교환법, 평가 및 실습(자습)		
제6일	상 동(5일의 내용과 같음)		
제7일	⑤ 영양지식(①~④ 이외의 내용)	가정지도의 요령	좌담, 토론

지역 영양개선 사업의 일부로서의 지도를 할 때에도 역시 중요한 것은 개별 가정지도가 중요작업이 되는 것이다. 그 지역조직에서 계획한 것에 따라 그 내용이 각 가정의 지도에 인용되어야 하므로 각 가정에 공통적인 방법이 이용되어야 한다. 예를 들면 지역조직(부락조직)의 leader가 각 가정의 저녁식사를 개선하기 위하여 계속해서 며칠간을 각 가정 부엌을 방문하여 반복지도하는 경우를 뜻한다. 그러나 실제면에서 지도를 하는데 대한 실천이 매우 힘든 경우가 많다. 즉 각 세대별 생활에 차이가 있으며 또한 시간생활에도 차이가 있고 경제적인 차이가 있으므로 식단을 작성함에 있어서 상호간에 차이가 심한 것이 사실이므로 이를 공통식단으로 관리하기란 극히 힘든 것이다. 한편 이와 같은 지역조직 활동을 통한 영양지도는 각각의 지역조직을 관리하는 관할보건소에서 하여야 할 일이다. 또한 그 지역 조직의 leader에 의해 직접 지도가 이루어지게 되는 것이므로 앞에서 말한 호별지도에서와 같은 가족계획 요원이나 또는 보건관계 담당요원이 할 수 있는 것이 아니다. 그러나 경우에 따라서는 조산원이나 보건관계 요원, 가족계획 요원이 직접지도를 담당할 지도자(leader)가 될 수도 있는 것이다.

3-8 집단지도(Group education)

집단, 집회지도라고 하며, 이는 다수인을 대상으로 하여 교육하는 방법을 말하는데, 경제 및 영양교육 요원부족 등 여러 가지 여건 때문에 가장 많이 이용하는 방법이다.

개인지도 보다는 성과면에서 철저하지 못한 결점이 있으나 기회를 여러번 만들 수 있고 보다 많은 사람에게 동시에 많은 교육자료를 전달할 수 있다는 능률적인 면과 개인을 대상으로 할 때는 볼 수 없는 체면이나 참여의식 등 군중심리를 이용할 수 있는 이점이 있다.

한편 집단이기 때문에 제약을 받고 능률이 저하되는 단점도 있다. 집회지도는 공통적인 문제에 대한 관심을 많이 가지고 있는 여러 사람들에 의견을 충분히 받아들여 공통적인 문제에 대한 해결책을 찾는 것이 중요하다.

집단지도 방법에는

① 강의형 지도 : 강의, 강연

② 토의형 지도 : 강의식 토의, 강단식 토의, 좌담회, 6·6식 토의, 배석식 토의, 공론식 토의, 연구집회, 영화토론회, 두뇌충격법, 시범교수법

③ 실험형 지도 : 시뮬레이션, 역할연기법, 인형극, 그림극, 견학, 실습 동물사육 실험 등

④ 기타 : 오리엔테이션, 캠페인 교육방법 지역사회 조사 등

여기에 속하는 방법은 영양사, 생활개선지도요원, 보건요원, 위생관리사, 조리사, 부인단체, 식품관계단체, 소비조합 등 식생활과 영양에 관계되는 업무에 종사하는 사람들에게 생활개선을 위한 영양교육을 보급하기 위해서도 실시한다.

1 집단교육의 종류

집단지도를 대상에 따라 구분하여 보면 다음과 같은 3종류가 있다.

① 생활을 중심으로 한 집단 : 시설에 있는 아동들, 학교나 회사·공장의 기숙사생 등

② 조직되어 있는 집단 : 지역 집단, 청년 단체, 부인회, 기타 동일 직업으로 조직된 집단 등

③ 임의·임시의 집단 : 전람회나 강연회에 모인 사람들의 집단 등

이상과 같이 집단의 차이에 따라서 지도 형태도 다소 다르게 된다.

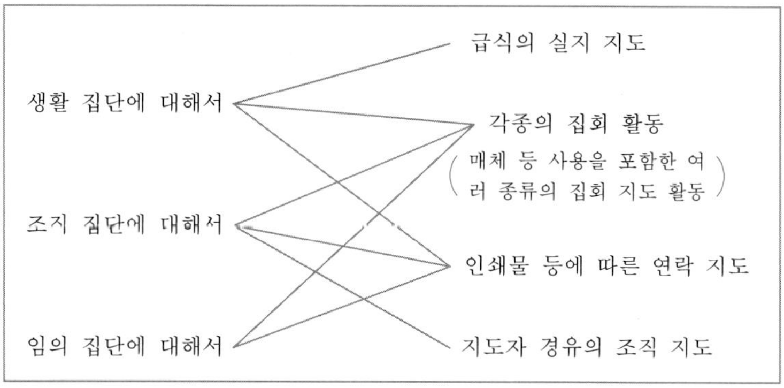

그림 3-6 집단 지도의 종류

즉 ① 의 경우는 집회활동 외에 급식에 대한 지도 등이 가능하며 ② 의 경우는 지도자를 통한 조직지도가 가능하고 ③ 의 경우는 집회활동 그 자체가 주로 이용될 수 있는 것이다.

집단(집회)지도 시 일반적으로 고려해야 할 점은 다음과 같다.

① 집단지도가 만능이 아니라는 점이다.

영양교육에서 집단지도가 차지하는 비중은 대단히 크지만, 집단지도만으로는 소기의 목적을 달성하기 어려우므로 여기에 여러 가지 활동을 가미하는 것이 좋다.

② 대상에 맞추어야 한다.

대상의 종류, 연령, 성별, 직업, 이해력, 문제파악의 정도 등을 고려하여야 한다.

③ 이해와 협력(rapport)을 얻어야 한다.

이해를 구하여 협력을 얻으면 그 영양교육은 성공한 것이다.

④ 참가자가 자기 자신의 모임이라는, 즉 참여의식과 소속감을 갖도록 한다.

⑤ 시청각 매체를 잘 이용하여야 한다.

⑥ 교재, leaflet 등 자기의 집으로 가지고 돌아갈 수 있는 물건을 준비하여야 한다.

또한, 집단지도자가 유의해야 할 점은 다음과 같다.

① 한 사람에게 말을 독점시키지 않는다.

② 한 가지 주제가 끝나면 그 주제에 대한 결론을 분명히 맺고 다음 주제로 넘어간다.

③ 남의 의견에 대해서 반대비판을 가하여 무안을 주지 않는다.

④ 참가자에게 교육적이어야 한다.

⑤ 남의 말을 도중에 가로막아서는 안 된다.

⑥ 주제에서 이탈하지 않도록 하며, 이탈할 때에는 가볍게 시정하여 준다.
⑦ 자기 의사발표의 기회나 집단에게 연설의 기회로 착각하지 않도록 한다.
⑧ 토의내용을 종합하여 이의(異意)가 없는가를 확인한다.

집단지도의 종류별 지도내용을 들어보면 다음과 같다.

1) 강의와 강연(Lecture)

① 다수인을 대상으로 단시간에 일률적으로 ② 일정한 양의 지식을 전달하고 ③ 계통적으로 지도할 수 있는 장점이 있어 많이 이용되고 있는 방법이다. 그러나 ① 주의집중이 어렵고 ② 일반적으로 주어진 시간이 짧아 자세히 강의할 수 없으며, 대략적으로 가르치는 데 그치기 쉬운 단점도 있다. 이 방법의 성패는 강의를 맡은 사람의 강의방법 여하에 달려 있다. 강의를 하는 사람은 강의의 목적을 구체적으로 이해시킨 후 알리려고 하는 주제와 내용에 대해 간결하면서도 명료하게 설명하고, 주제 내용에 대해 강한 인상을 받도록 요점을 되풀이해서 강조함이 중요하다. 강의분위기가 산만해지지 않도록 할 것이며, 질의응답을 통하여 이해도와 효과를 측정하는 것도 중요할 것이다. 대상인원은 70~200명이 적당하고, 실습이 수반되는 강의인 경우에는 30명 정도가 알맞다.

2) 토의법(discussion method)

토의는 강의 형식과 같이 일방적으로 가르치는 것이 아니라, 공통의 문제에 대해 참가자 전원이 깊이 연구하고 서로의 의견을 제시하여 협동적으로 문제 해결을 하려는 민주적 방식이다. 이와 같이 충분한 토의 과정을 거쳐 결정을 내리게 되면 시간이 많이 걸리고 다소 번거롭기는 하지만, 개인이 내린 결정보다 참가의욕을 불러일으키며 실천하기 쉽다. 이러한 점을 고려할 때 강연이나 강의보다 교육효과가 더 크다.

토의의 장점은 ① 토의에 참가한 각자가 자주적, 적극적으로 자신을 표현할 기회를 가지며 ② 타인의 발신을 듣고 이해하며, 사고의 폭을 넓히고 자신의 논점이 틀리지 않은가 확인할 수 있으며 ③ 협조성이 강화되는 것 등이다. 그러나 각자의 역할을 이해하지 못하면 특정인의 발언이 많아지는 반면 발언이 없는 사람은 지루함을 느끼고, 나아가서 민주성이 없어져 큰 효과를 기대할 수 없다. 토의를 잘 이끌어 나가는 데 고려되어야 할 중요한 점은 다음과 같다.

① 안정된 분위기를 조성해야 한다.
② 필요하다면 사전에 전문가의 조언을 받아 두는 것이 바람직하다.
③ 회의내용, 과정, 목적, 보고서의 종류, 평가방법 등에 관하여 의장(사회자)

과 조언자와의 사전토의가 필요한 것 등이다.

토의는 사고를 자극하는 한 방법이지만 주의집중이 안 되면 이끌어 나가기가 매우 어렵다. 참가자 전원이 자기의 역할을 맡아 참가 의욕을 높이고, 서로의 사고방향을 이끌어 주어 자신에 대한 확신을 얻음으로서 계속하여 토의에 참석하도록 지도하는 것이 무엇보다도 중요하다. 토론은 명확하게 하는 것이 좋으나 무리하게 결정을 요구하지 말아야 하고, 행동목표를 확실히 설정하도록 해야 하며, 개선 혹은 실행의 구체적 방안을 찾도록 하는 것이 중요하다.

주요 문제에 대하여 회의진행계획을 미리 작성하여 토의를 목적한 방향으로 이끌어 가며, 질문을 통하여 토의를 더욱 활발하게 진행시켜 참가자들로 하여금 스스로 문제해결에 도달하도록 유도하는 것이 좋다.

Likert는 그의 저서 '경영의 새로운 형태'에서 효율적 집단의 특성 24가지를 열거했는데, 이는 훌륭한 지도력, 협동, 충실, 동기, 집단의 목표를 받아들이는 자세, 좋은 분위기, 회원 상호간의 신로와 관심 등으로서 이들을 모두 갖추기란 쉬운 것이 아니라 하였다. 사회자가 회의 진행상 유의해야 할 점을 열거하면 다음과 같다.

① 참가자들이 지루함을 느끼기 전에 회의를 끝마친다.
② 참가자들을 일일이 소개하여 회의분위기를 부드럽게 한다.
③ 문제를 제시하고 토의사항을 기록하여 주제에서 벗어나지 않도록 조정한다.
④ 참석자 전원이 토론에 참가하도록 회의를 진행한다.
⑤ 시간을 안배하여 안건을 모두 다루도록 한다.
⑥ 회의진행 중에 토의 사항을 요약하여 참가자들에게 토의의 요점을 주지시킨다.
⑦ 회의 진행과 결정사항을 기록자로 하여금 기록하게 한다.
⑧ 얻어진 결론과 행동지침을 정확히 보고한다.

토의의 목적은 문제의 해결책을 찾는 데 있다. 문제 해결의 순서는 다음과 같다.

① 토의할 문제에 대해 명확히 설명하고 근본적 원인을 밝힌다.
② 참가자들로 하여금 문제해결의 방법과 목표를 정하여 문제 해결에 참여의식을 갖도록 한다.
③ 문제 해결을 위한 대안을 제시하도록 한다. 대안이 제시되지 않을 때에는 토의진행자가 힌트를 주거나 참고서 등을 통하여 생각해 보도록 한다.
④ 토의 끝에 제안된 해결책의 결과를 예측하고 목적에 비추어 각 해결책을 평가한다.
⑤ 목적에 가장 부합하는 대안을 선택하여 실천 계획을 집단토의 한다. 한편, 널리 쓰이고 있는 토의의 종류는 다음과 같다.

(1) 원탁식 토의법(Round-table discussion)

토의의 기본형식으로 좌담회에 속한다(그림 3-7). 대상인원은 10~20명으로 구성하며, 참가자는 같은 수준의 동격자를 대상으로 하여 전원이 의견을 설명하고 사회자는 전체의 의견을 종합하는 방법이다. 참가자 전원이 발언할 수 있어 종합된 의견에 서로가 만족감을 갖게 된다. 모든 참가자가 쉽게 발언할 수 있는 것이 특징이다.

운영방법은 사회자(좌장)에 의해 초점이 흐트러지지 않도록 통제 진행되며, 같은 사람만 계속 발언하는 일을 막고 적극적인 발언을 촉구하도록 좌장이 조절한다. 기록은 서기가 맡는다. 1회 토의시간은 2~3시간 정도로 발언순서는 그림 3-8과 같이 성형으로 하는 것이 좋다. 마지막에 이해도의 평가, 실천의욕평가 및 방침의 평가 등을 한다.

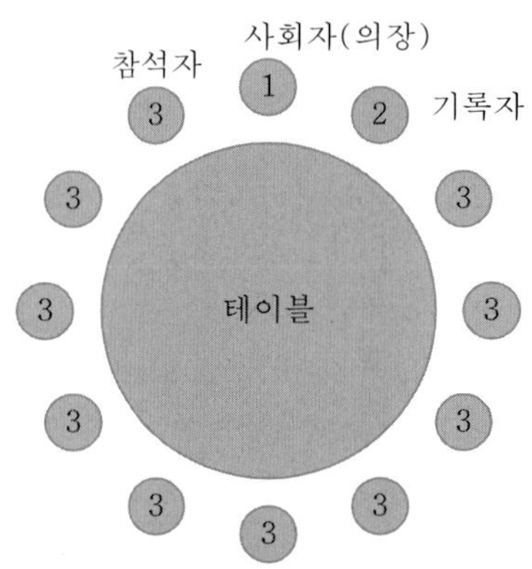

그림 3-7 원탁식 토의법

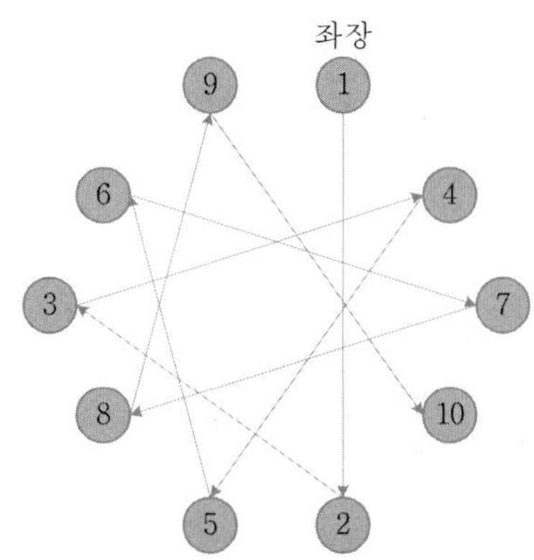

그림 3-8 성형발언

(2) 강의식 토의(Lecture forum)

집단지도 중에서 가장 많이 이용하는 방법이다. 강의식으로 강사만이 일방적으로 말을 하는 것은 좋은 영양교육이 될 수 없다.

강의 사이 사이나 또는 강의가 끝난 후에 질의응답 및 토의 등을 실시하여 참가자가 충분히 이해하고 관심을 갖도록 하는 것이 좋다.

운영방법은 논제에 따라서 문제의 제출방법, 진행, 결론 등을 미리 생각해 두고 상대방의 이해나 반응의 정도를 관찰해 가면서 말을 진행한다. 대화의 진행방법에는 전부 정설(正設)로 진행하는 형, 다른 화제에서 시작하여 본론으로 들어가는 형 그리고 다른 문제에서 중심으로 들어가고 다시 다른 화제로 바꾸어 가지고 다시 중심으로 들어가는 것이 반복되는 형 등 3가지가 있다.

어떤 방법이든 예정된 핵심이 결론에 도달하는 것이 중요하다. 사회자는 강사를 소개하고 연제를 풀이해주고 청중으로부터 질문을 받아 강사에게 전달해야 한다. 강의는 짧게 하는 것이 효과적이며, 강사자신이 결론을 내리게 한다.

강의식 토의에 프린트, 슬라이드, 영화, 도표 등의 매체를 사용하면 더욱 효과를 높일 수 있다.

(3) 배석식 토의(Panel discussion)

수명의 전문가(4~8명)가 청중 앞 단상에서 자유롭게 토의한 후 질의, 응답하는 방식으로 집회종류에 따라서는 외부에서 강사를 초빙하지 않고 참가자 중에서 선정하기도 한다. Panel간의 토의시간은 30분 정도이며 청중이 질의한 다음 10분 정도 다시 토의한다.

이 방법은 일반 청중도 토론에 참가할 수 있어서 의욕을 높일 수 있으며 전원 토의에 의하여 결론을 얻음으로써 어느 개인의 주장에 치우치지 않는다는 장점을 가지고 있다. 사회자의 역할은 단상에서 Panel간에 일종의 좌담회를 하여 이를 토의재료로 삼기 때문에 강사간의 대화가 부드럽고 논제의 목적에 알맞도록 진행되어야 한다. 사회자는 끝으로 논점을 전체적으로 정리를 하여야 한다.

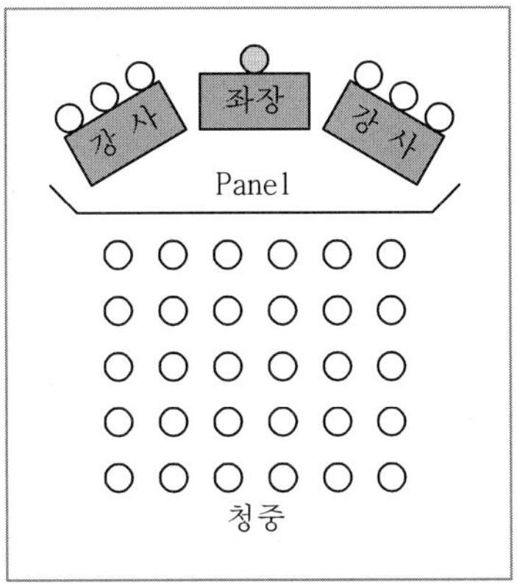

그림 3-9 배석식 토의

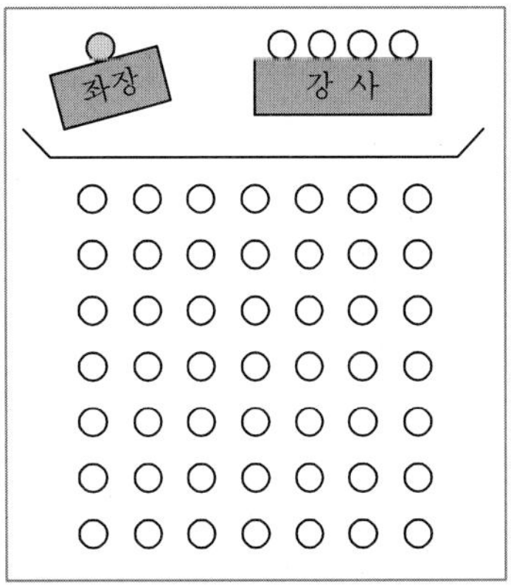

그림 3-10 강단식 토의

(4) 강단식 토의(Symposium)

공개토론의 한 방법으로서 한 가지 주제에 대해 여러 각도로 전문경험이 많은 수명(4~5명)의 강사 의견, 발표를 듣고 청중과 질의, 응답, 토의하는 방법이다.

사회자는 ① 참석자들에게 진행방법을 설명해주고, ② 강사 간에는 발언의 중복을 피하게 하며, ③ 각 강사간의 발표내용을 참석자에게 요약해 주고, ④ 한 사람의 강사에게 질문이 집중되게 하지 말아야 한다. ⑤ 각 강사의 발언시간은 10~15분 정도로 조절하고, ⑥ 강사간의 토론은 하지 않게 한다.

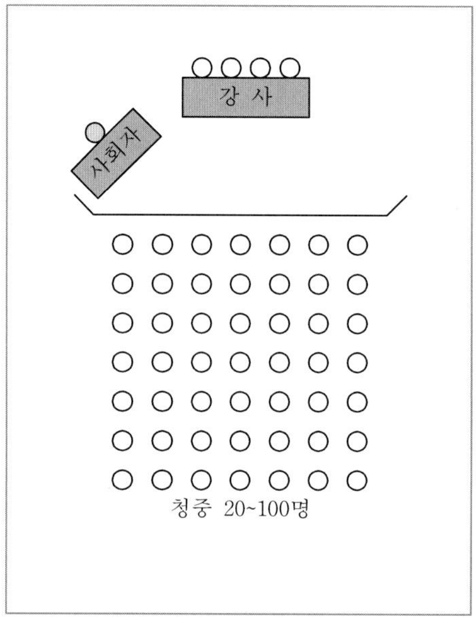

그림 3-11 공론식 토의

(5) 공론식 토의(Debate forum)

일종의 공청회와 같은 토의형식으로서 한 가지 주제에 대하여 서로 의견이 다른 2~3명의 강사가 먼저 자기들의 의견을 발표한다.

발표자의 의견제시가 끝나면 청중이 질문을 하는 것이 관례이며 청중의 질문을 받은 후 강사는 다시 간추린 토의를 실시한다.

이 방법은 각 발표자의 의견 제시는 충분히 들을 수 있으나 일정한 결론을 내리기가 어려운 결점이 있다. 사회자는 먼저 강사와 발표제목을 소개하고 의견이 서로 다른 강사간의 발표내용을 요약해서 최종적이 결론을 내려야 한다.

(6) 6・6식 토의법(Six-six method)

6명이 한 그룹이 되어 1명이 1분씩 6분간 토의하여 종합하는 것으로, 소집단 토의에 잘 쓰인다. 주로 2가지 의견에 대해 찬・부를 물을 때 많이 이용된다.

꼭 6명이 6분씩으로 한정되어 있는 것은 아니며 6~8명 정도로 10분이라도 상관은 없다.

(7) 분분식 토의(Buzz-session)

6·6식 토의법과 같으며, 하나의 큰 문제에 대해서 각 그룹이 각각 주제를 택하여 토의하고, 그 결과를 보고하면 그에 대해서 질문과 추가토의를 한다. Buzz-session이라는 말은 벌(bee)이 웅웅거린다는 말에서 유래되었다.

참가 인원이 많은 집회에서도 소그룹토의와 똑같은 효과를 얻을 수 있으며 전원에게 의견을 발표할 수 있도록 하는 토의방법이다.

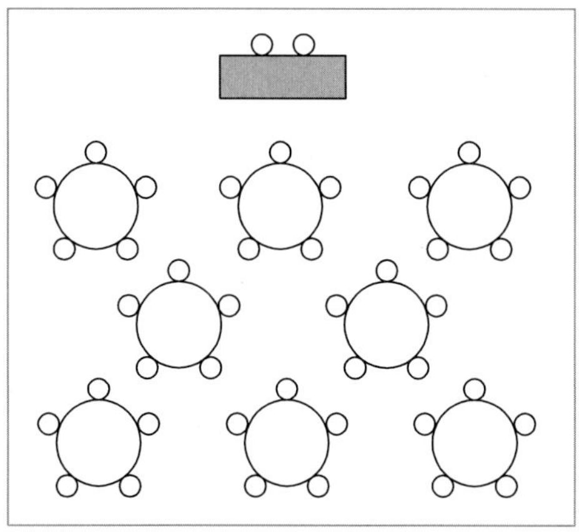

그림 3-12 분분식 토의

(8) 연구집회(Workshop)

워크숍은 비교적 수준이 높은 특정 직종에 있는 사람들이 주로 이용하는 집회이다. 대중교육보다는 지도자교육으로서 적합하다.

이는 공통적으로 필요한 문제를 가지고 서로 경험하고 연구하고 있는 것을 발표하여 의논하는 것이다.

이는 일정한 형식은 있으나 꼭 형식에 맞추어서 진행할 필요는 없다. 전체 회의에서 연구논제를 밝히고 다음에 그것을 소구분한 연구항목을 의논해서 그 구분에 따라서 참가자가 각 그룹으로 나누어져 반별로 토의를 한다.

그 결과를 최후에 전체 회의에서 발표하고 그것을 다시 참가자 전원이 토의를 한다. 진행방법은 먼저 상당 시일을 두고 사전에 참가자에게 논제나 방법이 제시되어야 한다.

참가자는 그 논제에 대해서 자기 자신의 연구나 사례 또는 참고자료를 준비하여 참석하여 주최측은 2~3명의 특정인에게 사례발표를 의뢰하여 두어야 한다.

또한 영화 필름, 슬라이드, 팸플릿, 통계표 및 도서 등의 회의에 필요한 참고자료도 준비하여야 한다.

논제를 깊이 구명하여 연구효과를 올리려면 2~3일 정도의 일정이 필요하나 하루 정도로 끝내는 경우도 많다.

(9) 두뇌 충격법(Brain storming)

제기된 주제에 대해 참가자 전원이 생각하고 있는 아이디어(idea)를 제시하고, 그 가운데서 최선책을 결정하는, 즉 아이디어나 문제해결의 방법을 찾기 위한 일종의 회의이다.

사회자는 제시된 아이디어에 대해 평가나 비판을 하지 않으며, 참가자들은 아이디어만 부언할 뿐 결정을 내리지는 않는다.

제시된 아이디어에 대해서 충분한 토의론이 있은 다음 가장 좋은 아이디어를 고르게 한다.

참가인원수는 보통 10명 정도로 하며 시간은 30분 정도로 2~3번 반복 실시하는 것이 효과적이다.

사회자와 서기가 있어야 한다.

두뇌충격법의 효과를 들어보면 다음과 같다.

① 단시간에 많은 아이디어가 나온다.

② 아이디어를 내는 방법이 좋아진다.

③ 발언이 활발하여진다.

④ 실천이 잘 된다.

⑤ 사기가 높아진다.

⑥ 단결이 잘 된다.

(10) 시범교수법(Demonstration)

이론과 아울러 실제 물건이나 자료를 가지고 시범을 보이면서 교육하는 방법이다. 이에는 방법시범교수법(method demonstration)과 결과시범교수법(result demonstration)의 두 가지가 있다. 방법시범교수법은 참가자의 이해 여부를 확인하면서 천천히 정확하게 단계적으로 교육을 실시하는 것이며, 결과시범교수법은 교육지도자나 지역사회주민 등의 실제의 활동, 경험담 등을 보여 주고 설명하며 토의하는 방법으로서, 후자가 전자보다 시간, 노력, 비용 면에서 경제적이다. 이 방법은 참가자들이 직접 보고 들음으로써 이해와 주의집중이 쉽게 될 수 있을 것이다. 시범을 할 때의 유의사항은 다음과 같다.

① 방법은 가장 진보된 것이어야 한다.
② 필요한 재료는 순서대로 정리하여 준비한다.
③ 반드시 사전연습을 해 둔다.
④ 시범대는 청중들이 잘 볼 수 있도록 마련한다.
⑤ 시범 전에 시범의 목적과 내용 및 절차에 대해서 간단히 설명한다.
⑥ 주의를 집중시킬 수 있는 장소이어야 한다.
⑦ 강조할 점은 시범도중 반복 실습으로 보여준다.
⑧ 실시방법은 명확하고 이해하기 쉬워야 한다.

(11) 사례연구(Case problem)

특정 상황에 대한 여러 가지 문제들을 간단하게 객관적으로 묘사해서 제시하고, 그 상황에서 해결되어야 할 문제와 고려해야 할 요인들을 분석함으로써 참가자들로 하여금 스스로 문제를 해결할 수 있도록 사고를 자극하는 방법이다. 사례 상황을 선택할 때는 그 집단에 적당한 것으로 골라야 한다. 참가자들의 자질 및 수준, 중요하다고 보는 관점, 문제 해결에 필요한 지식을 배우려고 하는 자세 등이 사례연구의 적합성 여부를 결정하는 기초가 된다. 사례 상황은 문제 제시의 한 방법으로, 또는 문제점을 평가하는 한 방법으로 이용할 수 있으며, 참가자들이 영양교육을 받은 경험이 없는 사람들인 경우에는 그림이나 영화 등을 같이 사용하면 참가자들의 주의집중을 더욱 효과적으로 시킬 수 있다. 이를테면 영양이 좋은 어린이와 영양이 나쁜 어린이에 대해 비교 설명하고자 할 때, 어린이의 그림을 보여 준다면 참가자들은 자신의 어린이의 영양상태가 어떻다는 것을 쉽게 판정할 수 있을 것이다. 또, 한 가지 예로서 식습관변화에 대해 지도하려면, 이에 관련된 영화를 보여준 뒤에 어린이의 식습관을 어른들이 잘 교육하면 고칠 수 있다는 점을 인식시킨 후, 식습관 변화의 원칙을 요약설명해 주고, 이와 같은 문제를 가지고 있는 참가자들에게 가정에서 직접 실천해 보도록 권유하는 것이 매우 효과적일 것이다.

요즈음 널리 쓰이고 있는 영양교육방법의 하나로서 성공사례의 소개를 빼 놓을 수가 없다. 가령 식생활개선에 성공한 어떤 부락의 사례나, 균형 잡힌 식생활을 위해서 과실이나 채소의 병조림 제조를 집단적으로 실시하는데 성공한 어느 마을의 이야기를 슬라이드나 영화 등으로 보여 줌으로써 참가자들로 하여금 스스로 그와 같은 일에 참여하게 하는 것은 매우 중요하고도 효과 있는 교육방법이라 하겠다. 성공 사례를 소개할 때는 지나치게 과장하거나 선전하는 일은 삼가야 한다. 사례가 현실성이 있고 어떤 집단에 적합한 것이라고 생각되면, 그 사례 상황을 기록하며 상황분석의 자료로 사용하는 것이 좋다. 따라서 지도하고 있는 집단에 대해 많이 알고 있을수록 사례 상황에 대한 기록이 많아진다고 할 수 있다.

3) 실험형

(1) 역할 연기법(Role playing)

연습우발극이라고도 하며, 인간관계 훈련에 적합한 방법이다. 어린이들의 소꿉놀이와 같은 것으로서, 일상생활에서 일어나는 어떤 상황을 즉흥적으로 연기하여 이해를 도와주며, 그 극이 끝난 후 연기자와 참가자들이 토의하고 비판 검토하는 것이다. 이 방법은 특별한 상황하에서의 감정이나 어떤 행위의 결과로 일어난 상태를 실감할 수 있어서 영화보다 더 좋은 반응을 얻을 수 있다. 간단한 촌극으로서 장황하게 설명하는 시간이 절약되며, 문제해결의 실마리를 줄 수 있다.

역할연기법의 진행 순서는 다음과 같다.

① 문제를 제시하여 무대장면을 설정한다.
② 특정상황을 연기로 나타낸다.
③ 연기자와 참가자가 그 상황을 토의하고 분석한다.
④ 해결을 모색할 수 있는 암시적 장면을 다시 연기한다.
⑤ 문제해결에 단서가 되는 행위나 그것이 나타내는 바에 대해 진지하게 토의한다.

역할 연기법에는 풍자를 하지 않으며, 장면의 전개시간을 짧게 하여 간단히 계획하는 것이 좋다. 연기가 끝나면 반드시 토의를 하여 결론에 이르거나 더 연구할 문제가 무엇인지를 깨닫도록 지도함이 중요하다.

(2) 연극, 인형극(Drama, Pupper play)

직접 보고 들을 수 있어 매우 효과적인 교육방법이다. 이 방법을 성공적으로 이용하기 위해서는 소재선택에 있어서 간단한 내용을 다루어야 하며, 연극이나 인형극을 15분 이상 걸리게 해서는 안 된다. 익살스런 말이나 행동으로서 전달효과를 높이며 주의를 모을 수 있어야 한다.

그룹으로 모여 극을 할 때는 극의 이야기를 작성하고 필요한 인형 등의 도구를 참가자들이 직접 만들게 함으로써, 적극적으로 참여하는 즐거움을 갖도록 해 주며, 극이 끝난 후에는 토의를 거쳐 준비상황, 진행상황, 성과 등에 대하여 분석하는 것이 중요하다. 참가자들을 극에 직접 참여시켜 배우의 질문에 참가자들이 대답하도록 하는 등 이해를 높일 수도 있다. 인형에는 나무로 만들어 끈을 매달아 움직이게 하는 string puppet이나, 두꺼운 종이에 그린 stick puppet, 그 밖에 glove puppet, rod puppet 등이 있다.

그림자극은 반투명막에 오려낸 그림이나 소품 등을 그림자로 비추어 나타내는 것으로서, 아시아 지역에서 많이 하고 있는 교육방법이다. 특히 어린이들을 대상으로 하는 영양교육에 많이 쓰이는 방법이다.

(3) 시뮬레이션(Simulation)

시뮬레이션이란 실제의 문제 상황을 단순명료화시킨 모의상황 속에서의 교육활동으로 실제의 문제 상황 중 가장 기본적이고 중요한 부분만을 선택하여 교육상황을 설정하고 그 속에서 교육이 이루어진다. 따라서 실생활을 간접적으로 경험하고 이를 통해 문제를 인식하여 생각이나 태도가 변화될 수 있는 교육방법이다.

시뮬레이션은 대상자가 실생활 경험을 통할 때 소요되는 경비나 시간, 노력 또는 위험 등을 거치지 않고 모의상황을 통해 필요한 경험을 얻을 수 있는 장점이 있다.

(4) 견학(Field trip)

치밀하게 계획된 견학은 참가자들에게 많은 흥미를 일으키고, 또 참가자들로 하여금 눈으로 보고 확인하게 함으로써 산교육을 할 수 있는 영양교육의 일종이다. 견학을 실시하기 전에 먼저 견학하여 알고자 하는 바를 현지 담당인에게 미리 알려 주어야 하며, 관람자들이 흥미 있어 하는 점이나 질문에 대해 담당자는 자세히 설명해 주어야 한다. 그룹을 작게 만들어 질문과 설명을 잘 이해하도록 하면 더욱 견학효과는 커질 수 있다. 어린이들에게는 불쾌한 인상을 주는 곳의 견학은 피하도록 해야 한다. 이를테면 도회지 어린이들이 목장을 견학했을 때, 만일 우사가 불결하여 심한 악취가 나는 것을 직접 확인하게 되면 목장에서 생산되는 우유는 불결한 것으로 판단하여 우유를 마시지 않게 될지도 모른다는 것을 알아야 한다.

견학 후 함께 토의하여 견학의 목적이 무엇이며 성과는 얼마나 컸는가를 알아야 한다. 견학 전후에 관계 사업에 종사하는 사람들을 초청하여 그 곳의 활동사항이나 정보 등에 관하여 설명을 듣는 것은 견학에 의한 영양교육의 효과를 더욱 크게 할 것이다.

5) 기타

(1) 동물사육 실험(Animal feeding experiment)

학교에서 주로 학생들을 대상으로 실시하는 영양교육의 한 방법으로서, 영양에 대한 지식뿐만 아니라 책임감, 협동심을 함께 길러 줄 수 있는 방법이기도 하다. 동물성장실험을 실시하는 경우 성장과 건강 증진에 있어서 식품이 얼마나 중요한 영향을 미치는가를 알게 하며, 나아가서 각종 영양소의 중요성을 직접 보여 줄 수 있는 산 교육이 될 것이다. 이를테면 식품군을 통한 지도를 하는 경우에는 필수영양소와 그들의 상호작용, 결핍증 등을 알게 하고, 식사에서 소홀하기 쉬운 식품의 필요성을 인식하도록 계획한다.

동물 사육 실험은 간단한 것에서 점차 복잡한 것으로 진행시켜 흥미를 가지도록 연속적으로 행하며, 급여하는 식이를 스스로 만들게 하고 사육하면서 성장 과정을 관찰하도록 식이섭취량과 성장 과정을 일정한 간격으로 기록시키면, 동물 사육 실험 진행 방법과 그 결과를 오래 기억하게 된다. 동물 사육 실험이 끝나면 실험결과에 대해 여러 가지로 질문을 하여 그 결과를 자세히 알도록 재확인시킨다. 또한 학부모들을 초대하여 실험결과를 설명해 주거나 전시회를 통하여 다른 사람에게 보임으로써 영양 교육의 효과를 더욱 크게 거둘 수 있게 된다.

(2) 실습(Practice)

실습은 보통 3~4명 또는 10명 정도를 한 그룹으로 해서 실시한다. 특히 조리실습 경우는 자신이 직접 음식을 만들어 먹음으로써 식품에 대한 식습관을 바꾸며, 영양의 개념을 터득할 수 있는 기회가 된다. 새로운 음식에 대해 호기심을 갖도록 하고, 냄새와 질감을 변화시켜 여러 가지 방법으로 음식을 만들어 맛을 보여 줌으로써 참가자가 그 음식을 먹고 싶도록 유도한다. 각 음식에 대해 자유롭게 토의한 후, 맛으로 먹는 식품과 영양 있는 식품을 분별할 수 있도록 지도하며, 균형 잡힌 식사에 대하여 이해하기 쉽게 설명하고 식습관의 변화를 강조한다.

(3) 지역사회조사(Community-self survey)

지역사회 주민들이 지니고 있는 문제를 해결하는 데에 그 부락주민을 모두 참여시켜 조사・분석하는 방법이다. 이 조사에 참여함으로서 지역사회 주민들은 문제점을 보다 확실하게 알게 되고 그 문제해결방법을 모색하게 되며, 문제 해결을 위하여 적극적인 태도를 취하므로 지역사회의 발전과 조직화, 개선운동전개에 적절한 방법은 되지만 독자적인 활동을 해서는 안 되며, 문제점을 개선하려는 자세와 노력이 중요하다. 만약 조사 과정에서 착오가 있든지 얻어진 결과처리에 잘못이 있어서 실패하게 되면 주민들은 좌절감에 빠져서 지도자를 불신하게 되고, 앞으로의 계획에 대해 반대할 우려가 있으므로 전문가의 지도를 받아 조사를 실시하는 것이 좋다.

한편 전문가는 다만 뒤에서 조사에 참가한 주민들이 그들의 책임을 다하도록 도와주는 정도의 지도를 하는 것이 좋다. 그 지방의 지도자는 이 조사계획을 실시함에 있어서 꼭 참여하여야 하며, 가능하면 공공단체도 민간조직과 동일한 입장에서 참여하여 보건위생, 사회복지, 사회교육, 환경개선 등 생활과 직접 연결되는 여러 문제를 조사하여 종합적인 생활개선운동으로 육성, 지도하는 것이 중요하다.

지역사회의 조사원칙은 다음과 같다.

① 전주민이 느끼는 문제, 실패가 없다고 생각되는 문제, 전원이 협력하지 않으면 성공할 수 없는 문제 등을 선택하여 주민 전체의 문제점으로 이해·인식시킨다.

② 지도자를 선출하여야 하고, 지도자는 헌신적으로 봉사해야 함은 물론, 참가자 전원이 적극적으로 활동하며 방관하지 않도록 독려한다.

③ 전문가의 지도를 받아서 과학적, 합리적, 실제적인 계획을 세운다.

④ 조사가 끝나면 반드시 반성과 검토를 한다.

(4) 오리엔테이션(Orientation)

오리엔테이션은 신입사원을 급식소의 환경에 적응시키기 위한 활동으로서 강의나 유인물, 소책자 또는 핸드북 형태의 매체를 통하여 종업원들에게 회사의 목적, 급식의 목표 및 정책을 효과적으로 소개하고 급식업무 수행을 위한 관련부서와의 정보 교환 등을 알리는 방법이다. 또한 자기업무를 파악하게 하는 효과적인 방법으로서 각 부서를 직접 방문하고 토론하여 전체 종업원의 상호 관련성과 업무의 단기적 현상을 파악하게 한다.

(5) 캠페인교육방법(Campain Method)

캠페인 교육방법은 비교적 단기간 내에 건강이나 영양과 관련된 특수한 목적을 설정하여 집중적으로 반복 또는 강조를 하고, 이를 통하여 많은 사람들에게 교육내용을 알리는 데 활용되는 방법이다. 매체로는 포스터, 유인물, 팸플릿 등의 인쇄물과 라디오, TV 등의 대중 전파매체를 통하여 실시하게 된다.

(6) 집단급식지도

사업장, 공장, 학교, 병원 등 일정한 조직체의 특정한 다수인을 대상으로 단순한 급식에 그치는 것이 아니라, 급식을 통하여 영양지도를 함께 하는 것이다. 다수인에게 일정한 시간에 비교적 철저히 지도할 수 있으며, 사례연구를 병행함으로써 더욱 효과를 올릴 수 있다. 또한 식단작성에 많은 사람을 참여시킴으로써 영양지식을 보급하고 식습관과 식품에 대한 기호를 바꾸는 등 실질적인 영양교육을 할 수 있다. 참가자들의 식품에 대한 기호가 서로 다를 때는 많은 사람들이 좋아하는 식품을 선택하게 함으로써 일부 사람들이 싫어하는 식품이 식단에 포함되더라도 받아들이게 하는 훈련도 시킬 수 있다. 참가자들은 식단을 작성할 때 하루에 공급받아야 하는 영양소의 1/3을 한 끼 식사를 통하여 공급하도록 식단을 작성한다는 점을 알게 되므로 남기지 않고 잘 먹게 되며, 한편 남긴 음식을 조사시키면 영양 있는 식품을 싫어하는 것이 자신에게 위험한 것임을 알게 되어 실제경험을 통하여 많은 것을 배울 수 있는 영양교육 방법이라 하겠다.

3-9 대중계몽(홍보활동)

불특정의 많은 사람에 대해서 알려주고 지도하며 교육하는 것이므로 일률적으로 대중계몽이라고 하기는 어렵다. 때에 따라서는 계몽 또는 홍보(Public information), 그리고 경우에 따라서는 메스커뮤니케이션, 보급, P. R. 등의 의미가 있다. 차이는 있어도 어느 것이나 영양교육의 한 분야이다.

홍보 활동은 일반적으로 관청에서 많이 이용하며

① 일반 국민에 대하여
② 올바른 내용을
③ 매체를 이용하여
④ 널리 알리고
⑤ 반드시 행정적인 의미를 포함한다.

홍보 활동이 P. R.이나 선전과 다른 점은

① 진실성이 있고
② 교육적이고
③ 공표의 의도가 있고
④ 이성의 정확한 판단을 돕고
⑤ 올바른 여론을 형성하고
⑥ 반드시 반응을 고려한다.

1) 인쇄물문서 등에 따른 홍보

홍보 방법으로서 가장 많이 쓰이고 있다. 그만큼 많이 사용되고 있으나 습관적인 방법에서 탈피하여 효과적인 방법을 연구하면, 이 방법은 역시 홍보 방법으로 유력한 것이 된다.

효과를 올리기 위해 다음과 같은 점을 주의해야 한다.

① 만드는 방법과 사용 방법이 효과를 결정한다.
② 듣고, 보고, 쓰고, 읽도록 만든다.

③ 대상에 맞추어 목적이 무엇인가를 확실하게 한다.
④ 사용 방법, 배부 방법을 목적에 맞춘다.
⑤ 될 수 있으면 배부하는 인쇄물의 반응을 알 수 있는 방법, 예를 들면 현상・앙케이트・무료 상담 등이 첨가되면 좋다.
⑥ 신문의 가정란 등을 이용하는 것도 유효하다.

2) 방송

방송에는 다음과 같은 여러 가지가 있다.
① 라디오
② TV
③ 유선 방송(지역 내의 가정 대상)
④ 시설(회사・공장 등) 내의 방송
⑤ 가두 방송(방송차)
⑥ 장내 방송(영화관 기타의 집회 장소)

라디오・TV는 방송 시각에 따라서 청취율이 상당히 달라, 단 시간이라도 요령 있고, 그 시기에 대중이 관심을 가졌거나 관심을 가질 듯한 화제를 선택해야 한다. radio에서는 일반적으로 한 사람이 장시간 말하는 것보다도 대담 형식으로 하는 편이 알아듣기 쉽다. 또한 특정한 시간을 설정하지 않더라도 spot 방송으로써 협력을 얻을 수도 있다.

spot 방송이란 방송 순서에는 없는 것이지만 20초 또는 30초 정도의 간단한 말로써 알리거나 주의 사항이나 호소를 하는 방송을 말한다.

TV의 경우 말하는 사람만을 비추는 것은 좋지 않다. 그림이나 표・실물 등을 보여주면서 이야기를 해야 된다. 그렇게 하면 라디오보다도 효과가 크다. 마을내의 유선방송에서는 아주 짧은 시간에 화제나 그 시기에 나온 식품을 사용한 식단이라든지 조리할 때의 주의 등도 실시하는 것이 좋다. 이와 같이 일정 시각에 대하여 프로그램을 짜야 한다.

시설내의 방송은 방송 시각이 문제가 된다. 예를 들면 점심시간에 식당에서 "오늘의 식단"에 대해서 계몽적인 방송을 해도 대부분의 급식자는 별로 듣지 않는다. 그러므로 점심시간 직전에 내용을 간단해 해서 짧게 말하도록 한다. 가두방송이나 장내방송은 특별한 경우를 제외하고는 효과가 없다고 생각해야 한다.

spot 방송처럼 다른 잡음이 없는 장소에서 여러 번 반복하면 다소의 효과가 있을 것이다.

3) 전시(exhibition)

일반 대중을 대상으로 하는 전람회와 같은 전시, 가두나 공원 내에서의 간단한 판넬만의 전시, 벽신문적인 것의 전시 등이 있다. 어떤 경우거나 대상이 특정하지 않기 때문에 정도를 높이지 말고 읽는 부분을 적게 해서 하나하나의 전시에 인상이 남도록 단순하면서도 강렬하게 호소하는 것, 깨끗한 것을 보이도록 해야 한다. 또한 평면적인 것보다 입체적인 것이 좋다. 일반적으로는 소위 전시판을 사용하는 것이 많으나 표본이나 실물과 함께 전시하는 방법도 연구하지 않으면 안 된다.

4) 영화

일반적으로 특정하지 않은 대중을 대상으로 하는 영화는 계몽이라고 하는 의미에서는 별로 효과를 기대할 수 없다.

5) 현상

포스터나 작문·식단·체험 기록 등을 모집해서 우수한 것에 상을 주거나, 영양 지식을 갖게 하는 퀴즈로서 정답자에게 상을 주는 것 등이다. 이러한 것은 응모해서 입선된 작품을 이용할 수도 있기 때문에 그 작품의 가치보다도 응모 과정에서 많은 사람에게 생각하게 하고, 조사하게 하여 의욕을 갖게 하는 점에 큰 의의가 있다고 할 수 있다. 따라서 그 동안에 생기는 홍보나 교육은 중요하므로 자료로 되는 인쇄물을 배부하고 계몽에 노력하지 않으면 안 된다.

♣ 참고문헌 ♣

1. 김숙희, 유정열, 이기열, 이성우, 한인규. 영양교육. 동명사, 1982
2. 대한지역사회영양학회. 지역사회영양학의 역할과 전망. 대한지역사회영양학회 창립총회 및 기념강연회 초록집, 1995
3. 대한지역사회영양학회. 건강증진을 위한 영양서비스 접근방향. 대한지역사회영양학회 추계학술대회 초록집, 1997
4. 문수재, 이명희, 이영미, 조성숙, 이민준, 이송미. 영양교육. 효일문화사, 1994
5. 박영숙, 이정원, 서정숙, 이보경, 이해상. 영양교육과 상담. 교문사, 2000
6. 임경숙. 보건소 영양사업 활성화 전략. 국민영양 11 : 2~11, 1997
7. 장수경, 이용억, 김현오, 김영순, 오성자. 영양교육. 광문각, 1996
8. 전세열, 강지용, 김정균. 최신 영양교육. 지구문화사, 1995
9. 정인성. 실천적 교수방법. 교육과학사, 1993
10. 정희곤. 영양교육. 형설출판사, 1992
11. 한양일, 이강자. 영양교육. 수학사, 1982
12. 藤澤良知, 鈴木 健, 西村薫子, 高野 陽. 榮養指導 マニユアル, 南山堂, 1989
13. 鈴木 健, 佃篤 彦, 足立己辛, 藤澤良知, 梶本雅俊. 公衆榮養學, 第3版. 齒藥出版株式會社, 1991
14. 浜苦代治. "榮養指導提要", 第一出版, 1986
15. 前川當子・露木久惠. "榮養指導實驗 實習法", 紫田書店, 1982
16. 前川當子. "給食管理", 醫齒藥, 1969
17. 前川當子. "公衆榮養 讀本", 三共出版, 994
18. 山崎文雄. "榮養指導論", 第一出版, 1992
19. Frankle R.T., Owen A.L.(1993) : Nutrition in the Community. The Art of Dilivering Services. 3rd ed., Mosby
20. Glanz K., Lewis F.M. Rimer B.K.(1990) : Health Behavior and Health Education, Jossy-Bass Publishers
21. Latham M.C.(1973) : Planning and Evaluation of Applied Nutrition Programes. FAO Studies
22. Obert J.C.(1986) : Community Nutrition, 2nd ed., John Wiley & Sons
23. Terry R.D.(1994) : Introductory Community Nutrition, Mosby
24. Roe D.A. : "Handbook on drug and nutrient interactions", A Problem-

Oriented Reference Guide 4th ed., American Dieteric Association, 1989
25. Jessie Craig Obert : Community Nutrition", John Wiley & Sons, Inc, 1986
26. 박영숙, 이정원, 서정숙, 이보경, 이혜상. 영양교육과 상담. 교문사, 2005
27. 구재옥, 김정원, 김창임, 박동연, 박혜련, 윤은영. 영양교육의 이론과 실제. 파워북, 2007

제4장 영양교육 매체 제작과 활용

4-1 매체의 의의

매체는 교육자와 교육대상자 사이에서 교육의 효과를 증대시키기 위하여 사용하는 자료나 기구를 말한다. 넓은 의미로는 교육자료를 포함하는 일체의 교육환경을 의미하지만, 좁은 의미로는 대개 시청각교육을 의미한다. 영양교육에서 흔히 사용되는 매체의 범위는 언어정보를 전달하는 데 사용되는 시청각 매체를 뜻한다.

사람과 수많은 체험, 즉 보거나 듣는 것을 통해 얻은 여러 정보를 말로서 나타낸다.

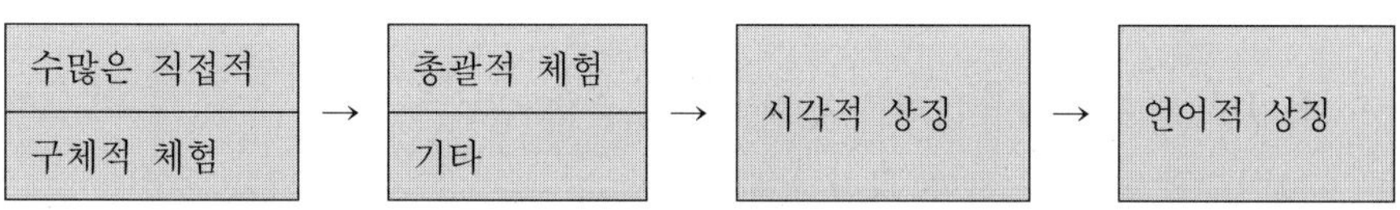

그림 4-1 여러 가지의 직접적 · 구체적 체험

사람은 그림 4-1과 같이 여러 가지 경험을 통해서 시각적 상징을 거쳐 언어적 상징에 이른다.

즉, 구체적이고 직접적인 체험을 통해서 추상적인 개념을 명확하게 만든다. 이러한 경험과 추상의 중간에 시각이 있다고 생각하는 것을 Dale의 이론이라고 한다.

영양교육에서는 여러 가지 방법과 매체가 이용되는데 그 효과면에서 생각할 때 Edgal Dale의 경험적 원추형은 많은 참고가 된다. 즉, Dale의 경험적 원추체 이론은 체험을 저변부로 하고 언어적 상징을 정점으로 하는 원추체와 같다는 말이다.

언어는 말과 글이 있는데 말은 청각적이고 글은 시각적이다. 언어는 원래 말이고 말을 시각적으로 나타낸 것이 글이다. 따라서 글이 말보다 더 상징적이고 추상적이다.

인간의 대부분은 읽는 것의 10%, 들은 것은 20% 정도를 기억하나 만약 시청각을 잘 배합하여 지도하면 50% 이상을 기억하며, 특히 실제적인 작업에 직접 활동적으로 참여시키면 그 과제의 90% 이상을 기억한다.

즉, 감각에 제소하는 시청각 매체가 양단의 중간에 있어서 쌍방의 이해를 높이는 촉매역할을 하는 것이다.

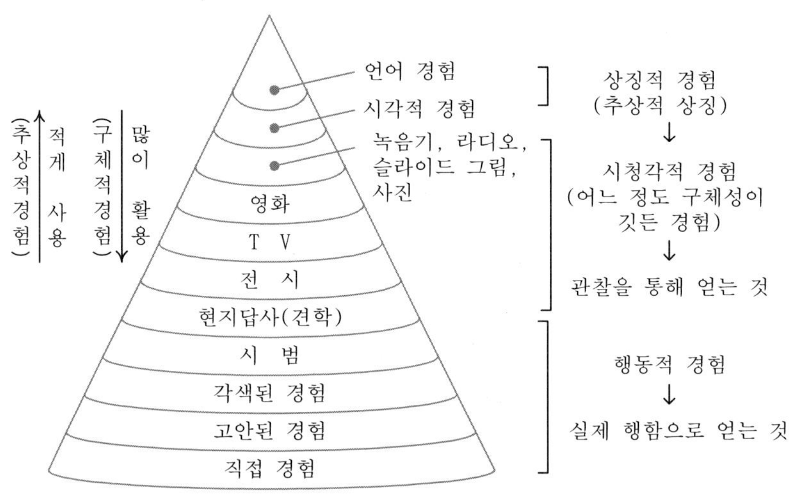

그림 4-2 Dale의 원추체

이러한 매체의 사용효과를 살펴보면 다음과 같다.

① 이해를 빠르게 하며 확실하게 한다.

② 습득의 속도를 빠르게 하며 인상을 강하게 한다.

③ 상대방의 기분을 전환시키거나 부드럽게 한다.

4-2 매체에 대한 이해

매체는 영양지도 교육을 위한 교재로서 이용되는 것으로 매체 자체가 교육 수단은 아니다.

다시 말해서 매체는 영양교육을 하는데 이를 더욱 효과적이며 능률적인 것이 되도록 보조적인 수단으로 이용하는 것이다. 보고 듣는 것이 목적이 아니고 충분히 이해하고 체험을 반복하고, 실천효과를 얻기 위한 중개역할을 하는 것이다. 그러나 교육대상자 각 개인의 경험이나 환경 또는 성격 등이 제각기 다르므로 동일매체를 가지고 같은 기대효과를 얻기란 어려운 일이다.

따라서 매체를 사용할 때 유의점을 살펴보면 다음과 같다.

① 대상, 시간, 장소 및 교육내용 등에 따라서 적절한 매체를 선정하여 사용한다.
② 교육의 보조재료이므로 일방적으로 보여주거나 들려주거나 할 것이 아니라 그것을 소재로 하여 서로 토의가 이루어 질 수 있어야 한다.
③ 교육내용에 따라 효과적인 매체를 준비하여 수시로 교환 이용할 수 있도록 한다.
④ 기존의 매체에 너무 의존하지 말고 효과가 좋은 매체를 개발하여야 한다.

특히 매체는 매력적이고 간단·명료하며 논리적이어야 한다. 또한 교육의 전략과 기법에 따라 적절한 교수매체를 선정할 때 효과적으로 교육 목표에 도달할 수 있다.

매체개발의 단계는 Heinich 등이 매체의 체계적인 개발과 활용절차를 각 단계의 영어 첫 글자를 따서 'ASSURE 모형'으로 제시하였다. 각 단계는 서로 긴밀한 상호관계 속에서 교육효과를 최대화하는 방향으로 진행되어야 한다.

1) 교육대상자 집단의 특성 분석 Analyze learner characteristics

교육자는 교육대상자의 일반적인 특성과 그들의 문제점, 요구와 지적 수준 등을 파악하여 매체를 통해서 전달하고자 하는 교육내용과 수준을 대상자의 특성에 알맞게 결정한다. 교육대상자에 대한 특성을 사전에 인지하는 것이 필요하고 이미 공개된 정부나 단체 등의 각종 통계자료를 함께 이용한다.

2) 매체의 목표 설정 State objectives

먼저 교육대상자가 해야 할 것, 교육대상자의 행동이 관찰 가능한지, 행동이 나타날 수 있는 상황 등 목표에 대해 기술하고 목표가 도달되었는지의 여부를 정의할 수 있는 표준을 설정한다. 목표를 기술한 후 그 목표의 영역을 설정한다. 목표가 지적 기술과 능력개발을 위한 인지영역인지, 흥미 또는 태도와 관련되는 정의적 영역인지 우선순위 영역을 정한다. 그런 다음 선택한 영역의 의사결정에 필요한 도구를 택한다.

3) 매체의 선정 및 제작 Select or design materials

매체는 교육목표, 대상자의 특성, 환경적 조건에 따라 올바르게 선택하거나 제작하는 것이 중요하다. 매체의 선정기준은, 적절성(appropriateness), 신빙성(authenticity), 흥미(interest), 조직과 균형(organization and balance), 기술적인 질(techinical quality), 가격(cost) 등을 들 수 있다.

4) 매체의 활용 Utilize materials

실제 교육에 들어가기 전에 교재를 면밀히 검토하고 계획된 사용방법에 따라 시험적으로 사용해 본다. 효과적인 사용방법을 잘 익히고 여러 종류의 교재를 준비했을 때 소요시간을 잘 배정하여 단계적으로 제시하며, 사용하는 방법을 미리 연습하여 능숙하게 익힌다. 마지막으로 교육환경과 교재의 활용에 필요한 시설이나 장비 등이 잘 준비되어 있는지 확인한다.

5) 대상자의 반응 확인 Require learner response

매체를 통하여 교육을 시작한 후 대상자의 반응을 알아본다. 교육을 진행하는 동안 대상자들의 주의집중도 및 표정 등을 관찰하거나, 휴식시간을 이용하여 대상자들의 이야기를 듣고 서로 의견을 나누거나 관찰하여 그들의 반응을 평가한다. 또는 대상자에게 질문을 하여 이해도를 점검한다.

6) 매체의 평가 Evaluate

평가를 하여 문제점이나 미비한 부분이 드러나면 이를 수정・보완하여 다음 교육활동의 계획에 참고한다. 평가는 형성평가와 총괄평가로 구분할 수 있다. 형성평가는 교육이 진행되는 동안에 대상자의 반응을 살펴 매체사용이 대상자에게 어느 정도 도움이 되고 있는지 알아보고 적절한 피드백을 제공함으로써 효과적인 교육이 진행되도록 하는 것이다. 총괄평가는 대상자가 교육목표를 어느 정도 달성했는지, 매체의 효율성, 매체활용 방법의 적합성, 교육활동에 관련된 모든 요인에 대해 전반적으로 검토하는 것이다.

4-3 영양교육 매체

1 매체의 종류

① 인쇄매체 : 팸플릿, 리플릿, 광고지, 벽신문, 신문, 포스터, 만화, 스티커, 달력, 카드
② 전시·게시매체 : 전시, 게시판, 괘도, 도판, 도표, 그림, 융판, 사진
③ 입체매체 : 실물, 표본, 모형, 인형
④ 영사매체 : 슬라이드, OHP, 실물환 등, 영화, LCD project
⑤ 전자매체 : 라디오, 녹음자료(테이프, 레코드), VTR, 텔레비젼, 컴퓨터, 인터넷

2 매체의 선택기준

① 교육대상자들이 쉽게 이해하고 간단·명료하여 논리적인 것이어야 한다.
② 학습 목적에 맞게 내용이 정확하고 최신의 것이어야 한다.
③ 자료 활용에 소요되는 시간을 측정하여 교육 계획 시 시간배정을 고려하여야 한다.
④ 조작이 간편한 것이이야 한다.
⑤ 흥미와 호기심을 충족시켜 동기유발이 가능한 것이어야 한다.
⑥ 경제성이 있어야 한다.

표 4-1 매체를 활용한 영양교육법

분류	방법	일반적인 효과
개별교육, 지도	영양상담, 가정방문 등	이해와 실행
상담중심의 모임	소집단교육(지도), 연구그룹의 육성, 회의 등	이해와 실행
일반통행적인 모임	영양회, 경연회 등	간단한 것의 이해와 분위기 조성
집회의 효과를 높이기 위한 것	심포지엄, 패널식 토의, 공개토론회, 6대 6식 토의	이해와 실행
매스커뮤니케이션	TV, 라디오, 신문, 포스터 등 유선방송, 회람	간단한 것의 이해와 분위기 조성 정보의 전달
기타	전람회 견학, 실연, 경연대회	일반적인 이해 구체적인 것의 이해, 관심을 높임

4-4 매체의 작성법과 사용법

일반적으로 많이 사용하는 매체의 특성은 다음과 같다.

1) 인쇄매체

(1) 팸플릿(소책자booklet)

크기는 20×13cm 정도로서 20페이지 이상을 초과하지 않는 것이 좋다. 제작시 유의해야 할 점과 요령을 살펴보면 다음과 같다.

첫째, 작성하고자 하는 교육매체가 어떤 대상에게 이용될 것인가 하는 것을 명확히 파악해야 한다. 다시 말해서 교육대상을 축소시켜서 가장 빈도가 높은 대상을 상대로 제작하는 것이 보통이다. 구체적인 예를 들어보면, 어떤 특정층의 그룹에게 사용될 교과서형 매체 또는 임상 상담을 할 때 줄 것이라든가, 혹은 보조지도원 · 지도자 기타 특별한 대상을 상대로 하는 강습회 자료로 쓸 매체라든가 하는 식의 구체적인 구별을 두어 생각하여 제작해야 한다.

둘째, 매체의 제작 내용을 교육 대상자의 유형, 배포방법 등에 맞추어서 유효적절한 것을 만들어야 한다. 아주 알기 쉽게 제작한다.

셋째, 매체를 구성하는 문자나 문체를 한눈에 들어올 수 있는 읽기 쉬운 것으로 선택 이용해야 한다. 글자 수가 너무 많으면 읽는 데 부담을 주므로, 내용이 많아질 경우 내용을 세분화하여 한 책자의 분량을 감소시킨다.

넷째, 교육 대상자들로 하여금 매체의 모양이나 색채 또는 내용 등 모든 면에서 흥미를 가질 수 있도록 "레이아웃"이 구성되어야 한다.

다섯째, 시각적으로 멋있고 아름답게 만들어야 한다. 확실히 아름다운 매체는 보기에 좋고, 읽기에 덜 피로하며, 지루하지 않고 이해하는 데 도움을 준다(배색은 단색보다 3가지색 정도로 사용한다).

여섯째, 제목은 읽기 쉽고 눈에 돋보이는 형의 문체, 색깔 등을 선택해야 한다.

제목의 실례를 들어보면 다음과 같은 것이 있다.

(예) ① 여기에 당신의 건강의 열쇠가 있다.
② 건강을 집에서 만듭시다.
③ 건강한 엄마에 훌륭한 자녀

일곱째, 팸플릿의 크기나 매수를 용도별로 알맞게 제작해야 한다. 예를 들면 B6판 또는 A5형 등과 같은 것은 교과서형 교재에 적당하다.

여덟째, 활자의 크기와 활자간의 공간을 고려한다.

아홉째, 글자, 그림, 도표 등을 적절히 배치한다. 즉 글자뿐만 아니라 그림과 도표 등을 적당히 빈 곳에 넣어줌으로써 면 전체를 균형 있게 할 수 있다. 글자만으로 편성되면 흥미를 잃기 쉬우므로 그림이나 도표 등을 삽입한다.

열째, 배포의 방법도 중요하다. 예를 들어서 특정강습용 인쇄물일 경우 한 번에 다 나누어 줄 것이 아니라 매 시간마다 한장 한장씩 배포해 주고 최종시간에 모두 모으면 한 권의 책자가 되어 글 이해율이 훨씬 높아질 것이다.

(2) 유인물(油印物, leaflet)

20×30㎝ 정도의 크기로서 한 장으로 되어 접혀진 것이 많다. 특히, 내용을 집약해서 글자를 적게 쓰며 그림이나 사진을 넣어 보기 쉽고 아름답게 만들어야 한다. 요점을 기억하는 데 도움이 되며 영양교육 프로그램의 일환으로서 행하는 캠페인 중에 나누어주거나 강연회, 좌담회 등을 할 때 배부하면 더욱 좋다. 배부하려고 할 때에는 비용이 많이 드는 것이 흠이라 하겠다.

(3) 광고지(廣告紙, handbill)

회람이나 홍보활동차 등에 의하여 배포되는 1장으로 된 간단한 광고문을 게재한 것을 말한다. 광고지는 신문 속에 끼워 신문과 함께 배부하거나 전시회장 또는 지도 차원에서 대중 및 집단에 배부한다.

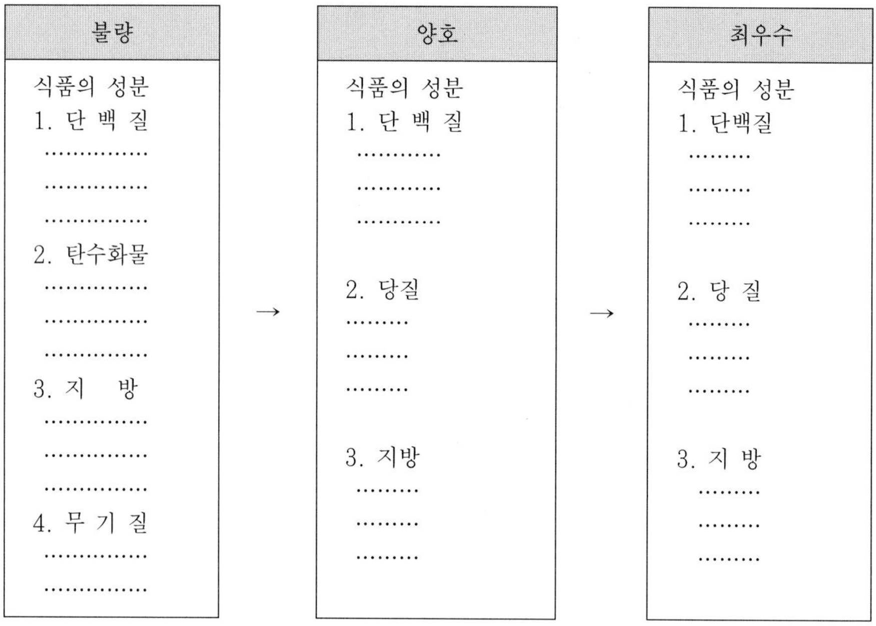

그림 4-3 레이아웃의 예

팸플릿이나 리플릿과 다른 점은 한 번만 사용하고 장기간 보존할 수 없고 광고대상이 일반이므로 첫 문장이 대중의 관심을 모으는 내용이어야 한다.

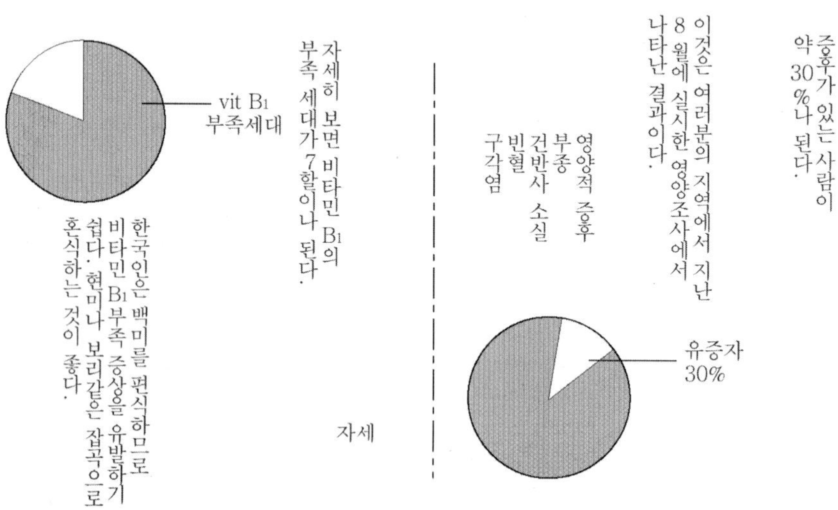

그림 4-4 벽신문의 레이아웃

(4) 벽신문(Wall chart)

벽신문은 우선 게시 장소가 일정한 것이 특징이다. 즉 학교 구내식당 · 도서실 · 역대합실 · 이발소 · 식당(일반) 등과 같이 식사와 관계되는 또는 대중이 일상적으로 이용하는 곳에 일정하게 게시되는 것이다. 급식을 받으면서 혹은 다른 목적을 위한 시간을 기다리는 등 벽신문의 내용과는 관계없는 작용이 이루어지고 있는 사이에 시간적 공간을 이용하는 영양교육이 되어야 하는 것이므로 그 내용은 다음과 같은 점에 유의해야 할 것이다.

벽신문 작성상의 주의점은 다음과 같다.

① 간단하고 이해하기 쉬운 말로 구성해야 한다.

② 제목 문자의 크기, 모양, 색깔을 고려하여 한 눈에 띌 수 있도록 한다.

③ 내용은 쉽고 간단하게 작성한다.

④ 한눈에 띄고, 싫증나지 않게 하여 인상적으로 기억에 남게 하기 위해서 그림 · 사진 · 만화 등을 적당히 삽입하여 이용하면 효과적이다.

⑤ 문자의 크기는 3m 거리에서도 읽을 수 있도록 최소한 3㎝ 각위로 하는 것이 바람직하며 단, 문자의 형은 반드시 명조체가 아니라도 좋고 문자의 수가 적은 것이 좋다.

(5) 신문(Newspaper)

신문은 전국적으로 홍보할 수 있는 매체로서 일정한 내용을 일시에 많은 대중에게 전달할 수 있으므로 영양교육에 이용하면 큰 효과가 있다. 신문의 기사내용으로는 대다수의 국민들이 관심을 모으고 있는 조사결과나 계절적으로 알맞은 영양지식 또는 식생활에 관한 정보를 선정하여야 하며 그 내용은 대다수 국민들의 요구에 맞고 설득력이 있어야 한다. 또한 사진이나 그림을 사실적으로 함께 실으면 더욱 효과적이다.

(6) 포스터(poster)

포스터는 대상자에게 전하고 싶은 내용을 간단하고 빠르게 기억하도록 하기 위해 사용하는 보조매체로 건강검진 표어, 안전사고 예방 등 행동변화를 목표로 인상적으로 제작하게 된다.

영양교육의 매체로서의 효과는 크게 기대할 수 없으나, 포스터를 붙여 높으면 대상자가 원하는지의 여부에 관계없이 보게 되므로 교육하고자 하는 정보를 축적시킬 수 있어 제작방법이나 내용 및 장소에 따라서는 효과를 무시할 수 없다.

크기는 38×50㎝~50×75㎝ 정도가 적당하며 게시할 때에는 포스터의 바탕 색깔과 붙이는 장소의 색조를 고려하여 눈에 잘 띠도록 하여야 한다.

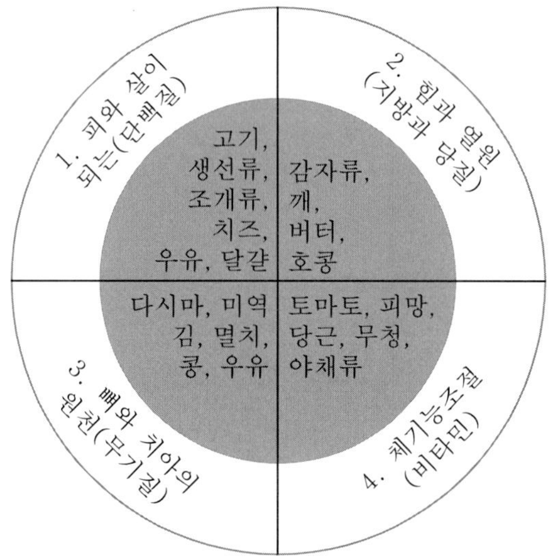

※ 1, 2, 3, 4를 각각 상이한 채색을 하면 시각적 피로를 덜하게 되고 내용의 문자가 돋보이게 되므로 자연히 기억에 도움이 되는 것이다.

그림 4-5 영양의 4색 배합

제작 시 주의할 점은 다음과 같다.

① 목적은 하나로 하며 너무 많은 것을 써 넣지 않는다.
② 아이디어는 신선하고 강력하여야 한다.
③ 도안이나 글자의 배치(layout)를 잘 연구하여 인상을 깊게 한다.
④ 밝은 색을 사용하여 주의를 끌도록 하며 배색을 잘 한다.
색의 요소와 감각을 살펴보면 다음과 같다.
㉠ 백색 : 청결, 순진, 담백감
㉡ 회색 : 소극적, 음울
㉢ 흑색 : 엄숙, 중압감
㉣ 적색 : 열정적, 소극적, 혁명적, 비속감, 공격적, 흥분감
㉤ 등색 : 온난
㉥ 황색 : 쾌활, 신전감, 질병
㉦ 녹색 : 온화, 안전, 평화, 고매, 순결
㉧ 청색 : 한냉, 정숙, 구심감, 청명, 정직
㉨ 자색 : 고귀, 우아, 신비감, 소극적
⑤ 횡서와 종서를 혼합하지 말고 읽는 방향을 통일한다.

⑥ 발행 주최명은 작은 글씨로 맨 끝에 써 넣는다.
⑦ 내용은 구체적으로 써 넣어야 한다.

(7) 지역 통신

광의로는 일종의 신문이라고 할 수 있으나 대상이 극히 제한되어 있으며 지역조직 활동에 이용되기 때문에 다음과 같은 점을 고려한다.

① 보통의 반지(半紙)의 크기로 하여 둘로 접을 수 있도록 한다.
② 가능하면 2~3색을 넣어 공판인쇄를 한다.
③ 내용은 신변에 가까운 것이어야 한다.
④ 정기적으로 간행한다.

(8) 만화(Strip cartoon)

만화란 다루는 인물의 성격을 과장 또는 생략하여 재미있고 익살스럽게 풍자하고 비판하는 그림의 한 형식이다. 만화는 다루는 내용의 특성에 따라 시사에 맞게 상황을 풍자한 시사만화, 소설처럼 장면을 순서대로 변화시켜 이야기를 전개하는 극화, 또는 만화영화와 같은 애니메이션 등이 있다. 영양교육에서의 만화는 목표에 맞추어서 대상의 특성과 요구에 적합한 내용을 재미있고 설득력 있게 전개해 나가야 한다. 만화는 독자들에게 웃음, 감동, 지식을 주므로 모두가 좋아하지만 특히 어린이들에게 인기가 좋다.

(9) 스티커(Sticker)

전신주, 식당, 대합실 및 학교의 복도나 화장실벽 등에 붙여 놓는 것으로서 간단한 슬로건 등을 1~2줄 정도로 쓴 것이다.

어린이들에게 식품의 종류를 알려주기 위해서 각종 식품 스티커를 나누어주고 해당 식품군에 붙이게 하면 도움이 될 수 있다.

(10) 대형 카드(Flash card)

그림이나 사진을 그려 넣은 카드로서, 순서대로 보여주면서 단계적으로 가르치는 데 이용한다. 30명 정도의 소집단을 대상으로 하며, 영양교육을 할 때 사용하기 좋은 자료로서는 30×50㎝ 정도로 약간 두꺼우면 좋다. 준비하는 그림이나 사진에는 전달하고자 하는 내용을 단순하면서도 분명하게 담아야 한다.

2) 전시 · 게시매체

(1) 전시(Exhibition, Display)

전시는 일시에 알리는 것을 목적으로 하기 때문에, 교육 대상자의 성격에 맞도록 계획해야 한다. 많은 아이디어를 한꺼번에 전시한다면 쉽게 흥미를 잃고 혼란을 일으킬 우려가 있을 뿐만 아니라 잘 기억하지 못하여 효과가 감소한다. 따라서 한 전시장에는 한 가지 주제에 관하여서만 전시하며, 너무 많은 자료를 일시에 전시하지 않도록 해야 한다. 전시 순서는 간단한 것에서 시작하여 점점 복잡한 아이디어의 순서로 하며, 설명문은 간단·명료하게 쓰되 잘 보이도록 배치해야 한다. 제작비는 비싸지만 움직이는 모형은 참관자에게 더 큰 흥미를 일으킬 수 있다. 또한 움직이는 모형의 경우 적당한 곳에 배치하여 관람자로 하여금 직접 작동해 보도록 하는 것도 좋다. 전시를 주최하는 사람은 잘 된 전시에 대해서는 포상하는 등 경쟁심을 이용하면 더욱 효과적이다.

(2) 게시판(Bulletin board materials) 자료

게시판은 전달하고자 하는 내용을 간결하고 흥미롭게 제시하여 보는 사람의 관심을 끌게 하고 전달내용에 대한 정보나 지식을 풍부하게 해주는 매체이다. 게시판은 교육내용을 시각화시킬 수 있는 가장 오래된 방법 중의 하나이다.

대상자들의 공통주제에 관하여 체계적으로 게시할 수 있는 게시판은 주제에 흥미가 있는 대상자들 개개인이 충분한 시간적 여유를 가지고 자료의 내용을 이해할 수 있어서 자발적이고 창의적인 교육활동이 가능하다. 단원 별, 월 별, 주간 별 계획을 참작하여 도움이 되는 자료를 게시하면 다양한 교육내용을 전달할 수 있다. 게시판에 이용될 수 있는 자료로는 유인물, 브로슈어, 그림, 도표, 사진 등이 있고 소책자 등의 인쇄매체나 인형, 모형 등의 입체매체도 전시에 이용될 수 있다.

게시판은 다른 매체에 비해 제작이 쉽고 제작비가 저렴하므로 대상자들 스스로 계획하고 자료를 수집하는 등 직접 제작할 경우 교육효과가 크다. 게시판의 크기는 전체 벽면의 1/3 정도가 적당한데, 보통은 150×120cm 크기이면 무난하다.

게시판의 효과적인 배치를 위해서는 다음을 유의하도록 한다.

① 게시자료의 디자인을 단순화시키고 통일감이 있도록 구성해야 한다. 하나의 주제를 중심으로 자료의 형태를 유사하게 통일시켜 산만한 인상을 주지 않고 너무 많은 내용이 포함되지 않도록 구성한다.

② 자료의 배치에 있어서 균형감을 살리는 동시에 강조하는 부분이 돋보이도록 한다. 특히, 자료의 양이 많을 때는 게시판의 가운데 세로축이나 가로축을 중심으로 양쪽의 대칭을 이루도록 배열하는 것이 균형감을 쉽게 이루는 방법이다.

③ 전체적인 색상의 조화를 이루도록 한다. 색상의 선택이 게시판의 분위기와 효과를 좌우한다고 해도 과언이 아니다. 색의 대비를 뚜렷하게 하되 지나치게 강력하거나 대조적인 색을 많이 사용하면 불안정하고 산만한 느낌을 주

므로 주의한다.

(3) 괘도, 도판(flipbook, wallmap)

괘도나 도판은 두 가지 모두 그림으로 쉽게 나타낸 매체이지만 괘도는 주로 강습회 또는 토의 도중에 이용하는 것이 보통이며 도판은 주로 전시장에 전시하는 것이 보통이다.

① 글을 그림으로 나타내면 이해를 빠르게 할 수 있고 인상을 길게 해주며 기분을 전환시킬 수 있는 영양지도상의 이점이 있다.

② 괘도는 직접 제작하여 이용하면 좋다. 즉 교육자가 설명하기에 알맞게 만듦으로써 결과에 좋은 효과를 올릴 수 있다. 그림 솜씨가 나쁠 때에는 다른 인쇄도 같은 것을 오려 붙여 이용해도 무방하며 확대 이용해도 좋다.

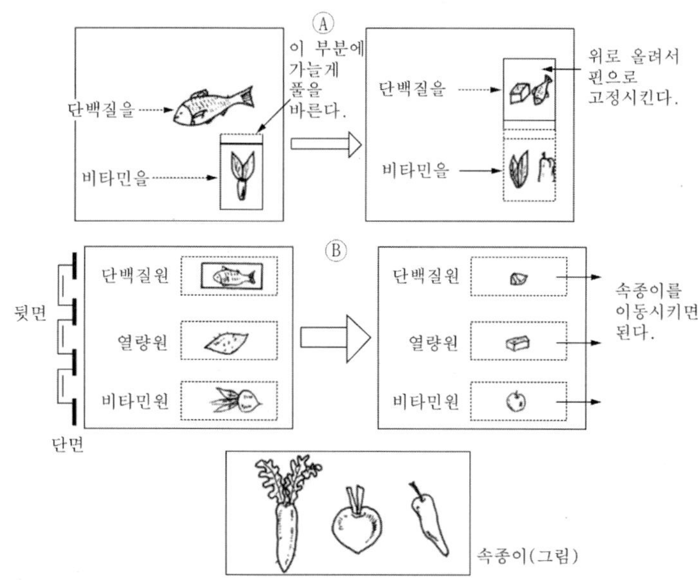

그림 4-6 움직이는 괘도의 예

③ 괘도를 작성할 때는 다음과 같은 점을 유의한다.

㉠ 가능한 한 단순하고 이해하기 쉬운 표현을 해야 한다.

㉡ 한 장에 너무 많은 여러 가지 내용을 싣지 말아야 한다.

㉢ 채색은 가급적 여러 색깔이나 어두운 색을 쓰지 말아야 한다.

㉣ 괘도 사용 목적이 해설을 필요로 하는 것이 아니기 때문에 해설문을 쓰지 말아야 한다.

㉤ 움직이는 괘도를 만들어 이용하도록 한다. 즉 사용 중 괘도의 일부를 이동시키면서 설명할 수 있게 되면 능률적인 효과를 얻을 수 있다.

④ 전시용 도판은 일정한 크기가 있는 것이 보통이다. 예컨대 1.2m×0.9m 이상의 것이 전형적인 것이다.

(4) 통계표

통계도표는 단순한 도해나 괘도와는 달라서 하나의 교재로서 큰 역할을 한다.

① 통계도표를 이용하는 의의

첫째, 통계도표를 이용하면 수량의 비교를 직감적으로 알기 쉽고 또한 정확히 읽을 수 있다는 것이다. 둘째로 그렇게 되기 위해서 가급적이면 깨끗하고 보기 좋게 하며, 혼동되는 아리송한 도표는 피해야 한다. 다음에 예시하는 것과 같이 자칫 소홀히 생각하면 오도(誤圖)를 작성하기 쉽고, 오도를 그리게 되면 직감적이고 정확하게 이해되지 않는다.

② 통계도표의 오도 몇 가지 예

그림 4-7의 막대도표의 경우 기점을 0에서부터 시작하지 아니하고 100으로부터 시작하여 하부를 없앴고 그 결과, 5년째의 300이 2년째의 500의 반으로 보이게 한 것이다(직감적으로 볼 때). 숫자 표시가 되어 있다고는 하나 숫자를 읽고 머리에서 해석을 하여 이해하려면 도표를 그린 뜻에서 벗어난 것이다. 즉 '그런 뜻이라고 하면 표로 두어도 될 것이 아닌가?'하는 것이다.

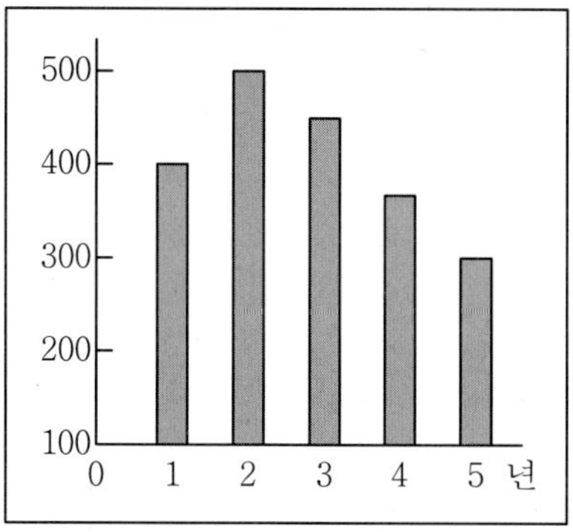

그림 4-7 막대도표

도해 : 역시 그림 4-7에서와 같이 0으로부터 기점을 취하지 않았기 때문에 5년째의 350이 1년째의 500의 반에 해당하는 것으로 보이게 된다. 즉 직감적으로 오해를 낳게 하는 것이다.

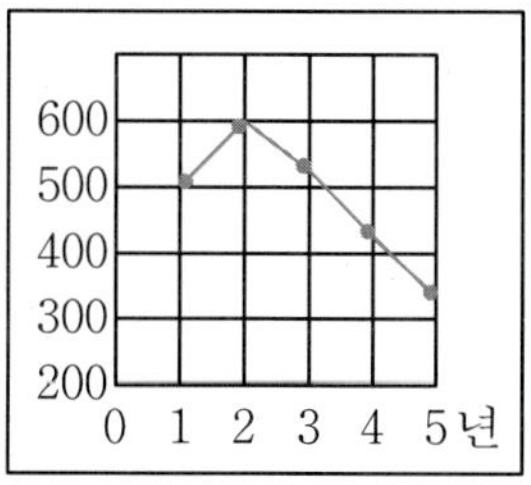

그림 4-8 선도표

도해 : 막대는 단순한 길이만을 표시한 것이 아니라 면적(수량)도 문제가 되는 것이므로 마땅히 ♂♀이 각각 독자표시되어야 할 것이다.

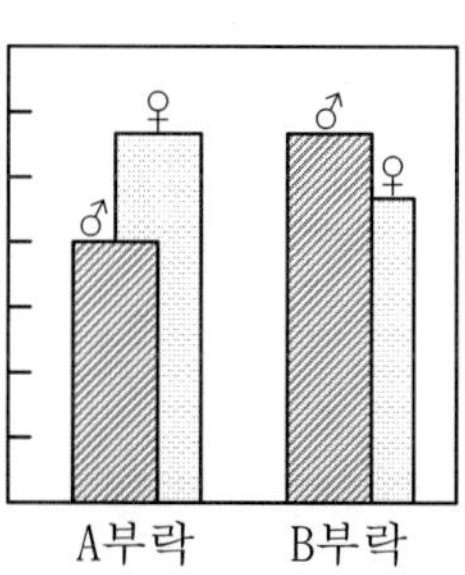

그림 4-9 막대도표

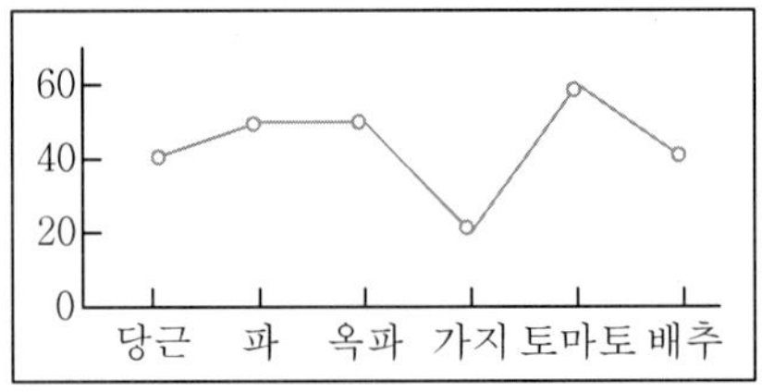

그림 4-10 선도표

도해 : 이 도표는 필연성을 가지고 나열한 것이 되지 못하는 조건의 것을 함부로 연결선으로 맺어서 선그래프와 같이 만든 데에 잘못이 있다. 즉 당근 옆에 파가 있어야 할 필요성은 없는 것이며 따라서 그 식품의 위치를 서로 바꾸어 놓으면 선의 산형은 전연 변형되고 말 것이다. 결국 직감적인 해석이 불가능한 것이다. 뿐만 아니라 당근・파・토마토 등은 상호 성분의 연관성은 없으며 파는 파대로 토마토는 토마토대로의 값을 갖는 것으로 끝나는 것이다. 그러므로 도시한 막대도표로 표시하는 것이 옳다.

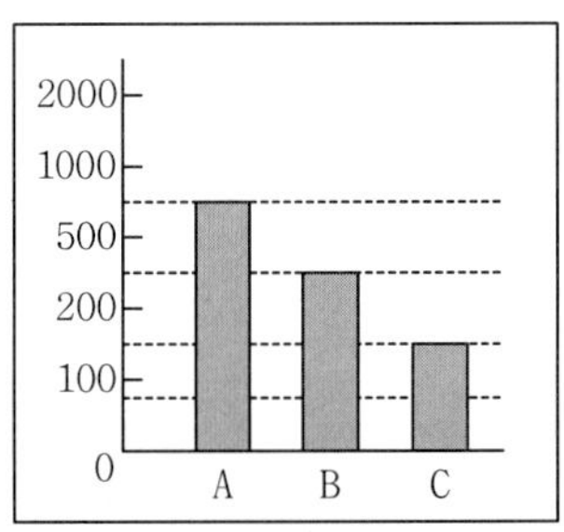

그림 4-11 막대도표

도해 : 이 도표는 150이 마치 750의 반의 수직인듯 보인다. 이러한 직감적 오해가 생긴 것은 양을 표시할 때 눈금의 단위를 마음대로 바꾸어 표시했기 때문이다. 즉 100, 200과 같이 100단위로 하다가 별안간 200에서 500으로 또는 1,000에서 2,000으로 식의 단위구간을 함부로 바꾸었기 때문이다.

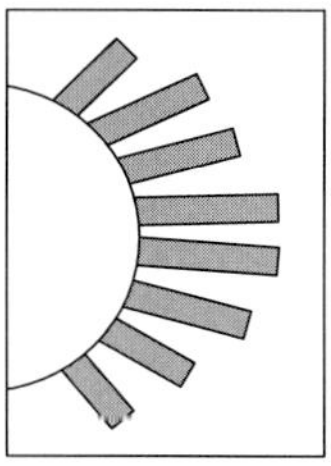

그림 4-12 막대도표

도해 : 막대를 방사선으로 정렬하면 보기 힘들다(비교 검토하기 힘들다).

③ 점도표(point graph)

- 점의 수로 수량을 비교한다.
- 점의 크기는 반드시 같아야 한다(그림 4-13 참조).
  실제로, 아래 그림의 (가)와 (나)의 비는 100:1이 아니다.
- 하나의 점이 대표하는 수치를 명시하여야 한다.
- 수치와 추이를 본다.

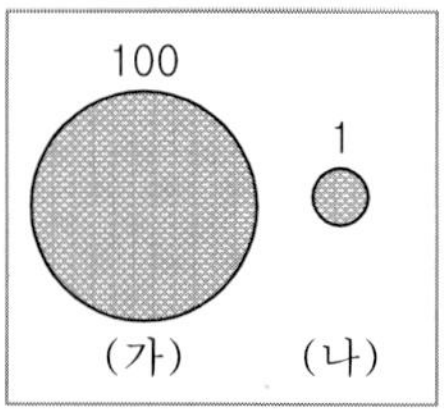

그림 4-13 잘못된 점도

④ 통계도표(막대도표, bar graph) 작성상의 유의해야 할 점

- 막대 굵기를 일정하게 표시해야 한다.
- 기점은 반드시 0에서부터 시작하며 파선도 나쁘다.
- 눈금의 단위(수량표시)를 일정하게 표시한다(중간에서 멋대로 변경하지 말 것).
- 막대사이를(봉의 간격) 동일하게 표시해야 한다(막대굵기의 1/2 또는 2 이하로 한다).
- 막대를 구부려 그려서도 안 된다.
- 봉을 중첩시켜서는 안 된다. 각각의 봉은 넓이도 수량을 표시하게 되는 경

우가 있기 때문이다.

- 같은 성질의 것으로서 시간적 변화를 나타내는 것이 아니면 절대로 머리를 결선시켜서도 안 된다.
- 일반적으로 수가 많은 것부터 정렬한다.
- 봉내에 눈금을 넣어서는 안 된다.
- 봉을 방사선으로 정렬시키면 비교하기가 곤란하다.
- 막대도표는 통계량이 연속적인 사항이 아닐 때 사용한다.

⑤ Pie 도표(원도표) 작성방법

원을 분할하여 백분비로 표시한 것으로 1%에 대해 3.6°의 비로 표시된다. 시계의 12시의 위치를 기점으로 해서 오른쪽으로 돌면서 표시된다. 보통 %의 수가 큰 순서로 표시한다. 그리고 기타는 반드시 최종 간에 표시한다. 무의미한 여러 색의 표시는 금물이다.

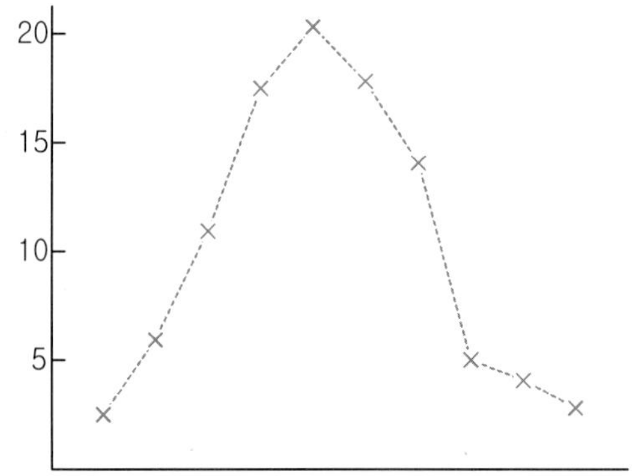

그림 4-14 절선

⑥ 절선 graph(polygon graph)

선그래프라고도 하는데 상당히 많은 수의 자료를 제시하고자 할 때 또는 시간의 흐름에 다른 경과와 추이를 할 때 많이 이용하는 도표로서 절선은 주상도로 표시된 중앙점을 선을 이용하여 연속적으로 표시하는 방법이다.

계측치가 연속적일 때 그 변화추세를 볼 수 있는 점이 특징이다(그림 4-14 참조).

① 기선은 반드시 0으로 한다(그림 4-15 참조).

② 횡축은 횡축에, 종축은 종축에 각각 간격과 수치가 같아야 한다.

③ 파선 등을 사용하여 도중에 수치의 일부분을 생략한 것은 좋지 않다(그림

4-15 참조).

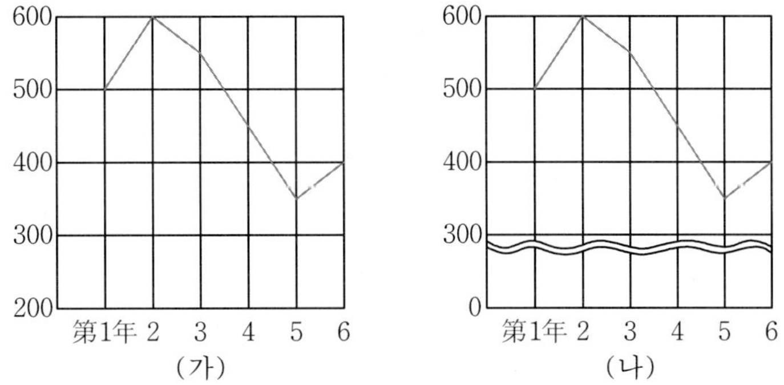

그림 4-15 잘못된 절선

⑦ 대수도표(semilog paper)

표시하고자 하는 통계량이 서로 너무 큰 차이가 있을 때 이용한다(그림 4-16 참조).

- 상용대수의 비율로 눈금을 만든 좌표 위에 절선 그래프를 나타낸 것이다. 보통 가로 눈금만 대수로 하므로 이것을 반대수표라고 한다.
- 절대수가 아무리 커져도 같은 비율로 오르내리면 평행선으로 나타낼 수 있다.
- 기선의 단위에 주의하여야 한다.
- 대수눈금에 막대그림을 그려 넣어서는 안 된다.

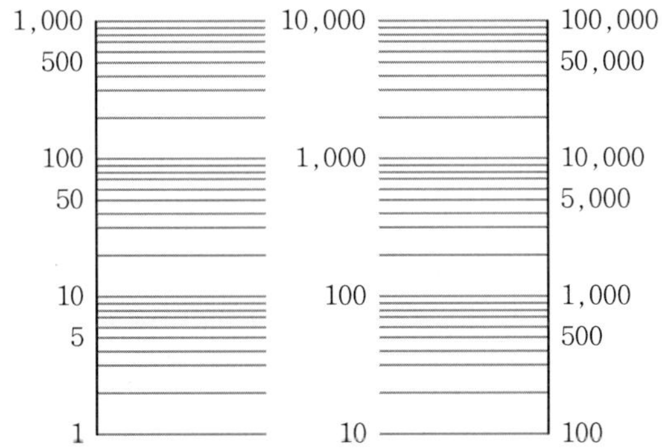

그림 4-16 대수도표

⑧ 그림도표(Isotype, pictograph)

수와 양을 그림으로 표시한 것으로 일종의 막대도표를 응용한 것이다.

· 각 크기는 단순한 수치로 표시하지 않고 상징적인 그림으로 나타낸다.
· 표현하려는 그림을 단순화시키고 적합한 그림을 연구하여야 한다.
· 그림은 동일형이어야 하며 크기가 같도록 한다.

⑨ 도수분포도(柱狀圖, histogram)

도수분포를 그림으로 나타낸 것으로(그림 4-17 참조) 주상도라고도 하며 각각의 다른 집단에서 다양한 성격의 변수들을 비교하기에 적합하다.

· 기둥과 기둥 사이를 붙인다.
· 기선은 반드시 0으로 한다.

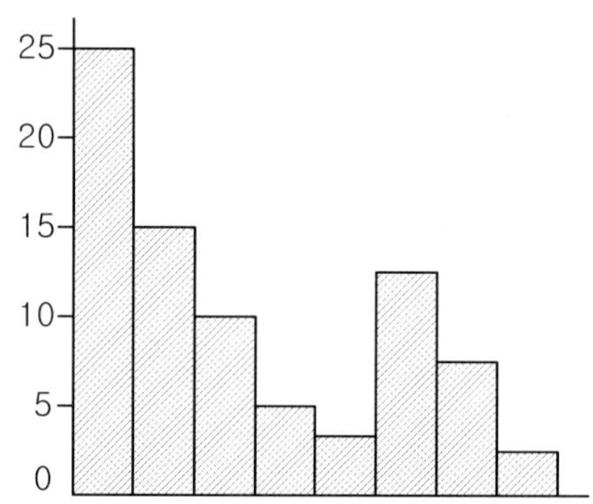

그림 4-17 도수분포도

⑩ 써서는 안 될 도표

· 점의 크기를 가지고(점의 크기에 단계를 둔다) 양을 표시하는 식의 도표, 즉 점도는 간혹 특수 masscom에서 이용하는 경우가 있으나 영양교육에서의 교재용으로는 쓰지 않아야 한다.
· 상형도표, 즉 인구를 표시할 때 인간의 형상을 그리고 그 크기의 대소를 수의 단위로 삼고 비교하는 예 같은 것이다.
· 투시도식의 절선 graph는 그림 4-19와 같은 것으로서 영양교육용 교재로서는 쓰지 말아야 한다.

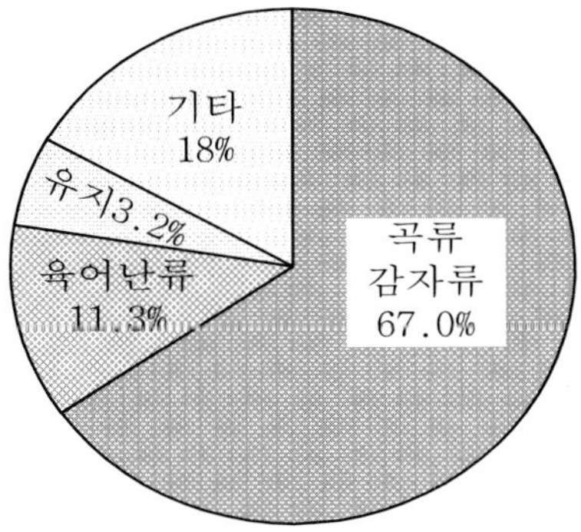

그림 4-18 원도표

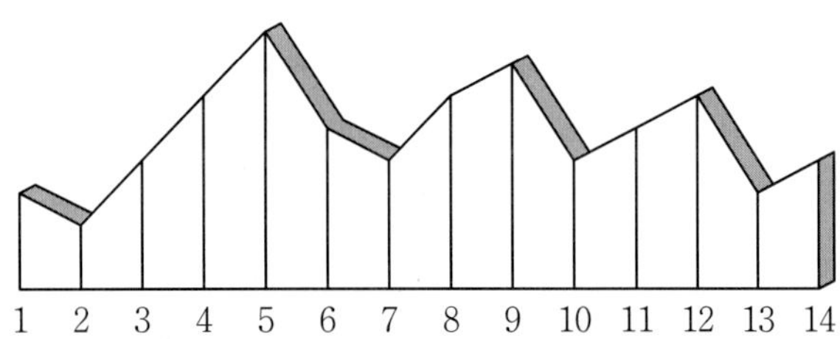

그림 4-19 입체도표

⑪ 도표 선택 참고

목 적	적합한 도표
단순한 수량비교(예:식품별 편식자의 수 등)	막대도표
백분비(예:식품의 성분조성 등)	π도, 띠 도표
수량의 시간적 변화(예:비타민 A 섭취량의 연차적 변화)	막대도표의 병렬, 대수도표, 시간경향선도
비율의 시간적 변화(예:단백질 섭취량중 동물성단백질의 비율의 연차적 변화 또는 열량의 연차적 변화 등)	대수도표
지역적 분포상황	분포도
도수분포	도수분포도
상관도수	상관점도

1 색 문제(그림 도표인 때)

1) 이용면에서 본 그림

① 사실적인 그림 - 사생적인 것
② 약화(略畵) - 도안적으로 단순화한 것
③ 선화 - 선을 크게 그어서 윤곽을 표현한 것
④ 만화
⑤ 아이소타이프

2) 색의 요소와 감각

색상 · 명도 · 채도를 색의 3요소라 한다.

색은 여러 가지 느낌을 준다. 즉, 색 그 자체의 감이 있고 또 그에 따르는 연상할 수 있는 감이 있다.

(예) 야채 → 녹황색
당근 → 적황색
고기 → 적색

3) 배색

(1) 명쾌한 감을 주는 배색

(예)

연분홍(18도)	노랑색(19도)

명도가 높은 것끼리의 배색

※ 연분홍 = 따오기의 날개 빛

(2) 야하고(화려하다) 활동성이며 힘을 주는 듯한 배색

등색(17도)	파랑색(14도)

색상차가 큰 배색

※ 색상차가 가장 크다고 하는 색이 서로 반대되는 색의 배색이 되는 것이다. 이때 명도가 같게 되면 소위 halation 현상을 일으키게 된다.

적색(14도)	청록색(14도)

halation의 예

적색(14도)	황색(19도)

채도가 높고 또한 명도가 높은 배색

(3) 야하지는 않지만 뚜렷이 눈의 띄는 배색

황색(19도)	농다색(12도)

명도차가 큰 색의 배색

(4) 명시도가 높은 배색

황색(19도)	흑색(10도)

※ 황·흑이 명시도가 제일 높다. 명시도란 같은 밝기에서 크기가 같은 것이 어느 정도의 거리에서 명확히 보이는가의 정도를 말한다.

(5) 안정감을 주고 품위 있는 배색

목단색(13도)	도라지꽃색(12도)

명도가 낮고 색상차가 적은 배색

보라색(12도)	등나무꽃색(18도)

같은 색상에 명도가 틀리는 것

(6) 우중충하고 기분 나쁜 배색

고추색(18도)	팥색(14도)

채도가 낮은 것끼리 배색

※ 이 두색은 탁색이므로 후에 표시하는 색채표 이하의 것이다.

(7) 단계를 느끼게 하는 등차적인 배색

색의 요소 특히 명도차·색상차를 등차적으로 combination시키며 결국 단계적인 무게의 차이(손이 무게가 있다 없다 하는 뜻)와 율동감을 주게 된다. 색채표를 써서 종횡, 사(斜)로 한 개씩 또는 하나 걸러 칠을 하면 다음과 같다.

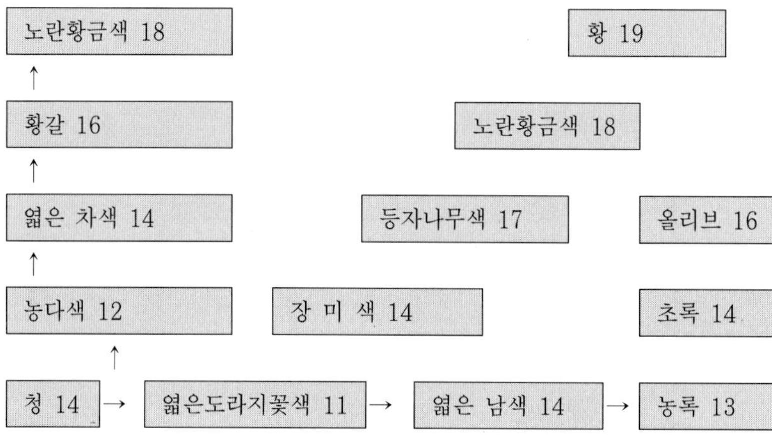

4) 이용이 쉬운 배색의 예(pamphlet·leaflet의 경우)

(1) 품위 있게 보이도록 할 경우

2색

문 자	도 해
농 감(12)	평지꽃색(17)

3색

문 자	도 해	도 해
흑(10)	모란꽃색(13)	엷은청자(16)

(2) 힘을 주어 보이게 하는 경우

	문 자	도 해	도 해
3색	회 색(12)	적(14)	하 늘 색(18)

	문 자	도 해	도 해
3색	흑	쪽 빛(13)	노란황금색(18)

(3) 괘도의 경우

3색	흑	색우다색(12)	엷은청 (16)	
4색	흑	쪽빛 (12)	황록(담록) (16)	흑 (19)
4색	흑	초 록 (15)	등 (17)	희쥐색 (18)

(4) 등차적 단계를 둘 경우

4색	흑록 (11)	농록 (13)	록 (16)	엷은록색 (17)
3색	청 (14)	엷은청자 (12)	등나무꽃색 (18)	

(5) 융판(Flannel graph)

비용이 적게 들고 효과적으로 누구나 이용할 수 있는 영양교육 자료의 하나이다. 이것은 융과 같이 표면이 거친 천이나 종이(융판)에 그림이나 글자 등을 오려서 붙이는 것이다. 영양에 관한 지식을 전달하는 과정 중에서 그림 등을 붙이고, 또한 참가자들에게 직접 붙여 보도록 함으로써 흥미를 일으킬 수 있는 자료이다. 움직이는 자료이므로 여러 가지 주제를 필요에 따라 바꿀 수 있고 쉽게 반복해서 보여줄 수 있다. 그림은 직접 그리거나 잡지 등에서 모을 수 있으며, 글자는 의미만 전달할 정도로 아주 적게 쓴다. 30명 이하의 소집단에 사용하면 효과적이고, 설명 후 토의를 거쳐 교육효과를 측정할 수 있다. 또한 휴대가 간편하여 어느 곳이나 가지고 다니면서 활용하기 편리하다. 융판 그림을 변형시킨 것으로는 플라스틱판으로 만드는 plasto graph와 자석판을 사용하는 magnet board 등도 있다.

(6) 사진과 그림(Photograph and picture)

사진은 사실의 기록이기 때문에 진실성이 있다. 사진과 그림 속의 대상은 보는 이에게 친근한 것이어야 하며, 신체의 일부나 중요 부분만을 확대한 것이나 강조한 것은 사용하지 말아야 한다. 늘 보이는 위치에서 대상을 그린 것이 좋으며, 물체의 크기가 실물보다 큰 것은 이해하기가 어렵기 때문에 사진이나 그림을 교육 자료로 준비할 때도 세심한 주의를 기울여야 한다. 색은 사실에 가까운 것일수록 내용에 대한 이해가 빨라진다. 한 장씩 보여주면서 설명하고, 완전히 이해하도록 충분한 시간을 주며, 질문을 통하여 잘못 이해한 점은 고쳐서 설명해 준다. 사진이나 그림을 전시해 두면 충분한 시간 동안 보고 생각할 수 있기 때문에 좋은 교육 자료라 하겠다.

3) 입체매체

(1) 실물(Realia)

실물은 기존의 물체 그 자체를 말하는데, 실생활의 가장 구체적인 장면 묘사에서 사용된다. 인간의 모든 감각기관을 동원하여 가장 직접적이고 입체적인 교육이 가능하므로 가장 효과적인 시각교육자료이다. 그러나 휴대가 불편하고 계절적으로 구하기 어려우며 부서지기 쉬워 그 실용성이 부족하므로 이러한 단점을 보완한 모형을 많이 활용한다. 그림이나 사진 속의 식품보다는 실제 식품을 보여주고 조리과정을 관찰하도록 하면서 음식 맛을 보게 하는 것도 좋다. 그러나 실물식품은 계절적으로 구입에 제한이 있고 오래 보존하기 어려워 경제성이 떨어진다. 다양한 식품이나 음식에 함유된 지방이나 소금은 비가시적으로서 실물로는 볼 수 없으므로 그 함량을 실제의 지방이나 소금을 넣은 튜브에 이용하여 가시적으로 제시하는 매체도 있다.

(2) 표본 및 모형(Sample & model)

가장 좋은 시각교육자료는 실물(예: 사람, 식품, 집 등)이지만, 쉽게 가지고 다닐 수 없고, 비싸거나 계절적으로 구하기 어렵거나 부서지기 쉬워서 실용성이 거의 없다. 따라서 손쉽게 가지고 다닐 수 있는 모형을 나무, 금속, 종이, 진흙, 플라스틱, 석고 등의 여러 가지 재료로 실물과 똑같이 만들어 사용하는 것이 좋을 것이다. 특히 제작비용이 더 들지만 움직이는 모형은 어린이나 노인들에게 인기가 있어서 교육효과는 더

클 것이다. 모형의 크기는 전체적인 균형을 이루어야 하며, 실물과 같은 크기인 것이 가장 이상적이나 제작비용, 운반비 등을 고려하여 조절하는 것이 좋다.

모형은 일반적으로 다음과 같은 특성을 가지고 있다.

① 시간과 공간의 제약을 초월할 수 있다. 식품 및 음식의 모형은 계절이나 장소에 관계없이 언제, 어디서나 교육의 보조자료가 될 수 있다.

② 다루기가 쉽다. 실제 식품이나 음식은 잘못 다루면 쉽게 부서지고 파손되므로 사용에 어려움이 있지만 식품 및 음식의 모형 등은 편리하게 이용할 수 있다.

③ 생략과 편집이 가능하다. 실물 자체가 너무 복잡하여 혼란만 일으킬 우려가 있을 때 불필요한 부분은 생략하고 특징만 강조하여 만들어 놓은 모형들은 대상자들이 교육내용을 쉽게 이해하도록 도와준다. 예를 들어 인체의 모형이나 심장모형과 같이 내부 장기나 조직의 모형 등은 교육하는 데 좋은 시각자료가 된다.

④ 내부구조를 관찰할 수 있다. 식품 및 음식의 단면모형은 단순한 외관의 관찰 뿐 아니라 내부의 모양, 색깔 등을 볼 수 있고 앞서 설명한 인체모형도 단면을 볼 수 있다. 예를 들어 계란의 단면이나 수박의 단면 또는 케이크, 파이 등의 단면모형이 있다.

⑤ 오랫동안 보관할 수 있다. 대개 실물을 통한 관찰이 일회적인 성격을 띠는 반면, 모형을 이용한 교육은 시간에 구애받지 않고 대상자가 완전히 익숙해질 때까지 반복할 수 있다.

(3) 인형(Puppet)

인형은 어린이들에게 동화적인 세계를 다양하게 경험시키고 상상력을 풍부히 자극하며 부드럽고 친밀한 정서를 키우는 등 그 교육적 가치가 큰 교육매체이다.

인형은 어린이들에게 교육내용에 대한 흥미를 더해 주고 교육적 활용에 용이하며 다양한 주제로 다룰 수 있다. 인형의 종류로는 조작방법에 따라 손가락 인형(glove and finger puppet), 손 인형(hand puppet), 막대 인형(rod puppet), 줄 인형(marionette), 그림자 인형(shadow puppet), 탈 인형(mask puppet) 등이 있다.

(3) 디오라마(Diorama)

디오라마는 전시자료의 일종으로 실제장면과 사물을 축소 또는 확대하여 입체감 있게 제시해 놓은 것으로 일반적으로 축소시킨 형태가 널리 사용되고 있다.

디오라마의 특성은 다음과 같다.

① 배경으로 이용되는 그림이나 사진과 같은 평면매체와 모형 표본의 입체매체를 함께 제시함으로써 입체감, 원근감, 색채감을 낼 수 있다.
② 실제상황을 재현하므로 강한 현실감을 줄 수 있다.
③ 제작이 어렵지 않고 제작비가 저렴하여 쉽게 제작할 수 있고 제작과정에 어린이들을 참여시킬 수 있어서 흥미를 불러일으킬 수 있다.

디오라마의 종류로는 새도 박스(shadow box)형과 탑 뷰(top view)형 그리고 원형(cyclolama)이 있다. 새도 박스형은 직육면체 기본 틀의 앞쪽 한 면만 잘라내고 반달 모양 등의 배경을 설치한 후 전경에다 모형들을 놓은 것을 말한다. 탑 뷰형은 직육면체 기본 틀의 윗면, 또는 윗면과 옆면을 같이 잘라내어 아래쪽에 모형을 전시한 것으로 위에서도 내용물을 볼 수 있게 만든 것이다. 그리고 원통형으로 만들어 사방에서 관찰할 수 있게 만든 것도 있다.

4) 영사매체

(1) 슬라이드(Slide)

슬라이드는 여러 가지 교육매체 중에서 교육현장에서 가장 많이 사용되어온 것 중의 하나이다.

확대된 영상을 제공하여 주의집중에 효과적이며 손쉽게 제작할 수 있어서 많이 활용되고 있다.

슬라이드의 장, 단점을 들어보면 다음과 같다.

▶ 장점
① 주의를 집중시킬 수 있다.
② 시간적으로 예정된 속도로 진행할 수 있다.
③ 사진의 경우는 진실성이 있어 좋다.
④ 상대방에 따라서 설명의 변화를 기할 수 있다.
⑤ 해설자의 얼굴이 잘 보이지 않으므로 좋은 점이 있다.
⑥ 슬라이드 환등기가 소형으로 개발됨에 따라 운반이 편리하고 조작도 용이하다.

▶ 단점
① 환등기의 가격이 비교적 비싼 편이어서 보급에 제한이 있다.
② 어두워야 한다.
③ 전기가 있어야 한다.

④ 슬라이드는 낱장으로 구성되어 있어서 정리, 보관에 유의해야 한다.
⑤ 휴대하기가 곤란하다.

(2) OHP(overhead projector)

OHP는 투명한 아세테이트에 제작된 TP(transparency, 투시화)자료를 확대 영사할 수 있는 기기로서 투시물 환등기라고도 한다.

OHP는 암막시설이 없는 밝은 장소에서도 사용이 가능하다. 슬라이드나 필름의 경우와는 달리 광선이 있는 곳에서도 크고 선명한 상을 볼 수 있으므로 장소에 구애받지 않고 다른 투사매체에 비해 내구성이 강하므로 유지비가 적게 든다. 투명 아세테이트는 물이나 아세톤으로 그 내용이 지워지므로 재생하여 반복 사용할 수 있어서 경제적이다.

또한 교육자와 대상자들이 대면하여 교육이 진행되므로 대상자들의 반응을 관찰하면서 교육의 진행속도를 조절할 수 있으며 유아로부터 성인들까지 그 대상에 구애받지 않고 누구에게든지, 어떠한 주제라도 다양하게 제시할 수 있다.

교육자가 TP에 제시된 내용을 지적하여 설명을 할 경우에는 TP를 보고 읽어야 하고 포인터나 연필로 TP내용을 직접 지적하면 그 그림자가 화면에 나타나 대상자들의 주의집중에 효과적이다. 그러나 과중한 TP자료의 제시는 혼란을 주므로 피하도록 하고 일반적으로 40-50분 교육에 6매 내외의 TP자료를 활용하면 적당하다. 각 TP자료는 충분한 시간적 여유를 가지고 제시하여 대상자 각자가 내용을 충분히 이해하거나 기록할 수 있도록 한다.

(3) 실물환등(opazue projector)

실물환등기는 그 이름에서 암시하듯이 실물을 그대로 확대하여 투시할 수 있는 기계이다. OHP가 TP자료만을 투시할 수 있는데 비해 이 실물환등기는 실물이나 사진, 그림 등의 불투명체를 보여줄 수 있으므로 그 이용범위가 매우 넓다.

그림이나 사진 등 평면자료를 비롯하여 부피가 크지 않은 입체 실물을 그대로 투영할 수 있다. 가로 세로가 25cm 이하이며 두께가 6cm 이하인 불투명체를 거의 모두 투사시킬 수 있어서 다양한 교육내용을 다룰 수 있으며 크기가 작은 자료를 즉시 확대하여 제시할 수 있어 관찰이나 토론 등이 가능하게 한다. 그러나 상이 커질수록 선명도가 떨어지는 것을 생각해야 한다.

실물 환등기는 특별한 자료를 제작하지 않아도 되므로 자료의 제작에 드는 노력을 절약할 수 있어서 그 활용범위가 상당히 넓다. 책이나 잡지, 신문 등의 사진 또는 그림을 책이나 잡지의 파손 없이 낱장으로 찢어내지 않고도 사진 또는 그림이 있는 부분을 자료 제시대 위에 올려놓으면 그대로 확대하여 영사된다. 그림이나 사진, 특이한 도안 등을 다양한 크기로 확대하여 이용할 수 있다.

집단지도에서 제시되는 실물이 소형일 때 실물을 자료 제시대 위에 놓고 투사한 다음 교육자는 스크린에 나타난 상을 가지고 필요한 부분만을 가리켜 가며 설명하면 된다.

(4) 영화(film)

영화는 움직이는 매체로서 호소력을 가지고 있으나 group work의 pannel로 이용하지 않으면 교육의 효과는 별로 없다.

5) 전자매체

(1) 라디오 및 TV

가장 일반적인 매스 미디어의 일종으로서 그 집중력은 크나 영양교육에는 반드시 효과가 크다고는 보기 어렵다.

(2) 녹음자료

녹음자료란 전축이나 녹음기 등의 전자기기에 음반 디스크나 콤팩트디스크, 카세트테이프 등을 사용하여 소리를 녹음하고 재생시키는 청각적 매체를 말한다.

녹음자료는 일회적으로 지나가 버리는 소리를 기록하여 반영구적으로 보존하며 필요에 따라 언제, 어디서나 재생시킬 수 있다. 일방적이고 고정된 시간에만 청취할 수 있는 라디오에 비하여 녹음자료는 시간과 공간을 초월하여 사용할 수 있다. 즉 수시로 중단하거나 재생할 수 있고 반복해서 듣기를 원하는 부분이나 생략하고 싶은 부분을 마음대로 조정할 수 있어서 교육대상자의 교육내용 수용능력에 대한 개인차를 극복할 수 있어 효과가 높다.

녹음자료를 교육교재로서 단독으로 방송에 이용하는 경우와 시각교재와 함께 이용하는 경우가 있다. 슬라이드, 영화, 디오라마, 인형극 등의 진행에 맞추어서 그 해설이나 대사 및 배경음악 등을 순서에 따라 녹음해서 같이 제시하는 등 시각자료의 보조자료로 활용하면 효과적이다. 녹음테이프는 어린이 식사지도에 관한 대화, 동화, 노래, 게임 등 다양하게 만들 수 있다.

(3) VTR(videotape recorder)

근래에 들어 일반 가정에까지 널리 보급된 비디오테이프는 교육현장에서도 쉽사리 활용할 수 있는 장점을 가지고 있다. VTR은 비디오테이프에 영상과 음향을 전자적으로 기록하고 필요에 따라 이를 재생하는 녹화기로서 현재 많이 사용되고 있다.

VTR은 어떤 동작이나 움직임을 사실적으로 나타내줄 뿐만 아니라 음향, 색채, 조명 및 여러 가지 입체적인 효과로 현실성 있는 경험을 줄 수 있고 어떠한 현상이나 연속된 사건에 있어서 그 시간적 요인을 조작할 수 있다. 즉 식물의 성장과정 등 우리 눈으로 명확하게 관찰하기 힘든 것을 편집상의 조작으로 쉽고 구체적으로 관찰할 수 있으며 현실적으로는 불가능한 역동작으로 보여줄 수도 있다.

실물이나 모형으로는 보여주기 어려운 상황이나 진행과정 등을 대상자들에게 보여주어야 할 경우 비디오테이프로 제작하면 간접적으로 많은 사람에게 보여줄 수 있으며 특히 학교급식의 효과증진을 위해 아동들에게 학교급식의 필요성, 급식 및 배식지도에 관한 내용을 제작하여 보여주면 효과가 크다.

시청하기 전에는 미리 화면과 소리조정을 끝내고 프로그램의 첫 시작부분을 찾아 맞추어 놓는다. 대상자들이 보는 앞에서 프로그램의 첫 부분을 찾느라 테이프를 이리저리 돌리게 되면 분위기가 산만해지고 주의집중이 어려워진다. 또한, 시청을 통한 지도의 계획을 세워야 한다. 교육주제와 관련하여 시청 전・시청 중・시청 후 어떠한 방법으로 교육할지에 관하여 명확한 계획이 있어야 한다.

(4) CD-Rom

컴퓨터는 1970년대부터 우리 생활에 도입되어 급격히 확산되기 시작하였다. 산업체 및 교육기관에는 물론이고 일반 가정과 개개인의 책상에까지 컴퓨터가 보급되어 정보화시대의 주역으로 등장하고 있다. 컴퓨터, 특히 CD-Rom을 매체로 활용할 경우 다양한 색상과 움직임을 묘사하는 컴퓨터 그래픽과 효과음 등으로 현실성 있는 교육의 기회를 제공하므로 대상자는 호기심이 생기고 교육에 대한 흥미가 지속되며 주의집중에 효과적이다.

또한, 컴퓨터는 한정된 시간에 여러 개의 작업을 신속하게 처리할 수 있는 속보성과 방대한 정보의 기억력을 이용하여 교육대상자에게 개별적이고 즉각적인 반응을 제공함으로써 교육자와 대상자 사이의 상호작용을 도모하고 교육효과를 강화할 수 있다.

6) 각종 게임

(1) 주사위 놀이

(2) 영양 게임

(3) 노래가사 바꿔 부르기

(4) 퍼즐 게임

(5) 숨은 그림 찾기

(6) 식품가면 놀이

(7) 색칠하기

(8) 길 찾기

(9) 식품구성탑 놀이

(10) 시장 놀이

♣ 참고문헌 ♣

1. 박영숙, 이정원, 서정숙, 이보경, 이혜상. 영양교육. 교문사, 2000
2. 박혜련. 영양 교육매체 개발(국민영양 10월호). 영양교육매체의 제작 및 활용(국민영양 11월, 12월호). 대한영양사회, 1998
3. 장수경, 이용억, 김현오, 김영순, 오성자. 영양교육. 광문각, 1996
4. 전세열, 강지용, 김정균. 최신 영양교육. 지구문화사, 1995
5. 정희곤. 영양교육. 형설출판사, 1992
6. 藤澤良知, 鈴木 健, 西村薫子, 高野 陽. 榮養指導 マニユアル. 南山堂, 1998
7. Anderson J.E., Valyasevi A.(1988) : Effective Communications for Nutrition in Primary Health Care. Report of the Asian Regional Workshop, Bangkok. Thailnd 3-7 October 1983. The United Nations University
8. AECT(The Association for Educational Communication and Technology(1977) : The definition of educational technology. Washington. D.C.
9. Brown J.W., Norberg K.D., Srylgley S.K.(1972) : Administering Educational Media. MaGraw-Hill Book Company
10. Dale E.(1969) : Audiovisual Methods in Teaching. Holt, Rinehart & Winston
11. Heinich R. et al.(1982) : Instructional Media and the New Technologies of Instruction. John Wiley & Sons
12. Gerlach V.S. and Ely D.P., Teching and media ; A systematic approcah, Englewood prentice Hall, 1971.
13. 박영숙, 이정원, 서정숙, 이보경, 이혜상. 영양교육과 상담. 교문사, 2005
14. 구재옥, 김정원, 김창임, 박동연, 박혜련, 윤은영. 영양교육의 이론과 실제. 파워북, 2007

제5장 국민건강 · 영양조사

어떤 개인이나 집단의 영양상태를 종합적으로 평가하기 위해서는 영양판정과 관련된 지식을 터득하는 것 이외에도 이것을 담당할 인력, 시간, 시설 및 기구, 경비 등을 함께 고려하여야 한다. 외냐하면 영양판정의 궁극적인 목적은 대상자의 현재 영양상태를 파악하는 것에 그치는 것이 아니며 평가 내상자의 영양상태 개선에 기여하는 것이기 때문이다. 이러한 영양 서비스 개념을 적용시킨다면 영양판정이란 환자의 경우에는 영양불량의 정도를 진단하고, 바람직한 영양지원계획을 마련하여 실천함으로써 실제로 환자의 치료에 기여하는 것까지를 포함하는 일련의 과정을 의미한다. 또한 정상생활을 영위해나가는 지역사회 구성원을 대상으로 하는 경우에는 영양판정이란 영양적으로 취약한 정도를 파악하여 질병을 예방할 수 있도록 대처해 주는 역동적인 과정이다. 영양상태를 평가하는 방법은 여러 가지가 있으며 조사대상의 규모, 대상자의 연령, 질병유무, 조사목적 등에 따라 달라지게 된다. 이 장에서는 개인, 집단을 대상으로 영양판정을 하기 전에 인지해야 할 기본적인 개념들을 제시하고자 한다.

5-1 영양판정의 의의 및 목적

1) 영양판정의 의의

영양판정(nutritional assessment)은 영양상태 판정이라고도 하며, 개인이나 집단의 건강상태를 측정하기 위하여 대상자의 식생활 및 영양정보를 수집, 분석하는 과정이다. 즉 영양소의 섭취상태나 체내 이용에 의하여 영향을 받는 일련의 건강과 관련된 요소를 중심으로 평가대상자의 식사섭취량 자료, 신체계측 자료, 생화학적 자료와 임상진단 자료 등 다양한 정보를 서로 연관시켜서 현재 평가대상자의 영양 및 건강상태에 대하여 진단을 내리고 문제점을 분석·해석하는 과정이다.

개인의 식생활을 과거와 현재에 걸쳐 정확히 파악하고 평가하는 것은 올바른 식생활을 제시하는 핵심적인 단계로서, 식생활과 영양에 관한 정확한 평가가 영양학의 지식을 올바르게 적용하는데 가장 중요한 밑받침이 된다.

2) 영양판정의 목적

영양판정의 목적은 영양적인 위험상태, 즉 영양불량 상태에 있는 개인 또는 집단을 찾아내어 개인이나 집단의 영양 위험요인을 분석하여 영양문제를 진단하고 과거에 실시되었거나 현재 실시하고 있는 영양개선 프로그램의 효율성 및 효과를 판정하여 효율적인 영양서비스를 제공함으로써 영양 및 건강상태를 증진하는 것이다. 영양판정의 목적은 대상자가 정상적인 혹은 환자일 때 다소차이가 있으며, 그 내용은 표 5-1에 제시해 놓았다.

표 5-1 대상자별 영양판정의 목적

대상	영양판정의 목적
건강인	- 개인이나 집단의 건강유지를 위하여 필요한 것이 무엇인가를 알아냄
	- 개인이나 집단의 식품 및 영양소 섭취현황 및 유형을 파악하고 무엇이 가장 우선적으로 필요한가 그 순위를 알아냄
	- 질병과 식사섭취 및 기타 주요 위험요인과의 연관성을 파악함
	- 식생활 지침서를 만드는데 도움이 됨
	- 국민영양 정책의 방침을 계획하고 예측함
	- 정책적이거나 경제적이 보조가 필요한가를 알아냄
환자	- 위험한 상태에 있는 환자를 찾아내어 분류함
	- 영양보급효과를 측정함
	- 질병율로 환자의 영양지침서를 만듬

참고 : 승정자 등(2004). 영양판정. 청구문화사.

5-2 영양판정의 분류

1) 영양상태의 분류

영양상태는 건강을 유지하고 증진시키는 적정상태와 그렇지 못한 불량상태로 구분되며, 영양판정의 목적은 영양불량 상태를 찾아내는데 있다. 영양불량 상태는 원인, 발생 기전 및 발현 정도에 따라 다양하게 분류된다.

영양불량은 여러 단계를 거쳐 발생한다. 영양소 섭취량이 과부족한 상태에서 처음에는 체내저장량이 감소하고, 서서히 체액의 영양소 농도가 변하며, 이는 신체기능의 변화를 초래하여 임상적인 증상과 신체구성 및 발육에 영향을 미치는 극심한 영양불량 상태를 보이게 된다.

표 5-2와 같이 영양불량은 1단계에서 8단계에 걸쳐 서서히 진행되며, 각 단계별로 명확한 한계가 있는 것이 아니라 각 단계가 서서히 겹치면서 나타나게 된다.

표 5-2 영양불량 단계별 적합한 판정방법

영양불량 단계	신체의 결핍현상	영양판정방법
제 1단계	식사를 통한 영양소의 공급 · 섭취가 부적절함	식사섭취 조사법
제 2단계	영양소의 저장 조직으로부터 저장영양소량이 서서히 감소하는 단계임	생화학적 분석법
제 3단계	신체 체액내의 영양소량이 감소됨	생화학적 분석법
제 4단계	각 조직 혹은 기관이 가지는 기능적 특성이 약화되는 단계임	신체 계측법 생화학적 분석법
제 5단계	영양소와 관련된 여러 효소의 활성도가 감소됨	생화학적 분석법
제 6단계	신체 특정기관의 기능성이 변화됨	행동학적 관찰법 신체기능 분석법
제 7단계	임상적인 결핍 증세가 나타남	임상 관찰법(증세관찰)
제 8단계	해부학적 증후가 나타남	임상 관찰법

참고: 승정자 등(2004). 영양판정. 청구문화사.

2) 영양불량 분류

(1) 영양공급의 정도와 기간에 따른 분류

Jelliffe의 분류에 의하면 영양불량은 ① 상당기간 동안 식품섭취가 부족해서 생기는 영양부족, ② 장기간 도안 식품을 과다 섭취하여 생기는 영양과다, ③ 어떤 영양소의 부족으로 인해 생기는 특정 영양결핍상태, ④ 필요량과 비교하여 식사로부터 영양소들이 균형적으로 섭취되지 못해서 생기는 영양 불균형 현상 등 크게 4가지로 분류할 수 있다.

(2) 직접 또는 간접 원인에 따른 분류

영양불량을 영양소의 공급부족과 생리적인 원인에 따라 일차적인 영양불량과 이차적인 영양불량으로 분류하기도 한다.

① 일차적인 영양불량(primary malnutruion): 식사를 통한 영양소 공급이 질적, 양적으로 부적절하여 신체의 요구량을 충족시키지 못함으로써 발생하는 영양불량이다.

② 이차적인 영양불량(secondary malnutrition): 질병이나 신체의 장애로 영양소의 대사 항진, 영양소의 배설량 증가, 신체 요구량이 증가하여 발생하는 영양불량으로 임신, 수유, 흡연, 알코올, 약물복용, 정신질환 등의 경우도 포함된다.

(3) 질병과 관련된 발생원인에 따른 분류

Shils는 영양불량을 질병과 관련하여 발생 원인별로 아래와 같이 분류하였다.

① 영양소의 흡수저하로 인한 영양불량

② 질병으로 인하여 발생한 식욕부진에 의한 영양불량

③ 대사항진으로 인하 영양불량

④ 특정 대사 장애로 인한 영양불량

⑤ 장기 손상으로 인한 영양불량

⑥ 치료를 위하 약물이나 다른 처치로 인하여 발생한 영양불량

이상에서 살펴본 바와 같이 각각의 기준에 따라 분류하는 방법에는 차이가 있으나 영양불량 상태는 영양소 섭취량의 과부족과 신체의 영양소 이용효율에 의해 결정된다는 것이다. 따라서 영양판정 방법은 영양소 섭취의 과부족 상태뿐만 아니라 체내 생리상태, 질병 여부 등도 함께 조사되고 평가되어야 한다.

5-3 영양판정의 방법

영양상태를 판정하는 방법에는 식사섭취 조사방법, 신체계측 조사방법, 생화학적 조사방법, 임상영양조사방법 등이 있다. 이들 방법은 각각 장·단점을 가지고 있으므로 다양한 방법을 복합적으로 이용하였을 때 보다 정확한 영양상태를 판정할 수 있다.

1) 식사섭취 조사방법

식사섭취 조사는 식생활에 관한 조사를 통하여 섭취하는 식품의 형태와 양 뿐만 아니라 식품 내에 들어 있는 영양소 및 다른 성분들에 대한 섭취량과 함께 잠정적이거나 노출되고 있는 식사의 문제점을 파악하고, 그 결과를 대상자의 영양 필요량과 비교해 보는 영양판정법으로 방법은 아래와 같다.

(1) 실측법(weighing method)

측량법이라고도 하는데 저울을 이용하여 개인이 섭취한 1인 분량을 재는 방법이다.

먼저 조리하기 전의 가식부 무게를 측정하고 조리완료전 음식의 무게를 측정한 다음, 실제로 섭취한 음식의 양을 측정하고 각 음식에 들어간 식품재료별 분량을 토대로 하여 각 식품별로 영양소 섭취량을 조사하는 것이다. 외식으로 섭취한 양이나 간식의 섭취분량도 계량하여 같은 방식으로 섭취량을 추정한다. 직접 측량하므로 정확하게 섭취량을 측정할 수 있지만, 조사대상자의 적극적인 협력이 필요하고 경비와 훈련된 인력이 요구되므로 큰 집단의 식이 섭취량조사에는 이용이 어렵다. 또한 가정에서 조사원의 감독하에 이루어지므로 평소의 섭취와 다를 수 있다.

(2) 회상법(recall method)

조사대상자가 일정기간 동안에 섭취한 식품의 종류와 양을 기억하게 한 후 조사하는 방법이다. 기간에 따라 6-hour recall, 24-hour recall, 3-day recall, 7-day recall 법이 있으나 24-hour recall 법이 가장 많이 사용된다(표 5-3, 표 5-4 참조). 이 방법은 조사대상자의 식품섭취량에 대한 표현이 각각 다르고 같은 표현일지라도 그 실제 양은 개인에 따라 다를 수 있고 이것을 수치화하는 과정에서 조사원들 사이에 오차가 발생되므로 조사하기 전에 양에 대한 훈련을 실시해야 한다. 그러므로 좀더 정확한 자료를 얻기 위해서는 면담시 식품 모형이나 사진, 그릇, 계량컵, 숟갈 등을 보조도구로 사용하는 것이 필요하다. 조사소요시간은 15~30분 정도이며 조사장소에 크게 구애를 안 받는다. 이 방법의 장점으로는 잘 훈련된 영양사가 조사를 하는 경우 시간, 경비 등의 노력이 다른 방법에 비하여 적게 소요되고 비교적 믿을만한 자료를 얻을 수 있다는 것이다.

한편, 24시간 회상법(24-hour recall method)이 갖고 있는 한계점은 첫째, 섭취한 식품의 양과 종류를 개인의 기억에 의존하여 측정하는 것이므로 개개인의 기억력 차이에 의해서 달라질 수 있다는 점이다. 둘째, 조사 당일이 평균적인 날이 아니라 손님이 오신 날이라든가 잔칫날 등의 경우 섭취한 식품의 종류와 양이 일상식(usual intake)으로 여겨질 수 있느냐는 문제다. 셋째, 개인이 섭취한 음식의 내용이나 분량에 대해 사실을 말하지 않는 경우에는 실제 섭취량을 정확히 알아내기는 매우 어렵다는 점이다.

(3) 식품섭취빈도법(food frequency method)

식품섭취빈도법은 특정한 영양소의 섭취를 조사하기 위하여 해당 영양소의 주요 공급원이 되는 식품의 목록을 만들고 그 식품의 섭취 빈도를 1일, 1주, 1개월의 섭취 횟수로 나타내는 방법이다(표 5-5 참조).

조사원의 동원이 거의 필요치 않고 편견이 없고 빨리 쉽게 자료를 모을 수 있으며 또한 직접 방문이 아닌 서신으로의 조사가 가능하므로 매우 경제적이다. 이 방법은 24시간 회상법의 단점인, 조사가 실시된 특정일의 식이 섭취가 과연 그 조사대상자의 평소식이섭취량(usual intake)를 나타내는 것인가를 보충해 주는 데 도움이 된다.

이 방법의 문제점은 식이 섭취량에 대한 정확한 양을 측정할 수 없으며 주로 장기간에 걸친 것에 대한 조사가 이루어지고 조사대상자의 기억력에 의존하므로 오차가 클 수 있다는 점이다. 이 방법이 이용되는 분야는 주로 식사와 관련된 질병의 원인을 규명하기 위한 역학 조사에 많이 이용되며 바람직한 결과를 얻을 수 있다.

(4) 식사력조사법(diet history method)

식사력조사법은 비교적 장기간의 식이섭취 형태를 알기 위한 방법이며 24시간 회상법으로 전체적인 식이 섭취형태를 조사하고 보조수단으로 자세한 식품목록에 식품기호나 식품구매도를 표시하도록 하여 첫 부분에서 조사한 식품섭취습관을 확인하도록 한다.

식사력조사법은 장기간 동안에 걸친 식이 섭취량을 측정할 수 있는 장점이 있지만, 단점으로는 개인의 기억력에 의존해야 하고 조사하는 데 시간이 많이 들고 조사원도 훈련이 많이 된 사람이라야 한다.

표 5-3 식사 기록지의 예

[별지 제5호서식]

국민건강·영양조사
식품섭취조사표 I
(음식조리자 기록지-조사자용)

승인 번호
제11702호

구분	조사구 번호	주거 번호	가구 번호	가구원 번호	조사표 번호
10					

응답자성명 : ( )
전 화 번 호 : ( ) -
조 사 일 : 년 월 일
조 사 원 : 서명

식사 구분	음식명	음식 총량			식품 재료명 (상품명)	식품 상태	식품재료량			음식코드	식품코드	비 고
		눈대중 분량	부피 (ml)	중량 (g)			눈대중 분량	부피 (ml)	중량 (g)			

표 5-4 24시간 회상법에 이용할 수 있는 기록지의 예

[별지 제5호의2서식]

국민건강·영양조사
식품섭취조사표 II
(24시간 회상법 조사지)

승인 번호
제11702호

구분	조사구번호	주거번호	가구번호	가구원번호	조사표번호
11					

응답자성명 : ( )
전 화 번 호 : ( ) -
조 사 일 : 년 월 일
조 사 원 : 서명

※ 하루에 물(생수, 보리차, 결명자차, 옥수수차 등)을 몇 컵이나 마십니까? ( ) 컵(20ml)
※ 현재 만성 또는 급성질환으로 인해 식이요법을 하고 계십니까? 예(병명:), 아니오( )

식사구분	시 간	식사장소	매식여부	음식명	조리음식			섭취음식			식품 재료명 및 식품상태	식품재료			음식코드	식품코드	비 고
					눈대중분량	총부피(ml)	총중량(g)	눈대중분량	부피(ml)	중량(g)		눈대중분량	부피(ml)	중량(g)			

표 5-5 식품섭취 빈도 조사표의 예

국민건강·영양조사
식품섭취빈도조사표(12세이상)

승인 번호
제11702호

구분	조사구	주거번호	가구번호	가구원번호	조사표번호

응답자성명 : ( )
전 화 번 호 : ( ) -
조 사 일 : 년 월 일
조 사 원 : 서명

식품 및 음식명 \ 섭취빈도		1일(회) 3회	1일(회) 2회	1일(회) 1회	1주(회) 4-6회	1주(회) 2-3회	1주(회) 1회	한달(회) 2-3회	한달(회) 1회	1년 6~11회	거의 안먹음	비 고	전산처리용
		1	2	3	4	5	6	7	8	9	0		
곡류	1. 쌀												
	2. 보리												
	3. 라면(인스턴트 자장면 포함)												
	4. 국수(냉면,우동,칼국수 포함)												
	5. 빵류(모든 빵 포함)												
	6. 떡류(각종 떡,떡볶이,떡국 포함)												
	7. 과자류												
두류·서류	8. 두부(국,찌개,부침,조림,순두부 포함)												
	9. 콩류(콩밥,콩자반 포함)												
	10. 두유												
	11. 감자(국,볶음,조림,튀김,찐 감자 포함)												
	12. 고구마(찐 고구마, 튀김, 찐 감자 포함)												
육류·난류	13. 쇠고기(국,탕,찌개,편육,장조림,구이, 볶음,비후까스,튀김,찜 포함)												
	14. 닭고기(삼계탕,백숙,찜,튀김,조림,볶음												
	15. 돼지고기(찌개,구이,제육,볶음,돈까스,												
	16. 햄, 소시지(핫도그 포함)												
	17. 달걀(국,찜,부침,조림,말이 포함)												

(5) 기록법(diet record method)

기록법은 조사대상자가 조사기간 동안 섭취한 식품의 종류와 양을 스스로 기록하도록 하는 방법이다. 조사기간은 3~7일인 경우가 일반적이며 조사에 참여한 사람의 협조가 매우 중요하다. 스스로 기록할 수 있는 능력이 있어야 하며 양에 대한 지식이 있어야 한다. 조사대상자에게 식사섭취조사가 실시된다는 것을 미리 알려주고 식이섭취를 기록하도록 하기 때문에 의도적으로 평상시보다 많이 혹은 적게 섭취할 수 있다. 특히 기록하는 기간이 짧을수록 의도적인 섭취가 될 가능성이 높다. 그러나 기간이 너무 길면 기록자가 잊어버리거나 대충하려는 마음이 생기기 쉽다.

표 5-6은 앞에서 소개한 여러 식사섭취조사방법의 종류와 특성을 요약한 것이다. 이 중의 어느 방법도 절대적으로 최상의 방법은 아니므로 조사대상이나 조사목적에 맞추어 그때마다 적절한 방법을 선택하는 것이 중요하다.

한편 식사섭취조사가 완료되면 실험실에서 영양소 함양을 분석하는 경우를 제외하고는 영양평가를 하기 위해 식품성분표를 이용하여 영양소 섭취량을 계산하여야 한다.

표 5-6 식품섭취 조사방법의 종류와 특성

종 류	조사방법	장 점	단 점
24시간 회상법	조사원이 24시간 동안의 식품섭취를 회상하도록 함.	시간이 적게 들고 문맹인 사람에게도 사용가능함.	일상적인 식품섭취조사가 어려우며 기억력에 의존함.
식품섭취 빈도법	열거된 식품의 섭취빈도를 표시함.	시간이 적게 듬. 짧은 시간에 전반적인 식품섭취형태를 파악할 수 있음.	대상집단에서 많이 소비하는 식품에 대한 일반적인 자료가 있어야 함. 영양소로 전환하는 경우 많은 기초자료가 있어야 함.
식사력 조사법	조사대상자에게 특정기간 동안 소비한 식품에 관해 질문함.	오랜 기간의 양적인 식품섭취를 조사할 수 있음. 상세한 자료 가능	훈련이 잘된 조사원이 필요하며 시간, 경비가 많이 듬. 대상자의 협력이 많이 요구됨.
실측법	섭취된 음식이 측량되고 기록됨.	상세한 자료수집이 가능. 영양소로의 계산이 정확히 됨.	측량 기록으로 인해 식품섭취에 영향을 받음. 시간, 경비가 많이 듬.
기록법	조사대상자 본인이 섭취한 식품의 양과 종류를 기록함.	조사대상 본인이 기록하므로 많은 수의 조사원이 필요없음.	대상자의 교육수준이 높고 협력을 잘 하여야 됨. 측정과 기록과정이 식품섭취에 영향을 미침.

(6) 새로운 식이섭취 조사 방법

① 식품의 기호도 조사법(Food preference method): 식품의 섭취 빈도 조사법과 유사하나 식품섭취량조사와는 차이가 있으므로 식이섭취량으로 평가할 수는 없다. 이 방법을 이용하여 개인이나 집단의 식품에 대한 태도를 알 수 있으며 식생활 상태를 파악할 수 있다.

② 주된 음식 조사법(Core food method): 조사대상자가 사용하는 식품의 가짓수와 식품 섭취에 중심이 되는 주된 식품(core food)을 조사하는 방법으로 식품섭취에 있어서 주된 음식의 종류와 양이 영양적으로 바람직한 경우 전반적인 식사의 질이 양호하다는 조사 결과에 근거한 방법이다. 이 방법은 영양상담시 대상자의 식생활 상태를 짧은 시간 내에 판정하여 문제점을 알아내는 방법이다.

③ 전화면담법(Telephone interviews): 전화면담법은 최근 선진국에서 많이 사용되는 방법으로 24시간 회상법과 식품섭취빈도 조사방법에 익숙한 대상자들에게 이용된다. 이 방법은 조사자가 조사대상자와 먼저 만나서 면담을 통하여 24시간 회상법으로 식이섭취조사를 한 후 나머지 2일 동안의 식이섭취량은 전화면담을 통하여 조사하는 방법이다. 따라서 직접면담법에 비해 시간과 비용이 절약되며 조사대상자가 갖게 되는 부담감도 적고 사적인 문제들이 많이 노출되지 않는 장점이 있어 대상자들에게 선호되는 방법이다. 그러나 반면에 조사자와 대상자의 음식 측정 단위에 차이가 있을 수 있어, 이러한 경우 측성치의 신뢰도가 떨어질 수 있다.

④ 시각을 이용한 기록법(Visual records): 시각을 이용한 기록법은 사진(슬라이드)나 비디오 테이프 등을 이용하여 시각적으로 확인시킨 후 식이 섭취량을 기록하는 방법으로 선진국에서 최근 시행되어지는 방법이다. 조사대상자의 음식을 섭취하기 전의 전처리나 조리과정, 완성된 음식 등을 사진이나 비디오 등으로 촬영하고, 음식을 다 먹은 후에 남겨진 음식들을 재촬영하여 2개의 projector를 사용하여 동시에 시청하게 함으로써, 비교하여 자신의 섭취량을 직접 기록하게 하거나 조사자가 기록하는 방법이다. 이 방법은 식이 섭취량을 직접 측량하여 얻어지는 결과와 거의 유사한 것으로 보고되고 있어 비교적 정확한 방법으로 알려져 있고, 필요한 경우 언제든지 다시 재시청할 수 있는 장점이 있으며 주로 신체가 불편하여 표현력이 부족한 양로원이나 요양원 등과 카페테리아 식당을 이용하는 대상자들에게 적합하다. 그러나 시청각자료(필름, 카메라, 비디오 등)를 만들기 위한 비용이 많이 소요되고 그것을 담당할 수 있는 기술요원이 필요하므로 장기간에 걸친 조사에는 어려운 점이 많다. 또한 외견상 사진이나 비디오로 구분이 잘 안되는 음식(예: 우유의 경우, 탈지유인지 전유인지 등)의 섭취

량 측정에는 오차가 생길 수 있는 단점이 있다.

⑤ CASI(Computer-assisted self interviewing)식사력 면담 조사법: 시청각 방법을 이용하여 컴퓨터와 대상자가 면담하는 방식으로 되어 있는 이 방법은 생생하고 색채감이 있으며, 기억을 돕기 위해 전개되는 많은 영상 보조물이 있어서 습관화된 섭취와 우연한 섭취 등의 회상을 돕는다. 면담은 화면에 소개되는 4명의 면담자 중에서 사용자의 취향에 따라 선택하게 되므로 흥미를 유발시킨다.

2) 영양소 섭취량에 따른 영양상태 평가방법

(1) 한국인 영양섭취기준을 이용한 영양판정

식사섭취 상태 평가와 관련하여 평균필요량(EAR)은 개인의 일상섭취량이 부적절한 확률을 조사하는 데, 그리고 집단 내에서 부적절한 섭취의 정도를 파악하는 데 사용할 수 있다. 개인의 일상섭취량이 평균필요량(EAR) 이하이면 섭취량이 부족할 확률이 50% 이상이며, 평균필요량(EAR)보다 낮아질수록 부족할 확률이 높아진다. 집단의 경우 일상적 섭취량이 평균필요량(EAR) 이하인 사람의 비율에서 섭취량이 부족한 사람의 비율을 추정한다. 반면 상한섭취량(UL)은 과잉섭취 가능성 조사에 사용할 수 있다. 개인의 섭취량이 상한섭취량(UL)보다 높을수록 건강장애의 위험도는 높아지며, 상한섭취량(UL)이상 섭취자의 비율은 과잉섭취에 따른 건강장애의 위험을 가진 사람의 비율과 일치한다. 개인과 집단의 영양섭취 상태 평가를 위해 영양섭취기준의 활용을 표 5-7에 설명하고 있다.

표 5-7 개인과 집단의 영양섭취 상태 평가

	개 인	집 단
평균필요량(EAR)	· 일상섭취량이 부적절한 확률을 조사하는 데 사용함. · 일상섭취량이 EAR 이하이면 섭취량이 부족할 확률이 50% 이상이며, EAR보다 낮아질수록 부족할 확률이 높아짐	· 집단 내에서 부적절한 섭취자의 비율을 추정하는 데 사용함 · 일상적 섭취량이 EAR 이하인 사람의 비율에서 섭취량이 부족한 사람의 비율을 추정함
권장섭취량(RDA)	· 일상섭취량이 AI 이상이면 섭취량이 부족할 확률이 낮음	· 집단의 영양섭취 상태를 평가하는 데 사용하지 않음

충분섭취량(AI)	· 일상섭취량이 AI 이상이면 섭취량이 부족할 확률이 낮음	· 일상섭취량의 중앙값이 이 기준이면 섭취량이 부족한 사람의 비율이 낮은 것을 의미함
상한섭취량(UL)	· 과잉섭취 가능성 조사에 사용함 · 일상섭취량이 UL보다 높으면 과잉섭취로 인한 건강장애 증상이 일어날 수 있음 · 섭취량이 UL보다 높을수록 건강장애의 위험도는 높아짐	· 영양과잉으로 인한 건강장애 위험도를 추정하는데 사용함 · 집단 내에서 UL 이상을 섭취하는 사람의 비율은 과잉섭취에 따른 건강장애의 위험을 가진 사람의 비율과 일치함.

3) 신체계측 조사방법

신체계측 조사는 신체의 체조직 구성과 발육의 상태를 측정함으로써 영양상태를 판정하는 방법으로 비교적 장기간의 영양상태 판정에 유용하게 이용된다. 신체계측은 간편하고 재현성이 좋으며 비용이 적게 들고 단기간의 훈련을 통하여 수행될 수 있으므로 개인이나 집단의 영양상태 판정에 널리 사용되고 있으며 방법은 아래와 같다.

(1) 신장, 체중, 흉위, 앉은 키 측정

① 신장

신장을 정확히 측정하려면 신장기를 평평하고 단단한 바닥에 놓아야 하며 흔들리지 않도록 고정시켜야 한다. 그림 5-1은 신장을 측정할 때의 올바른 자세를 나타낸 그림이다.

a. 대상자는 반드시 양말, 버선 같은 것을 벗게 하고 의복도 특별한 이유가 없는 한 벗도록 하고 팬티 하나만 입게 하는 것이 가장 이상적이다.

b. 먼저 대상자를 신장 측정계 위에 서게 하고 자의 뒤로 등, 엉덩이, 발뒤꿈치의 세 부분이 기둥에 닿을 정도로 똑바로 세운다.

c. 이때 발끝을 조금 벌어지게 하고 무릎을 펴고 두 팔을 자연스럽게 몸 옆으로 내려뜨리고 발뒤꿈치를 들지 않도록 주의한다.

d. 그리고 머리 부분을 바른 위치(턱을 아래로 끌어들여 귀와 눈이 수평이 되게 한다)로 한다. 이로써 측정 자세가 되는 것이다.

e. 이때 검사원은 정면과 측면에서 대상자의 몸의 위치를 보아서 필요한 교정을 하면서 수평 횡규를 아래로 내려 머리를 가볍게 누르는 정도로 잣대의 눈을 읽어 사람으로 하여금 건강조사표에 적게 한다.

f. 단위는 cm로 하여 기입한다.

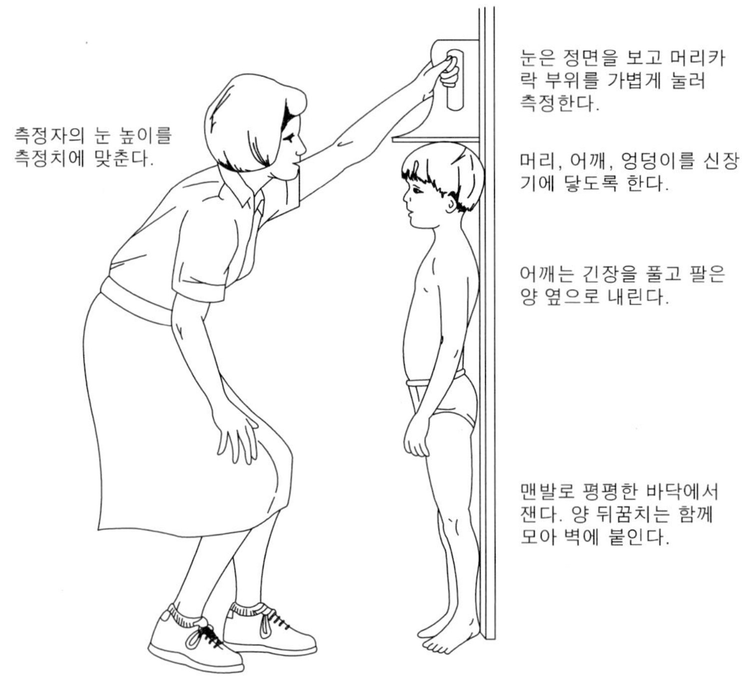

최소한의 의복을 걸친 상태에서 뒤꿈치를 하나로 하고 팔은 양 옆으로 내리고 다리를 쭉 뻗은 자세로 양 어깨는 긴장을 풀고 고개는 정면을 바라본다.

그림 5-1 신장을 측정할 때의 올바른 자세(자료 : Nieman, 1996)

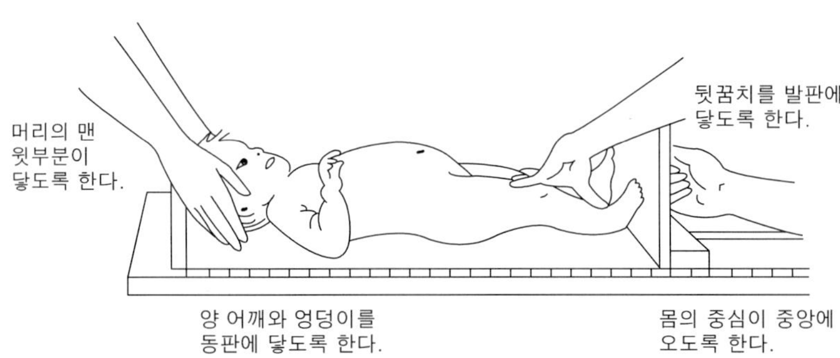

설 수 없는 영아의 신장을 측정할 때에는 양 어깨와 엉덩이가 backboard에 닿게 하고 머리를 headboard에 고정시킨 후 발꿈치가 foodboard에 밀착되게 하여 누운 키를 측정한다.

그림 5-2 어린이의 누운 키 측정도구(자료 : Nieman, 1996)

일반적으로 3세 이상의 어린이와 어른은 서있는 자세에서 키(height)를 측정하지만 똑바로 서서 신장을 측정하기 어려운 2세 미만의 어린이는 누운 키(length)를 측정한다. 그림 5-2에서 볼 수 있듯이 눈금이 새겨진 평평한 판에 어린이를 눕히고 직각의 판에 머리를 닿게 한 후 발을 똑바로 펴게 한 상태에서 발끝에 측정판을 대고 누운 키를 측정한다. 이것은 두 사람 이상의 조사원이 필요하며 많은 경험이 요구된다.

장애자나 척추만곡 환자, 혹은 거동이 불편한 노인과 같이 서서 신장을 측정하기 어려운 경우에는 발끝에서부터 무릎까지의 길이를 나타내는 무릎길이(knee length)를 측정하여 환산수식에 의하여 키를 계산하기도 한다.

연령별 키의 측정치는 그 집단 내에서 개인의 영양상태를 반영하는 간접지표로 이용될 수 있다. 성장하는 어린이는 키가 작은 경우 일반적으로 영양불량과 관련이 있으나 반드시 유전적인 요인도 함께 고려해야 한다.

② 체중

a. 대상자에게 미리 분뇨를 배설케 한 후 속옷 하나만 입게 하고 체중계의 중앙에 가만히 두 발을 나란히 하여 똑바로 서게 한다.
b. 조사자는 지침의 흔들림이 그칠 때를 기다려 저울눈을 읽는다(분동식 체중계를 사용할 때는 저울대가 바르고 균형이 잡히게 될 때 저울대를 고정한 후).
c. 평대 위에 오르고 내릴 때는 언제든지 정숙하게 행동하도록 지도한다. kg을 단위로 하고 아래 두 자리에서 반올림한다.

성인의 경우 체중만으로 영양상태를 판정하기는 어려우므로 조사대상자의 연령, 키와 함께 연관시켜 영양판정지수를 산출하는 데 많이 이용한다. 한편 체중의 변화량은 신체의 구성성분의 변화를 의미하는 것으로 영양소 섭취의 부족이나 지속적인 과다 섭취를 진단하는 데 사용할 수 있다.

성인의 경우 다음 식을 이용하여 비만 혹은 수척 정도를 표현한다.

(실제체중 - 표준체중) / 표준체중 × 100

이 측정치가 표준체중에 비하여 ±10%이면 정상체중으로, ±10에서 ±19%이면 약간 수척 혹은 약간 비만으로, ±20% 이상이면 비만 혹은 수척(영양불량)으로 판정한다.

한편, Broca법에 의하여 표준체중을 계산하는 수식은 다음과 같으며, 신장을 기준으로 각기 다르게 계산한다.

신장이 165㎝ 이상일 때 : (신장 - 110) × 0.9
164~151㎝일 때 : (신장 - 105) × 0.9
150㎝ 이하일 때 : (신장 - 100) × 0.9로 계산한다.

참고

㉠ 신장·체중은 하루 사이에도 그 시간에 따라 다소의 차이가 있다. 신장은 아침 일어난 직후 가장 크며 저녁에 가장 적다. 그 차이는 100~150㎜이다. 아침은 상당한 시간의 취침으로 몸이 차분히 안정상태에 있고 척골을 연결하고 있는 조간연골의 부담이 제거되어 가장 펴졌을 때이기 때문이다.

㉡ 오전 10시 전후에 신장을 측정하는 것이 가장 정확한 측정치를 얻을 수 있다. 그 이유는 하루 동안에 각 시간에 생기는 신장의 평균이 오전 10시경의 신장에 해당되기 때문이다.

㉢ 체중은 원래 그때 그때의 상황에 의하여 변화가 크다. 그러나 하루의 사정을 살펴보면 이른 아침에 가장 체중이 작을 것이라는 것은 예상할 수 잇는 일이며 측정의 결과도 그러하다.

㉣ 하루 동안의 최대(저녁 식사 후), 최소(아침 식사 전)의 차는 1.0~1.5kg 정도로 때로는 2kg이 될 때도 있다. 또 체중은 1년 중 3~4월이 가장 크고 8~10월이 가장 적다. 여름을 탄다는 말도 있지만 봄과 여름의 체중의 차는 1.0~1.5kg이 된다고 한다.

③ 흉위

a. 옷을 벗은 대상자를 자연스러운 자세로서 두 팔꿈치를 붙이고 두 발끝을 좌우로 벌리도록 하여 팔을 자연스럽게 무릎 옆에 내려뜨리게 한다. 조사원은 대상자의 오른편에 서서 두 팔을 천천히 돌리며 등 쪽은 양편골각의 바로 아래에 대고 보조자로 하여금 줄자가 미끄러져 내려오지 않도록 하고 줄자의 양끝을 양쪽 겨드랑이 사이로 돌리어 겨드랑이에서 내려오지 않도록 하면 유두의 바로 위를 통하게 하고 앞면과 뒷면의 줄자의 위치가 이동하지 않도록 가만히 조르며 안정호흡(숨을 내쉴 때)이 그쳤을 때를 보아(동시에 줄자를 적당히 조르고) 눈금을 읽는다.

b. 이때 대상자의 어깨, 목, 팔이 긴장하면 측정치를 부정확하게 하기 쉬우나 만약 긴장했다고 볼 때는 두 어깨를 가볍게 두드리거나 또는 말을 시키는 것으로써 긴장을 풀게 하는 것을 잊어서는 안 된다.

c. 단위는 ㎝로 하여 기입한다.

④ 앉은 키

a. 일반적으로 수직식 좌고계측법을 사용한다.

b. 걸상에 바르게 앉힌 후 윗몸을 곧게 하고 신장측정의 방법에 준하여 좌면에서 뒤통수까지의 거리를 측정한다. 즉 대상자로 하여금 엉덩이를 척추에 붙도록 하여 앉힌다.

c. 걸상의 높이는 허벅다리가 수평이 되는 정도의 높이로 하고 척추를 충분히 펴게 하고 두 팔은 자연스럽게 몸 옆으로 내려뜨리고 턱을 끌어 들여 귀와 눈이 수평하게 되었을 때, 횡규를 내려 뒤통수부에 접착시켜 잣대의 눈금을 읽는다.

d. 단위는 ㎝로 하여 기입한다.

(2) 신체지수

신체지수는 영양지수라고도 하며 체격의 모양이나 신체 밀도를 반영하여 영양적 충실 정도, 비만 여부를 판정하는 지표로 이용된다.

① 비체중(체중kg/신장cm)

1-5세에서는 연령과 관계없으며 연령을 알기 어려운 개발도상국 등에서는 연령별 기준치 대신 사용된다.

② WLI(Weight Length Index):[(실제체중-신장별 표준체중)/신장별 표준체중]×100

한국아동의 신장별 체중의 50백분위를 표준체중으로 사용한다.

③ 체질량지수(Kaup지수, BMI: Body Mass Index) : 체중kg/신장m^2

영유아, 특히 2세 미만의 영양상태 진단(Kaup지수)과 20세 이후의 비만판정지수(BMI)로 쓰인다. 체질량지수는 성인의 비만판정에 가장 적합한 것으로 인정되고 있으며, 신장에 따른 판정 오류가 가장 적고 사망위험률 등의 건강 관련 지표와 상관성이 높다. 그러나 파정기준은 식사, 흡연, 신체활동 등이 영향을 주어 나라마다 다양하다.

④ Rohrer지수(신체충실지수: 체중kg/신장cm^2×107)

학동기 영양상태 판정에 많이 쓰인다.

표 5-8 WLI에 의한 영양판정기준

90 미만	저체중군
90~100	정상체중군
100~110	과체중군
120 이상	비만군

자료 : Q구재옥, 김정원, 김창임, 박동연, 박혜련, 윤은영(2007) ; 영양교육, 의 이론과 실제, 파워북

표 5-9 BMI에 의한 영양판정기준

18.5 미만	저체중군
18.5~22.9	정상체중군
23~24.9	과체중군
25~29.9	비만 1단계
30~39.9	비만 2단계
40 이상	비만 3단계

자료 : 구재옥, 김정원, 김창임, 박동연, 박혜련, 윤은영(2007) ; 영양교육, 의 이론과 실제, 파워북

표 5-10 Kaup 지수에 의한 영양판정 기준

13 미만	고도 수척
13~15	수척
15~18	정상
18~20	경도 비만
20 이상	비만

자료 : 대한비만학회

표 5-11 Rohrer 지수에 의한 영양판정 기준

92 미만	고도 수척	신장이 110~130cm	지수 180 이상은 비만
92~110	수척	신장이 130~150cm	지수 170 이상은 비만
110~140	정상	신장이 150cm 이상	지수 160 이상은 비만
140~156	경도 비만		
156 이상	비만		

자료 : 구재옥, 김정원, 김창임, 박동연, 박혜련, 윤은영(2007) ; 영양교육, 의 이론과 실제, 파워북

(3) 제지방조직(fat free mass) 측정

제지방조직이란 주로 근육을 말하고 이외에 연조직과 골격이 포함된다. 근육조직은 주로 단백질로 구성되므로 제지방조직의 평가는 체단백질 보유상태의 지수가 될 수 있다.

상완위 측정은 피하지방 두께 측정과 함께 지역주민이나 병원 환자의 만성적 영양부족 또는 과잉 여부 평가와 장기적 영양보충에 의한 체조성 변화 점검에 적용될 수 있다.

(4) 체지방 측정

체지방은 생리적으로 필수적인 지방과 저장지방으로 나뉘며, 저장지방은 근육 내 또는 사이에, 내장을 둘러싸거나 피하에 존재한다. 이 중에서 특히 저장지방은 가장 변화가 많은 성분으로서 장기간의 에너지 결핍 또는 과잉을 예민하게 반영한다.

① 피부두겹두께(skinfold thickness)

피하지방 두께로서 캘리퍼를 사용하여 상완삼두근 후면, 복부, 견갑골 아래의 등, 장단지, 옆구리 부위의 피부두겹두께를 측정한다. 계측 부위에 따라 차이가 있으나 상완삼두근 후면이 가장 흔히 계측되며 연령별 기준치와 비교 평가된다. 저장에너지의 지표로 사용된다.

② 허리-엉덩이 둘레비(waist-hip circumferece ratio : WHR)

허리-엉덩이 둘레비는 피하지방과 복강내 지방의 분포를 반영하는 것으로 성인 남자는 0.9~1.0, 여자는 0.8보다 크면 심혈관 질환의 위험률이 급증하는 지표가 된다.

③ 정밀기기를 이용한 체지방의 측정

최근 과학 측정기기의 발달로 보다 새롭고 직접적인 측정기기 등이 개발되어 체지방 측정에 사용되고 있다. 체지방 함량뿐만 아니라 체지방의 분포도까지도 정확히 가능한 기기들이 많으나, 장비가 매우 고가이므로 사용에 제한이 따른다.

④ 초음파 Ultrasound 이용법

기계로부터 초음파가 방출되어 지방조직에 침투하면 지방조직과 근육조직의 경계면으로부터 초음파가 반사되는 원리를 이용하여 체지방조직의 두께를 측정할 수 있으면, 이는 화면에 투영되므로 체지방의 두께 및 분포도를 알 수 있다.

⑤ 전기저항법

체내에서 전해질은 주로 제지방조직에 존재한다. 지방조직이 제지방조직에 비해 전기저항이 크다는 사실에 근거하여 체지방량을 측정한다. 주로 사용되는 생체 전기저항법은 대상자의 손, 발에 작은 전류를 흐르게 한 후 그 정항을 측정하여 체지방을 측정한다. 측정방법이 비교적 편리하며, 측정기기가 운반가능하고 상대적으로 다른 기기에 비하여 범위가 넓은 집단을 조사할 경우에 적당하다.

⑥ 컴퓨터 단층촬영(Computerized Tomography : CT)

복부를 컴퓨터 단층 촬영하면 지방을 내장형과 피하형으로 구분할 수 있어 좋은 방법이다. 심혈관 질환에 좀 더 직접적으로 영향을 주는 내장형 지방량을 알 수 있는 장점은 있으나 비용이 많이 든다는 단점이 있다.

⑦ 핵자기공명영상법(Magnetic Resonance Imaging : MRI)

자기장을 이용한 고주파를 쏘여 인체 내 각 조직과 구조물들의 공명 현상의 차이를 계산하여 영상을 구성하는 것으로 CT에 비해 영상이 좋으나 촬영시간이 오래 걸리고, 비용이 많이 든다.

3) 생화학적 방법

생화학적 검사란 혈액, 소변 또는 조직을 채취하여 이에 함유된 영양소나 영양소의 대사산물의 농도, 영양소에 의존적인 효소활성이나 면역기능들을 분석하고 정상치와 비교하여 영양판정하는 것이다. 이외의 시료로는 대변, 머리카락, 골수, 타액 등을 이용하기도 한다.

섭취 부족에 따른 생화학적 변화는 체내 저장이 고갈되는 초기부터 일어나지만 임상증상이 발견되기 전에 일어나므로 생화학적 영양소 섭취 수준을 반영하는 유용한 지표가 된다. 생화학적인 분석방법은 영양상담에 있어서 피상담자가 가장 객관적으로 받아들이며 상대적으로 다른 방법에 비하여 높은 신뢰도를 갖게 되므로 상담자는 분석수치에 대한 이해와 해석을 정확히 해야 한다.

생화학적 검사는 다른 방법들에 비해 가장 객관적이고 정량적인 영양판정법이지만 시설과 기기, 전문요원, 비용, 시간, 시료 채취의 어려움 등이 있고 더욱이 판정을 위한 지역기준치의 확보도 쉽지 않아 검사의 수행과 결과 해석에 제한점이 많다.

(1) 생화학적 분석 시 고려해야 할 점

① 시료는 채취에서부터 정확하고 표준화된 방법이 설정되어야 함
② 시료의 채취·분석에 관여할 의료 종사용원이 확보되어야 함
③ 대상자로부터 검사물 채취 시 사전에 이유 설명과 함께 승낙을 받을 것
④ 분석방법에 따라 소요 비용, 분석치에 차이가 있고, 자격을 갖춘 사람에 의하여 실시할 것

(2) 생화학적 검사 방법에는 성분검사와 기능검사 2가지가 있다.

① 성분검사 : 혈액, 소변, 조직 등 시료 내 영양소와 그의 대사물 농도를 측정
② 기능검사 : 시료의 효소활성, 면역기능 등을 분석

4) 임상조사

영양불량과 관련된 신체적 징후를 시각적으로 진단하는 방법이다. 임상증세는 주로 영양결핍이 만성적으로 심해진 단계에서 발견되므로 임상조사로는 영양결핍의 초기단계는 파악되기 어렵다. 또한 일부 임상증세는 특정 영양소에 특이적이지 않고 몇 가지 영양소 결핍과 관련되며 더욱이 기후, 위생, 질병과 관련되어 나타날 수도 있다. 따라서 임상조사는 특정 영양소의 전형적인 결핍증이 현저한 경우를 제외하고는 단독적인 영양상태 판정보다는 체위조사나 행화학적 검사, 식사조사 등의 다른 영양판정 방법의 결과와 함께 검토되는 것이 바람직하다.

표 5-12 생화학적 검사의 항목 및 판정 기준치

영양소	측정항목	정상기준치	영양소	측정항목	정상기준치
단백질	혈청단백질 (g/dl)	1세미만 : 5.0 1~5세 : 5.5 6~7세 : 6.0 성인 : 6.5 임신후기 : 5.5	철분	헤모글로빈 (Hb, g/dl)[*3]	0.5~5세 : 11.0 6~14세 : 12.0 〉14세(남) : 13.0 임신기 : ≥11.0
	혈청알부민 (g/dl)	1세 미만 : 2.5 1~5세 : 3.0 6~7세 : 3.5 성인 : 4.0 임신후기 : 4.5		헤마토크리크 (Hct, &)[*4]	0.5~5세 : 32 5~9세 : 33 10~14세 : 37 〉14세(남) : 42 〉14세(여) : 36 임신기 : 30
	뇨중 요소질소/ 크레	모든 연력 : 12		적혈구수 (백만개/mm^3)[*4]	성인(남) : 3.5~5.6 성인(여) : 4.2~5.8
지질[*2]	혈청총콜레스테롤 (mg/dl)	고콜레스테롤혈증≥240 경계치 200~235 정상 〈 200		평균적혈구 헤모글로빈 농도 (MCHC, gdL)[2)*4]	성인 : ≥32
	혈청LDL콜레스테롤(mg/dl)[1)]	매우 높은 L이 콜레스테롤혈증 : ≥190mg/dl 고 L이 콜레스테롤혈증 : 160~189mg/dll 경계치 : 130~159mg/dll 정상 : 100~129mg/dll 적정 : 〈100mg/dll		평균적혈구 용적 (MCV, fL)3[*5]	1~2세 : ≥73 3~4세 : ≥75 5~10세 : ≥76 11~14세 : ≥75 15~74세 : ≥80
지질[*2]	혈HDL콜레스테롤 (mg/dl)	저 HDL 콜레스테롤혈증 : 〈40mg/dll 고 HDL 콜레스테롤혈증 : 60mg/dl		혈청철 (ug/dL)[*4]	성인 : ≥50
비타민 A[*1]	혈청레티놀 (ug/dl)	성인 : ≥30		트랜스페린포화도	10세 이상 성인 : ≥15
비타민 C[*1]	혈청 총비타민 C(mg/dll)	성인 : ≥3.0		혈청페리(ug/L)[*6]	3~14세 : <10 15~74세 : <12

1) L이 콜레스테롤 = 총콜레스테롤-(HDL 콜레스테롤)-(중성지방)×1/5
2) MCHC(g/dl) = Hb(g/dl)/Hct(%)×100
3) MCV(fL) = Hct(%)/적혈구수(10^6/mm^3)×10
mL = femtoliter 10^{-15} liter

*1 : Sauberlich 등(1974), Gibson(1990)
*2 : 한국인 고지혈증 치료지침(2003)
*3 : WHO(1972)
*4 : WHO(1968)
*5 : Plich와 Senti(1984), Gibson(1980)
*6 : Worwood(1979), Gibson(1990)

표 5-13 장기별 기능검사 항목

영양소	항 목
간	혈청단백질/알부민, ALP, ALT, AST
신장	혈중비단백질소(BUN), 소변내 크레아티닌, 혈중뇨산, 혈중 인, 혈청단백질/알부민
심장	CK, LDH, sGOT
갑상선	혈중 T4, 혈중 PBI

표 5-14 영양상태를 나타내주는 신체적 징후

신체부위	영양이 좋은 상태	영양이 좋지 않은 상태
전반적인 외모	주의력이 좋음	게으르고 무관심함, 건강이 안좋음
몸무게	키, 나이, 체격에 적당한 몸무게	과체중, 저체중
자 세	체격이 똑바르고 팔과 다리가 곧게 뻗음	어깨가 처지고 몸통이 빈약함, 등이 굽음
근 육	근육이 잘 발달하고 단단하며, 색깔이 건강해 보임, 피부 밑에 어느 정도의 지방이 있음	근육이 잘 발달되어 있지 않으며 연약하고, 무기력하고, 색이 건강해 보이지 않고 소모된 듯한 모양임, 근육활동이 좋지 않음
신경조절	주의력이 좋고 침착함 반사작용이 정상적임 정서적으로 안정됨	주의가 산만하여 침착하지 못함. 손발에 지각이상(paresthesia)으로 다른 자극이나 감각이 온 위치를 알지 못함. 근육이 약함(심한 경우 걷지 못함). 무릎과 발목의 반사작용이 줄거나 없음
소화기관의 기능	식욕과 소화기능이 좋음 규칙적인 배변, 복부에 만져지는 혹같은 것이 없음	식욕감퇴, 소화불량, 변비나 설사, 복부 촉진시간이나 지라의 비대가 관찰
순환계기능	정상적인 맥박-잡음이 없음, 정상 혈압	너무 빠른 맥박(100/분 이상), 비대한 심장, 비정상적인 맥박, 고혈압
신체의 생동감	활기차 보이며, 원기가 좋으며 잠을 잘자고 건강함	쉽게 피로하고 원기가 없으며, 잘 졸고 피곤해 보이며 만사에 무관심함
머리카락	윤기가 흐르고 단단하며 잘 뽑혀지지 않고, 머리 밑의 피부가 건강함	윤기가 없고 건조해 보이며 머리카락이 가늘고, 쉽게 빠지며, 머리색깔이 변하였음

피 부	부드럽고 약간 촉촉하며 피부색이 좋음	거칠고 말랐으며 각질화되었거나, 창백하고 피부색이 변해 있음. 염증이 있음. 멍이 있고 붉은 색 부분들이 있음
얼굴과 목	피부색이 균일하고 부드러우며 건강한 모습이며 붓지 않음	기름기가 흐르거나 색이 변해 있으며 피부가 벗겨지기 쉬움. 빰 위나 눈 밑의 피부가 검고, 코와 입 주위의 피부가 벗겨지거나 부스럼 같은 것이 있음
입 술	부드럽고 색깔이 좋으며 터지거나 붓지 않았으며 습기가 촉촉함	건조하여 껍질이 벗겨지고 부어 있음. 구각염이 있으며 입 주위에 상처가 있거나 터진 자리가 있음
입과 입안의 피부, 잇몸	입안은 보기 좋은 붉은 색이 도는 분홍색임. 붓거나 피가 나지 않음	입안의 점막이 붓고 구멍이 있음. 푸석푸석하고 피가 잘 나며 붉은 기가 적고, 염증이 있으며, 잇몸이 가라앉음
혀	보기 좋은 분홍색이며 붓거나 너무 반반하지 않음. 상처 난 부위가 없고 표면이 오돌오돌함	부었고, 주황색이 나는 붉은 색이며, 혀의 돌기가 충혈되거나 이상 비대하거나, 돌기의 크기가 적음
치 아	충치가 없고 통증이 없으며 이가 고르고 반짝임. 이가 너무 몰려있지 않고 아래턱이 반듯하고 이는 깨끗하고 색이 변해 있지 않음	충치, 빠진 이가 있으며, 표면이 닳았고 이의 위치가 고르지 않음. 반점이 있음
눈	맑고 반짝임. 눈가에 무른 곳이 없고 점막은 물기가 있고 건강한 분홍색 임. 정맥이나 조직이 튀어나온 곳이 없고, 피곤한 기가 눈에 없음	눈 점막이 창백하고, 눈가에 핏발이 섰으며, 건조하고 염증이 있음. Bitot's spot이 있고, 붉은 기가 있으며, 눈의 점막이 건조함. 눈동자가 흐릿하며 연해 보임
목	갑상선이 비대해 있지 않음	갑상선 비대

표 5-15 영양소 결핍 및 과잉과 관련된 신체 징후

신체징후	결핍영양소	과잉영양소	발생빈도
머리카락/손톱			
띠 모양의 머리카락 탈색	단백질		드뭄
쉽게 빠지는 머리카락	단백질		흔함
머리카락 숱이 적음	단백질, 비오틴, 아연	비타민 A	가끔
나사모양의 머리카락과 감긴 머리	비타민 C		흔함
손톱의 가로지르는 융기	단백질		가끔

피부			
비늘 모양	비타민A, 아연, 필수지방산	비타민 A	가끔
셀로판처럼 반질한 피부	단백질		드뭄
갈라짐	단백질		가끔
모낭각화증	비타민 A, C		가끔
자반증	비타민 C		흔함
색소 침착, 태양에 노출된 부위의 박리	비타민 C, K		드뭄
황색색소 침착	나이아신	carotene	흔함
눈			
시신경원판의 울혈유두		비타민 A	드뭄
야맹증	비타민 A		드뭄
비토반점	비타민 A		
안구건조증	비타민 A		
입주위			
구각염	비타민B_2, 비타민B_{12}, 나이아신		가끔
구각증 (입술의 점막과 구각의 균열)	비타민B_2, 비타민B_{12}, 나이아신		드뭄
구강			
위축성 설유두 (혀유두의 수축으로 매끈한 혀)	비타민B_2, 나이아신, 엽산 비타민B_{12}, 단백질, 철분		흔함
설염 (주홍색, 겉피부가 벗겨진 혀)	비타민B_2,나이아신, 비타민 B_{12} 엽산, 비타민B_{12},		가끔
미각감퇴증, 후각감퇴증	아연		
잇몸이 붓고, 출혈	비타민 C		
뼈, 관절			
늑골주상형상, 골단팽운, 휘어진 다리	비타민 D		드뭄
연화(어린이의 골막과 출혈)	비타민 C		드뭄
신경			
두통		비타민 A	드뭄
졸음, 기면, 구토		비타민 A, D	드뭄
치매현상	나이아신, 비타민 B_{12}		드뭄
각화감, 부위감각 상실	비타민 B_2		가끔
안면근육 마비	비타민 B_4, 인		가끔
말초신경증	비타민 B_4, 비타민 B_4, 비타민 B_{12}	비타민 B4	가끔
테타니(teeany)	칼슘, 마그네슘		가끔

기타			
이하선 비대	단백질		가끔
심부전	비타민 B_1(습성각기), 인		가끔
급성신부전	비타민 C		드묾
간비대	단백질		드묾
부종	단백질, 비타민 B_1	비타민 A	흔함
상처회복이 더딤	단백질, 비타민 C, 아연		흔함

자료 : Weinsier RL, Morgan SL, Pweein VG, 1993, 이영미·이민준, 『영양교육』, 신광출판사 재인용.

5-4 국민건강 · 영양조사

우리나라 국민영양조사는 과거에는 식품위생법에 의거하여 1969년 이래에 매년 실시했으며, 전국 규모로 각 시 · 도지부에서 600~2,000 가구를 선정하여 전 가구의 식이섭취 조사와 일부 건강조사를 행하였다. 이 국민영양조사가 여러 가지 문제를 내포하고 있기는 하였으나 정부 차원에서 이루어지는 영양개선과 관계되는 조사사업은 국민 영양조사 한 가지 뿐이었으므로 영양과 관련된 많은 정책과 연구가 국민영양조사 결과를 참고로 하여 이루어지고 있어 근 30년에 걸쳐 우리나라의 영양실태를 파악하는 데 많은 공헌을 하였다.

국민건강 · 영양조사는 국민의 식품과 영양소 섭취실태, 식생활 실태 및 건강실태를 파악하는 것으로서, 국민의 영양개선을 위한 기초자료로 사용되어 국민 건강증진을 도모하는 것을 목표로 한다. 국민건강 · 영양조사 자료는 영양감시, 감독, 영양관련 프로그램 계획, 영양관련 제도 및 정책수립, 학문적 연구 등 다양하게 이용될 수 있다.

현재는 국민건강증진법에 의거 1998년부터는 국민건강 · 영양조사로 검진조사를 추가하여 3년 주기로 실시하고 있으며, 현재 국민건강영양조사 내용은 표 5-16과 같다.

표 5-16 2005년도 국민건강·영양조사 내용

구분	내용
1. 건강면접조사	- 가구조사 ·가구원의 사회경제적 특성 ·가구 및 가구원의 보건 · 의료에 관한 기본사항 - 성인(만 19세 이상) ·이환조사, 활동제한 및 삶의 질, 사고 및 중독, 의료이용조사 - 아동 및 청소년(만 12~19세 미만) ·이환조사, 활동제한, 사고 및 중독, 의료이용조사 - 만 12세 미만 아동의 건강형태 ·건강검진, 교통안전, 구강 보건, 비만 및 체중조절
2. 보건의식형태조사	- 성인(만 19세 이상) ·흡연, 음주, 비만 및 체중조절, 휴식, 신체활동 및 운동, 건강 검진, 구강 보건, 안전의식 - 청소년(만 12~19세 미만) ·비만 및 체중 조절, 신체활동 및 운동, 휴식, 정신 건강, 안전 의식, 흡연, 음주 구강 보건
3. 검 진	- 만 10세 이상 대상자 - 임상병리 검진항목 ·혈중 지질, 혈당 및 당대사 이상, 간장기능, 신장기능 - 혈압 계측 - 신체 계측
4. 식품섭취조사	- 식품 및 음용수 섭취량 조사 : 개인별 1일 24시간 회상법 - 식품섭취빈도조사(만 12세 이상) ·62종 식품목록, 10단계 섭취빈도 - 식생활조사 ·만 1~4세 미만, 만 4세 이상으로 구분 ·모유 및 수유 실태, 식생활 관련사항과 식습관 조사

자료 : 박영숙외 ; 영양교육과 상담(2005).

1) 국민건강·영양조사의 이용과 방법

(1) 국민건강·영양조사의 이용

① 영양감시 감독

영양적 위험이 높은 집단이나 지역의 분류, 국민의 체위 향상 파악, 식량 생산과 유통 감시, 식품소비 구조 파악

② 영양관련 프로그램 계획

영양교육과 식사지침, 식품보조 프로그램, 영양중재 프로그램, 만성질병 예방 및 관리 프로그램, 공중보건 프로그램, 식량수급 계획

③ 영양관련 제도 및 정책 수립

식품영양 표시, 식품의 영양소 강화, 식품의 안전성

④ 학문적 연구

영양권장량 책정, 식이와 건강관계 분석, 영양지식과 식이행동의 상관성, 식품성분 분석, 식품소비의 경제, 영양교육 연구

(2) 국민건강·영양조사 방법과 조사항목

1969년부터 실시된 국민영양조사가 1998년부터 국민건강 · 영양조사로 확대 · 개선되어 매 3년마다 실시되고 있다.

① 건강 면접조사

a. 가구조사

- 가구원의 사회, 경제적 특성
- 가구 및 가구원의 보건, 의료에 관한 기본사항

b. 이환조사

- 주요 만성질환 유병률 : 연간 유병일수 및 2주간 유병일수, 유병기간, 사회 · 경제적 특성별 이환율, 만성질환 종류별 발생률 및 유병률, 의사 진단 및 치료 여부, 주요 급성질환 유병률

c. 활동제한 조사

2주간 및 장기 활동제한 : 활동제한 원인, 활동제한 여부, 활동제한 일, 침상와병일, 핸디캡의 정도, 수단적 일상생활 수행능력

d. 의료이용 조사

외래의료 이용 : 의료기관별, 사회 · 경제적 특성별 외래의료 이용률, 외래방문 목적, 외래 의료 서비스에 대한 이용자의 만족도

② 보건의식 형태조사

a. 성인(만 19세 이상) 보건의식 형태조사

- 흡연 : 흡연율 및 흡연 경험률, 흡연 시작연령, 흡연 시작동기, 흡연시간, 1일

평균흡연량, 금연율, 흡연관련 태도, 흡연의 위험 인지도

- 음주 : 음주율 및 음주빈도, 매일 음주율, 음주 시작연령, 음주기간, 음주량, 과음빈도, 과음시 음주량, 금주 및 절주자율, 알코올 의존율
- 비만 및 체중조절 : 최근의 체중변화, 체중인식, 체중조절 실천율
- 운동 : 운동빈도, 평소 건강유지방법
- 수면 및 휴식 : 수면부족률, 휴식의 정도
- 건강검진 : 건강검진 수진율, 건강검진 수진동기
- 암검진 : 정기적인 암검사 비율
- 혈압 : 혈압측정 비율
- 구강보건 : 저녁식사 후 칫솔질 비율, 정기적 치과 방문 빈도, 틀니 상태 등
- 음용수 : 식수의 종류, 안전성에 대한 인식, 식수 음용방법
- 안전에 관한 의식 및 형태 : 안전벨트 착용률, 음주운전 비율 등

b. 청소년(만 12~19세) 보건의식 형태조사

- 사고 및 폭력 : 안전벨트 착용률, 싸움 빈도와 격렬한 정도 등
- 흡연 : 흡연경험, 흡연량, 흡연 시작연령 등
- 음주 : 음주경험, 음주량, 음주 시작연령, 과음 정도 등
- 체중조절 : 체중에 대한 인식, 체중조절 행태 등
- 운동·휴식·수면 : 운동빈도, 평소 건강유지방법, 수면 정도, 스트레스 정도 등
- 구강보건 : 저녁식사 후 칫솔질 비율, 정기적 치과 방문 빈도, 틀니 상태 등

③ 검진 및 계측조사

만 10세 이상 대상자에게 실시하였으며, 검진대상 질환과 검진항목은 국민의 보건문제, 검진대상 질환의 예방 및 치료적 수단의 유효성, 사회문화적 검진의 수용성 등 고려하여 선정함.

검진항목은 1차적으로 다음의 임상병리항목과 혈압계측 및 신체항목임.

a. 임상병리 검진항목

- 혈중지질치 검진항목 : 총콜레스테롤, 중성지방(TG), HDL-콜레스테롤
- 혈당 및 당대사이상 검진항목 : 공복혈당, HbA1c
- 간장기능 및 당대사이상 검진항목 : SGOT, SGPT, B type HBsAg, B type HBsAb
- 신장기능 검진항목 : 혈중요소질소(BUN), Creatinine
- 혈압계측 : 맥박 및 혈압계측

• 신체계측항목 : 체중, 신장, 허리둘레, 엉덩이 둘레

④ 식품섭취 조사

a. 식품섭취량 조사 : 개인별로 1일에 대한 24시간 회상 식품섭취 조사
조사의 효율성을 높이기 위하여 미리 기록지에 조사 당일의 음식 레시피 기록

b. 식품섭취 빈도 조사(만 12세 이상)

• 일상적인 섭취양상을 파악하기 위하여 식품섭취 빈도 조사 실시
• 빈도 조사 식품목록을 58가지를 선정하고 사전조사를 통하여 목록 조정

c. 식생활 조사
만 1~2세 이하, 만 3세 이상으로 구분하여 식생활 관련사항과 식습관 조사

1) 문제점 및 개선방향

우리나라는 급속한 경제발전과 2004년도 OECD국가 중 출산율이 가장 낮은 1,16명이다. 이에 반해 세계에서 가장 빠르게 고령화가 진행되고 있어 2006년에는 초고령사회로 진입하게 된다. 평균수명도 현재 77.9세에서 2020년에는 81.0세로 늘어나게 된다. 또한 만성질환이 증가하며 이에 따라 노인의료비가 증가하게 된다.

따라서 이와 같은 사회적인 변화로 국가의 영양정책도 변화되어야 한다. 국가적으로 "국민건강증진종합계획 2010"(표 5-17)을 수립하고 영양정책을 수행하고 있다.

국민건강영양조사는 전국 규모의 조사를 통해 신뢰성 있는 국가 통계 자료를 산출하며, 국가보건정책을 계획하고 실천하는 자료를 제공하게 된다. 1969년부터 2005년까지 시행되어 온 국민영양조사에서 나타난 여러 가지 문제점과 앞으로 개선되어야 할 점들을 요약하면 다음과 같다.

① 외식이 증가함에 따라 식품섭취조사에 외식이 포함되어야 한다. 실제 조사된 섭취량은 집안에 있는 사람이 주가 되나 영양권장량과 비교할 때는 가구원이 동일한 가중치를 갖게 된다.
② 계절적인 변이를 파악하기 위해 조사기간을 개선해야 한다.
③ 식품섭취량의 정확한 조사를 위해 연속하지 않은 2일 이상으로 조사되어야 한다.
④ 조사대상이 가구단위여서 개인별 영양상태 파악이 불가능하다. 개인 및 연령별 영양적 위험집단의 파악이 가능하도록 조사방법을 개선하여야 한다.
⑤ 국민영양조사의 내용을 특수계층, 특수목적을 위한 영양조사로 다양화시킨다.
⑥ 주요 만성질환과 영양상태를 접목하기 위해 영양상태를 반영하는 생화학적 지료가 필요하다.

⑦ 측정오차를 줄이기 위하여 조사방법의 표준화 및 구체화, 그리고 이를 위한 조사원의 전문성 확보와 철저한 훈련이 필요하다.

⑧ 정확하고 신뢰할 만한 식품성분표가 확립되어야 한다. 특히 우리나라 주식인 쌀과 최다 소비음식인 김치의 영양성분에 대한 검토가 이루어져야 한다. 식품의 부위별 성분표와 새롭게 개발되는 가공식품의 성분표 작성이 요구된다.

표 5-17 국민건강증진종합계획 2001 영양부문 목표

	목 표(%)	2002년	2005년*	2010년
미량영양소 적정섭취	칼슘을 적정수준으로 섭취하는 인구비율을 증가시킨다.	18.8	19.3	30.0
	철을 적정수준으로 섭취하는 인구비율을 증가시킨다.	32.2	34.3	50.0
	비타민 A를 적정수준으로 섭취하는 인구비율을 증가시킨다.	29.8	32.6	50.0
	리보플라빈을 적정수준으로 섭취하는 인구비율을 증가시킨다.	29.4	34.6	50.0
만성질환 예방 및 관리	지방 에너지 적정비율에 해당하는 인구비율을 증가시킨다.	41.1	44.0	50.0
	나트륨을 1일 2,000mg 이하로 섭취하는 인구비율(만 6세 이상)을 증가시킨다.	13.9	9.5	15.0
	과일과 채소를 1일 500g 이상 섭취하는 인구비율(만 6세 이상)을 증가시킨다.	32.25	36.4	50.0
체중관리	적정체중(18.5〈=BMI〈25) 성인 인구비율을 증가시킨다.	64.7	63.3	67.0
	저체중 성인 인구비율을 감소시킨다.	4.64	4.3	3.0
생애주기별 영양관리	완전모유수유 영아(생후 6개월)의 인구비율을 증가시킨다.	9.8	22.2	40.0
	잘못된 식습관에 의한 아침 결식률을 감소시킨다.	21.1	19.0	15.0
	영양소 섭취 부족인 노인(65세 이상)인구비율을 감소시킨다.	26.7	-	15.0
	철 결핍성 빈혈인 가임기 여성(10~49세)인구비율을 감소시킨다.	10.9	15.1	10.0
식품안정성 및 영양서비스	식품 안정성이 확보된 가구비율을 증가시킨다.	-	88.6	95.0
	식생활 지원 프로그램(식품공급, WIC, 급식)의 수혜 비율을 높인다.	-	3개 보건소	248개 보건소
	영양관리(교육 및 상담 수혜)를 받는 인구비율을 증가시킨다.	-	10.0	20.0
	식품선택에 영양표시를 활용하는 인구비율을 증가시킨다.	-	21.2	30.0

자료 : 2005년도 국민건강영양조사-영양조사부문-조사결과 잠정 통계치(2005년 12월 현재, 보건보지부)

♣ 참고문헌 ♣

1. 김삼근. 우리나라 국민영양조사 사업 개선 방향. 국민영양조사현황. 한국영양학회지 29(4), 384p. 1996
2. 문현경. 우리나라 국민영양조사방법. 한국영양학회지 27(5), 509p. 1994
3. 보건복지부. 국민영양조사 보고서(1969~1995)
4. 보건복지부, 한국보건사회연구원. 국민영양·건강조사 사전조사 결과보고서. 영역보고서 98-19-1, 1998
5. 보건복지부, 한국보건사회연구원. 1998년도 국민영양·영양조사계획, 용역보고서 98-19-2, 1998
6. 보건복지부. '95 국민영양조사보고서. 1997
7. 한국식품위생연구원. 국민건강증진법에 근거한 영양조사 및 개선사업에 관하여 WHO/96-97 정규협력 세미나, 1996
8. 보건복지부. 2001년도 국민건강 영양조사, 2001
9. 박기준. 국민건강증진법. 국민영양 11:2-8, 1995
10. 성진근. 식량문제와 국민경제의 새로운 선택. 1996년 대한지역사회영양학회 춘계학술대회 초록집, PP14-38, 1996
11. 조수현. 건강검진에서 나타나는 건강문제. 1997년 대한지역사회-춘계학술대회 초록집, PP1-11, 1997
12. 박영숙, 이정원, 서정숙, 이보경, 이해상. 영양교육과 상담. 교문사, 2000
13. 장유경, 정영진, 문현경, 윤진숙, 박혜연. 지역사회 영양학. 신광출판사, 1998
14. 김화영, 강명희, 조미숙. 영양상태판정. 신광출판사, 2000
15. 한국보건사업진흥원. 국민영양·건강조사 결과 보고. http://www.khidi.or.kr
16. Sanjur D(1986) ; Social and Cultural perpecives in Nutrition Prentice - Hall Inc Englewood Clitts NJ.
17. Jelliffe DB and Jelliffe EFP(1996) ; Community Nutritional Assessment : With Special Reference to Less Technically Developed Countries Oxford University press New York
18. Kaufman C(1990) ; Nutrition in Public Health Aspen Publishers Inc Rockville Maryland
19. Lee RD and Nieman D.C.(1996) ; Nutritional Assessment 2nd ed. Mosby In St. Louis

20. Hulley SB, Dummings SR.(1998) ; Designing Clinical Research : anep-idemiologic approach. Williams & wilkins. Baltimore
21. Thompson Fe, Byers T.(1994) ; Dietary assessment resource manual. Jnutr 124 : 2250
22. 박영숙, 이정원, 서정숙, 이보경, 이혜상. 영양교육과 상담. 교문사, 2005
23. 구재옥, 김정원, 김창임, 박동연, 박혜련, 윤은영. 영양교육의 이론과 실제. 파워북, 2007
24. 이영남, 정은자, 박란숙, 허채옥, 김현오, 백희준, 노성윤. 영양교육 및 상담. 수학사, 2007
25. 승정자, 홍원주, 김순경, 이현옥, 조혜경, 김애정, 최미경, 김미현. 영양판정. 청구문화사, 2004

제6장 영양상담의 이론과 실제

6-1 영양상담의 의의

1 영양상담의 정의

영양상담(nutritional counselling)이란 현재 영양적 문제를 가지고 있거나 혹은 그럴 가능성이 있는 사람에게 본인 스스로 새로운 식행동을 습득하여 영양적 문제를 해결할 수 있도록 도와주는 과정을 말한다.

영양상담자는 영양학에 관한 전문적인 지식을 충분히 갖고 있어야 하며, 피상담자들의 개별성을 인정하고, 식습관을 변화시키기가 매우 어렵고, 또한 새로운 식행동을 지속케 한다는 것이 반복지도를 통해서만 가능하다는 것을 이해해야 한다.

영양상담이 최대의 효과를 거두기 위해서는 장기간 정기적인 상담을 실시하여야 하며, 피상담자가 영양상담을 마친 후에도 본인 스스로 자기관리(self-management)를 할 수 있도록 습관화된 식사조절이 가능하도록 해야 한다.

2 영양상담의 의의

최근 우리나라는 급격한 경제성장으로 국민소득이 증가하고 식생활 환경이 급속히 변화되면서 동맥경화, 고혈압, 당뇨, 비만, 암 등의 만성 퇴행성 질환의 발병률이 증가되고 있다. 이와 같은 만성 퇴행성 질환의 원인은 고열량 동물성 식품의 만성섭취, 운동부족, 흡연, 가공식품의 섭취 증가 및 각종 식품첨가물의 남용 등을 들 수 있다.

또한 국민의 건강에 대한 관심과 요구도가 증가면서 건강보조식품들이 범람하고 과대광고로 인하여 건강에 좋은 식품이라면 가리지 않고 찾아 섭취하는 소비자들의 수효가 늘고 있다.

따라서 이들에 대한 영양전문인의 교육의 필요성이 무엇보다 절실히 요구된다. 보건영양사가 지역사회 주민들에게 올바른 영양정보를 전달하고, 영양상담 및 교육을 통하여 식습관 및 생활습관을 개선하도록 지도함으로써 질병예방과 건강을 증진할 뿐만 아니라, 만성 퇴행성 질환을 효과적으로 치료할 수 있도록 지도함으로써 합병증을 예방하고 의료비를 절감과 인력의 손실을 막아 국가 경쟁력 강화에 기여할 수 있어야 한다.

3 영양상담의 진행과정

영양상담의 과정은 자료수집, 영양판정, 목표설정, 교육실시 및 평가의 5단계로 실시된다.

1) 자료수집

영양상담에 필요한 피상담자에 관한 자료는 피상담자와의 인터뷰, 체위측정치, 상담자에 의한 관찰 등으로 얻어진다. 자료 수집은 영양상담의 시작 단계이다.

인터뷰란 다른 방법으로는 얻기 힘든 영양상담에 필요한 자료들을 환자와 직접 대화함으로써 수집하는 과정이다. 이 과정이 성공적으로 이루어지기 위해서는 상담자는 피상담자가 하는 이야기를 적극적으로 경청하여야 한다. 경청한다는 것은 상담자가 피상담자의 말과 행동에서 중요한 부분에 선택적으로 주목한다는 것이다. 선택적으로 주목함으로써 상담자가 특정 문제에 대해 탐색하도록 한다. 이때 상담자는 자신이 피상담자의 말을 주목하여 듣고 있음을 전달해 줄 필요가 있다. 좋은 경청자가 되기 위해서는 첫째, 중간에 피상담자의 말을 가로막지 않아야 하며 둘째, 피상담자가 하려고 하는 말에 흥미를 나타내며 셋째, 피상담자가 하는 말을 비판하지 않고 넷째, 피상담자의 생각을 때때로 간략하게 요약해주며 다섯째, 피상담자가 말하지 않는 부분까지도 감지해야 한다.

(1) 식습관 자료

식습관 자료 중 가장 많이 이용되고 있는 것은 24시간 회상법이며, 그 외에 식품 섭취빈도법, 식사기록법, 식사력조사법, 실측법 등의 자료를 활용한다.

(2) 체위 자료

신장, 체중, 평소체중, 삼두근 피부두겹 두께, 상완위, 견갑골 피부두겹 두께, 허리·엉덩이 둘레의 비 등이 이용된다. 체위측정치는 영양판정의 결과 얻어진다.

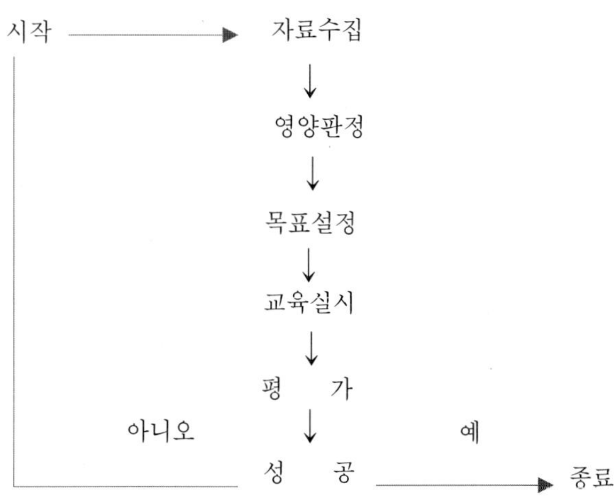

그림 6-1 영양판정의 진행과정

(3) 생화학적 자료

혈중 콜레스테롤, 혈당, 헤모글로빈, 헤마토크릿, 혈청페리틴, 혈청알부민, 질소평형, 요 크레아티닌, 혈청트랜스페린 등의 생화학적 자료가 이용된다. 생화학적 자료는 영양상담 시 가장 객관적인 자료로 활용된다.

(4) 임상자료

진단명, 사용하고 있는 약물, 신체증후, 혈압, 문진 등의 자료를 활용한다.

(5) 기타

교육 정도, 가족 사항, 직장 형태, 음주 및 흡연 유무, 영양제의 복용, 운동과 활동 정도, 과거 영양교육의 경험, 외식 형태 등이 이용된다.

표 6-1 영양상담의 종류 및 장단점

분 류	개별상담	집단상담	가족상담
장 점	피상담자에게 가장 효과적이다. 피상담자에게 정보를 제공하고 바른 선택을 하여 문제를 해결해 나가도록 격려한다. 직접면담, 전화나 메일을 이용한 상담이 있다.	성인병이나 식사요법을 필요로 하는 사람들에게 좋다. 서로의 경험을 상호 교환하게 하므로 더 나은 변화를 유도할 수 있다.	가족 구성원의 심리상태나 식행동의 문제 때문에 일어 날 수 있는 문제는 가족 전체의 특성을 파악하여 문제를 해결한다.
단 점	비경제적이다.	개인적이지 못하다.	개인적이지 못하고 상담의 효과 판정에 시간이 많이 걸린다.

표 6-2 상담진행 시 각 단계의 목적 및 대화의 기술적인 면

대화의 단계	목 적	상담자의 태도	대화의 기술
대화의 시작	· 부드러운 관계의 형성 · 두려움을 없애고 편안한 분위기 조성	· 활발하면서도 친절한 인사	· 자유로운 질문으로 시작 · 적당한 휴지기를 가짐.
문제점의 설명	· 어떤 정보의 전달이 필요한지 문제점의 진단	· 내담자를 이해하려는 적극적인 자세를 취함	· 간단한 응답을 통해 대화를 계속 자극 · 필요한 질문의 삽입
목적의 설정	· 문제점의 정의 (전달이 필요한 정보의 결정)	· 목적의 결정 시 내담자를 참여시킴.	· 논리적 체계, 내담자의 수준에 맞는 단어 선택 · 짧고 정확한 문장 사용 · 적당한 휴지기, 자료의 이용
정보의 전달	· 내담자가 문제의 해결에 이용가능한 정보의 제시	· 정보의 효과적 제시	· 상담의 내용을 요약
대화의 종결	· 제시된 정보를 확인 · 정보를 자신의 것이 되도록 도움. · 내담자 스스로 실천의지를 갖도록 자극	· 확실한 종결	· 인쇄물 등의 자료를 가능하면 보조 자료로 배부

2) 영양판정

영양상담의 명료화 단계로 계획을 세우기 위해서는 피상담자의 정확한 영양판정이

요구된다.

(1) 체중

저체중, 과체중, 비만도, 체질량지수(BMI), 최근의 과도한 체중의 변화 등에 대해 관찰한다.

(2) 대사적 이상

공복 시 혈당, 콜레스테롤, 헤모글로빈, 요 크레아티닌 등에 대해 판정한다.

(3) 평소 식습관 및 생활습관 평가

장려해야할 점(강점), 개선해야할 점(문제점) 및 성인병 위험요인 등에 대해 판정하고 식행동 수정의 우선순위를 결정한다.

(4) 식사원칙에 대한 기본 지식

영양지식에 대한 기본 지식을 파악하고 그에 따라 학습의 필요 여부 및 강도가 결정된다.

(5) 의욕 정도와 가족의 지지도

이상의 것을 기초로 하여 사고방식이나 태도에서 식습관 개선의 장애요인이나 긍정적 요인을 알아보고 이에 대처하도록 한다.

3) 목표설정(plan)

피상담자 자신이 현실적으로 실천가능 한 목표가 세워져야 하며 상담자와 피상담자의 공동 참여가 효과적이다. 단기 목표와 장기 목표를 설정하는 것이 좋다.

(1) 목표체중

피상담자가 목표하는 체중은 표준체중, 조정체중 혹은 적절한 체중을 사용할 수 있다.

① 표준체중(ideal body weight ; IBW)

남자는 신장(m^2) × 22, 여자는 신장(m^2) × 21로 산출한다.

② 조정체중(adjusted body weight ; ABW)

표준체중의 120% 이상이 되는 비만 환자의 경우에는 표준체중 대신에 조정체중을 사용하기도 한다.

조정체중 = 표준체중 + (현재체중 - 표준체중) × 0.25

③ 적절한 체중(reasonable body weight ; RBW)

피상담자가 스스로 편안하게 느끼고 자신이 성취해서 유지할 수 있다고 생각되는 체중을 말하는데 이는 현 체중에서 단지 5~10kg 감소된 체중일 수도 있다.

(2) 영양요구량

한국인 영양섭취기준을 이용하여 목표를 설정한다.

(3) 대사목표 설정

혈당, 콜레스테롤, 헤모글로빈 등에서 실현가능한 목표를 설정한다.

(4) 식행동 변화 모색

식행동 변화에 구체적인 단계를 설정한다.

4) 실행(Do)

영양목표를 달성하기 위하여 학습 경험을 실제 실시하는 과정으로써 식행동을 변화시키는 데 필요한 정보를 제공하는 과정이며 피상담자의 교육수준 및 의욕 정도에 알맞은 학습방법과 교육자료를 선택하여야 한다.

(1) 식습관 평가 결과

① 장려해야 할 점과 개선해야 점을 알려준다.
② 식습관 중 생화학적 검사나 체위측정 결과와 연관되어 있는 점을 지적한다.
③ 상담자가 가지고 있는 성인병의 위험요인을 지적한다.

(2) 동기유발

① 식습관 및 생활방식의 개선으로 얻어지는 이익을 강조한다.
② 개선되지 않을 때 초래될 수 있는 장기적인 불이익을 설명한다.

(3) 식품선택 및 식사계획

① 한 번에 너무 많은 내용을 가르치려고 하지 말고 꼭 알아야 할 것을 가르친 후 시간이 있으면 알아서 좋은 것을 가르치도록 한다.
② 교육자료 : 기초식품군, 허용식품 대 주의식품, 식품교환표, 식사계획표 등의 인쇄물과 식품 모형, 사진, 슬라이드, 비디오테이프 등을 이용한다. 인쇄물은 전문적인 용어를 피하고 중학교 2학년 정도의 이해도를 기준으로 만들도록 한다. 또 식사계획표는 되도록 피상담자의 평소 식행동이나 생활 습관에 가깝게 만들어서 최소한의 변화를 요하도록 한다.

(4) 예상 식행동 변화

① 피상담자가 기꺼이 변화시킬 수 있는 식행동 1~2가지를 제시한다.

② 식행동 변화에 필요한 구체적인 방법을 제시한다.

5) 효과판정(see)

영양상담의 결과 평가는 교육 직후 피상담자의 이해도 평가뿐만 아니라 추후 방문을 통한 문제 해결 방안과 체중 및 생화학 검사 변화에 따른 효과 평가를 포함한다.

(1) 단기평가 – 이해도 평가

교육 직후 간단한 테스트나 메뉴 작성으로 이해도를 평가한다.

(2) 장기평가 – 추후 방문 시

① 체중변화나 생화학적 검사의 호전 여부로 영양상담의 효과를 평가한다.

② 식행동 개선의 장애요인을 분석하고 해결책을 강구한다.

③ 필요 시 영양목표를 재설정한다.

추후 방문의 필요 횟수는 각 질환에 따라 다르며 당뇨병, 비만, 신장병 등의 만성질환은 고혈압, 고지혈증, 위장질환 등에 비해서 훨씬 더 많은 추후방문을 필요로 한다.

6-2 영양상담의 도구 및 기술

1 식사 구성안과 구성탑

식사 구성안은 개인이나 집단에 필요한 에너지 섭취량을 기준하여 바람직한 영양소 섭취수준을 제시한 것으로 한국인이 많이 섭취하는 대표적인 식품을 중심으로 1인 1회 분량과 섭취횟수를 설정해 두고 있다. 일반인들이 영양적으로 만족할 만한 식사를 할 수 있는 식품의 양과 종류를 선택하도록 고안되었다. 이는 여러 가지 식품이 적절하게 함유된 균형잡힌 식사를 하는 데 도움을 주기 위한 것으로 영양상담 시 식단작성에 유용하게 이용될 수 있다.

식품구성자전거는 6개의 식품군에 권장식사패턴의 섭취횟수와 분량에 맞추어 바퀴 면적을 배분한 형태로, 기존의 식품구성탑 보다 다양한 식품 섭취를 통한 균형 잡힌 식사와 수분 섭취의 중요성 그리고 적절한 운동을 통한 비만 예방이라는 기본 개념을 나타내고 있다. 식품군별 대표식품의 1인 1회 분량을 기준으로 섭취 횟수를 활용하여 개인별 권장섭취패턴을 계획하거나 평가할 수 있다(그림 6-3).

표 6-3 식사 구성안

식품군	1인 1회 분량					
곡류	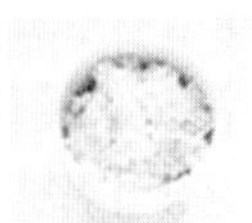 밥 1공기 (210g)	 현미 (90g)	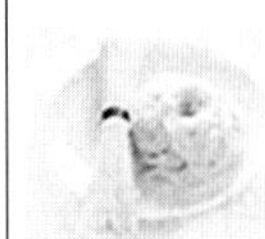 국수1대접 (건면100g)	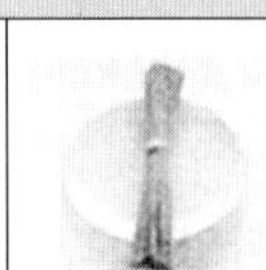 냉면국수 1대접 (건면100g)	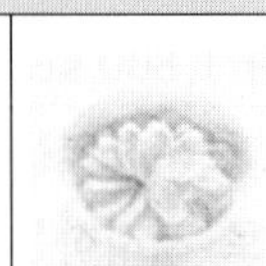 떡국용 떡 1인분 (130g)	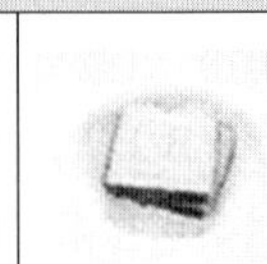 식빵 2쪽 (100g)
고기 생선 계란 콩류	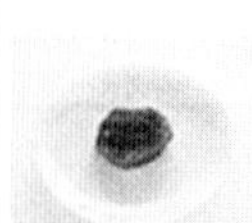 육류 1접시 (생60g)	 닭고기 1조각 (생60g)	 생선 1토막 (생60g)	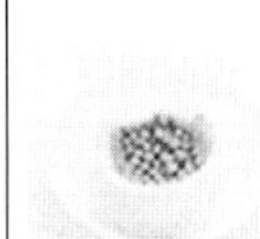 콩 (20g)	 두부 2조각 (80g)	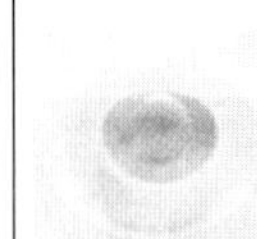 달걀 1개 (60g)
채소류	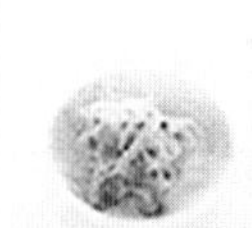 콩나물 1접시 (생70g)	 시금치나물 1접시 (생70g)	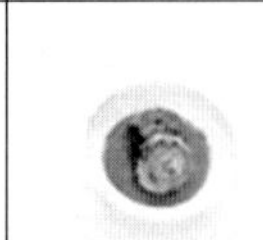 배추김치 1접시 (생40g)	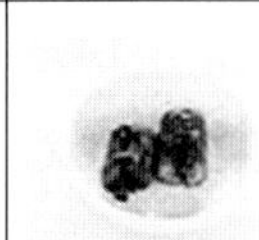 오이소박이 1접시 (생60g)	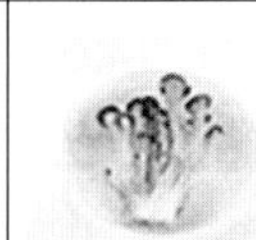 버섯 1접시 (생30g)	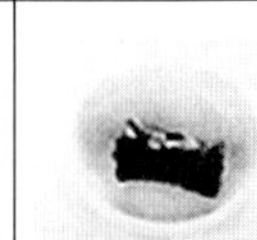 물미역 1접시 (생30g)
과일류	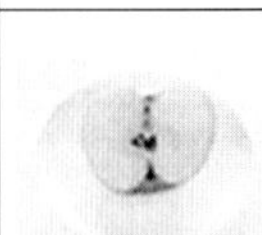 사과(중) 1/2개 (100g)	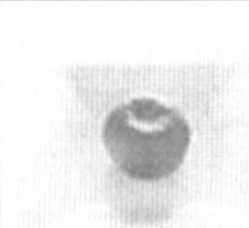 귤(중) 1개 (100g)	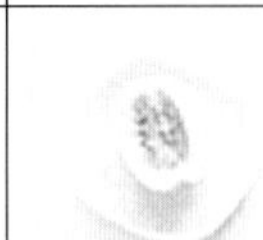 참외(중) 1/2개 (200g)	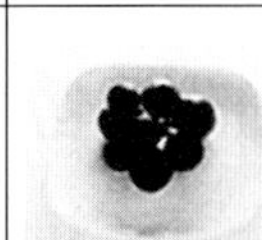 포도 1/3송이 (100g)	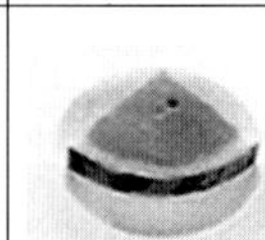 수박 1쪽 (200g)	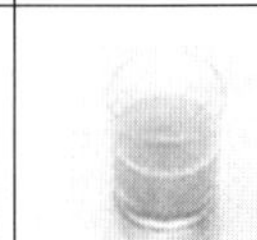 오렌지주스 1/2컵 (100mL)
우유· 유제품류	 우유 1컵 (200mL)	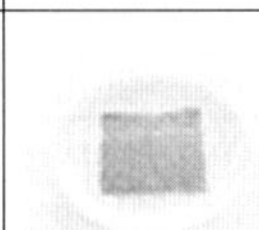 치즈 1장 (20g)	 호상요구르트 1/2컵 (100g)	 액상요구르트 3/4컵 (150g)	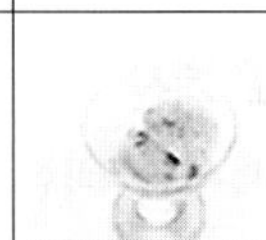 아이스크림 1/2컵 (100g)	
유지·당류	 식용류 1작은술(5g)	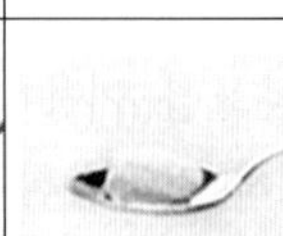 버터 1작은술 (5g)	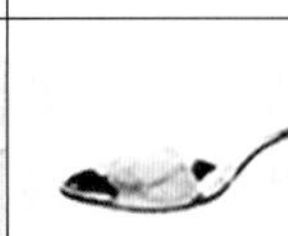 마요네즈 1작은술 (5g)	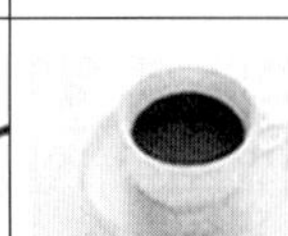 커피믹스 1회 (12g)	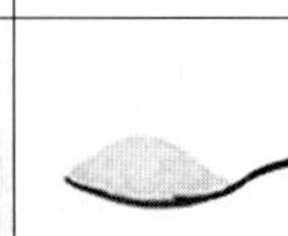 설탕 1큰술 (10g)	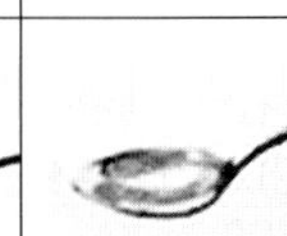 꿀 1큰술 (10g)

〈자료출처 : 사)한국영양학회, 한국인 영양섭취기준 개정판, 2010〉

〈자료출처 : 사)한국영양학회, 한국인 영양섭취기준 개정판, 2010〉

그림 6-3 식사구성자전거

2 식품교환표

식품교환표는 일상생활에서 섭취하고 있는 식품을 영양소의 구성이 비슷한 것끼리 6가지 식품군으로 나누어 묶어 같은 군에서는 서로 교환할 수 있도록 작성된 표로써 영양소량을 신속하게 계산하는 데 유용한 도구이다. 따라서 식단작성 시 활용되며 영양상담 시 피상담자가 스스로 영양관리를 할 수 있도록 지도하는 데 편리하게 이용될 수 있다. 식품교환표와 식사 구성안과의 차이는 식사교환표는 식사조절이 필요한 환자를 위해서 만들어진 것으로서 식이처방에 따라 반드시 섭취해야 하는 식품의 분량을 교환단위수를 이용하여 정하고 1교환단위 내에서 당질, 단백질, 지질 및 열량의 함량을 같도록 정한 것이다. 식사구성안의 1인 분량은 건강한 사람들이 습관적으로 1회에 섭취하는 분량이다.

3 식생활지침

식생활지침은 국민의 식생활을 개선하여 국민의 건강을 더욱 증진시키기 위한 바람직한 방향이나 구체적인 개선사항을 정리한 식생활의 지침을 말한다. 정부가 제정한 것으로는 보건복지부가 2009년 생애주기별(임신수유부, 영유아, 어린이, 청소년,

성인) 식생활지침 개정안을 발표하고 2011년 어르신을 위한 식생활지침을 제정하였다. 일반적인 영양상담 시 간편하게 실천할 수 있는 식사지침이 좋은 도구가 될 수 있다.

4 영양상담 기록표

영양상담기록표는 상담에 필요한 기초자료 기재와 지속적인 상담을 하기 위해서 필요하다. 이곳에는 연령별, 질병별로 표준화된 상담양식을 개발하여 사용하는 것이 바람직하다.

상담목적에 따라 여러 가지 유형의 양식이 있으나 대표적인 예는 그림 6-4의 경희의료원 영양상담센터의 영양상담 기록표이다.

등록번호 : 환자이름 : 주민번호 : 나이/성별 :	Dx : PMH : 진료과/주치의 :

S / ______________________________

____

O/
Anthropometrics :
Ht :_____, Current weight :_____, Usual wt :____ , IBW :_____, %IBW_____
Adjusted body wt fot obesity :_____
Body fat 측정 :
*Impedance : Total body fat :_____%(kg) LBM :_____kg
Total body water :_____%(kg) BMI :____kg/m^2
*Caliper :   Peripheral fat : Tricep_____
Lab data : T. Chol :_____, HDL :_____, LDL :_____
현재 사용하는 약물 :______________________________
현재 식사요법 :______________________________

A/

____

____

Est'd energy need : ______________________________
Est'd protein need :______________________________
교육내용-피상담자 : 본인, 보호자, 기타

____

____

____

제공된 교육자료 : ______________________________
기대되는 식행동의 변화 :______________________________

____

P/
Follow up appointment ______________________________

Data :   년   월   일   영양사 :

그림 6-4 영양상담 기록표

5 한국인 영양섭취기준

한국인 영양섭취기준은 한국인의 건강을 최적 상태로 유지할 수 있는 영양소섭취 기준이다. 2010년의 개정된 영양섭취기준(DRIs)은 대상 집단을 구성하는 건강한 사람들의 절반에 해당하는 사람들의 일일 필요량을 충족시키는 값인 평균필요량(estimated average requirements ; EAR)과 평균필요량에 표준편차의 2배를 더한 값인 권장섭취량(recommended intake ; RI), 영양소 필요량에 대한 정확한 자료가 부족하거나 필요량의 중앙값과 표준편차를 구하기 어려워 권장섭취량을 산출할 수 없을 경우에 사용하는 충분섭취량(adequate intake ; AI), 그리고 인체 건강에 유해 영향이 나타나지 않는 최대 영양소 섭취 수준인 상한섭취량(tolerable upper intake level ; UL)의 4가지로 구성되어 있다.

영양섭취기준은 개인의 영양상태를 판정할 때 사용하기는 어렵다. 즉, 국민건강 영양조사자료와 기타 자료로부터 해당 인구 집단의 영양상태를 판정하는 기준으로 이용되며 국가나 특정 집단의 식품공급계획 및 평가, 영양정책 수립, 단체급식 시설의 급식기준, 영양표시, 영양소 강화기준 등 각종 영양관련 법규의 입법화 및 행정관리, 영양교육 등에 적용된다.

6 컴퓨터 프로그램

최근 우리나라에서도 영양관리 분야에 컴퓨터가 도입되어 널리 활용되고 있다. 여러 가지 프로그램의 개발로 식단작성, 영양평가 및 영양처방 등의 전산화가 가능하게 되어 영양상담 시 유용하게 이용되고 있다. 컴퓨터는 주로 식사분석 시에 이용되어 영양상태의 판별, 식사의 적절성 판정, 학동교육, 환자교육 및 전문적 문헌검색에도 사용될 수 있다. 현재 많이 사용되고 있는 것으로는 한국영양학회의 CAN Pro 3.0(computer aided nutritional analysis program) 등이 있다.

7 식품 모형

식품 모형은 3차원의 플라스틱 제품이나, 판지에 납작한 모양을 만들어 붙인 것 등 다양한 모양이 있다. 식품 모형은 1인분 분량의 크기나 1교환단위의 분량, 조리된 음식의 모양이 알기 쉽게 만들어져 있어, 영양상담 시 식품선택의 실습이나 식사처방 내용을 이해시키는 데 사용될 수 있다.

8 영양교육용 매체

게시판, 소책자, 수첩 제작 등이 있으며, 영양교육용 매체는 제4장에 상세히 언급되어 있다.

9 영양상담의 기술

① 피상담자의 이야기를 경청하며 긴밀한 상담관계를 형성한다.
② 피상담자의 희망사항과 행동 목록을 정확하게 파악한다.
③ 피상담자가 인정한 행동 절차를 실천하도록 동기부여 및 목표설정을 적절하게 한다.
④ 정보제공과 교육이 효과적으로 되어야 한다.
⑤ 피교육자의 관리를 반복적으로 할 수 있어야 한다.

6-3 영양상담의 사례

1 영양상담의 기록표 작성

영양상담의 기록표 작성은 그림 6-4를 참조하여 실제로 실습해 본다.

2 근로자의 영양상담 사례 조사

다음은 천안에 거주하며 Poscohuls(충남 천안시 소재)에 근무하는 사무직 근로자의 영양상담 사례를 발표한 것이다.

1) 피상담자

피상담자는 사무직 근로자로 건강검진 결과, 체중 감량을 권유받거나 다른 질병의 소견이 있어 체중 감량이 요구되어 영양상담을 원하는 사람들로 구성되어 있고 2~3주에 한 번씩 5회 이상 개별 영양상담을 실시하였다.

2) 영양상담 방법

(1) 1차 상담

상담 소요시간 : 50분

일반적인 특징, 식습관, 활동량, 식품섭취 정도를 알아보고 피상담자가 친밀감을 갖도록 하였다. 이 면담 내용은 첫 영양상담이 이루어지기 전 피상담자에 의해 식습관, 영양소 섭취상태, 활동량에 대한 문제점을 진단하기 위한 것이다.

(2) 2차 상담

· 상담 소요시간 : 20~30분

1차 상담 결과 얻어진 판정 내용을 기초로 하여 체중을 증가시키는 요인이 되는 식사행동과 생활습관, 영양소 섭취 상태, 운동 정도 등을 파악하였다. 체중증가의 가장 큰 요인이 되는 식사 행동은 변화 가능성이 높은 것부터 개인의 상황에 맞춰 목표를 선정하도록 하였다.

(3) 3차 상담

· 상담 소요시간 : 20~30분

2차에서 설정된 목표를 실천하기 위한 올바른 식습관, 피상담자의 상황에 맞는 실천 가능한 방법을 leaflet으로 주어 선택하도록 하고 피상담자의 문제점에 따라 외식, 간식, 음주, 운동 등의 일지를 작성하도록 하였다.

(4) 4차 상담

· 상담소요시간 : 20~30분

피상담자가 작성한 일지 내용을 보고 체중 증가의 가장 주요인이 되는 것이 과식/폭식이였으며 그 원인은 식사와 식사 사이의 시간이 길어 공복감을 이기지 못해 한꺼번에 먹는 양이 많아졌거나 모임과 회식 시 많이 먹게 되기 때문인 것으로 나타났다. 따라서 영양 상담 시, 회식 자리에 나가기 전이나 식사 사이에 유제품을 섭취하거나 당질과 지방이 적은 간식을 먹도록 하여 공복감을 줄이고 회식 자리에서는 포만감을 주면서 열량이 적게 함유되어 있는 야채를 많이 섭취하도록 권유하였다.

(5) 5차 상담

· 상담소요시간 : 20~30분

매 상담 시마다 체중을 측정하여 식사행동 변화에 따른 체중 변화를 스스로 느끼게 하고 실천 정도에 따라 칭찬하거나 체중 증가로 인한 문제점을 다시 한 번 인지시키는 형태로 피상담자 스스로가 식사 행동을 개선하도록 유도하였다.

표 6-4 보건소의 영양상담 대상자와 조사 항목

대상	조 사 항 목
영유아	저체중, 과체중, 비만, 설사, 변비, 녹변, 편식, 월령별 이유식(시작시기, 양, 횟수, 종류, 조리법 등), 소식, 과식, 유아식, 유아간식 등
임산부 수유부	입덧, 변비, 속쓰림, 임산부의 영양 필요량, 정상 체중증가, 모유 수유를 위한 산전관리, 수유부의 영양 필요량, 수유시 유방 관리 등
질환자	고혈압, 당뇨, 간질환, 대사증후군, 결핵, 위장질환, 빈혈, 관절염, 등 각종 질환예방 및 관리를 위한 식사요법 등
일반인	표준체중 관리, 골다공증 예방을 위한 식사, 식습관 조사 등

3 보건소에서의 영양상담 사례

보건소에서의 영양사업은 지역 주민들에게 정기적인 영양상담 및 영양교육을 통하여 올바른 식생활 형성과 합리적인 식품 소비를 지도하여 질병예방 및 주민 건강에 이바지 함을 목적으로 한다. 보건소에서의 영양상담은 환자를 대상자로 하는 병원과는 달리 건강한 일반인을 주 대상자로 하고 있다.

다음은 학술지에 발표된 서울 강북구 보건소의 영양상담 내용이다.

1) 상담대상자

피상담자는 자식들을 모두 출가시키고 부인은 병원에 입원 중에 있는 70대의 남자로서 당뇨, 고혈압, 관절질환을 앓고 있었다.

2) 영양상담 순서도

상담을 실시한 순서는 그림 6-5와 같다.

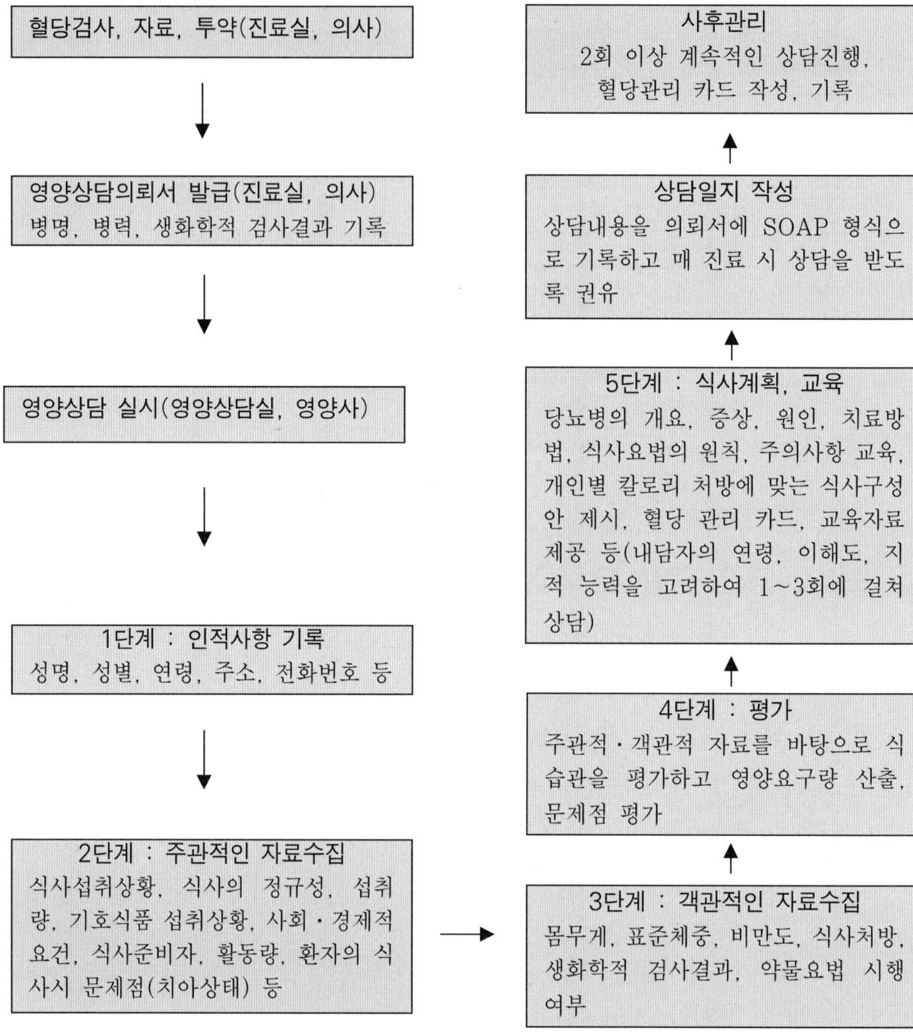

그림 6-5 영양상담 순서도

3) 상담내용

(1) 1차 상담

상담일시 : 3. 21. 금요일

상담내용 : 신장 167㎝

체중 51㎏

혈압 170/190㎜Hg

혈당 330mg/dℓ(공복 시)

상태 - 다뇨, 다갈, 의치 사용, 손수 식사준비 해결,

잡곡류, 육류를 싫어함.

생선, 채소류, 과일을 좋아함.

식사(2회/일) 시 습관적 음주(소주 2잔/매끼)

담배(2~3갑/일)

표준체중 60.3kg

IBW : 85%(저체중)

1일 필요열량 : 1,800kcal

권장사항 : 금연, 금주 요구됨.

쌀밥, 죽 형태(3회/일) + 야채류, 해조류량 늘려 섭취(조리법 설명)

(2) 2차 상담

상담일시 : 3. 25. 화요일

상담내용 : 소주(1잔/매끼), 담배(10개피/일)

약 복용과 식사를 규칙적으로 시행

말린 밤, 대추, 은행, 찹쌀, 팥, 쌀 등을 밥이나 죽의 형태로 섭취

권장사항 : 노력을 칭찬해주고 함께 기뻐하여 줌.

(3) 3차 상담

상담일시 : 4. 1. 화요일

상담내용 : 혈압 120mmHg유지

오전 8시, 오후 7시 당뇨약 사용 1시간 후 식사

식사 - 밥(찹쌀, 보리, 콩), 된장국, 두부전, 조기튀김, 시금치무침, 김치

후식 - 오렌지, 자몽 1개씩 섭취

권장사항 : 노력을 칭찬해주고 함께 기뻐해 줌.

흰우유 섭취 권장, 튀김대신 조림, 찜 등의 조리법 설명

후식 - 딸기 150g(1/3근), 토마토로 대체 권장

(4) 4차 상담

상담일시 : 4. 8. 화요일

상담내용 : 금주, 담배(10개피/일 이하), 약 복용

식사(3회/일)

체중 53kg(2kg 증가), 혈압 120mmHg 유지, 공복혈당 86mg/dl

IBW 88%(3%증가, 저체중)

얼굴색 양호

권장사항 : 금주 칭찬에 흡족해 함.

계속적인 약물 복용, 운동, 식사관리가 이루어져야 함을 강조함.

4 입원환자의 영양상담사례

다음은 ○○○병원 임상영양센터의 당뇨병환자의 영양상담 내용이다.

등록번호 :

성　　명 :　　　　　　성별/나이 :

진 료 과 :　　　　　　병동/병실 :

1차 영양검색

1차 영양검색 결과 (2008/09/02)	Risk factors(정도) : PIBW(A) DIET( ) S-al A) Ag(A)

A : 양호, Adequately nourished(Green)
I : 경도 불량, Potentially at risk(Yellow)
II : 중등도 불량, Actual malnutrition(Red)

체위 계측	신장 177 cm 체중 98 kg 평소체중 kg IBW 68.9 PIBW 142 A BMI 31.6 체중변화 kg 체중감소률 % 비만도평가 과체중
신체 증후	☐ 근육소모 ☐ 부종 ☐ 복수 ☐ 황달
평소 식사 상태	식사섭취상태 양호 문제점 ☐ 메스꺼움 ☐ 구토 ☐ 설사 ☐ 연하곤란 ☐ 저작곤란 기 타 : 식욕정도 양호 알레르기 무
식사처방	( ) : (조)당뇨상식, (중)당뇨상식, (석)당뇨상식
검사	S-alb 4.2 TLC 1470 T-Chol 140 Hgb 16 Hct 47
영양교육 경험	무　　무 : V

영 양 불 량 관 리

영양요구량					
기준체중	68.9	kg			
Total Calories	2000	kcal/day	Total Protein	83	g/day
기 타					

영양중재	
개별식사조정	weight조절
치료식정보제공	안내지 제공
기 타	당뇨영양교육시행이 필요합니다(의뢰건의).

영양사제언
PIBW가 과체중에서 비만으로 넘어가는 단계이므로 weight조절이 필요합니다. 식이와 운동을 병행해서 표준체중을 유지하는 것을 권장합니다.

회신일자 :　　　　담당과 :　　　　임상영양사

그림 6-6 1차 영양검색

당뇨 영양상담 기록지

등록번호 :
이 름 :
성별/나이 :
진료과 : 병 실 :

작성일 :

진단명 : DM2, open fracture

약 물 :

	항 목	결 과	항 목	결 과	항 목	결 과
검사결과	FPS/PP2	/ 261	T-chol	138	Bun/Cr	17.4 / 0.8
	HbA1c	7.8	HDL chol	44	B.P	
	T.P/Alb	6.7 / 4.2	LDL-chol	65		
	GOT/GPT	27 / 25	TG	280		
신체계측	Ht	177	IBW	68.9	체 중 변 화	
	현재Wt	98	%IBW	128.5	gain : kg	
	평소Wt	22.2	BMI		loss : kg	

			결핍정도							
		수 치	없 음		약 간		중정도		심 함	
영양상태평가	%IBW	128.5	>=90%	☑	89-80%	☐	79-70%	☐	< 70%	☐
	Alb	4.2	>=3.5	☑	3.4-2.8	☐	2.7-2.1	☐	< 2.1	☐
	TLC	1357	>=1500	☐	1499-1200	☐	1199-800	☐	> 800	☐
	%Wt loss		0-4%	☐	5-9%	☐	10-20%	☐	> 20%	☐
	신체증후	☐ 몹시 여윔/근육소모 ☐ 부종 ☐ 복수 ☐ 기타								

☐ Adequately Nourished ☐ Hypoalbuminemic State ☐ Mild Malnutrition
☐ Moderrate malnutrition ☐ Kwahsiorkor ☐ Marasmus
☐ Protein-Calorie Malnutrition ☐ Hypoalbuminemia ☑ Adequately Nourshed 이나 obesity 함
☐ Adequately Nourished 이나 over weigh 함

Diet Hx.

- 건강식품/민간요법 ☑ No ☐ Yes :
- 음주 여부 ☐ No ☑ Yes : 2~3회/주, 3병/회 · 흡연 여부 ☐ No ☑ Yes : 1갑/d
- 운동 여부 ☑ No ☐ Yes :
- 평소 식습관 ☑ 식사횟수 : 2회(점심, 저녁) ☐ 염분 과다 섭취 ☐ 포화지방/콜레스테롤 과다 섭취
  ☑ 불규칙한 식사시간 ☐ 가공식품 과다 섭취 ☐ 섬유소 섭취 부족
  ☐ 과식 ☐ 단순당 과다 섭취 ☐ 외식 :
  ☐ 빠른 식사속도 ☐ 기타 :
- 가족력, 병력 : 아버지DM · 식품 allergy : x

- 1 -

당뇨 영양 상담 기록지

<table>
<tr><td>현재식사
평가</td><td>· Diet order : DMGD1900 섭취율 : ______%
· 병원식외 섭취유무 ☐ No ☑ Yes : 과일, 우유
· 식사시 문제점
☐ 식욕부진 ☐ 연하곤란 ☐ 저작곤란 ☐ 설사 ☐ 변비 ☐ 메스꺼움 ☐ 구토
· 영양요구량 대비 : ☐ 부족 ☑ 적당 ☐ 과다</td></tr>
<tr><td>영양
요구량
산정</td><td>· 기준체중(평소/표준/현재/조정) 70(표준) kg
· 열량 = 1900~2100 kcal/day
· 단백질 = 70~84 g/day</td></tr>
<tr><td colspan="2">■ Recommend Diet and 개별 조정사항

아침거르지 마세요. 대체음식으로 섭취요망</td></tr>
<tr><td colspan="2">금주, 금연하세요.</td></tr>
<tr><td colspan="2">현재 다리가 불편하신상태, 괜찮아지시면 운동요법 실천하세요.</td></tr>
<tr><td colspan="2">체중조절 필요합니다.</td></tr>
<tr><td colspan="2"></td></tr>
<tr><td colspan="2">■ 교육내용
식사계획의 기본지침
규칙적인 식사와 계획적인 간식의 중요성
단순당 섭취 제한 및 주의식품
저혈당증세 및 대비방법
식품교환표를 이용한 식사계획
분량조절의 중요성
식사시간 및 탄수화물 배분의 균일성
규칙적인 운동의 중요성
조리방법/식단제공
당뇨병에 대한 이해 및 식사요법의 중요성</td></tr>
<tr><td colspan="2">■ 이해도 · 식사 원칙에 대한 피상담자 이해도 ☑ 상 ☐ 중 ☐ 하
· 환자의 예상 식사 준수도 ☑ 상 ☐ 중 ☐ 하</td></tr>
<tr><td colspan="2"></td></tr>
<tr><td colspan="2"></td></tr>
<tr><td colspan="2"></td></tr>
<tr><td colspan="2">감사합니다. 임상영양사 : ____________</td></tr>
</table>

- 2 -

당뇨 영양 상담 기록지

그림 6-7 당뇨병 환자 상담 기록지

그림 6-8 당뇨교실의 예

그림 6-9 영양상담 광경

5 학교급식에서의 영양상담 사례

다음은 서울 신학대학교 영양사가 '프로 영양상담 '98'을 이용한 학교 영양상담 사례를 보고한 내용이다.

1) 일반상담

사전 홍보를 통해 개별 방문하여 측정하는 방법과 식당에서 식사하기 전에 혈압 측정기, 줄자, 체지방 측정기 등을 한쪽 코너에 진열해 놓고 학생들에게 측정하도록 한다.

측정 후 질병이 있는 학생은 리플릿을 나누어주고 영양프로그램을 활용하여 상담한다. 상담의 순서는 다음과 같다.

(1) 신체 측정

(2) 혈당 및 체지방검사

(3) 영양상담 리스트 작성

(4) 식습관 설문지 작성

(5) 식사량 검토 및 24시간회상법에 의한 식사기록

(6) 식습관 및 식사량 입력

2) 체중교실

신체 측정 후 체중 이상 학생들에게는 체중교실 프로그램 참여를 권유하고 영양교육을 실시한 후 평가서를 작성한다.

(1) 1차 상담

① 프로그램 안내
② 기본 영양 이론 강의
③ 목표 체중 설정
④ 식사일지 쓰는 요령 설명

(2) 2차 상담

① 칼로리와 교환단위 설명
② 칼로리 계산
③ 식습관 분석 및 교정 점검

(3) 3차 상담

① 비만과 운동의 이론적 배경 설명
② 비만의 운동요법에 대한 설명
③ 영양소별 섭취량 분석 및 영양평가

(4) 4차 상담

① 식품의 칼로리 교환단위 인식도 평가
② 과거 식습관과 현 식습관의 비교
③ 영양 이론 이해도 평가
④ 체중 감량 평가
⑤ 체중 변동 수치 점검 및 칭찬

6-4 영양상담과 컴퓨터

1 컴퓨터 활용의 의의

컴퓨터의 등장은 많은 정보를 신속하고 편리하게 처리할 수 있어 영양학 분야에서도 많은 변화를 가져왔다. 컴퓨터가 이용되기 시작한 분야는 영양과 식사관리로 현재는 식단계획, 구매, 조리, 경영관리뿐만 아니라 임상영양, 지역사회 영양에 적용되고 있으며 더 나아가서는 환자관리, 공중보건, 영양교육, 영양연구 및 보고서 작성 등에까지 이용되고 있다.

컴퓨터는 표준화된 계획수립, 의사결정, 사후관리 등에 매우 신뢰가 있으므로 영양상담 시 필요한 적절한 프로그램을 개발하여 활용한다면 상담자의 개인차에도 불구하고 영양상담의 일정한 최고 수준을 보장 받을 수 있다. 웹기반 영양정보 서비스 시스템 종류로는 일반적인 영양정보 제공 시스템과 영양 및 건강평가정보 서비스 시스템이 있다. 전자는 모든 사용자에게 일반적인 건강상식, 영양상식 등 영양관련 정보를 제공하는 시스템이다.

후자는 사용자에게 영양 및 건강 평가 항목을 on-line으로 입력받아 그 평가 결과 정보를 제공하는 것을 말한다.

2 영양상담 프로그램의 현황

1) CAN Pro 3.0

한국 영양학회 부설 영양정보센터와 에이펙인텔리전스에서 개발한 CAN Pro 3.0(computer aided nutritional analysis program)은 전문가용, 일반용, 교육용으로 분류되어 있다. 전문가용은 식품영양 전문인들의 연구용이며 영양사들이 피상담자의 영양상태 평가 및 영양상담용으로 활용된다. 일반용은 일반인들이 자가관리 할 수 있도록 되어 있으며 교육용은 식품영양학 전공자들의 교육도구로써 활용될 수 있다. 최근 한국인 영양섭취기준이 2010년에 개정됨에 따라 CAN Pro 3.0도 개정될 예정이다.

(1) 용도

① 개인 및 집단의 일별, 기간별 영양소별 섭취량 평가
② 성 및 연령별 권장량 대비 섭취율 평가
③ 개인 및 집단의 식생활 패턴 연구
- 식사 구성안 연구
- 영양소별 기여 음식 연구
- 주, 부식 형태 연구
- 식품섭취의 다양성 연구 등

④ 사용자 정의 영양소에 관한 연구
- 콜레스테롤 및 사용자 정의 영양소의 섭취 분석

⑤ 단체급식소나 학교에서 식단평가 및 식단작성에 활용
⑥ 음식데이터베이스의 활용
- 식단 개발
- 식단 연구

⑦ 개인의 자료관리 및 연구자의 연구자료 관리

(2) 기능

① 사용자의 영양상태 평가
② 섭취 음식 및 사용자 정의 음식의 관리
③ 사용자 정의 영양소의 관리
④ 통계처리 기능
⑤ 출력 기능
⑥ 자료의 전환(각종 통계프로그램으로 전환 가능)

2) 프로 영양상담

(1) 용도

① 영양상담 및 교육을 위한 필수적인 기초자료인 피상담자의 식습관 및 영양섭취 정도를 단시간 내에 손쉽게 평가한다.

② 영양평가 출력지를 영양 교육자료로 활용한다.
③ 피상담자의 개인별 자료를 축적 관리할 수 있다.
④ 등록된 식품성분표, 영양권장량, 기준 제시지 자료를 활용한다.

(2) 프로그램 구성 및 내용

프로그램 구성 및 내용은 표 6-5와 같다.

표 6-5 프로그램 구성 및 내용

정보관리	영양평가	평가 출력 자료
· 개인 신상 정보관리 · 식품성분표 관리 · 식습관 정보 관리 · 기준레시피 관리 · 섭취량 정보 관리	· 섭취량 분석	· 나의 영양상태 · 권장량 대비 영양소별 섭취량 · 지방섭취량 분석 · 열량섭취에 기여한 식품 순위 · 체중 및 열량섭취 변화 · 3대 영양소 섭취량

(3) 주요기능

① 검색기능 : 단어 입력에 따른 음식명 또는 식품명을 자동검색한다.
② 미리보기 : 상담결과 보고서의 화면 미리보기 및 zoom 기능
③ 자료저장 : 출력 data를 사용자 선택 file의 형태로 저장한다. 자료 정렬에 대한 사용자 선택 항목별 자료 sort 기능도 있다.
④ print 선택 : 출력대상 print 선택기능
⑤ 프로그램 자동생성 실행기능 : 사용자 환경의 변화에 따른 신규 file 생성 후 별도 program 없이 자료 입출력 기능이 있다.

표 6-6 우리나라의 영양상담 프로그램

프로그램명	특 성	식품성분표	하드웨어
홍순명, 영양상담 프로그램 1	브로카(Broca) 변법에 의한 비만도, 영양분석표(권장량에 대한 백분율), 식품군별 분석표	한국인영양권장량(884종)	IBM-PC
김세림, 한국인의 영양관리를 위한 전산화	영양상태 평가표(일반상황 및 비만, 식습관 및 운동상태, 활동소요시간 및 에너지 소비량, 섭취식사의 영양소 분석, 섭취식사의 군별 식품 분포), 식단관리 프로그램	농촌진흥청(1981, 815종 중 553종)	VAX-780

이기열, 전산화를 통한 식생활개선 방안 연구	개인의 영양상태 평가(식습관 판정, 비만도 판정, 영양소 섭취상태), 급원식품	농촌진흥청(1986, 17가지 식품군 490종)	IBM-PC, XT
홍순명, 영양상담 프로그램 2	신체검사결과(비만도, 임상검사치 비교), 식사섭취량, 영양소별 분석표, 식품군별 분석, 특정영양소 분석, 식품교환수 제시, 영양판정 및 교육내용 제시, 질환별 영양관리, 특별식사요법	한국영양권장량(1989, 881종)	IBM-PC/XT
홍순명, 영양상담 프로그램 3	비만도 분석, 임상검사치 비교표, 소모열량 분석, 영양소 분석, 식품군별 분석, 특정 영양소 분석, 영양판정 및 교육내용 제시, 식품 교환수 제시, 끼니별 영양소 분석	한국영양권장량(1989, 881종)	IBM-PC
이혜숙, 영양관리 지원을 위한 소프트웨어 개발	체중평가, 영양소 섭취상태 평가(영양소별 에너지 섭취비, 끼니별 에너지 배분, 단백질, 지방 섭취상태), 식품군별 영양소 섭취상태 평가	농촌진흥청(1986, 1080)	super-16/XT
현민, 시스템 영양진단	개인신상명세관리, 비만도, 식생할 습관 평가, 영양소 섭취 상태 평가, 운동량 평가	한국영양권장량(1989)	IBM 286 PC
한지숙, 식품군별 영양평가를 위한 전산화연구	식품군별 섭취량 분석 및 평가(5가지 기초식품군·11가지 식품군), 식품군별 열량·영양소 섭취상태 평가, 식사별 영양소 섭취분석	농촌진흥청(1991)	IBM 386 PC
한지숙, 당뇨병환자를 위한 영양상담 시스템	식사력의 상담·평가, 섭취량 분석평가, 열량·영양소 섭취상태 분석평가, 지방 섭취상태 분석평가, 식사별 영양소 섭취상태 분석평가	농촌진흥청(1991)	IBM 386 PC
아원정보통신의 Diet plus (1995)	개인신상 명세관리, 영양분석, 개인의 식습관의 문제점을 파악하여 종합적인 소견을 제시	한국영양권장량(95) 1800종	IBM 486PC 윈도우 3.1
대한영양사회 프로영양상담 '01	개인신상, 식습관, 섭취량, 식품성분·레시피 관리, 식습관에 대한 소견	한국영양권장량(00)외	IBM486 PC 윈도우 95
영양평가프로그램 CAN3.0(2006)	개인의 영양상태평가, 전문가의 조언(일반용, 교육용, 전문가용)	한국인 영양섭취기준(05)외 기타자료	IBM486 PC 윈도우 95

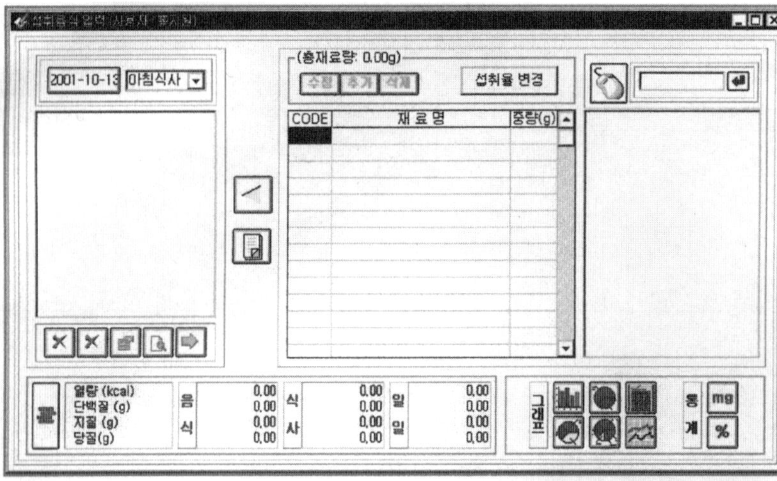

그림 6-10 CAN Pro(영양상담프로그램) 화면의 예

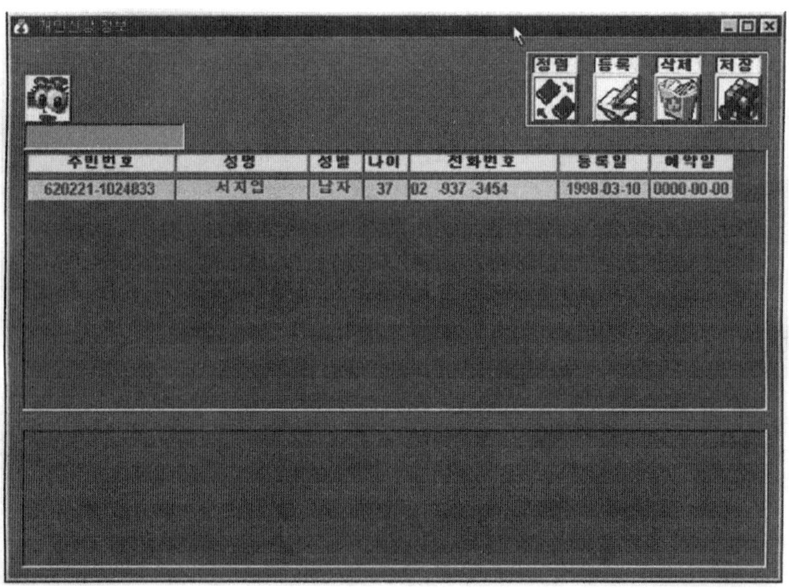

그림 6-11 프로영양상담의 예제 화면

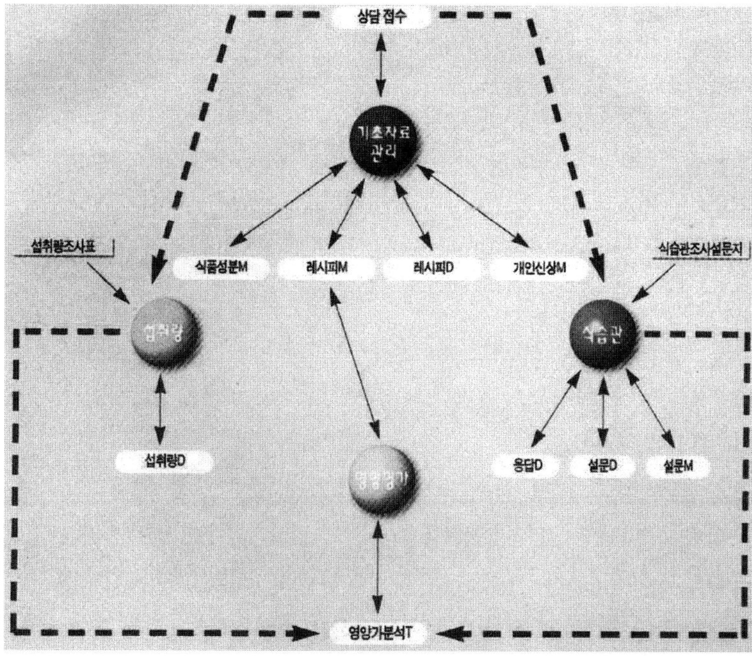

그림 6-12 프로영양상담 진행과정

♣ 참고문헌 ♣

1. 김교정. 웹기반 영양정보서비스 시스템. 한국영양학회 1999년도 추계학술대회초록, 20-24. 1999
2. 김상근. 보건소 시범영양사업과 영양상담. 지역사회영양학회지. 2(3):434-437. 1999
3. 김성란. 보건소 영양상담의 실제. 지역사회영양학회지. 2(3):438-439. 1999
4. 김세림, 승정자. 한국인의 영양관리를 위한 전산화연구. 한국영양학회지 20(5):367-382 1987
5. 김영남. 식품성분표의 개정방향과 데이터베이스화. 한국영양학회 1996년도추계학술대회 초록 p19~30 1996
6. 김영혜. 영양상담 전략. 지역사회영양학회지. 2(3):430-433. 1997
7. 대한 영양사회. 프로영양상담 '01. 2001
8. 대한 지역사회 영양학회. 건강증진을 위한 영양상담. 대한 지역사회 영양학회 춘계학술대회 초록집 12-35 1997
9. 대한영양사회. 국민건강증진과 영양서비스. 대한영양사회 학술대회 1997
10. 박영분. 전산 프로그램을 이용한 영양상담사례. 국민영양 99(3):42-45. 1999
11. 박영분. 전산프로그램을 이용한 영양상담 사례. 국민영양 99(3):42-45 1999
12. 박영숙, 이정원, 서정숙, 이보경, 이혜상. 영양교육과 상담. 교문사. 1999
13. 손정민. 투석환자의 영양관리. 대한 영양사회 30주년 학술대회 초록집 216-223. 1999
14. 이경혜. 효율적인 영양관리를 위한 영양상담. 국민영양 94(5):2-12. 1994
15. 이정호. 상담이론의 이해. 지역사회영양학회지. 2(3):426-429
16. 장문경, 박선민. 영양 상담 후 사무직 근로자의 식사 행동변화에 따를 체중감량. 대한 영양사회 학술지 4(2):178-187. 1998
17. 장유경, 정영진, 문현경, 윤진숙, 박혜련. 지역사회영양학. 신광출판사. 1998
18. 전형민. 컴퓨터를 이용한 정보처리. 국민영양 97(3):2. 1997
19. 정구명. 영양상담기법. 영양사보수교육교재. 1996
20. 최수미. 자료전산화의 실제. 국민영양 97(3);11-12 1997
21. 한국영양학회, 한국인 영양섭취기준. 한국영양학회. 2005
22. 홍순명. 영양학분야의 software개발 현황과 활용방안. 한국영양학회 1996년도 추계학술대회초록 p31~38. 1996

23. 中山玲子, 長崎壽榮. 榮養指導論. 化學同人. 2000

24. Cercme. Dietary strategies to achive glycemic control in intensive diabetes treatment . On The Cutting Edge Diabtes Care & Education 15(2):16 1994

25. Peragallo Dittko V, Goodlye K, Meyer J, A Core Curriculum for Diabetes Education, 2nd ed. American Association of Diabetes Educators 1993

26. Tinker LF, Aeins JM, Holler HJ. Commentary and translation : 1994 nutrition recommendation for Diabetes. J Am Diet Ass 94 : 507 1994

27. Mason, M., Wenber, BG., Welsch, PK.. The Dynamics of Clinical Dietetics, 2nd ed. Delmar Pub. Inc. 1982

28. CAN Pro(Computer Aided Nutritional Analysis Program). (사)한국영양학회. 2006

28. 한국영양학회. 한국인영양섭취기준. 한아름기획. 2010

29. 대한영양사협회. 식품교환표. (주)씨아이알커뮤니케이션. 2010

제 7 장 대상별 영양교육

7-1 유아교육기관에서의 영양교육

1 영양교육의 필요성

인간의 식성은 약 4세 정도에 어느 정도 결정되며 유아기의 식생활은 일생의 건강을 지배하는 바탕이 될 뿐 아니라 사회적, 지적, 정서적 발달에 중요한 요인이 되고 이 시기는 일생의 식습관이 결정되는 중요한 때이기도 하다. 그리고 신체적으로 성장과 운동능력이 향상되어 생활의 기본 능력이 갖추어 가는 시기이기도 하며 교육적인 측면에서 감수성과 수용 능력이 뛰어나 지식 습득과 활용도가 매우 크다. 유아기에 습득한 영양에 대한 지식은 실제의 행동으로 연결되어 바람직한 식생활 행동을 하게 되고 성인이 되어서도 유지하게 될 가능성이 매우 크다.

지금까지는 영유아들의 영양상태나 식습관 형성은 부모를 비롯한 가족에 있다고 보편적으로 생각해 왔으나 최근에는 부모보다는 영유아 자신과 취업모 증가로 대부분의 시간을 영유아 교육기관에서 보내는 시간이 많아짐으로 해서 영유아보육시설과 관계가 크므로 영유아나 보육시설 교사를 위한 영양교육이 필요하다는 의견이 제시되고 있다. 과거와 다르게 부모보다 그 만큼 보육시설의 역할이 커지고 있기 때문에 기관에서 실시하는 체계적이고 강화된 영양교육을 통해 스스로 자신의 건강유지를 위해 적절한 식품의 종류나 양을 선택하는데 적극적인 영유아는 이에 필요한 지식과 태도를 배울 수 있다.

2 교육목적과 내용

유아를 위한 영양교육의 목적은 유아들로 하여금 영양 및 식품에 관한 기초지식과 바람직한 식습관을 이해하게 하고 이를 실제 생활에 적용시킴으로써 건강한 신체를 유지하고 균형 잡힌 발달을 도모하는 데 있다. 이를 구체적으로 열거하면 다음과 같다.

1) 영양교육의 목표

① 다양한 종류의 식품에 대해 긍정적인 태도를 갖게 하고 골고루 음식을 선택하게 한다.
② 식사시간을 즐거운 시간으로 인식하여 음식을 즐기도록 한다.
③ 건강에 좋은 음식과 해로운 음식을 이해하여 식품과 건강과의 관계를 안다.
④ 건강에 좋은 식습관과 태도에 대해 설명한다.
⑤ 부모, 교사, 급식관련 종사자들의 영양지식을 증진시킨다.
⑥ 영양교육 프로그램과 교재들을 개발하여 보급하고 평가한다.

2) 영양교육의 내용

유아들은 일상생활과 놀이를 중심으로 가르치기 때문에 현재 진행되고 있는 유아교육의 범위 내에서 하나의 주제를 선정하고 그 주제를 중심으로 영양교육에서 다루어져야 할 구체적인 지식이나 태도를 이끌어 내어 이들을 통합적인 방법으로 가르쳐야 한다.

그 예의 그림을 참조로 하여 교육의 내용을 다음과 같이 설명할 수 있다.

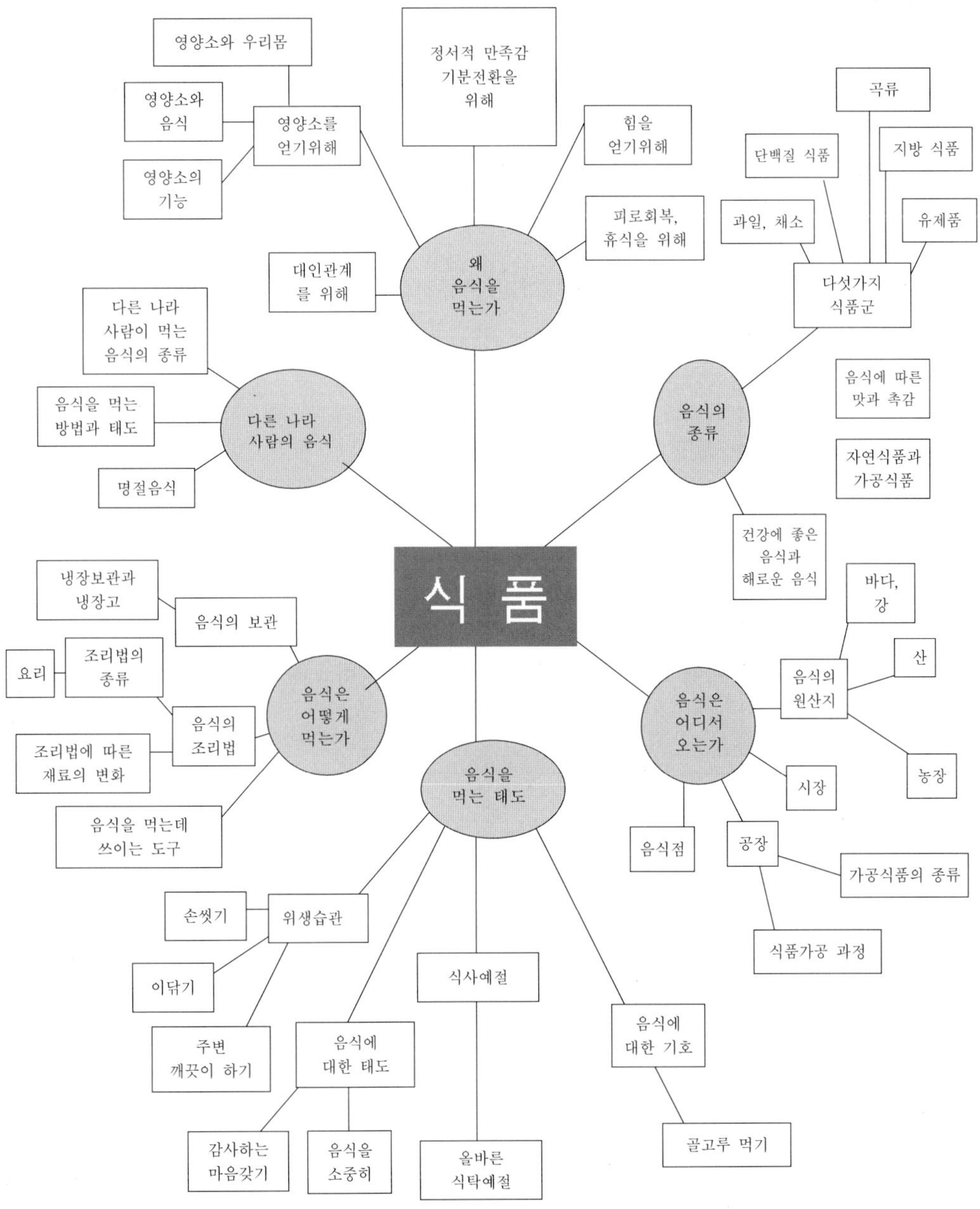

그림 7-1 식품에 관한 주제 조직망

* 자료 : 이영미 (1999)

(1) 음식을 먹는 이유

우리 몸에 필요한 영양소와 음식을 먹음으로써 힘을 얻고 키가 커지며, 건강하기 위해서, 그리고 배고픔을 없애주며 만족감을 주기 때문에 등의 여러 가지 개념을 이끌어 내게 한 후 식품이 우리 몸에서 하는 역할에 대해 설명한다.

(2) 음식의 선택

비슷한 영양소가 들어 있는 식품끼리 분류하여 다섯 가지 기초식품군에 대해 알려주고 이를 기초로 하여 음식을 골고루 먹도록 하며 건강에 좋은 음식과 해로운 음식을 구별하도록 해 올바른 식품선택 능력을 길러 준다.

(3) 음식을 먹는 태도

식사 전과 후, 그리고 밥 먹을 때 지켜야 할 예절에 대해 말하게 하고 음식을 대하는 마음 자세, 위생습관 등을 지도한다.

(4) 다른 나라 음식

외국의 음식에 대해 알게 하고 우리나라 음식과 비교해 보게 한다.

3 교육방법

유아를 대상으로 한 교육기관에서의 영양교육은 크게 두 가지 측면에서 이루어 질 수 있는데 첫째는, 영양 및 건강과 관련된 내용을 학습 영역별로 연계시킨 수업을 통한 이론적인 교육이고 둘째는, 유아교육기관에서 실시되고 있는 간식과 점심의 급식을 통한 생활지도 차원의 교육이다. 교육의 효과는 교육방법에 따라 달라지는데, 유아의 발달 수준을 고려했을 때 듣기만 하였을 때 10~15%, 스스로 말을 해 봄으로써 30~50%, 행동하여 봄으로써 50~70%, 적절한 지시에 따라 실제로 행해 봄으로써 80% 정도 기억할 수 있다는 것이다. 피교육자가 교육과정에 직접 참여하는 경우, 교육효과가 높아진다는 점을 프로그램 개발에 적용할 수 있다. 그래서 영유아에게 영양에 관한 지식이나 식습관을 가르칠 때 직접적인 교수에 의해 영양에 관계된 지식이나 원칙을 전달하는 방법보다 유아들로 하여금 다양한 활동을 통해 영양이나 식품과 관계되는 지식이나 기술, 태도를 자연스럽게 익힐 수 있게 해야 한다.

1) 이야기 나누기 시간을 통한 영양교육

유아교육 과정에 있어서의 이야기 나누기 시간에는 여러 가지 활동이 이루어 질 수 있는데 유아들이 알고 있어야 하는 영양과 관계된 지식, 태도 등에 대해 교사가 미리 준비한 자료를 보여주면서 유아들로 하여금 그것에 대해 생각해 보게 하고 경험했던 것이나 생각한 것을 이야기하게 할 수 있다. 이런 활동을 통해 유아들은 영양과 관계있는 새로운 지식이나 태도를 접하고, 그것에 흥미를 갖게 되어 관련된 다른 활동에도 스스로 참여하려는 의욕을 갖게 된다.

2) 자유 선택 활동 시간을 통한 영양교육

자유 선택 활동 시간이란 유아들이 여러 가지 흥미 영역 중에서 교사가 준비해 준 교구나 교육활동을 스스로 선택하여 다른 유아 및 교사와 상호작용해 봄으로써 다양한 지식이나 기술 태도를 익힐 수 있는 기회를 주는 시간이다. 예를 들면 언어 영역에서는 음식과 식품에 관계된 책들을 준비해 줌으로써 음식이나 식품의 이름을 알게 한다든지 새로운 지식을 접하게 할 수 있다.

(1) 실물 모형 이용

유아들은 색깔, 모양, 크기가 비슷한 과일과 채소들을 섞어 놓으면 잘 구별하지 못한다. 따라서 아동에게 제시할 식품은 실제와 같은 사진이나 실물을 다룸으로써, 아동이 식품의 올바른 형태를 인지할 수 있도록 도와야 한다.

(2) 언어나 그림 이용

그림을 이용하여 상징적 사고가 가능하며 점차 행위 대신 언어로 표현하고 이해하며, 눈에 보이지 않는 사물이나 행동도 그림으로 묘사하거나 언어로 그것을 알리고, 이해할 수 있다.

(3) 게임

집단을 대상으로 교육할 때 아동의 주의 집중력과 학습동기를 높일 수 있다. 유아들에게 있어서 식품과 관련된 좋은 기억은 이들의 식품에 대한 기호도에 커다란 영향을 미친다. 다양한 식품을 접할 수 있도록 가정통신문을 함께 제공하면 교육의 효과가 더 크리라 본다.

그림 7-2 어린이용 비만예방 및 체중관리를 위한 식생활 개선 게임 프로그램

2006년 서울시에서 개발한 어린이용 비만예방 및 체중관리를 위한 식생활 개선 게임 프로그램 "클릭 ! 다이어트 짱!"은 만성질환의 원인인 비만 인구의 증가를 억제하기 위해 어린이 대상으로 개발된 프로그램으로 식생활관리 프로그램을 기본으로 어린이들이 재미있게 게임을 하면서 칼로리와 건강한 식단에 대해 공부 할 수 있는 프로그램이다.

3) 대 · 소집단 활동시간을 통한 영양교육

대 · 소집단 활동 시간에는 음악활동, 동화듣기 및 동극하기, 동작 표현하기, 요리하기, 게임하기 등의 활동이 포함되는데 음식이나 식품과 관계되는 내용의 노래를 배우거나 동화를 듣게 됨으로써 유아들은 노랫말이나 동화에 내재되어 있는 개념이나 태도를 배울 수 있다.

4) 간식 및 점심시간을 통한 영양교육

간식 및 점심시간은 영양교육을 위한 가장 효과적인 시간이 될 수 있다. 다양하게 제공되는 음식의 종류, 같은 재료지만 다른 모양, 다른 맛을 느낄 수 있는 음식 먹기의 경험을 통해 유아들은 살아있는 영양지식을 다양하게 배울 수 있게 된다. 뿐만 아니라 식습관 형성에 있어서도 교사나 친구들이 음식을 먹는 장면을 보거나 교사의 도움으로 새로운 음식 먹기를 시도해 봄으로써, 또 교사가 매일 반복하여 그때그때 식사 예절 등을 지도함으로써 커다란 효과를 거둘 수 있다.

표 7-1 유아의 영양교육 프로그램의 예

	주 제	소 주 제	활동 영역	소요 시간
1주	식품과 음식에 대한 지식 (1)	식품과 음식 짝짓기	게임	20분
2주	바른 식습관 (1)	그림자료 이용하여 이야기 나누기	게임	20분
3주	식품과 신체의 관계 (1)	사람모형에 식품 그림카드 붙이기	게임	20분
4주	바른 식습관 (2)	욕심쟁이 먹보생쥐	동화	20분
5주	직접 키워봅시다	양파 키우기	과학 활동	20분
6주	식품섭취와 건강과의 관계 (1)	음식을 골고루 먹자	연극	20분
7주	바른 식습관 (3)	주문놀이	게임	20분
8주	직접 만들어보세요 (1)	주먹밥 만들기	요리 활동	30분
9주	식품과 음식에 대한 지식 (2)	찾아서 붙이기	게임	20분
10주	바른 식습관 (4)	○, × 퀴즈	게임	20분
11주	식품과 신체의 관계 (2)	손가락 놀이	음률 활동	20분
12주	바른 식습관 (5)	감자는 약속을 지켰을까?	동화	20분
13주	식품섭취와 건강과의 관계 (2)	뚱뚱이, 홀쭉이, 건강이의 달리기 경주	연극	30분
14주	바른 식습관 (6)	얌냠냠	음률 활동	20분
15주	음식물의 기타 역할	황새와 여우	동화	20분
16주	직접 만들어보세요 (2)	송편 만들기	요리 활동	30분

* 자료: 인천광역시 보육정보센터

표 7-2 부모, 보육교사 대상 영양교육 내용의 예

제1강. 유아영양의 특징	1. 영양의 균형이 중요하다. 2. 식사의 횟수를 늘린다. 3. 음식은 먹기 쉬워야 한다. 4. 수분이 충분해야 한다. 5. 식습관을 교육하는 시기이다.
제2강. 균형있는 영양 섭취방법 ☆각 식품군별 주요 식품 ☆	1. 곡류 및 전분류 2. 채소 및 과일류 3. 고기, 생선, 계란, 콩류 4. 우유 및 유제품 5. 유지 및 당류
제3강. 자녀의 올바른 식습관 ☆어린이를 위한 식생활 지침☆	1. 음식을 다양하게 골고루 2. 많이 움직이고 먹는 양은 알맞게 3. 식사는 제때에, 싱겁게 4. 간식은 안전하게 슬기롭게 5. 식사는 가족과 함께 예의바르게
제4강. 자녀의 식욕부진	1. 아이가 음식을 잘 안 먹고 음식에 관심을 보이지 않는 이유는 무엇일까요 2. 잘 먹지 않을 때는 이렇게 해보세요.
제5강. 자녀의 편식	1. 아이가 편식하게 되는 이유는 2. 편식할 때는 이렇게 해 보세요
제6강. 엄마의 식습관 테스트	1. 현재 엄마의 식습관은 몇 점일까요
제7강. 연령별 식사지도의 진행	1. 1~2세 아동의 바람직한 자세(식전, 식사 중, 식후) 2. 3~4세 아동의 바람직한 자세(식전, 식사 중, 식후) 3. 5~6세 아동의 바람직한 자세(식전, 식사 중, 식후)
제8강. 건강에 좋은 식품 고르기	1. 좋은 식품이란 2. 식품 고르기
제9강. 식사예절 지키기	1. 어린이를 위한 식사 예절 2. 식당 등 외부에서 식사할 때

* 자료 : 인천광역시 보육정보센터

4 사례

최근 영유아를 대상으로 한 영양교육 프로그램이 각 연령별, 수준별로 노래, 게임, 놀이, 책, 퀴즈, 동영상 등 다양하게 개발되었다. 영양교육 내용도 식품과 영양, 올바른 식생활, 식생활과 건강, 식품 안전 교육, 올바른 식습관, 비만관리 등 실제적인 교육이 가능 할 수 있도록 대한영양사협회, 보육정보쎈타, 어린이급식관리지원쎈타, 지역 보건소 등 자체 개발하여 홈페이지에 올려놓은 자료가 많이 있다.

유아 영양교육 프로그램의 사례 1

뽀드득, 뽀드득 손을 씻어요!

대상연령 만 1세 이상

활동목표

① 손을 왜 씻어야 하는지, 언제 씻어야 하는지를 안다.
기본생활>건강한 생활>건강에 관심 갖기

② 올바른 방법으로 손을 씻을 수 있다.
기본생활>건강한 생활>몸을 깨끗이 하기

활동자료

- 센터대여교구

그림책, 손 씻기 교육동영상, 손 씻는 방법 사진(부록 CD에 수록되어 있음)

- 시설준비교구

세숫대야, 손 씻을 물, 비누, 수건, 낮은 책상, 시청각교육 기기(빔프로젝트 또는 텔레비전, 컴퓨터, 멀티탭), 스크린(전지2장)

활동방법

① 시청각교육 기기를 모두 설치해 두고, 손 씻기 사진자료를 칠판에 붙여둔다.

② '손을 씻어요' 그림책을 보고, 등장인물의 행동에 대해서 이야기를 나눈다.
"그림책에 나온 이 동물은 무슨 동물일까?"
"너구리 친구가 무엇을 하고 있을까?"
"너구리 친구는 무엇을 하여서 손을 깨끗이 씻고 있는 걸까?"
그림책을 읽어주며 밖에서 놀다가 집에 들어오면 제일 먼저 손을 씻어야 한다고 알려준다.

③ 누야-손을 씻어요' 동영상을 보고, 왜 손을 씻어야 하는지 이야기를 나눈다.
"이번에는 선생님이 재미있는 누야 이야기를 보여 줄 거예요."
"누야가 왜 배가 아팠을까요? 누야처럼 배가 아프지 않으려면 어떻게 해야 할까요?"

④ 사진자료와 교사의 시범을 통해 올바른 손 씻기 방법을 배운다.
"우리 친구들의 예쁜 손은 어떤 일을 하나요?"
"몸이 아프지 않으려면 어떻게 해야 할까요?"

"손 씻는 방법을 사진자료를 통해 알아볼까요?"

이때 손가락 사이사이, 손톱 밑까지 잘 씻어야 한다는 것을 강조한다.

"선생님이 먼저 깨끗이 손을 씻어 볼게요"

⑤ '뽀로로-뽀드득 뽀드득' 동영상을 보고, 언제 손을 씻어야 하는지 이야기를 나눈다.

"손은 하루에 몇 번 씻어야 할까요?"

"뽀로로와 친구들이 언제 손을 씻어야 하는지 노래로 알려준대요."

⑥ 올바른 방법으로 직접 손을 씻어본다.

"친구들이 화장실에서 직접 손을 씻어볼까요?"

화장실에서 한명씩 손을 올바로 씻을 수 있도록 지도하고 격려한다.

확장활동

- 언제 손 씻나요?' 퀴즈 맞추기 (참고사이트 : http://fm.kfda.go.kr)
- 손 씻기 역할놀이

주의사항

- 교사가 손 씻는 습관을 생활화하여 영아들이 보고 배울 수 있도록 한다.
- 평소 화장실에 비누와 수건을 잘 구비해 둔다.
- 손에 비눗기가 남아 있지 않도록 깨끗하게 헹구도록 지도한다.
- 영유아들이 스스로 활동을 경험 할 수 있도록 교사의 간섭을 최소화 한다.

  TIP : 위에서 제시한 활동목표는 아래와 같이 만 2세 미만, 만 2세, 만 3~5세 영유아로 구분하여 달리 적용 할 수 있다.

구분	목표
만 2세 미만	손 씻기에 관심을 가진다 기본생활〉건강한 생활〉몸을 깨끗이 하기
만 2세	손을 씻어야 하는 이유를 알고, 올바른 방법으로 스스로 손을 씻을 수 있다 기본생활〉건강한 생활〉몸을 깨끗이 하기
만 3~5세	언제 손을 씻어야 하는지 알고, 올바른 방법으로 스스로 손을 씻을 수 있다 기본생활〉건강한 생활〉몸과 주변 환경을 깨끗이 하기

※ 목표 수정 시 '표준보육과정의 구체적 보육내용 및 교사지침'을 참고하여 작성해 주세요.

☞ 이렇게 진행해 보세요

- 그림책을 볼 때 동물의 행동에 관심을 가질 수 있도록 지도해주세요.
  "이 동물친구는 이름이 뭘까요?"
  "너구리 친구가 무엇을 하고 있나요?"
  "왜 손을 씻고 있을까요?"
  POINT) 실외활동 후 반드시 손을 씻어야 함을 이야기 한다.
- 손 씻기 사진을 보며 올바른 손 씻기의 중요성을 알려주세요.
  "많은 일을 하는 우리 손에는 여기저기에서 묻은 세균(병균)이 많이 있어요. 손톱 밑, 손가락 사이사이, 손바닥에 '딱~~' 붙어있어요."
- 교육을 마친 뒤 손 씻기를 격려해주고 칭찬해주세요.

※ 자료 : 울산광역시 보육정보센터

유아 영양교육 프로그램의 사례 2

어떤 음식을 먹을까요?

대상연령 만 3세 이상

활동목표

① 음식의 영양에 따라 먹어야 하는 양을 안다
자연탐구>수학적 탐구>자료수집과 분석하기

② 각 영양신호등 색깔에 맞춰 음식 공을 던져 넣을 수 있다.
신체운동>신체조절과 기본운동>조작 운동하기

③ 올바른 식습관을 가진다.
기본생활>건강한 생활>식생활을 바르게 하기

활동자료

- 영양신호등 골대, 음식 공, 영양신호등 판, 음식그림 자석자료
- 시설준비교구

영양신호등판 지지대(이젤 등), 출발선

활동방법

① 영양신호등 판을 이젤에 세워둔다.

② 신호등에 대한 이야기 나누기를 하고, 영양신호등이 무엇인지 알려준다.
"친구들 앞에 있는 게 무엇일까요?"
"신호등은 무슨 일을 하나요?"
"오늘은 선생님이 영양신호등에 대해서 알려주려고 해요. 영양신호등은 우리 친구들이 어떤 음식을 얼마나 먹어야 하는 지 알려주는 일을 해요."
"초록신호등은 몸에 아주 좋아요. 많이 먹어야 해요."
"초록신호등에는 어떤 음식이 있을까요? 오이, 당근, 딸기, 토마토…"
"노랑신호등은 몸에는 좋지만 많이 먹으면 안 되고 적당히 먹어야 돼요."
"노랑신호등에는 어떤 음식이 있을까요? 우유, 밥, 빵, 고기, 생선…"
"빨강신호등은 몸에 나빠요. 아주 조금만 먹어야 돼요"
"빨강신호등에는 어떤 음식이 있을까요? 과자, 사탕, 초콜릿, 햄버거…"

③ 영양신호등을 함께 꾸며보고 이야기를 나눈다.

④ 영양신호등 교구를 소개하고, 게임규칙을 설명한다.

"친구들 앞에 뭐가 있어요?"

"이 게임을 재미있게 하려면 어떻게 해야 할까요?"

"친구들과 손뼉을 칠 때 서로 다치지 않게 하려면 어떻게 해야 할까요?"

아래 '이렇게 진행해 보세요' 참조

⑤ 게임이 끝나면 유아들이 공을 맞게 넣었는지 함께 확인하고, 영양신호등에 대해 간단하게 이야기를 나누고 초록색 신호등 음식을 많이 먹기로 약속한다.

확장활동

- 미니영양신호등 꾸미기
  본 센터 홈페이지>육아정보>영양정보>검색 : 미니영양신호등 꾸미기
- 영양체조하기

주의사항

- 체형이 남다른 아이들이 주목받지 않도록 한다.

☞ 이렇게 진행해 보세요

- 영양신호등에 대해 충분히 설명을 해주세요. 평소 잘 알고 있는 교통신호등을 먼저 설명 한 뒤 음식 신호등에 대해 설명해 주세요.
- 영양신호등이란?
  영양신호등은 어떤 음식을 얼마나 먹어야 하는 지 알려주는 거예요.
  초록신호등 많이 먹어요.(키가 쑥쑥 자라요)
  많이 먹어도 몸이 뚱뚱해지지 않고, 적게 먹으면 병에 걸릴 수 있어요.
  음식 : 과일, 채소

노란신호등 적당히 먹어요.(몸이 튼튼해져요)

적게 먹으면 몸이 약해지고, 너무 많이 먹으면 몸이 뚱뚱해 지거나 병에 걸릴 수 있어요.
음식 : 고기와 생선, 콩으로 만든 음식, 유제품, 멸치
빨강신호등 조금만 먹어요.(힘을 내게 해줘요)
필요한 만큼만 먹어야 해요. 많이 먹으면 몸이 뚱뚱해지고 병에 걸릴 수 있어요.
음식 : 밥, 빵, 감자, 고구마, 마요네즈, 땅콩, 버터
검정신호등 되도록 아주 조금만 먹어요.(뼈를 약하게 해요)
몸이 뚱뚱해지고 이가 썩어요.
음식 : 콜라, 사탕, 초콜릿, 아이스크림

- 영양신호등을 직접 꾸며볼 수 있게 해주세요.
- 영양신호등 게임
  1. 출발선을 붙인 뒤 다섯 발자국 떨어진 곳에 영양신호등 골대를 둔다.
  2. 유아는 음식 공을 잡은 후 출발선에 한 줄로 서서 기다린다.
  3. 차례로 음식 공을 영양신호등 골대 색깔에 맞춰 음식 공을 던진다.
  4. 음식 공을 영양신호등 골대로 던진 후 출발선으로 돌아와 다음 차례 유아의 손뼉을 치면 출발한다.
  5. 모든 유아가 참여 한 뒤 교사가 각 영양신호등 골대의 음식 공을 꺼내면서 음식 공을 바로 넣었는지 다함께 확인한다.

POINT) 음식 공을 확인하면서 영양신호등에 대해 한 번 더 이야기한다.

유아 영양교육 프로그램의 사례 3

어떤 음식을 먹을까요?

[유아기에 올바른 식습관지도 - 유아용 녹색 식습관 교육교재]

이 동화책에 등장하는 다양한 채소가 몸의 영양균형을 유지하는데 매우 중요한 역할을 하며 다른 음식들도 골고루 섭취하는 것이 성장기 발육과 건강에 꼭 필요하다는 사실과 일상 생활에서도 어린이들이 패스트푸드나 가공식품보다 신선한 재료로 직접 만든 음식을 선호할 수 있도록 지도해 줄 수 있는 책이다.

자료: 농촌정보문화센터

7-2 학교에서의 영양교육

1 학교급식

학교급식은 장기적인 안목에서 미래사회의 건강한 사회 구성원으로서 역할을 다 할 수 있도록 학교 교육의 일환으로써 성장기 어린이나 청소년들을 위한 영양급식과 영양교육, 그리고 식사 습관 및 예절 지도 등 여러 가지 목적을 가지고 있다.

1) 정의

"학교급식"이라 함은 소기(제1조)의 목적을 달성하기 위하여 학교 안에 급식시설과 설비를 갖추고 당해 학교 또는 인접학교의 학생에 대하여 실시하는 급식과 특별시, 광역시, 도교육감 또는 교육장이 공동급식시설을 설치하여 관할 구역의 각 급 학교 학생에 대하여 실시하는 급식을 말한다(학교급식법 제2조 제1항).

2) 학교급식의 목적

성장기에 있는 아동들의 올바른 영양상태를 유지하고 신체적, 정신적인 성장 발달이 정상적으로 이루어지며, 나아가 보다 좋은 식습관을 갖도록 함으로써 식량 소비의 합리화와 식생활 문화 개선을 통하여 국가의 식량 사정 개선에 기여하도록 하는 데 있다.

3) 학교급식의 특징

(1) 초등학교 급식

① 성장이 활발한 학령기 아동이 대상이므로 균형 잡힌 영양공급을 통한 최대한의 성장발달을 이루어야 한다.

② 감수성이 예민하고 지식 흡수가 용이한 아동에게 영양 및 식품에 관한 지식 교육 등 조기에 바른 식습관을 길러 줄 수 있는 교육이 병행되어야 한다.

③ 학령기에 일어날 수 있는 영양문제인 편식과 식욕부진, 결식, 비만, 영양부족, 체중부족, 충치 등을 예방하는 교육이 필요하다.
④ 가정과의 연계 지도로 교육 성과를 높일 수 있으며 교육 효과의 평가가 쉽고 결과에 따른 반복 교육이 용이하다.

(2) 중·고등학교 급식

① 중·고등학교 시절은 발육의 정점이며 일생을 통해 가장 영양을 필요로 하는 시기이므로 풍부하고 적절한 영양이 요구된다.
② 여학생은 운동 부족과 다이어트에 의해 빈혈이 되기 쉽고 남학생은 불규칙한 식사와 폭식 및 결식 등의 영양적 결함의 우려가 있다.

2 학교급식의 실시현황

우리나라 학교급식은 전후 1953년 US-AID(1966~1972), CARE(1957~1966), UNICEF(1954~1957) 등의 외국 원조에 의한 탈지분유 구호급식을 시작으로 1973년 빵급식과 1980년 조리급식을 실시한 이래 많은 발전을 이루어 1999년 현재 전국 초등학교 5,688개교 중 5,640개교가 실시하고 있어 99.2% 급식 실시에서 전면 급식 실시와 더불어 중·고교 급식 확대 실시라는 대 전기를 맞이하게 되었다. 그리고 2002년부터 초·중·고교 모두 학교급식이 전면 실시되었다.

(학교급식 변천사)
1953~72 : 구호 급식기, 1973~77 : 자립 급식기
1978~81 : 제도 확립기, 1982~89 : 체제 변환기, 1990~현재 : 제도 확대기

표 7-3 학교 급식 연혁

1953년	외원에 의한 구호급식(탈지분유)
1973년	외원양곡 지원 종료, 자활급식 실험학교 및 일반 급식(빵급식) 실시
1977년	빵급식에 의한 식중독 발생, 제빵급식 전면 폐지
1978년	전면 학교급식 조리체제 전환 및 일용직 영양사 배치
1981년	학교급식법 제정, 공포
1982년	정규 보건직 영양사 최초 임용
1991년	학교급식업무 문교부 이관, 학교급식 확대를 주요 정책 과제로 추진
1992년	제7차 경제개발 5개년 계획 중 학교급식 전면 확대 실시 포함
1995년	학교영양사 보건직렬에서 식품위생직렬로 전환

1996년 12월	학교급식법 개정, 학교급식 위탁 허용
1997년	초등학교 학교급식 전면 확대 실시
1998년	중·고등학교 급식 확대 실시
2002년	전면 급식 실시

* 자료 : 김영미(1999)에서 재인용, 교육인적자원부

표 7-4 학교 급식 실시 현황 (2006. 12. 31 현재)

구 분	학교수(교)			학생수(천명)			운영형태(교)	
	전체 학교	급식 학교	%	전체 학생	급식 학생	%	직영 급식	위탁 급식
초등학교	5,744	5,744	100	3,937	3,795	96.4	5,732	12
중 학 교	3,001	2,979	99.3	2,044	1,999	97.8	2,350	629
고등학교	2,142	2,127	99.3	1,775	1,620	91.3	1,282	845
특수학교	143	136	95.1	23	22	95.7	132	4
계	11,030	10,986	99.6	7,779	7,436	95.6	9,496	1,490

* 자료 : 교육인적자원부 학교체육보건급식과

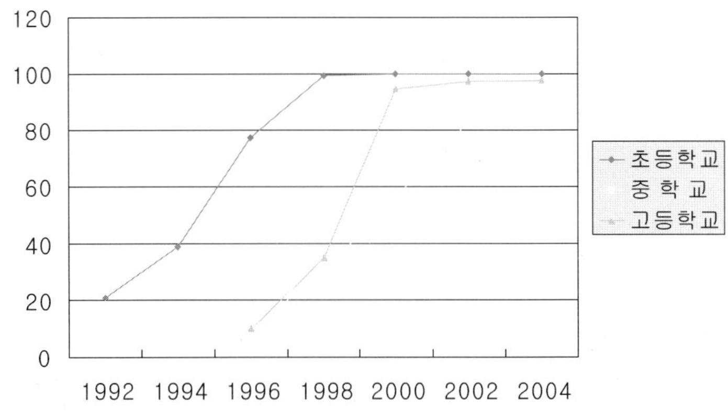

그림 7-3 연도별 학교급식 실시율(2006. 12. 31 현재)

* 자료 : 교육인적자원부 학교체육보건급식과

표 7-5 학교 급식 재원부담 주체별 현황 (2006. 12. 31 현재)

계	학부모 부담	교육비 특별 회계	지방자치단체 등	급식 후원금 및 기타
3조4,577억원 (100%)	2조6,070억원 (75.4%)	7,543억원 (21.8%)	606억원 (1.8%)	358억원 (1.0%)

2006년 12월 31일 현재 급식학교 수는 초·중·고·특수학교 11,030교 중 99.6%인 10,986교에서 급식이 실시되고 있으며 운영형태는 직영급식 9,496교(86.4%)의 경우 자체 조리가 7,184교(75.7%)와 공동조리는 2,312교(24.3%)이며 위탁급식 1,490교(13.6%)의 경우 교내 조리 1,296교(87.0%), 외부 운반 194교(13.0%)와 같은 형태로 운영되고 있다.

영양사는 전체 급식학교 수 대비 78.0%(8,571명)가 배치되었으며 정규직이 60.0%(5,139명)이고 비정규직이 40.0%(3,432명)인데 미배치 사유로는 공동조리 교의 경우 조리실을 갖춘 본교에 1인, 비조리교는 미배치하였으며 공동관리교의 경우 소규모 학교의 경우 12학급 이내에서 공동관리를 하고 있다. 조리사는 전체 급식학교 수 대비 80.8%(8,826명) 배치되었으며 정규직 42.7%(3,773명), 비정규직 57.3%(5,053명)이고 조리보조원은 급식학교당 평균 5명을 배치(총 55,215명)하여 정규직 3.9%(2,146명), 비정규직 96.1%(53,069명)의 형태를 나타내었다.

표 7-6 학교급식 인력 현황 (2006. 12. 31 현재)

(교, 명)

구 분	급 식 학교수	영 양 사				조리사	조 리 보조원	계
		정규직	비정규직	계	비율(%)			
초등학교	5,744	3,306	1,159	4,465	76.7	4,995	26,448	35,908
중 학 교	2,979	710	1,251	1,961	63.8	1,669	13,064	16,694
고등학교	2,127	1,035	1,015	2,050	93.6	2,064	15,454	19,568
특수학교	136	88	7	95	75.6	98	249	442
계	10,986	5,139	3,432	8,571	76.5	8,826	55,215	72,612

※ 위탁급식의 경우 업체직원 포함(학생 수 50명 미만은 영양사·조리사 미배치)

* 자료 : 교육인적자원부 학교체육보건급식과

3 영양교육의 목표

학교급식을 통한 영양교육의 목표는

첫째, 학령기 아동이 음식과 영양과의 관계를 이해하고 여러 가지 음식을 배합한 균형식을 선택하게 한다.

둘째, 음식과 질병과의 관계를 설명하고 이를 통해 스스로 건강관리 능력을 길러 질병의 위험으로부터 벗어나게 한다.

셋째, 우리나라 식품의 생산, 분배, 소비에 대한 지식을 통해 올바른 식습관을 형성하고 우리 고유의 건전한 식문화를 유지 발전하게 한다.

넷째, 집단 급식을 통해 식사 예절, 공동체 의식 함양, 그리고 사회성을 기르도록 한다.

4 영양교육의 내용

1) 영양의 중요성과 건강과의 관련성 이해

- 학령기 아동의 성장 발달에서 영양의 중요성과 영양과 건강 관계에 대해서
- 영양소의 역할과 기능에 대해서
- 올바른 식사의 적합성과 올바른 식습관에 대해서

2) 식품에 대한 이해

- 식품의 특성 및 급원
- 식품 선택 방법과 식품위생
- 음식 만들기

3) 사회 문화적인 측면의 식행동

- 식사 예절의 이해와 실천
- 식품, 영양과 관련된 환경 문제

4) 식생활과 관련된 문제해결 능력 배양

- 영양관련 정보 이해
- 영양과 식품관련 문제해결을 위한 과정과 방법을 이해

5 영양교육의 방법과 기술

영양교육은 '영양과 건강에 도움이 되는 행동을 자발적으로 습득할 수 있게 고안된 다양한 학습경험'으로 정의되는데, 즉 영양교육은 건강상태 유지나 증진에 기여하는 식행동의 습득을 목적으로 하며 이러한 식행동이 유지되기 위해서는 교육 대상자의 자발적인 참여, 식행동과 식습관 개선을 위한 동기부여 등 다양한 요소가 필요하다.

그리고 영양교육의 기본골격으로 KAP model(Knowledge-Attitude-Practice model)에 의하면 영양에 관한 지식이 많아지면 식태도가 긍정적으로 변하고 식행동이 바람직한 방향으로 변화된다고 설명하는 모델이 주로 사용되었는데 실제로 영양지식을 위주로 한 교육이 실시되었다. 그러나 영양지식의 습득만으로 행동 변화가 유도된다고는 말하기 어려운 까닭에 식행동의 변화를 유도하기 위한 행동 수정 방법과 효과적인 영양교육 방법에 대해 설명하고자 한다.

1) 행동 수정 방법

행동은 그 자체만 중요한 것이 아니라 행동이 일어나는 주위 환경이나 행동 수행 후의 결과에 영향을 받는다. 따라서 행동뿐 아니라 행동 전의 상황이나 사건, 행동 후의 결과에 관해 같이 고려되어야 하며 행동 수행 방법은 이를 모두 고려해야 한다.

(1) 자기 감시(self-monitering)

행동 수정의 첫 단계로 문제가 되는 식행동이나 행동의 지표, 이러한 식행동의 유발원인이 무엇인지 기록을 해서 찾는 과정이다. 예를 들면 비만으로 인한 체중감소를 행동지표로 한다면 식사일지를 씀으로 해서 자신의 식습관이나 행동에 대해 분석하는 기회가 된다. 단순히 무엇을 얼마나 먹었는가 뿐만 아니라 언제, 어디서 누구와 어떤 상황에서 먹었는지 기록하여 식행동이 일어나는 전후 상황에 대해 파악하는 것이 효과적이다.

(2) 목표 설정

식행동을 수정하기 위한 목표를 정한다. 자기 감시의 자료를 기초로 하여 현실적으로 실천이 가능하고 도달할 수 있는 목표로 정하여야 한다. 흔히 주의의 보통사람들은 비만으로 인한 체중감량의 목표를 무리하게 정하여 놓고 결국 다이어트를 중도에 포기하는 사례가 많이 있다. 1달에 5kg 이상 뺀다는 것보다 1주에 0.5kg씩 2kg을 뺀다면 훨씬 목표에 도달할 가능성이 높아질 수 있다. 특히 식습관의 경우 어릴 적부터 형성된 것이기 때문에 쉽게 고치기 어려우므로 너무 많은 것을 한꺼번에 시도하다가 곧 그만 두어 버리게 된다. 그래서 현실적으로 실천이 어려운 무리한 목표를 세우는 것은 세우지 않는 것만 못하고 실패감과 좌절감만 느끼게 된다. 또한 장기간 목표뿐만 아니라 단기간 목표를 세워 피교육자들이 그 효과를 가시적으로 느낄 수 있게 하면 더 효과적이다.

(3) 행동을 변화시키는 단계

식행동은 쉬운 것부터 시작하여 단계적으로 변화하도록 하여 최종적으로 원하는 식행동을 익히게 하는 과정이다.

(4) 행동 대치

바람직하지 못한 식행동을 바람직한 식행동으로 바꾸는 것이다. 바람직한 행동과 그렇지 못한 행동이 같이 한꺼번에 일어날 수 없으므로 행동 대치가 가능하고 효과적이다. 우선 피교육자로부터 일상생활에서 하기 쉬운 일부터 행동 대치를 적용시킨다.

예를 들면 고열량 간식을 저열량 간식으로 선택하게 하는 것이다 (튀김류보다 삶거나 찐 것, 콜라와 같은 탄산음료보다 우유로).

(5) 보상

진정한 행동 수정은 바람직한 식행동을 습득한 후 지속적으로 유지할 때 가능하다.

보상은 행동을 한 후에 나타나는 결과에 대한 것으로, 즉 아이들이 바람직한 행동을 했을 때 칭찬이나 격려, 그리고 작은 선물 등으로 보상을 해 준다면 오랫동안 유지하는 힘이 된다. 보상의 방법에는 내적, 외적 보상이 있다. 외적 보상은 피교육자가 올바른 행동을 했을 때 다른 사람에 의해 칭찬 또는 물질적인 보상을 받는 것이고 내적 보상은 스스로 칭찬하는 경우이다.

2) 영양교육 방법

학령기아동을 대상으로 한 영양교육은 주로 학교급식 프로그램을 통해 식습관을 교정하고 식사 예절을 배우게 되는데 교과 과정 속에서 실시된다면 그 효과가 더 높게 된다.

① 학교급식 시간을 이용한 현장지도

② 다른 교육활동과 분리해서 실시하는 것보다 교과과정 속에 포함시켜, 즉 학과목 시간에 그 과목의 내용과 연계하여 식품, 건강, 영양에 관련된 내용을 유기적으로 종합화, 생활화하여 계획적으로 실행(국어, 수학, 과학, 사회,

음악, 특별활동 시간 등)-연구 개발된 교육자료로 교직원에게 먼저 교육하여 실행하도록 한다.

③ 교내 벽보, 교내 신문, 교내 방송시설을 이용한 영양지도

④ 가정통신문을 이용한 방법 - 식품과 영양, 건강, 위생 및 환경 보건 문제 등에 관하여

⑤ 학교급식 위원회를 통한 방법

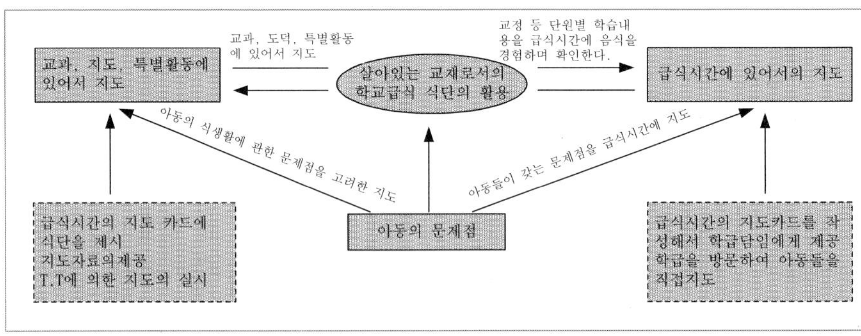

그림 7-4 학교급식 식단과 교과 · 도덕 · 특별활동에 있어서 지도와의 관련

* 자료 : 宮武千津子(1997)

학교급식 교육프로그램 구안의 예(당촌초등학교)

학교 급식교육의 5대 영역과 학교급식 관리 실무, 식생활 지도서, 교육과정의 식생활 관련 단원 등의 자료를 분석하고 이를 근거로 학교급식 교육을 통해서 지도해야 할 내용을 학년 발달 단계에 맞추고 영역 안배를 해서 요소별 지도 내용을 프로그램화하여 다음과 같이 구안하였다.

(1) 급식교육 프로그램 구안 원칙

① 학교급식 현장에서 직접 경험하여 어린이들이 문제성을 느낄 수 있는 요소를 추출하여 사례를 들어 지도해야 할 사항을 우선적으로 선정한다.

② 식생활 교육의 5대 영역에 드는 요소를 어린이들의 발달 단계에 맞게 구성하되 설명식이 아니라 구체적인 사례를 사실적으로 구성한다.

③ 학습의 효과를 높이기 위해 그림, 도표, 약화 등을 활용하여 표현한다.

④ 이 프로그램을 학습하는 어린이는 한낱 문자나 도표, 그림을 읽는 것이 아니라 프로그램을 접하면서부터 자신의 경우를 되돌아 볼 수 있는 호소력 있는 내용으로 구성한다.

⑤ 긴 문장이나 지루한 해설보다는 가능하면 짧은 문장으로 쓴다.
⑥ 쉬운 용어를 사용한다.
⑦ 모든 프로그램의 내용에 궁극적으로 도달해야 할 지향점인 "나는 국제 신사"라는 자긍심을 심을 수 있는 문구를 넣는다.

(2) 급식교육 프로그램 학습의 목표 설정

① 반복적인 학습으로 식생활 교육의 5대 영역 요소별 학습 내용의 이해
② 학습 내용을 급식 현장의 사례와 관련시켜 직접 경험하고 내면화 하기
③ 자기 실천표를 통해서 실천력을 키우기

(3) 프로그램 작성의 과정

프로그램 작성의 과정을 도해하면 그림 7-3과 같다.

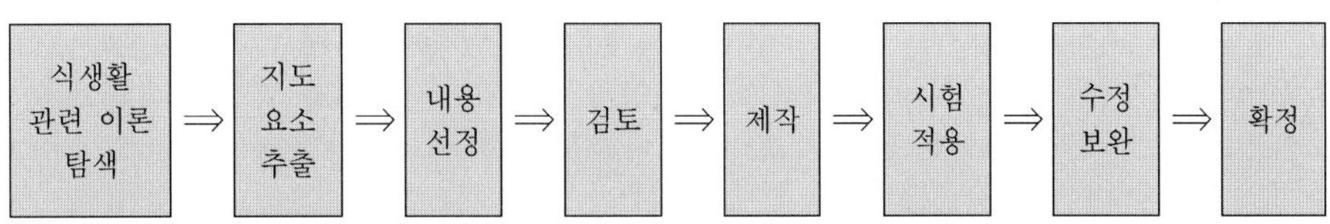

그림 7-5 학교급식 교육프로그램 구안 과정

(4) 급식 교육프로그램의 영역

프로그램의 영역은 학교급식 지도의 5대 영역인 건강교육, 예절교육, 시민교육, 경제교육, 환경교육 분야의 지도 요소를 표 7-8과 같이 각 영역별로 저·중·고학년별로 6항씩 선정하여 구성한다.

표 7-7 프로그램의 영역 및 제작 편수

영역 / 대상학년	건강교육	예절교육	시민교육	경제교육	환경교육	계
저학년	6	6	6	6	6	30
중학년	7	6	6	6	5	30
고학년	6	6	6	6	6	30
계	19	18	18	18	17	90

(5) 프로그램의 예시

표 7-8 영양교육 지도안

당촌초등학교 급식 교육프로그램	경제-중학년-6
나는 국제 신사!!! 품위 있는 식생활을 하겠습니다.	
◈ 영 역	경제생활
◈ 주 제	음식물을 남겨서 버리면 안된다.
◈ 이 공부를 한 뒤 나는	음식물의 소중함을 알고, 먹을 수 있을 만큼만 덜어다 모두 먹어서, 음식물을 함부로 버리지 않는 당촌 어린이가 될거예요.
선생님 : 1997년도에 우리나라 사람들이 음식을 다 먹지도 않고 버린 것을 돈으로 계산하면 8조원이 넘는데요. 수민 : 우리 어머니께서는 밥이나 반찬을 조금씩 덜어서 먹고, 모자라면 조금 더 담아다 먹으니까 음식을 버리는 일이 없는 데 누가 그 많은 음식을 버릴까요? 민영 : 아하! 우리도 음식을 버린 적이 있었지. 그때 엄마, 아빠랑 외식할 때 배가 너무 불러 불고기도 몇 점 남기고, 상에 차려진 김치, 소스, 야채……. 그렇게 남긴 것들을 모두 내다 버린다지? 슬기 : 이렇게 식당과 급식소에서 버려지는 음식물을 1년 내내 우리나라 전체로 계산하면 8조원이 넘게 되나보군. 선생님 : 그렇단다. 만원짜리 돈을 한줄로 이어 놓았을 때 서울에서 부산까지 380번을 왔다 갔다 할 수 있는 돈이란다. 민영 : 서울에서 부산까지 380번을 왔다 갔다 할만큼 많은 돈이요? 내가 아빠랑 서울에서 부산을 갈 때 아빠 차로 다섯 시간이나 걸렸는데……. 수민 : 선생님 정말이예요? 8조원이 그렇게 많은 돈이예요? 그렇게나 많은 돈이 음식물을 버려서 없어지는 돈이예요?.	
◈ 이 글을 읽고 나의 생각은? 〈〈이곳에 표시는 하지 않음〉〉 1) 나는 음식물을 함부로 취급하겠다.(　　　) 2) 나는 먹을 만큼의 음식을 가져다 먹겠다.(　　　) 3) 음식이 곧 돈이라는 생각을 갖고 소중하게 생각하겠다.(　　　)	

3) 학교 영양교육의 효과

① 학령기 아동의 체위, 체력이 향상된다.

② 건강 증진으로 질병 발생률이 감소되어 의료비가 절감된다.

③ 편식과 결식 등이 감소되어 올바른 식습관이 형성된다.

④ 식품과 영양 및 자기 건강에 대한 관심이 커지고 바람직한 식생활 태도가 형성된다.

⑤ 바른 식사예절과 사회성이 함양된다.

⑥ 협동, 질서, 책임 그리고 공동체 의식 등의 자질과 덕성이 함양된다.
⑦ 음식쓰레기 등 환경 보건 문제에 대한 의식이 향상된다.
⑧ 우리나라 식량 자급도를 인식하고 수입 식품 소비를 억제하는 등 국가 경쟁력 차원에서 생각하는 의식 향상으로 더 나은 국가관을 가지게 된다.

표 7-9 영양교육 지도안

교과	건강과 영양	차시	2/2
단원	음식물과 신체	소요시간	40분
학습 주제		대상	
학습 목표	· 음식물을 균형있게 섭취하는 바른 식사태도를 안다. · 건강에 미치는 음식물의 중요성을 알고 고루 먹는 태도를 가진다.		

단계	시간	학습내용	학습활동		자료 및 유의점
			교사활동	아동활동	
도입	10분	· 동기 유발	· 건강한 어린이와 허약한 어린이의 식생할 습관	· 편식과 건강과의 관계 비교 발표 · 자신이 알고 있는 영양소에 대하여 발표	※괘도 · 영양상태 그림
전개	20분	· 학령기 아동의 영양 특징을 안다. · 간식의 필요성 및 유의점을 안다. · 편식, 소아비만, 허약 식사지침에 대해 익힌다.	· 학령기 아동의 영양의 특징은? · 편식의 예방과 교정방법은? · 소아비만, 허약의 원인 및 치료원인은?	· 신체발육이 왕성한 시기이므로 매일 영양섭취 중요성 알아보기 · 간식섭취의 필요성 및 유의사항 알아보기 · 간식 섭취 필요성	· 간식관련 그림 · 편식 예방을 위한 관련 그림 · 소아비만 관련 그림
정리	10분	· 식사지침을 알게 하여 올바른 식습관을 익힌다. · 요약 및 정리		· 어린이를 위한 식사지침 주지	※괘도 · 어린이를 위한 식사지침

* 자료 : 영양사 현장실습 지침서(대한영양사회. 1999)

표 7-10 연간 지도계획서

월	주제	영양교육 방법별 지도 내용	보조교재
3월	· 학교급식의 목적 · 배식지도의 방법 · 편식	· 교직원 연수 : 학교급식 목적 및 급식지도 방법 · 가정통신 : 학교급식, 편식 · 간접교육 1주 : 배식지도 방법 2주 : 학교급식의 의의와 필요성 3주 : 학교급식 생활 4주 : 편식이란? · 방송교육 : 비디오 (학교급식의 목적과 배식방법-3월 초 각 반에 상영)	VTR
4월	· 식사 전 · 후의 위생	· 가정통신 : 손씻는 법과 이 닦는 방법 · 간접교육 1주 : 손과 세균 2주 : 손씻는 법 3주 : 충치예방과 식생활 4주 : 이 닦는 방법	VTR
5월	· 식품구성탑과 균형식	· 가정통신 : 식품구성탑과 균형식 · 간접교육 1주 : 균형식 2~4주 : 식품구성탑 내용 · 직접교육 자료 : 가면극, 괘도, OHP	식품모형 OHP 게임판 신체모형
6월	· 식생활 개선 (우리 농산물 애용)	· 가정통신 : 쌀, 왜 중요할까? · 간접교육 1주 : 쌀, 왜 중요할까? 2주 : 우리 농촌의 현재 모습 3주 : 수입식품, 얼마나 안전한가? 4주 : 오늘의 식생활 모습, 이래도 되겠는가?	VTR
9월	· 식생활 개선 (외식, 음식물쓰레기)	· 가정통신 : 올바른 외식태도 · 간접교육 1주 : 외식의 영양문제 2주 : 좋은 식단 3주 : 음식물쓰레기 4주 : 학생들이 지켜야 할 식생활 여섯 가지	VTR
10월	· 식사예절	· 가정통신 : 일상생활에서의 식사예절 · 간접교육 1주 : 일상생활에서의 식사예절 2주 : 한식 식사시 주의할 점 3주 : 양식 식사시 주의할 점 4주 : 올바른 젓가락 사용법 · 직접교육 자료 : OHP (먹는 것과 건강, 보건위생, 식사교육)	반상기 양식기 OHP
11월	· 간식 인스턴트식품 불량식품	· 가정통신 ; 간식은 식사의 일부이다. · 간접교육 1주 : 바람직한 간식방법 2주 : 간식을 먹기 전과 먹은 후 3주 : 인스턴트 식품 4주 : 불량식품	VTR 식품모형

* 자료 : 영양사 현장실습 지침서(대한영양사회. 1999)

4) 사례

초등학교 학생의 체계적인 식생활관련 영양교육의 필요성으로 다각적이면서 학년별 수준에 맞는 영양교육 프로그램을 대전 전민초등학교 영양교사가 식생활 선도학교 영양교육이라는 프로그램을 제작하였다. 초등학생 바람직한 식생활 선도를 위해 운영된 급식시간 TV 모니터 프레젠테이션 자료를 통한 식생활지도와 음식문 화이해부 특별활동 운영 프로그램이다.

대전 전민초등학교 식생활선도 영양교육프로그램

Ⅰ. 운영목적

○ 영양 및 식생활정보 제공으로 올바른 식생활을 유도한다.

○ 올바른 영양으로 자기 색생활 관리 능력을 함양한다.

○계발(특별)활동 수업을 통한 일환인 학교급식에 대한 이해도를 높인다.

○ 기초요리 실습능력을 습득한다.

Ⅱ. 운영과제

1. 급식시간 TV모니터 프레젠테이션 자료를 통한 식생활지도

1) 운영 방법

· 지도대상 : 1~6학년 학생

· 지도매체 : 평면 TV 천정형 (50인치) 2대

· 지도장소 : 식당(TV를 배식대 좌·우 천정에 설치 후 영양교사 컴퓨터와 연결하여 파워포인트 슬라이드쇼를 통해 영상교육실시

2) 운영내용

· 오늘의 식단, 오늘의 식재료, 오늘의 원산지표시, 오늘의 영양표시제, 염농도, 학부모 참여활동 모습, 칭찬학생사진 등의 자료를 파워포인트 슬라이드로 구성한다.

· 급식시간에 TV에 연결 후 슬라이드 쇼 실행을 통해 영상교육을 실시하여 올바른 식사예절을 유도하고 편식 습관을 교정한다.

· 담임교사와 학생의 올바른 식사 모습을 TV로 보여줌으로써 학교급식이 밥상머리 교육의 장이 되도록 한다.

· "알맞게!골고루!지구사랑 실천!!"모토를 칭찬(급실일에 수상, 학생수의 상위 10%)으로 정해 음식물 쓰레기 줄이기 정책에 적극 참여한다.

· 남기지 않고 다 먹은 학생에게는 TV로 공개 칭찬, 격려함으로써 긍정적 피드백을 제공하고 음식을 남긴 학생에게는 "나도 다 먹고 사진 찍어서 텔레비전에 나와야지"하는 강한 동기부여로 식생활 효과와 급식만족도는 높아지게 된다.

2. 음식문화이해부 특별활동반 영양교육

1) 운영방법

· 교육대상 : 6학년 중 희망자(25명)

· 운영기간 : 2009년 3월~2010년 2월

· 수업시간 : 매주 수요일 5교시(연간 30시간)

· 수업장소 : 도서관 멀티미디어방(이론수업) 급식실 식당(실습)

그림 1 식생활지도 프레젠테이션 자료

2) 운영내용

음식문화이해부는 올바른 식생활, 영양 및 식생활 관련 정보, 학교급식 이해 등과 관련한 이해수업과 식재료, 간단한 조리기구를 이용한 실습으로 구성되어 있다. 이론수업은 프레젠테이션, 활동지, 인터넷 자료 등으로 진행되고 실습은 모둠별로 요리준비물을 빠짐없이 챙겨서 실습하도록 한다(표 1, 2)

표 1 음식문화이해부 주요활동(1학기)

월	일	교육주제	주요활동
3	25	음식문화이해부 소개 및 활동조직	• 음식문화이해부 오리엔테이션 • 모둠활동조 편성, 나의 다짐 작성
4	1	천연조미료 국물과 화학조미료 국물 맛을 비교할 수 있다.	• 천연조미료 국물과 화학조미료 국물 맛 비교하기 • 화학조미료 개념, 유해성 • 천연조미료 만드는 방법
4	8	예쁜 모양의 초콜릿을 만들 수 있다.	• 초콜릿의 유래, 성분, 초콜릿 레시피 알아보기 • 초콜릿 만들기(영어로 배우는 레시피)
4	15	올바른 식사예절을 지킬 수 있다.	• 우리나라 식사예절 • 학교급식시간에 지켜야 할 예절, 급식실 견학 • 우리나라의 기본 상차림 차려 보기
4	29	올바르게 수저를 사용할 수 있다.	• 올바른 수저 사용법 • 젓가락으로 콩집기 대회(30초 동안 옮기기)
5	6	영양소를 알며 영양표시를 읽고 식품을 고를 수 있다.	• 영양소 정의, 역할, 영양소 종류 • 영양소 마인드맵 작성해 보기
5	13	영양소 부족과 과잉 시 인체의 변화를 알 수 있다.	• 영양소의 부족과 과잉 시 문제점 • 나의 일기 쓰기 • 웨하스를 이용한 젠가보드게임(놀이교육)
5	20	떡볶이를 만들 수 있다.	• 기초요리실습(영양을 고루 갖춘 떡볶이 만들기)
5	27	인공감미료의 장·단점을 알 수 있다.	• 인공감미료 정의, 종류 • 인공감미료 그것이 알고 싶다.

표 1 (계속)

월	일	교육주제	주요활동
6	3	오리지널콜라와 다이어트콜라를 구분할 수 있다.	• 아스파탐 과학실험(오리지널 콜라와 다이어트콜라에 열을 가해 결과 알아보기)
6	10	섭취하고 있는 인공감미료 양을 산출할 수 있다.	• FunFun 퀴즈풀기, 만화도 보고 문제풀기 • 식품의약품안전청 홈페이지 이용하여 ADI 구해보기
6	17	식품구성탑에 대해 말할 수 있다.	• 식품구성탑이 무엇인가요? • 식품구성탑의 대표영양소 • 식품구성탑 각 층에 속하는 식품을 찾아 붙여라
6	24	식품구성탑별로 속하는 식품을 알 수 있다.	• 식품구성탑 동영상보기
7	8	유부초밥을 만들 수 있다.	• 기초요리실습(교과와 연계한 유부초밥만들기)
7	15	서양 식사예절을 바르게 알고 실천할 수 있다.	• 서양의 식사예절, 상차림 • 미국의 아침식사 실습 • 인도음식체험(카레라이스를 손으로 먹어보기)

표 2 음식문화이해부 주요활동(2학기)

월	일	교육주제	주요활동
9	2	올바른 손씻기 방법을 알고 실천할 수 있다.	• 올바른 손씻기 방법 • 잘 씻기지 않는 부분 체크 • 신종플루 예방을 위한 손씻기 실습
9	9	나의 정상체중이 얼마인지를 알 수 있다.	• 신장별 표준체중 알아보기 • 나의 표준체중, 비만도 측정, 산출해 보기
9	23	정상체중, 과체중, 저체중, 다이어트 부작용에 대해 알 수 있다.	• 정상체중, 과체중, 저체중 증상 • 영양부족 증세, 다이어트부작용 • 식품에서 영양소를 섭취하기
9	30	달걀말이를 만들 수 있다.	• 기초요리실습(채소 넣은 달걀말이 만들기)
10	7	나 자신을 긍정적으로 볼 수 있다.	• 좋아하는 음식, 싫어하는 음식 적어보기 • 거울에 비친 나의 모습 그려보기 • 나의 식생활 습관 평가
10	21	추석의 유래와 절기음식을 알 수 있다.	• 추석의 유래, 추석놀이 등 알아보기 • 절기음식 • 명절 전통음식
10	28	식품첨가물에 대해 알 수 있다.	• 식품첨가물의 정의, 종류 • 합성착색료, 합성착향료, 유화제 • 식품의약품안전청 홈페이지 이용하여 1일 허용량 확인

표 2 (계속)

월	일	교육주제	주요활동
11	11	좋아하는 과자류에 들어 있는 첨가물 종류, 유해성에 대해 알 수 있다.	• 아이들이 좋아하는 식품 속 첨가물 • 좋아하는 식품의 종류, 색깔, 냄새, 모양, 느낀 점 적어보기
11	18	매작과를 만들 수 있다.	• 기초요리실습(전통음식 매작과)
11	25	나를 위한 나트륨에 대해 알 수 있다.	• 소금 속 보물찾기, 소금 종류 • 나트륨 역할, 권장량 • 고혈압 동영상
12	2	저염 꼬치 어묵국을 만들 수 있다.	• 기초요리실습(천연조미료 저염 꼬치 어묵국)
12	16	자연식품 속에 숨은 나트륨을 알 수 있다.	• 자연식품, 가공식품 속에 숨은 나트륨 • 나트륨 식품신호등 • 활동지(나트륨 양과 수모형, 길찾기)
12	23	피자를 만들 수 있다.	• 기초요리실습(지방이 적게 든 피자 만들기)
2	10	지방에 대해 알 수 있다.	• 지방이야기, 역할 • 지방 과다의 부작용
2	17	당에 대해 알 수 있다.	• 당이야기, 우리 몸에서 역할 • 당 섭취 시 나쁜 점 • 음식문화이해부를 마치며 느낀 점 쓰기

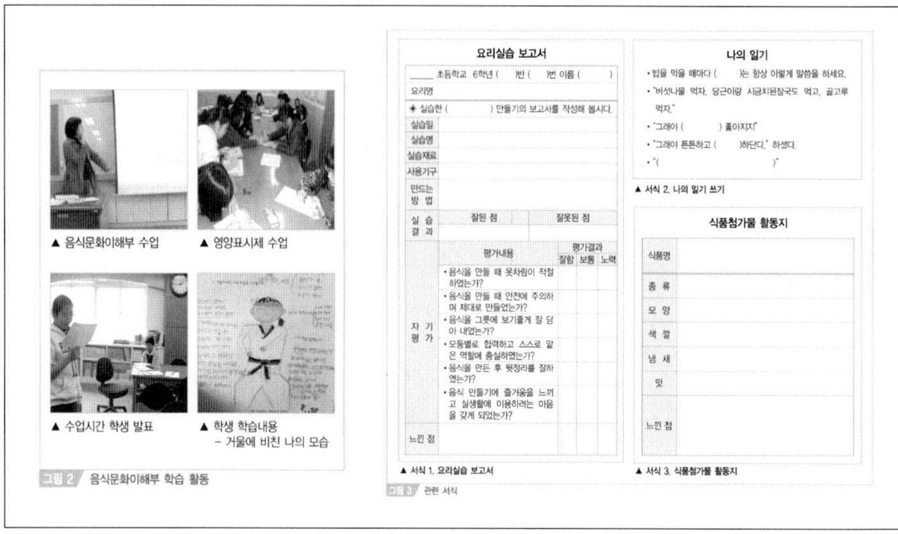

자료 : 서휘선, 국민영양 (2010. 6)

7-3 사업체에서의 영양교육

국민 개개인의 삶의 질 향상을 추구하고 있는 오늘날의 복지정책에서 가장 기본으로 확보되어야 하는 것 중 하나가 바로 건강한 일터에서의 건강한 노동이라고 할 수 있다. 그러나 사회의 변천에 따라 인구의 노령화의 영향으로 근로자 중 고령자가 증가되고 근로자의 질병 구조도 직업병 유소견자의 수의 증가 비율보다 일반 질병 유소견자의 수가 훨씬 더 많은 증가를 보이고 있다. 매년 소화기 질환, 순환기 질환, 내분비 영양질환 등의 환자 수가 증가하는 것은 식생활 등 생활습관 및 사회환경의 변화가 주원인으로 앞으로도 이러한 질병의 증가가 계속될 것으로 판단된다.

또한 건강을 기본 인권으로 보호받고자 하는 근로자의 의식 변화는 산업보건 서비스의 내용 및 제공 체제에 대한 변화를 요구하고 있어 이에 대한 사회적인 관심과 정부의 노력이 증대되고 있다. 뿐만 아니라 근로자의 건강은 기업의 생산성과 산업 재해와도 깊은 상관관계를 가지는 특성상 직업병 예방과 건강유지 증진을 위한 교육 활동이 근로자와 사업주는 물론 국민 건강 증진 측면에서도 중요하다. 이와 같은 영양교육의 목표는 다음과 같다.

표 7-11 연도별 근로자 건강진단 결과 질병 유소견자 현황(단위 : 명, %)

구분	1990	1991	1992	1993	1994	1995	1996	1997	1998
수진자 수	3,529,516	3,434,919	3,550,219	3,731,346	3,486,092	3,503,136	3,561,369	3,260,589	3,116,697
일반질병 유소견자 수	80,042	110,379	131,607	150,424	159,899	189,737	218,049	177,081	189,661
유소견율	2.27	3.21	3.71	4.03	4.59	5.42	6.12	5.43	6.02
직업병 유소견자 수	7,742	7,187	5,937	4,327	3,084	3,224	2,884	2,428	1,928
유소견율	0.22	0.21	0.16	0.12	0.08	0.09	0.08	0.07	0.06

* 자료 : 유기호 (2000)

표 7-12 최근 5년간 근로자 건강진단 일반질병 유소견 결과(단위 : 명, %)

구분	1994		1995		1996		1997		1998	
	유소견 건수	비율	유소견 건수	비율	유소견 건수	비율	유소견 건수	비율	유소견 건수	비율
계	168,046	100.0	202,569	100.0	232,026	100.0	190,614	100.0	206,724	100.0
순환기	49,886	29.7	69,940	34.5	74,329	32.0	59,167	31.0	66,820	32.3
호흡기	2,727	1.6	3,440	1.6	4,330	1.9	4,775	2.6	4,380	2.1
소화기	74,070	44.1	76,841	37.9	89,026	38.4	70,647	37.1	78,530	38.0
호흡기결핵	7,242	4.3	7,096	3.5	8,460	3.6	6,521	3.4	5,286	2.6
알레르기 내분비영양 등	15,293	9.1	22,096	10.9	27,972	12.1	24,533	12.9	26,014	12.6
혈액조혈기	8,211	4.9	10,735	5.3	10,340	4.5	8,277	4.3	10,403	5.0
신경감각기	5,850	3.5	4,968	2.5	5,282	2.3	5,371	2.8	3,675	1.8
기타 질환	4,767	2.8	7,553	3.7	12,287	5.3	11,323		11,616	5.6

* 자료 : 유기호 (2000)

1 사업체에서의 영양교육의 목표

① 규칙적인 생활습관으로 정상체중을 유지하도록 한다.
② 3끼 식사를 하되 아침식사는 꼭 하도록 한다.
③ 뇌, 심혈관 질환의 기초질환인 고혈압, 고지혈, 당뇨 등의 영양관리와 예방을 통해 질환 발생률을 감소시킨다.
④ 적절한 흡연과 알코올 섭취를 유도한다.

2 교육내용

① 개인의 건강생활에 영향을 주는 근로자의 식습관 교정 및 건강유지, 증진을 위한 균형잡힌 식생활에 관한 실천 방법
② 비만의 원인과 체중조절 방법
③ 암예방을 위한 바른 식생활
④ 뇌·심혈관질환과 같이 식이요법이 필요한 질병의 식이 지도
⑤ 알코올과 건강, 흡연과 질병의 관련성
⑥ 외식 시 선택요령 및 문제점에 대한 보완책
⑦ 전반적인 가족의 건강 유지법
⑧ 음식과 환경보건 문제
⑨ 산업질병 예방과 대책

3 교육방법

정부에서는 건강 증진을 통한 삶의 질 향상 방안의 하나로 국민건강증진법을 제정(95. 1. 5)하였다. 특히 근로자의 건강은 기업의 발전과 국가 경쟁력의 근간이 되므로 근로자를 위한 건강증진 사업은 범국가적인 차원에서 중요하게 다뤄져야 한다.

사업장에서 근로자 건강증진 운동의 대책 중의 한 분야로서의 영양지도는 각 사업장의 특성을 고려하여 실시해야 한다.

① 평상시 교육 - 급식 시간에 영양사가 식당에 직접 들어가 대화를 통해 지도를 하거나 식당 게시판을 이용하여 식단 배치와 포스터를 붙여 영양 및 계몽에 관한 정보를 제공하는 활동을 통한 지도를 할 수 있으며 사내 잡지, 방송, 인터넷 통신망으로 영양 정보를 주거나 질문 사항에 답해 준다면 더욱 관심과 흥미를 유발시킬 수 있다.
② 기회 교육 - 교육프로그램을 연구 계획하여 강연회, 연구회 그리고 전시 등을 통해 또는 사내 행사 기간을 이용하여 영양지도를 실시하고 개별적인 영양상담을 통해 식사요법이 필요한 질환을 가진 근로자와 질병 예방차원을 위해 실시하여 올바른 영양지식을 알려주거나 행동 변화의 필요성을 느끼게끔 유도한다.

4 사업체급식의 효과

① 근로자에게 정신적, 육체적, 심리적 작용을 통해 근로자의 건강을 유지, 증진시킨다.
② 직무에 대한 만족도 증가시킴으로 기업의 생산성을 높이고 더 나아가 기업의 경쟁력을 강화시킨다.

③ 산업재해 및 일반 질환 발병률을 감소시켜 의료비를 절감할 수 있다.

5 사례

노동부와 한국산업안전보건공단에서 2010.4.7 세계보건의 날을 맞아 “사업장 건강증진운동 활성화” 라는 주제로 노・사・정의 토론회를 개최 했으며, 2010년도를 “사업장 건강증진운동 활성화” 의 원년으로 설정하고 전국 사업장의 건강 문화 조성 확대를 위해 노력하고 있다.

사례 사업장 건강증진 운동 활성화 방안의 예

표 1 산업보건의 과거와 미래

구 분		과 거(산업보건)	미 래(직업건강)
목 적		직업병 예방	건강증진
위해요인(건강문제)		화학물질, 소음, 분진 등	스트레스, 뇌심혈관질환, 근골격계질환 등
주체		사업주 주도	근로자 주도 ※ 사업주 또는 정부는 자율활동 지원역할수행
Target	대상	제조업 중심	서비스업을 포함한 전 업종
	단위	사업장(업종)	근로자(직종)
핵심수단		작업환경 측정, 작업환경 개선	근로자건강진단, 상담, 처방(음식, 운동, 생활양식 변화), care
개선기간		단기개선 가능(시설 및 설비, 공정)	중 · 장기활동 필요(근로자 중심의 지속 노력)
주된 활동		임검(출장지도) 중심	근로자 내방(상담, 건강관리)
조직형태(위치)		공급자 중심	수요자 근접형

표 3 건강증진사업의 포괄적 접근방법의 예

구 분	목 표	건강증진활동	중요한 가치	예 : 흡연
의학적	• 의학적으로 정의된 질병과 불구로부터 해방	• 질병예방 혹은 질병의 호전에 대한 의학적 중재의 증진	• 예방적 의료절차에 대한 환자의 순응	• 목표 – 폐, 심장질환, 다른 흡연관리 건강장애로부터의 해방 • 활동 – 흡연 관련 건강장애의 조기발견과 치료를 하도록 격려
행동변화	• 질병으로부터의 해방을 가져오는 개인적 행동	• 보다 건강한 생활양식을 채택하도록 태도와 행동을 변화	• 건강촉진자에 의해 정의된 건강한 생활양식	• 목표 – 금연 • 활동 – 비흡연자들의 흡연 예방과 흡연자들의 금연을 위한 설득력 있는 교육
교육적	• 많은 정보에 의해 의사결정을 하고 실천에 옮길 수 있는 지식과 능력을 가진 개인	• 건강저해요소의 효과와 원인에 대한 정보, 가치와 태도 점검, 건강한 삶에 필요한 기술의 개발	• 개인의 선택 자유권 건강촉진자의 교육내용 확인에 대한 책임	• 목표 – 흡연의 건강에 미치는 영향에 대한 이해, 흡연 혹은 금연에 대한 의사결정과 행동 • 활동 – 흡연의 영향과 금연방법에 대한 정보제공 및 교육자 자신의 태도와 가치관을 확립하도록 돕고 의사결정에 이르도록 함
대상자 중심	• 대상자의 입장에서 생각하고 도움	• 대상자가 확인한 보건문제, 선택과 행동을 위해 도움, 대상자 능력의 강화	• 대상자와 동등한 위치 계획안 수립에 대한 대상자의 권리, 대상자의 자각 강화	• 목표 – 금연문제가 관심사가 되도록 함 • 활동 – 대상자가 알고 싶고 행하고자 하는 것을 확인함
사회적 변화	• 보다 건강한 생활양식을 선택할 수 있게 하는 물리적, 사회적 환경	• 물리적, 사회적 환경을 변화시키기 위한 정치적, 사회적 활동	• 건강을 증진시키는 환경을 조성해야 할 필요성과 권리	• 목표 – 흡연을 사회적으로 용인되지 않게 만들어서 흡연보다 담배를 안 피우는 것이 더 쉽게 함 • 활동 – 모든 공공장소에서의 금연정책, 담배판매의 연령제한, 금연을 사회규범이 되게 함. 담배광고와 운동경기후원에 의한 선전 제한

※ 건강증진 프로그램의 유형

- 인지 프로그램(Awareness program)
  - 성격 : 주제에 대한 관심을 고조시키는 과정
  - 방법 : 대중적 정보, 건강진단, 보건교육, 홍보(포스터, 편지, 월급봉투 등)
  - 시기 : 새로이 대두되는 보건문제(새로운 물질 사용과 건강영향, 흡연의 건강영향 등)의 홍보 및 신규 채용자 교육 시 등
- 생활양식의 변화 프로그램(Lifestyle change program)
  - 성격 : 건강증진을 위해 직접 행동변화를 가져오도록 하는 과정
  - 방법 : 고위험군이나 이와 관련된 질병군을 선정하여 행동변화 계기 제공, 효과적인 방법습득 및 자발적 변화유도(금연교실, 금주교실, 스트레스관리, 비만관리, 약물남용관리, 고혈압교실, 간장질환교실, 임산부교실 등)
  - 시기 : 문제에 대한 인식 후 구체적인 실천방안을 습득시키고자 할 때
- 지지적인 환경조성 프로그램(Supportive environment program)
  - 성격 : 긍정적 실천의지를 강화하고 건강한 생활양식을 지지하는 과정
  - 방법 : 프로그램 참가 유인동기 부여, 정부 또는 사업장의 정책 수립 등
  - 시기 : 변화된 건강생활양식의 실천을 계속하려고 하는 단계

표 4 사업장 건강증진 프로그램별 내용

프로그램	슬로건	주요활동
금연	*금연운동에 참여하기*	사업장내 금연 프로그램, 흡연구역 지정 보건교육, 사업장내 담배판매 금지
스트레스	*긍정적으로 들어주기*	노사참여형 정신건강기법, 스트레스 이완요법, 자신의 업무통제, 작업자체에 대한 가치인정, 동료작업 집단과의 친밀감
절주	*회식자리에서 술 권하지 않기*	절주 프로그램 운영, 작업장내 음주 금지, 동료들의 지지프로그램
운동	*작업전·후 스트레칭하기*	체력증진 체력단련 프로그램, 체육활동 종목별 동호회 구성
영양	*제 때에 골고루 먹기*	체중조절교실, 저지방식이, 운동

표 5 평가영역과 해당 내용

평가영역	평가내용
구 조	• 프로그램에 무엇이 포함되어 있는가? • 프로그램은 어디에서 수행하는가? • 누가 프로그램을 관리하는가?
과 정	• 얼마나 많은 사람이 참석하는가? • 참석자들은 만족하는가? • 프로그램의 어떤 면이 가장 잘 수행되었는가?
결 과	• 프로그램이 건강에 관한 지식을 향상시켰는가? • 프로그램이 행동을 변화시키는가? • 프로그램은 비용을 절감시키는가?

표 6 여러 행태의 사업장 건강증진운동 개념 비교

비 교	Health Promotion in the workplace of America	Total Health Promotion(THP) of Japan	Workplace Health Promotion(WHP) of KOSHA	Workplace Health Promotion(WHP) of EU
추진근거(총괄)	법적 근거 없음(개인회사)	노동안전위생법(중앙노동재해방지협회)	산업안전보건법(한국산업안전공단)	룩셈부르크선언. 1997. 11. 28(WHP 유럽네트워크)
역사	1970년대 중반부터	1988년	1999년 박정선 등 제안	1996년 10월 22일 WHP 유럽네트워크 첫 모임
구성요소	Health Promotion	Health Promotion. 특히 체력증진에 중점	Health Protection[1] + Health Promotion[2]	Health Protection + Health Promotion
대상건강문제	개인의 건강 관련 행위(흡연, 음주 등)	생활습관병	작업 관련 뇌·심혈관질환	모든 작업 관련 질환 및 부상
추진배경	회사 경영상 의료비 절감	노동력의 노령화 대비	작업 관련 뇌·심혈관질환으로 인한 사망재해 감소	미래를 위한 투자로써 21세기 노동계획요청에 부응하는 건강한 노동력 확보
문제점	산업보건문제 해결을 위한 조직적 접근보다는 개인의 행위변화에 중점	전문요원에 의한 일방적 서비스	기존 산업안전보건서비스와의 유리	–

[1] Health Protection : 유해물질이나 위험한 환경 또는 사고로부터 근로자를 보호하는 일련의 활동
[2] Health Promotion : 더욱 건강해질 수 있는 잠재력을 키우고자 하는 활동

자료 : 조덕연, 국민건강(2010. 5)

7-4 병원에서의 영양교육

환자의 치료효과를 높이기 위해서는 정확한 의료기술과 적절한 간호, 그리고 적정한 식사공급 등이 삼위일체가 되어 이루어져야 하는데 의사의 진단과 처치에 못지 않게 중요한 것은 식사요법이다. 현대인의 질병 양상이 대부분 식품을 잘못 섭취에서 오는 식원성 질병이기 때문에 환자의 질병과 증상에 따라 치료에 도움이 될 수 있는 적절한 영양공급 및 영양관리를 통해 질병 회복 및 합병증을 예방할 수 있다. 그래서 병원급식은 영양치료의 개념과 이를 통해 국가 및 환자 의료비의 절감 효과를 내고 잘못된 식습관을 교정하는 교육의 일환으로 운영되고 있다. 영양사는 이러한 병원급식의 목적을 이해하고 영양 충족량을 고려한 환자급식을 위한 식단 작성 및 식사 평가를 위한 검식의 실시 및 기록, 영양지도 의뢰 환자에 대한 영양상태 평가, 영양상담, 지도 실시 및 의무 기록 등 의료기관에서의 급식관리를 충실히 이행해야 한다.

1 병원급식의 특징

① 대상이 유아부터 고령자까지 폭이 넓다.

② 환자식은 환자 개개인의 질병과 건강상태에 따라 영양소의 조절이 필요하기 때문에 그 종류가 매우 다양하다.

③ 모든 환자의 식사는 의사의 처방에 따라 제공되므로 환자식 전체에 치료식이라는 개념이 포함되어 있다.

④ 환자들에게 적절한 영양교육 및 영양관리로 치료효과를 높이고 재원일수를 단축시킴으로써 궁극적으로 의료비용의 절감효과를 가져온다.

⑤ 병원에서 입원한 환자들은 감염에 대한 저항 능력이 약하여 다른 합병증이 발생할 수 있으므로 식사의 안전 및 위생관리가 철저해야 한다.

⑥ 구매, 검수, 조리, 운반, 세척의 전 과정에서 총체적인 감염관리가 필요하다.

⑦ 병원급식과 병행하여 제공되는 영양요법 지도는 질병치료에 영향을 미치는 영양관련 지식과 식행동 변화를 위한 자가관리 방법을 환자 및 보호자에게 지도함으로써 기존의 식습관을 개선하고 식사요법의 원칙을 이해시켜 장단기적으로 치료효과를 높일 수 있다.

2 병원에서의 영양교육의 목표

① 환자가 자신의 질병과 증상과 식사요법의 의의를 잘 이해하여 기존의 식습관을 개선하고 식사요법의 원칙을 잘 지키도록 한다.
② 환자가 의욕적으로 질병치료에 참여하여 빨리 회복되도록 한다.
③ 환자 가족에 대한 교육을 통해 환자의 식사요법 수행을 돕도록 한다.
④ 식사요법을 오래 지속되도록 하여 질병회복과 합병증을 예방한다.

3 영양교육의 내용

① 환자가 앓고 있는 질병 상태와 정도에 따른 신체 내 변화와 식사요법의 필요성
② 식품 선택과 식사 원리에 대한 이해
③ 환자와 그 가족에게 질병치료에 영향을 미치는 영양관련 지식과 식행동 변화를 위한 자가관리 방법
④ 기존의 식습관 분석과 개선하기 위한 방법
⑤ 환자의 자기 관리를 위한 음식의 분량 감각을 익히기 위해 목측량 지도
⑥ 외식의 요령

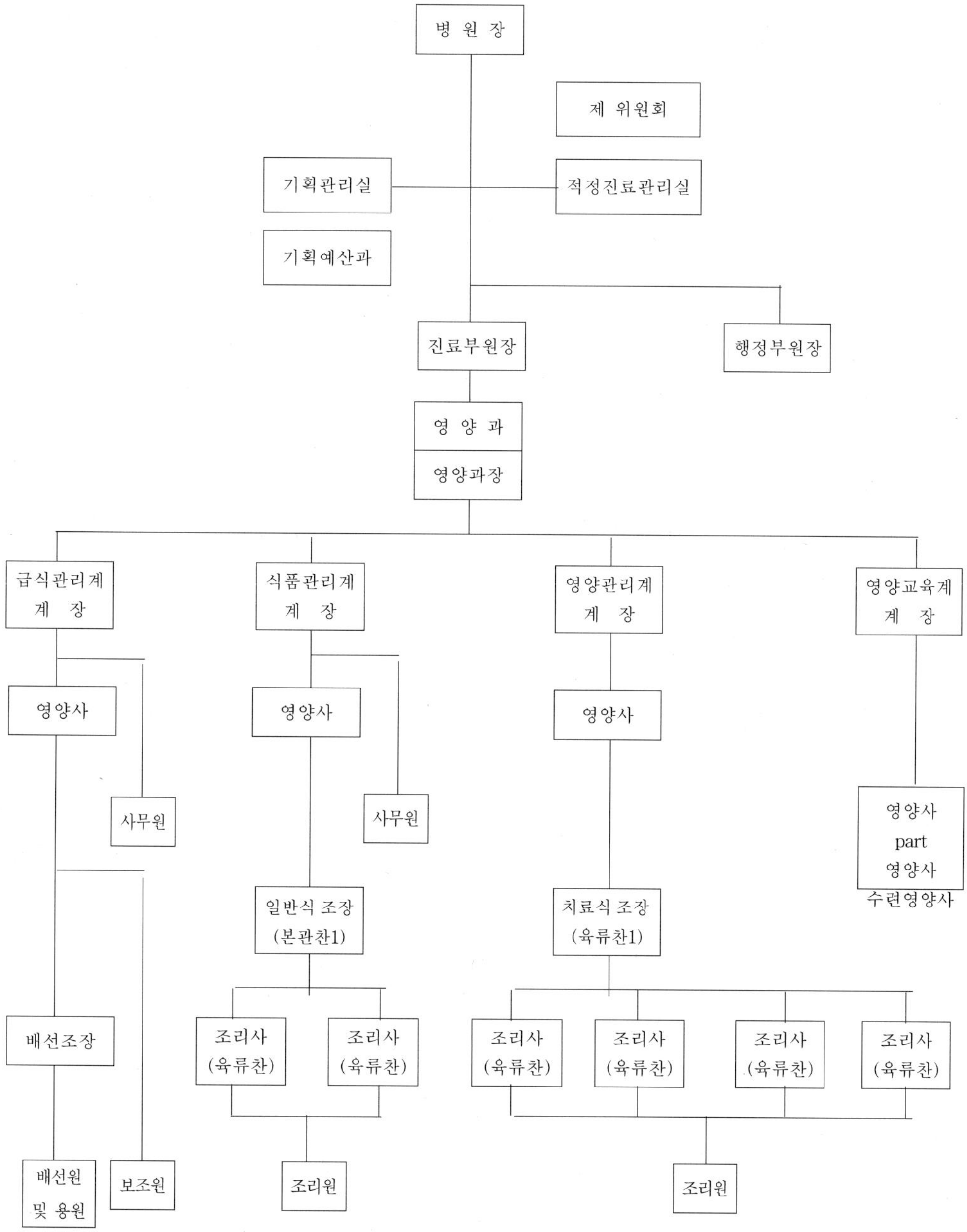

그림 7-7 병원 급식소 조직도

* 자료 : 대한 영양사회(영양사 현장실습 지침서)

표 7-13 병원의 영양관리(종합병원)

기준	활동
1. 메뉴작성 (Menu Production)	1) 환자를 위한 영양소 처방의 산정과 수행 2) 식사 처방이 변경될 때 메뉴의 변경 3) 관급식과 상업용 조합식이의 산정 4) 식사처방과 식단변경에 대한 모든 기록 보관 5) 모든 메뉴의 예측식수 계산 6) 각 환자에 대한 식단이 잘 차려졌는지를 보기 위하여 매 식사 시간전에 모든 메뉴를 확인
2. 기초관리 (Basic Care)	1) 기본적 병상 기록지 검토 a. 질병/진단 b. 나이, 성별 c. 이상 체중에 대한 신장, 체중 d. 식사처방 내용 2) 1차 환자 면담 a. 음식의 선호도 b. 식품의 수응도, 알러지 c. 섭취시 문제점 d. 최근의 체중 변화 e. 이론적 설명(처방된 식사에 대해 간단히) 3) 관리계획 a. 적절한 식사의 제공 b. 건강관리팀과 연관된 면담, chart data의 의사소통 c. 처방을 받아 환자에게 급식되는 식사와 그 밖의 다른 기본적 정보 기록
3. 영양관리 (Nutritional Care)	1) 영양분석과 관리 a. 환자의 병상 기록지 검토 ① 약물 ② 병상기록 ③ 경과기록 ④ 비정상적인 lab data b. 환자면담 ① 일상적 음식 섭취 ② 식품빈도 ③ 사회, 경제적, 가족적 지위 ④ 약, 비타민, 무기질의 섭취 ⑤ 활동수준 ⑥ 읽고 쓰는 능력 ⑦ 식사 제한에 대한 사전지식 ⑧ 식사 이론에 대한 사전지식 ⑨ 식품 구매와 준비에 대한 사전지식 ⑩ 식사에 대한 이전의 수용도 c. 관리계획 ① 영양상태에 따른 질병의 진행상황 평가 ② 제공되어지는 치료 식이, 식단 분석, 영양권장량 ③ 영양교육에 대한 계획 2) 상담과 평가

3. 영양관리 (Nutritional Care)	a. 환자상담 ① 식사원리에 대한 이해 ② 식품선택과 원리에 대한 이해 ③ 메뉴를 계획하는 능력 ④ 식품구매와 음식준비 요령 ⑤ 외식의 요령 ⑥ 식품에 대한 정보제공 3) 의무기록 a. 영양분석의 포함한 영양관리 계획 b. 영양권장 c. 제공되어지는 식사 상담과 평가 d. 환자의 질병 진행에 대한 간단한 언급
4. 심층관리 (Indepth Care)	1) 인체계측 2) 환자의 lab value의 재검토 3) 영양섭취에 대한 관찰과 권장 4) 영양상태에 대한 재분석

* 자료 : 대한 영양사회(영양사 현장실습 지침서)

표 7-14 병원급식의 분류

Part Ⅰ. 일반 환자식(General Diets)	
1. 일반식(General Diet)	
2. 연식(Soft Diet)	
3. 유동식(Liquid Diet)	1) 수술 후 유동식(Clear Liquid Diet) 2) 일반 유동식(Full Liquid Diet)
4. 산모식(Diet for Lactation)	

Part Ⅱ. 치료식(Therapeutic Diets)	
1. 열량 조절 식사 (Calorie Restricted Diets)	1) 당뇨식(dietary Management of Diabetes) 2) 체중조절식(Calorie Restricted Diet)
2. 단백질 조절 식사 (Protein Controlled Diets)	1) 신질환식(Dietary Management of Renal Disease) 가. 신부전식(Dietary Management of Renal failure) 나. 인공신장식(Dietary Management of Patients on Hemodialysis) 다. 복막투석식(Dietary Management of Patients on Peritoneal Dialysis) 라. 신증후군식(Dietary Management of Nephrotic Syndrome)

Part Ⅱ. 치료식(Therapeutic Diets)	
2. 단백질 조절 식사 (Protein Controlled Diets)	마. 단백질, 나트륨, 칼륨 조절을 위한 식품교환표 (Food Exchange List for Protein, sodium and Potassium Control) 2) 간질환식(Dietary Management of Liver Disease) 가. 간질환식 Ⅰ(25g Protein Diet) 나. 질환식 Ⅱ(35g Protein Diet) 다. 간질환식 Ⅲ(60g Protein Diet) 3) 고단백식(High Protein Diet) 4) 화상환자식(Diet for the Patient with Burns)
3. 지방 조절 식사 (Fat Controlled Diets)	1) 무지방식(Fat Free Diet) 2) 저지방식(Low Fat Diet) 3) MCT 보충식(Low Fat Diet with Medium Chain Triglyceride) 4) 저지방 고단백식(Low Fat High Protein Diet) 5) 고지혈증식(Hyperlipidemia Diet)
4. 염분 조절 식사 (Sodium Controlled Diets)	1) 무염식(Strict Sodium Restricted Diet) 2) 저염식(Moderate Sodium Restricted Diet) 3) 경저염식(Mild sodium Restricted Diet)
5. 위장관질환 식사 (Gastrointestinal Diets)	1) 궤양식(Ulcer Diet) 2) 위절제후식(Post-Gastrectomy Diet) 3) 저섬유식(Low fiber Diet) 4) 저잔사식(Low Residue Diet)
6. 기타 치료 식사	1) 경관 유동식(Formulas for Tube-Feeding) 2) 퓨린제한식(Purine Restricted Diet) 3) 구강외과식(Advanded Full Liquid Diet) 4) 알러지식(Dietary Management of Allergy) 5) Infant Formula

Part Ⅲ. 검사식(Test diet)
1. Steatorrhea Test Diet 2. Renin Test Diet 3. 5 HIAA Test Diet 4. 200mg Calcium Test Diet 5. Occult Blood Test Diet 6. VMA Test Diet

* 자료 : 대한 영양사회(영양사 현장실습 지침서)

4 교육 방법 및 기술

병원에서의 영양지도 방법과 내용 등은 질병에 따라 다르며 환자 개개인의 특성에 따라 다르다. 병원에서는 집단 영양교육도 실시하지만 주로 개인지도 형식인 영양상담을 통한 교육이 많이 이루어지는데 피상담자가 자신의 문제를 스스로 해결할 수 있도록 하며(Problem-Solving Therapy), 행동요법(Behavioral Therapy)과 합리적 감정 습득 치료 방법(Rational Emotive Therapy)을 통해 문제가 해결되도록 한다. 또한 가족이 협력하여 이러한 문제를 해결하려고(Family Therapy) 한다면 더 빠른 효과를 가져오게 될 것이다.

1) 환자에 대한 지도

(1) 입원 환자

① 병상 방문지도 - 입원기간 중에 수시로 방문하여 병세에 대한 설명과 함께 식사요법의 필요성을 이해시키고 환자와 대화를 통해 문제점을 해결해 나간다.
② 영양메모를 통한 지도 - 식단표나 공지사항 등의 한쪽에 메모란을 만들어 영양정보와 식사에 관한 간단한 해설을 제공한다.
③ 영양 상담실을 통한 지도 - 의사의 상담의뢰 요청에 의해서 뿐만 아니라 영양사가 필요하다고 인정되는 경우에 실시되는데 환자가 원할 경우 스스로 방문하도록 해 특별식에 대한 상세한 지도와 기타 환자의 개개인의 영양에 관련된 문제를 상담한다.
④ 영양교실과 같은 교육 프로그램을 만들어 특별 질환에 대한 깊이 있는 지도를 한다.

(2) 외래 환자

① 영양 상담실을 통한 지도- 주로 의사의 상담 의뢰 요청에 의해 실시되는데 환자가 원할 경우 방문을 하도록 하여 환자의 질병상태에 따른 지도를 한다.
② 영양교육 프로그램을 통한 지도
③ 도판 등 교육 매체를 이용한 지도-외래 환자 대합실이나 병원 식당, 게시판을 이용한다.
④ 통신을 이용한 지도 - 장기 치료를 필요로 하는 퇴원 환자들에게 사후 치료를 위해 우편, 전화, 인터넷 홈페이지를 이용하여 계속된 정보를 주고 받는 등의 영양상담을 한다.

2) 환자 가족에 대한 지도

환자 가족에 대한 상담을 통해 식사요법의 필요성을 이해시키고 식품의 특성, 조리 방법 등에 대한 지도를 함으로써 치료에 있어서 가족의 협조의 중요성을 인식시키고 영양교육 프로그램에도 환자와 함께 참가하도록 한다.

〈살빼기 전략 - 행동요법〉
욕심 부리지 말고 천천히 자기의 행동을 바꾸어 나가야 한다.
(음식 섭취의 감소/ 활동의 증가)
뚱보 습관 ----------------〉 홀쭉이 습관

▶ 뚱보 습관
밥 빨리 먹기 선수다.
먹을 것을 남기지 않아야 칭찬 받는다.
먹으면서 공부해야 공부가 잘된다.
심심하면 먹는다.
길에 다니면서 자주 먹는다.
군것질을 해야만 배가 고프지 않다.
배가 고프지 않아도 먹을 것이 있으면 먹는다.
맛있는 음식이 있으면 많이 먹는다(폭식).
움직이기 싫어한다.

▶ 홀쭉이 습관
배가 고플 때만 먹는다.
배가 부르면 음식이 남아도 그만 먹는다(미리 먹을 만큼만 덜어서 먹는다).
밥은 천천히 먹는다(식사 시간은 20분 이상).
식후에는 간식을 하지 않는다.
간식은 과자나 사탕대신 과일로 먹는다.
TV를 보면서 먹지 않는다.
식사는 항상 규칙적으로 한다(끼니를 거르지 않는다).
음식은 보이지 않는 곳에 보관한다.
스트레스를 운동으로 푼다.

5 병원에서의 영양교육의 효과

① 환자가 질병과 자신의 증상에 대해 잘 이해하고 식사요법의 의의를 충분히 인식해서 의욕적으로 실천하고 행동으로 옮김으로써 치료 효과를 높이고 합병증을 예방한다.

② 퇴원 후에도 자가관리를 통해 질병 회복을 빠르게 한다.

③ 식습관 개선으로 건강이 증진된다.

④ 환자가 영양지도를 통해 치료생활을 새로운 자세를 가지고 안정되고 희망차게 유지해 나간다.
⑤ 질병 치료 기간이 단축되어 환자 고통을 줄여주며 의료서비스 향상의 효과를 통해 병원의 이미지 향상과 신뢰성 확보로 수익이 증가하게 된다.

7-5 지역사회에서의 영양교육

1 지역사회에서의 영양교육의 필요성

20세기 중반까지는 전염병이 주요 사망원인이었으며 영양불량이 매우 심각하였으나 의학의 발달과 생활수준 향상으로 인해 이러한 현상은 점차 사라져가고 평균수명 연장과 더불어 만성퇴행성 질환이 증가하게 되었다. 만성퇴행성 질환은 유전적 요인과 환경적 요인에 의해서 발병되는데, 환경적 요인 중에서 특히 식생활과 밀접한 관계가 있다. 미국 상원의 영양문제 보고서에 의하면 식생활 개선만으로 의료비의 1/3을 줄일 수 있다고 하였으며 오늘날과 같은 이러한 만성질환의 예방과 치료는 올바른 식생활을 유지해 나감으로써 가능해 질 수 있다 하겠다. 그리고 지역사회 주민의 건강 유지와 건강을 증진시키는 것은 복지 사회의 가장 중요한 목표이고 이는 영양상태를 개선함으로써 달성할 수 있다. 이제 개인의 영양문제도 개인만의 문제가 아니고 사회 전체의 문제라는 인식이 보편화되어 이를 해결하기 위한 영양사업이야 말로 비용 측면에서 경제적인 효용성이 높아 지역사회 주민의 영양상태 개선을 통해 국가적인 차원에서 의료비를 크게 절감시키고 삶의 질을 향상시켜 나갈 수 있게 된다.

2 보건소의 역할 변화

1995년 9월부터 시행되는 건강 증진법의 주요 골격은 건강 증진 계획의 수립, 금연 및 절주 운동, 금연을 위한 조치, 건강 실천 협의회, 보건교육의 실시, 영양 개선, 구강 보건 사업, 건강증진 사업, 국민건강증진 기금, 기금의 사용 등으로 구성되어 있어 지역사회 영양서비스의 제공이 법적으로 명시되어 있고 국민 소득수준의 향상, 질병 및 인구 구조의 변화 등에 따라 그 동안 전염병 관리와 가족계획 사업 위주로 운영되어 온 보건소를 지역 주민의 중추적 건강관리 기관으로 육성하기 위해 1995년 12월 29일 보건소법을 지역 보건소법으로 전면 개정하였다.

지역보건 사업의 일선기관인 보건소는 지역사회 주민의 영양개선 사업의 주체로서 역할이 부각되면서 영양지도의 계획, 영양교육자료 개발, 홍보 및 영양교육을 실시하여 영양개선을 도모하고 실시 후 지역주민의 영양상태를 평가하여 정책에 반영되게 한다.

(지역 보건법상 보건소의 업무)

① 국민건강증진, 보건교육, 구강건강 및 영양개선 사업
② 전염병 예방관리 및 진료
③ 모자보건 및 가족계획 사업
④ 노인 보건 사업
⑤ 공중위생 및 식품위생
⑥ 의료인 및 의료기관에 대한 지도 등에 관한 사항
⑦ 의료기사, 의무기록사 및 안경사에 대한 공중보건의사, 보건진료원 및 보건진료소에 대한 지도 등에 관한 사항
⑧ 응급의료에 관한 사항
⑨ 농어촌 등 보건의료를 의한 특별조치법에 의한 공중보건의사, 보건진료원 및 보건진료소에 대한 지도 등에 관한 사항
⑩ 약사에 관한 사항과 마약, 향정신성 의약품의 관리에 관한 사항
⑪ 정신보건에 관한 사항
⑫ 가정, 사회복지 시설 등을 방문하여 행하는 보건의료 사업
⑬ 지역주민에 대한 진료, 건강진단 및 만성퇴행성질환 등의 질병에 관한 사항
⑭ 보건에 관한 실험 또는 검사에 관한 사항
⑮ 장애인의 재활 사업, 기타 보건 복지부령이 정하는 사회복지 사업
⑯ 기타 지역주민의 보건 의료의 향상, 증진 및 이를 위한 연구 등에 관한 사업

3 지역보건 영양사업 현황

대한영양사회와 한국영양학회에서는 영양관련 전문인인 영양사가 배치되지 못하였기 때문에 보건소의 영양개선 사업이 실시되지 못한 이유 중 하나로 판단되어 1987년 이래로 보건소의 영양 전문인 배치를 위하여 여러 학술대회를 통해 보건소 영양사업의 필요성과 당위성, 보건소 영양사업의 내용 등에 대해서 많은 연구를 하였고 정부에 건의서도 제출하였다.

이에 정부에서도 생활양식의 변화로 인해 비만이나 만성퇴행성질환 등의 식이성

질환이 점차 증가되고 있는 등 질병의 사망 양상의 변화에 대응하기 위해서 새로운 보건정책의 방향을 수립하여 제7차 경제사회발전 5개년과 신경제 5개년 계획에서 다음을 제시하였는데,

첫째, 정책과 사업의 목적을 의료이용 수준 향상에서 건강 수준 향상으로

둘째, 정책과 사업의 주 대상을 전염병 예방에서 건강한 생활습관 형성을 통한 만성퇴행성질환과 각종 사고의 예방으로

셋째, 정책과 사업의 방법론을 질병진료 체계에서 건강증진 체계로

이와 같이 보건정책의 방향이 질병의 치료에서 질병예방과 건강증진으로 변화했으며 이를 적극 추진할 수 있는 법적 장치인 국민건강증진법을 만들어 1995년 9월부터 시행하도록 하고 건강증진의 주요 대상 영역으로는 흡연 인구의 감소, 균형잡힌 영양소의 섭취, 음주 인구의 감소, 가족계획, 보건계획, 구강보건 등의 내용을 포함시켰다.

1994년에 이처럼 변화하는 보건정책에 따른 기본 추진계획은

1단계 : (1994년 하반기) 영양 사업기반 조성

2단계 : (1995~1996) 시범 영양 사업 실시 및 영양 사업 전국 확대

3단계 : (1997) 전국 보건소 영양사 배치

하는 것으로 되어 있다.

처음 영양 사업의 수행을 위한 기반 사업으로 자원봉사 차원에서 대한영양사회의 협조를 얻어 전문적인 영양사를 배치하여 시범적으로 영양 사업을 실시하였으며 그 후 1995년 시도별로 영양사를 일용직으로 채용하였으나 그 수가 미미한 정도이며 신분 보장이 안 되고 있는 실정이다. 또한 1997년 2월 14일 지역보건법 시행규칙이 공포됨에 따라 전국 모든 보건소 및 보건지소와 관련 보건기관에 의무적으로 영양사가 배치되어 영양 사업의 주도적인 역할을 담당할 수 있게 되었지만 실제 적용도 1998년 12월까지 유예하고 있어 불확실한 상태에 놓여 있는 형편이다. 그리고 농촌 부녀자들을 위한 생활개선 활동 중 식생활개선 부분의 중요성이 커감에 따라 농촌지도소 등에 영양사가 생활지도사로 배치되어 활동이 증가될 전망이다.

또한 앞으로 보건소에서 실시할 영양 사업의 내용으로는 크게 모자보건, 건강영양관리, 저소득층 관리, 만성퇴행성질환관리, 노인 건강관리, 집단급식 및 식품위생, 영양감시 관리 그리고 타직종과 연계하여 영양 사업을 무리없이 행하도록 하는 것이다.

(보건소에서의 영양사의 업무)

① 영양지도의 기획·분석·평가 및 영양상담

② 지역주민의 영양지도 및 상담

③ 영양조사 및 지역주민의 영양평가 실시

④ 영양교육자료의 개발・홍보 및 영양교육
⑤ 집단급식시설에 대한 현황파악 및 급식 업무지도
⑥ 지역주민의 영양조사 결과 자료 활용
⑦ 기타 영양과 식생활개선에 관한 사항

(보건영양 사업의 문제점)

① 시범 영양 사업 실시 후 주민의 영양 사업 요구가 증가하고 있으며 호응도도 높은 것으로 나타나고 있으며 보건소장들은 보건소에 영양사 배치가 필요하고 영양 사업이 확대되어야 한다는 시각을 가지고 있는 것으로 나타났으나, 시범 보건소의 영양사는 일용직이고 대부분의 일반 보건소에는 영양인력이 없는 등 보건소에 전문 영양 인력의 채용이 이루어지지 않아 영양 사업을 책임있게 끌어 나아갈 사업의 주체가 부족하다.
② 보건복지부와 시・도 및 일선 보건소에 영양 사업을 주도할 책임있는 조직이 없으며 시범 영양 사업에 대해서도 중앙의 지원은 예산에서나 정책지원에서 매우 미흡하다.
③ 지방자치단체장이나 중앙의 정책 입안자들의 영양 사업에 대한 인식이 아직까지 매우 부족하여 영양 사업이 정책적으로 지원되지 못하고 있다.
④ 보건소 내 타 부서, 특히 간호사직과의 갈등이 있다.
⑤ 영양사 자질 부족으로 영양사업을 계획 추진, 평가가 힘들어 전문성을 가진 보건영양사를 양성하는 교육과정이 필요하다.
⑥ 교육자료 및 정보가 부족하다.
⑦ 보건소 영양 사업의 필요성에 대한 국민의 인식이 부족하다.

(보건영양 사업의 방향)

① 건강증진 사업과 연계한 영양 사업의 전개
② 지역 특성에 맞는 소비자 위주의 사업 전개
③ 실험과 시도 과정을 거친 시범사업을 통하여 다른 지역으로 확산
④ 적극적인 재원 확보를 위한 노력
⑤ 보건영양사 양성 위한 교육과정 개발
⑥ 영양 사업지침서 및 교육자료의 개발
⑦ 영양 사업의 평가방법 개발
⑧ 집단급식시설에 대한 현황 파악 및 급식업무 지도

⑨ 영양 취약 집단의 발견 및 사회복지단체와의 협조체계 구축
⑩ 주민 중심의 지역조직 육성
⑪ 보건소 영양 사업에 관한 홍보

4 영양교육의 목표

① 건강한 지역사회 주민들을 대상으로 한 정기적인 식생활 교실을 운영하여 건강한 식생활을 하도록 한다.
② 임산부 및 수유부들을 대상으로 모자건강 교실을 운영하여 임신과 출산 및 육아에 관한 영양 지식을 습득시키고 영양관리를 함으로써 모자보건을 향상시킨다.
③ 영양상 위험 집단인 저소득층에 대한 식생활 지도를 통해 영양상태를 증진시킨다.
④ 관내 만성퇴행성질환자들을 위한 질환별 교육프로그램을 개발하고 식이지도를 실시하여 환자 비율을 감소시킨다.
⑤ 노인들을 대상으로 노인성 질환에 대한 이해와 영양관리 위한 영양 교실을 운영한다.
⑥ 사회복지시설에 식단을 작성하여 배부하고 관리자 및 시설 관계자에게 아동 영양관리 차원의 교육을 실시한다.
⑦ 관내 집단급식시설에 대한 급식 지도
⑧ 지역사회의 매스컴을 이용하거나 지역주민을 위한 행사시 영양교육을 실시한다.
⑨ 대상에 알맞는 교육매체를 개발하고 제작한다.

5 교육방법과 내용

지역주민을 대상으로 한 영양교육의 방법은 생활주기에 따라 다음과 같이 분류하여 설명하고자 한다.

1) 모자건강관리 지도

관내 임산부 및 수유부들을 대상으로 개인상담과 건강 교실과 같이 정기적으로 임신, 출산, 육아관리에 대한 영양관련 모자건강 교실을 운영한다.

임신과 출산으로 인한 신체변화, 영양필요량 변화에 따른 영양관리, 모유수유의 중요성과 우수성, 태아건강에 영향을 미치는 기호식품, 음주, 흡연, 약물에 관한 내용, 이유식 등

2) 어린이 영양관리 지도

① 부모상담 : 부모 상담을 통해 영유아의 월령별 식단 배부와 이유기 영양관리 및 저체중아, 편식아와 비만아 등에 대한 상담 및 관리
- 어린이 영양관리의 중요성, 편식 교정방법, 구강관리, 연령에 따른 영양필요량, 표준 체중과 신장

② 어린이 복지시설기관 급식 및 영양관리 : 시설관계자들에게 성장기 어린이들의 연령별 영양관리에 필요한 균형식단 제공과 영양관리의 중요성에 대하여 교육을 실시한다.

③ 어린이 영양 캠프: 저체중아, 편식아, 비만아 등 건강에 문제점을 가지고 있는 어린이들을 대상으로 숙식을 하면서 식사, 운동, 게임, 역할극을 통해 그 동안 자신의 문제점을 스스로 파악하고 개선의 의지를 갖게 함으로써 식습관 교정과 식사량 조절을 하게 한다.
- 체중변화 프로그램 작성, 모범사례 발표

3) 성인들의 영양관리 지도

① 방문자 및 진료실 이용자에 대한 개인 상담 - 각 대상에 따른 영양필요량, 식품과 영양의 관계, 가정에 건강식단 제공, 평소 식습관 조사, 질환별 발병원인, 예방법과 식사요법에 대해 상담한다.

② 질환별 영양 교실 운영 - 만성퇴행성질환의 관리방법으로 약물요법과 식사요법에 대해 정기적으로 교육 실시(영양사, 의사, 간호사 등 관련자들도 참여하도록 함), 각 대상의 영양 필요량 계산, 식품교환표 이용방법, 비만예방 위한 체중관리 실천방법 등을 교육한다.

③ 대민 행사 - 영양 관련 포스터, 비디오, 인터넷망, 강의, 식단 전시회 등을 통한 지역주민 위한 영양교육을 실시한다.

4) 노인 영양관리 지도

① 방문자와 복지시설의 노인들을 대상으로 영양관리 지도 - 노인 교실 운영 또는 개인상담을 통해 노인의 생리적 변화, 노화와 그 예방법 및 식사요법, 노인성질환과 식사요법, 구강질환과 관리방법, 노인에게 적합한 식사에 대해서 영양교육을 한다.

② 가정방문 보건사업에 동참한 영양관리 지도 - 거동 불편한 환자들을 방문하여 식사관리를 돕는다.

6 영양교육의 효과

① 지역주민에게 정기적인 영양상담 및 영양교육을 통해 올바른 식생활 형성과 합리적인 식품 소비를 유도해 질병예방 및 주민 건강증진에 이바지한다.
② 비만으로 인한 성인병 및 각종 질환을 사전에 예방하고 정상체중을 유지함으로써 건강한 삶을 도모할 수 있다.
③ 영양 취약집단, 즉 영유아・임산부・수유부・청소년・노인들의 영양관리를 통해 신체적, 정신적으로 안정감과 건강한 생활을 영위할 수 있다.
④ 만성퇴행성질환자의 식사요법 지도로 치료효율을 증대하고 재발병률을 감소시킨다.
⑤ 건강한 식생활의 정보를 전달함으로써 식생활의 불균형을 교정할 수 있고 지역주민의 영양에 대한 인식을 높이며 건강을 증진시킨다.

7 사례

다음은 경상북도 칠곡군 보건소의 영양교육 사례와 비만관리 영양교육 프로그램 실행 내용이다.

〈대상별 서비스 내용〉
♠ 모자보건을 위한 영양관리 지도
대상 : 보건소 등록된 임산부(수유부)・영유아, 내소 주민
내용 : 보건소 건강증진실을 이용하여 수시 영양상담 및 교육
♠ 만성퇴행성질환자의 영양지도, 교육
대상 : 등록된 고혈압, 당뇨병환자 및 보호자
내용 : 보건소 건강교실(고혈압, 당뇨병-월 2회) 운영 및 보건소 내소 진료 시 수시 영양상담 및 교육
♠ 노인 영양 지도
대상 : 65세 이상 관내 독거노인 및 의료보호대상자
내용 : - 방문보건사업과 연계하여 대상자 가정방문 수시 영양지도
- 경로당 순회 진료 및 보건 교육시 병행 실시
〈캠페인 전개〉
♠ 일시 : 4월~8월중
♠ 내용 : 보건의 날, 모유 수유의 날 등 각종 행사 때 병행 실시
〈상설 영양상담소 운영 - 건강 증진실 이용〉
〈학생 영양 교육〉
대상 : 관내 초・중・고등학생(27,470명)
방법 : 학교 양호교사와 비만아를 조사・등록하여 합동 관리한다.

표 7-15 비만관리 영양교육 프로그램 실행내용

	교육내용	학습목표	시간	평 가	교육자
1주	ㅇ프로그램의 목적, 기간, 내용을 설명 ㅇ자기소개 및 서약서 작성 ㅇ식사일기, 생활일기 기록법 설명 ㅇ비만도표 작성법 설명 ㅇ장단기 목표 스스로 세우도록 함.	식사일기와 활동일기를 기록하게 함으로써 자신의 식습관과 운동습관을 평가하여 자기관찰을 가능하게 함.	90분	(아동평가) · 키 · 체중 · 비만도 측정 · 식생활 태도 및 식습관조사(사전조사)	영양사 연구자 양호 교사
2주	ㅇ7일간의 식사일기와 생활일기 분석하고 자신의 문제점을 같이 찾고 비만이 된 이유에 대해 발표하게 한다. ㅇ생활양식기법 점검표 작성법 설명 ㅇ생활일기대신 운동일기 작성하게 함 ㅇ일상생활에서 활동량 증가시키는 법에 대해 토론	1주일간의 식사일기와 생활일기를 분석하여 자신의 문제점을 생활양식의 변화, 문제점발견, 자극을 통제하고자 한다.	90분	(아동평가) · 키 · 체중 · 비만도 측정 · 식사일기와 생활 일기	〃
3주	ㅇ영양교육 I : · 체중조절을 위한 식이요법 · 식생활 지침 · 주의해야 할 음식과 권장식품 · 인스턴트식품의 단점 · 바꿔먹기와 교환단위 ㅇ운동교육 I : · 운동의 필요성과 장점 · 운동할 때의 기본원칙 및 주의사항 · 일상생활양식 운동 · 만보기 착용	체중조절에 대한 기본적인 식이요법과 운동요법에 대한지식을 습득시켜 스스로 관리하게 한다.	90분	(아동평가) · 키 · 체중 · 비만도 측정 · 식사일기와 행동 일기 · 일상생활양식 점검표	영양사 연구자 양호교사
4주	ㅇ부모 교육 : · 비만증의 정의, 원인 ㅇ치료 방법 : -행동수정요법 : 행동수정을 위한 부모의 역할 -식이요법 : 아동의 교육내용과 저칼로리 요리법과 식단 -운동요법 : 아동의 교육내용과 가족 모두가 함께 할 수 있는 운동 · 토의-자녀의 비만관리상 어려운 점과 문의사항에 대해 서로 의견을 교환하고 질의 응답함	자녀의 체중관리에 부모의 협력이 중요하므로 자녀의 변화를 도울 수 있는 기초지식을 습득하게 한다	90분	설문지 조사	영양사 연구자

	교육내용	학습목표	시간	평 가	교육자
5주	○중간점검 · 교육받은 식이요법, 운동요법 행동수정 등에 대한 퀴즈 후 상품이나 스티커를 주고 강화한다. 각 아동의 취약점을 찾아서 보완한다 · 1개월간의 일기를 점검하고 매주 스티커를 모아 상품을 주고 칭찬과 박수를 보낸다 · 1개월간의 체중감량 정도를 점검하고 잘된 아동에게 칭찬과 상품을 준다 실천한 행동과 실천하지 못한 행동, 그 이유를 발표하게 한다 · 실천할 수 있도록 다시 계획을 세우게 한다	교육받은 식이, 운동 행동수정 등에 대한 퀴즈를 실시하고 1개월간의 비만도 변화를 살펴보고 칭찬과 상을 줌으로써 중간점검 및 강화하는 시간을 통해 실천의지를 확고히 한다	90분	· 퀴즈 · 키 · 체중 측정 · 비만도 계산 통해 1개월간의 감량 정도로 평가	영양사 연구자 양호교사
6주	○영양교육Ⅱ: 하루 필요량, 신호등식이요법에 대한 교육을 실시하고 어제 자신의 식사일기를 보면서 식품마다 초록색, 노란색, 빨간색의 스티커를 붙여보고 빨간색식품을 몇 회 먹었는지 세어본다 ○운동교육Ⅱ: · 100kcal를 소모하는 운동의 종류와 시간제시하고 300kcal 소모위한 자신에 맞는 운동을 선택하게 함 · 식행동 목표와 운동 목표세우기 : 빨간 식품의 횟수를 줄여나가고 자신이 할 수 있는 운동을 설정하여 실천하도록 함	실천에 관한 내용의 영양교육과 운동교육을 실시함으로써 행동변화와 적극적으로 체중감량을 할 수 있도록 한다	90분	· 키 · 체중 측정 · 비만도 계산	영양사 연구자 양호교사
7주	○개별상담, 부모상담 ① 개인별상담 ; 일기작성 정도와 점검과 지도, 식사의 균형, 간식이용실태 변화된 행동과 바꾸지 못한 행동에 대해 점검 ② 부모상담; 부모 교실에서 배운 내용 실천정도, 아동의 생활태도 변화 정도, 아동의 행동변화를 위해 어떤 역할을 하고 있는지, 어려운 점에 대한 전화 상담실시 자녀의 비만도 변화를 알려주고 부모 역할에 대한 강조와 아동의 긍정적 행동을 강화할 수 있는 방법에 대해 보다 구체적으로 논의한다	자녀와 부모와의 면담 통해 행동수정을 강화하려고 한다	각 30분씩	· 키 · 체중측정 · 비만도 계산 · 식사일기 · 운동일기 점검 · 자녀와 부모의 면담결과 통해 변화정도 평가	영양사 연구자 양호교사

	교육내용	학습목표	시간	평 가	교육자
8주	ㅇ마지막 점검단계(종결단계) · 목표도달 확인 -목표도달학생에게 상을 줌. 또한 1개월 간격으로 계속 추후 관리하여 감소된 체중을 계속 유지되도록 한다 (최소 6개월 이상) -목표도달하지 못한 학생 문제점확인하고 목표도달 할 때까지 개별면담 실시 -비만 교실 프로그램 평가 과정(자녀 부모)	목표도달 확인과 사후 계속된 지도를 하여 감소된 체중을 유지하게하고 목표 달성 못한 아동의 경우 더 감소될 수 있도록 지도하고 프로그램실시에 대한 평가과정을 참여한 아동과 부모에게 실시하여 앞으로 수정 보완할 수 있게 한다	60분	· 키 · 체중 측정 · 비만도계산 · 프로그램에 대한 평가 (아동, 부모) 설문지 조사 통해 실시 · 식생활 태도와 식습관조사 사후 조사	영양사 연구자 양호교사

♣ 참고문헌 ♣

1. 김경원. 효과적인 영양교육. 국민영양, 2000. 10 p22
2. 김선희. 비만예방프로그램의 개발과 평가에 관한 연구. 이화여자대학교 석사학위 논문, 1991
3. 김선희, 김숙희. 학령기 아동의 영양실태와 신체발달 및 행동에 관한 조사 연구, 한국영양학회지, Vol. 16(4), 1983
4. 김영미. 새천년, 학교 영양사의 새로운 도약을 기대하며. 국민영양, 99. 11 p10
5. 대한영양사회. 영양사현장실습지침서, 1999
6. 대한영양사회. 직장인 건강증진 영양교육행사. 국민영양, 99. 7.8 p50
7. 박영숙, 이정원, 서정숙, 이보경, 이혜상. 영양교육과 상담. 교문사, 2000
8. 유기호. 2000년 근로자 건강증진운동정책 및 영양사의 역할. 국민영양, 00.7.8 p21
9. 서휘선, 식생활지도 선도학교 영양교육 사례, 국민영양, 2010. 6, p30
10. 이영미. 영양개선을 위한 급식관리 및 교육활동의 개발방향. 국민영양, 99. 10 p20
11. 이영희. 영양교육 실시를 위한 초등교과과정 편성 방안. 국민영양, 2000. 10 p16
12. 조덕연. 건강문화 확산을 통한 사업장 건강증진운동 활성화 방안, 국민영양 2010. 5 p16
13. 학교체육보건급식과. 교육인적자원부
14. 한국영양학회편. 한국영양자료집. 신광출판사, 1989, P273
15. 한양일, 이강자, 이영남, 정은자, 박난숙, 허채옥. 영양교육. 수학사, 1995
16 宮武千津子. 연간 지도계획에 따른 영양교육. 국민영양, 97.10 p27
17. Brozek, J : Nutrition, malnutrition, and behavior, Annu Rev.Psychol. 1978, pp29-157
18. Grares,P.L: Cross-Cultural Comparisons of mothers and their undernorished infants in Asia in J.Brozek ,eds,Behavioral effects energy and protein deficits, NIH pub,No.79-1906,1976, p100,108
19. Mary kimbrough : How to enhance a hospital foodservice: Giving patients the gourmet treatment, J Am Diet Assoc, September.1999
20. Mora, J.O., M. Guillermo, S. G. Sellers & N. oritz: nutrtion, social environment, and cognitive performance of disadvantaged Colombian

children at three years, in A.E.Harper & G.K, Da-vis eds, Nutrition in Health and disease and international development, Alan R.Liss,inc.1981, pp403-420

21. Ricciuti, H.N : Adverse environmental and nutritional influences on mental development, J.Am.Diet Assoc. 1981, pp79-115
22. http://www.dole5aday.com
23. http://www.icda.or.kr/foods/food-m05.html
24. http://kda.new21.org
25. http;//hyfood.com
26. http://www.rational.org.nz
27. http://doctorkorea.com/clinic_04/clinic04_004.htm
28. http://www.dietitian.or.kr/data/NurEdu/view.asp?boardcode=65&listUrl=/data/NurEdu/index.asp&where=&keyword=&page=3&idx=49030

제8장 생활주기별 영양교육

한 생명체가 태어나서 일생을 다할 때까지의 과정을 생활주기라고 하며 임신기, 산욕기, 분만, 수유기, 영아기, 유아기, 학동기, 청소년기, 성년기, 노년기로 각 단계로 크게 나눌 수 있다. 인간은 이러한 단계를 거치면서 성장 발달되어 가는데 이때 건강을 유지하고 향상되기 위해서는 각 성장 단계, 즉 태아에서부터 노인에 이르는 과정까지 각 단계에서의 영양관리가 필요하다. 수유부 및 영아기 영양에서는 모유영양이 모체 건강과 영양상태, 영아의 성장발달에 미치는 두뇌 발달에 미치는 영향 등이 중점적으로 논의될 것이며 유아기, 학동기에서는 영양이 성장과 두뇌발달에 미치는 영향과 이 시기는 식습관이 형성되는 시기이므로 올바른 식습관 형성에 관여하는 여러 가지 요인들에 대해 다루게 된다. 20세기 들어서면서 노인들의 인구비율이 급격히 증가하게 되면서 노인건강에 대한 관심 또한 증가되었다. 노인기 영양에서는 노인기에 일어나는 생리적 변화와 그에 따른 영양섭취, 노인 질병과 영양과의 관계 등이 다루어지게 된다. 그리하여 생애 각 주기마다의 생리적 특성을 이해하고 그에 맞는 영양소를 섭취하여 건강한 생활을 영위할 수 있는 능력을 기른다.

8장에서 생애주기별로 다루어야 하는 내용 중 7장의 대상별 영양교육에서 이미 소개한 부분이 있기에 중복된 부분은 생략하였다. 그래서 임신기, 수유기, 성인기, 노년기를 대상으로 실제 영양교육에서 활용할 수 있는 내용을 소개하였다.

8-1 임신부의 영양교육

1 임신기 영양교육의 필요성

임신기의 영양은 건강한 모체로부터 건강한 아이가 태어난다는 당연한 사실을 전제로 모체의 건강뿐 아니라 태아의 정상적인 발달을 위해서도 매우 중요하다. 임신을 하게 되면 임신부의 건강유지와 태아의 정상발육을 위하여 각 영양소의 필요량이 증가하고, 출산 후 산후 회복과 수유 및 신생아의 성장을 위하여 충분한 영양이 필요하므로 올바른 영양섭취가 무엇보다 중요하다. 그러나 지나친 당분섭취, 운동부족, 영양소 섭취불량은 빈혈, 변비, 임신중독증, 당뇨병과 같은 병을 일으킬 수 있으므로 주의해야 한다. 그 어느 시기보다도 영양이 중요한 의미를 갖는 임신기에 영양 섭취량이 제한되거나 적절히 공급되지 않으면 태아와 태반의 성장, 모체의 영양소 저장고 유지, 모체의 성장과 기능이 제대로 이루어지지 않게 되며 임신이 계속 진행될 수 없다. 또한 정상적인 분만과 산후의 회복, 출산된 영아의 정상적인 발육에도 직접적인 영향을 주게 된다. 임신 중에는 신체뿐 아니라 심리적 변화가 일어나 첫 임신의 경우 임신부는 특히 불안해 하기 때문에 자신의 신체 변화와 태어나지 않는 아기에 대한 정보를 주는 것이 중요하고 이 시기에 태아의 건강에서부터 임신 후 체중의 증가, 산모와 태아를 위한 영양공급 등의 지도를 통해 태아와 모성의 건강을 지키도록 해야 한다.

2 지도방법

① 지역 보건 사업의 하나로 모자보건 교육 차원에서 임산부를 대상으로 영양교실과 상담실 운영
② 일반 진료기관에서의 영양 교실 운영과 개인 상담을 통한 임신과 관련된 영양지도
③ 인터넷과 같은 통신을 이용하여 정보 제공과 상담을 통한 지도
④ 신문, 방송과 같은 대중매체를 이용한 영양지도

3 지도방향

① 임신 중 신체와 심리적 변화 그리고 임신에 따른 증세의 이해 증진
- 구역질, 구토, 질 분비물 증가, 피로, 빈뇨, 정맥류, 어지러움, 현기증
② 임신 중의 일반적인 식사지침과 권장되는 식품을 앎으로써 자가 건강관리
③ 임신 중 주의사항 및 건강상 위해 요인에 대한 교육

④ 모자 영양 측면에서의 중요성 인식 증진
⑤ 임신기 영양 요구량 충족을 위한 균형식 섭취와 적당한 체중증가에 맞는 활동
⑥ 임신부 자신과 아이들을 위한 자가 관리 능력과 적합한 건강관리 지식 습득
⑦ 태아기와 출생 후 정기적인 정보 제공 및 상담과 도움 제공

4 지도 내용

1) 임신 중 모체의 생리적 변화

(1) 자궁의 변화

임신 전의 자궁은 보통 계란 크기 정도이나 임신이 되면 자궁 근육이 비대해지고 임신 내용물 등에 의해 늘어나 임신 12주 정도면 하복부에서 만져지고 만삭이 되면 거의 명치끝까지 올라온다. 자궁의 변화와 동시에 난소, 나팔관 등에도 변화가 오게 되며 질과 회음부에도 혈관 발달이 촉진되어 충혈 등의 소견을 보이고 질벽도 두꺼워지며 촉진 등에 민감해진다.

(2) 피부의 변화

붉은빛의 약간 함몰된 임신선이 전체 임신부의 약 절반 정도에서 복부에 나타나며 출산 후에는 점차 은백색으로 변하게 된다. 복부의 중앙에 상하 일직선으로 검은 색소가 침착되며 얼굴과 목 등에 기미가 끼는 경우도 있다. 때로는 손바닥이 유난히 붉어지는 경우도 있다.

(3) 유방의 변화

임신이 되면 유방은 현저하게 커지는데 유두도 커지면서 더욱 검게 색소가 침착하고 탄력성이 증가한다. 또 임신 2~3개월이 지나면 초유라고 불리는 분비물이 나오기도 하며, 유방에도 색소 침착이 많아지고 면적이 더욱 넓어진다.

(4) 대사성 변화

임신 중 체중의 증가는 보통 11kg 정도인데 임신 제1기에 약 1kg, 제2기와 제3기에 각각 5kg 정도 증가한다. 임신 중에는 당뇨가 생기기 쉬워지며, 이미 있었던 당뇨병이 더 악화되기도 한다. 또한 다소 호흡수가 빨라져 호흡성 알칼리증이 올 수 있다.

(5) 혈액의 변화

혈액양은 비임신 시보다 45% 정도 증가하며, 적혈구와 혈색소 농도가 다소 감소한

다. 또한 면역기능이 다소 떨어지는 것으로 추측되며, 혈액 응고인자들의 농도의 변화도 있다.

(6) 심혈관계 변화

맥박은 분당 10~15회 정도로 빨라지며 혈압은 다소 감소하고 심박출량이 증가한다. 임신 시에는 혈압상승작용에 대해 상대적으로 민감도가 떨어지는데 프로스타글라딘, 황체호르몬 등이 일부 관여하는 것으로 생각된다.

(7) 소화 기능 변화

임신 시에는 자궁의 크기 증가에 따른 압박과 황체호르몬 등의 효과에 의해 위장관의 기능이 저하된다. 따라서 식후 소화되는 시간이 느려지고 트림이 빈발하며 속이 자주 쓰리기도 하고, 잇몸이 붓거나 변비, 치질이 생기기도 한다.

(8) 체중증가

임신기의 이상적인 체중 증가량은 임신을 하고 첫 두 달간은 체중이 거의 늘지 않아 3개월이 되어도 1kg~2kg 정도만 늘게 되지만 그 이후엔 1주일에 0.5kg씩 꾸준히 증가하게 된다. 임신이 몸매를 망칠 것이라는 생각 때문에 체중 증가에 대해 공포심을 가지고 있어 다이어트를 하는 임산부가 있는데 뱃속의 태아가 정상적으로 성장하기 위해서는 임신 기간 동안 체중이 12kg~13kg 정도 늘어나야 한다. 하지만 비만인 경우에는 7kg 정도의 증가를 권장한다.

표 8-1 임신 기간 중의 체중 증가량

구 분	개 월	체중 증가량(kg)
임신 초기	1~4	현재 체중+15
임신 중기	5~7	임신 초기 체중+5.5
임신 후기	8~10	임신 중기+6

* 자료 : (주) 메디칼데이타코리아

표 8-2 임신 중의 영양소 권장량의 변화(2010년)

	열량(kcal)	단백질(g)	칼슘(mg)	철분(mg)	비타민C(mg)
비임신기	2100	50	650	14	100
임신 전기	2100	50	930	24	110
임신 중기	2440	65	930	24	110
임신 후기	2550	80	930	24	110

2) 임신 중의 일반적인 식사지침

(1) 정상적인 체중증가가 되도록 한다

임신 기간 중의 적절한 열량섭취는 태아의 발육과 성장에 아주 중요하지만 임신 중의 과식은 불필요한 체중증가를 초래하며 이로 인한 고혈압이나 임신성 당뇨의 발병률을 높인다. 임신 중 적절한 체중증가는 10kg~12kg 정도이다. 임신 기간 중의 체중조절은 금물이며 임신 전 체중에 따라 7kg~15kg의 범위 내에서 체중증가가 되도록 한다.

> 이상체중 계산하기
> - 이상체중(kg)=키(m)×키(m)×21
> - 비만도(%)=(현재체중/이상체중)×100
>
> 비만도
>
> | | |
> |---|---|
> | 90% 미만 | 저체중 |
> | 90~110% 미만 | 정상 |
> | 110~120% 미만 | 과체중 |
> | 120% 이상 | 비만 |

(2) 열량과 단백질을 비롯한 영양소를 골고루 섭취한다

임신 중에는 기초대사량이 증가하고 태아와 모체의 관련 조직 증대로 열량과 단백질, 비타민, 무기질의 필요량이 늘어난다. 그러나 무조건 많이 먹으면 심하게 체중이 늘어나 출산에도 어려움을 겪게 되므로 양보다는 질적으로 우수한 식품을 선택하여 골고루 먹는 것이 필요하다. 특별히 단백질은 태아의 발육, 자궁과 유선의 증대, 태반의 완성, 태아 부속물 및 유즙 분비, 모체의 적혈구 생산, 임신중독증의 예방을 위하여 필요하므로 생선이나 육류, 우유, 두부, 달걀, 간, 치즈와 같은 양질의 단백질을 매일 적정량 섭취하도록 한다. 그리고 임신 중기에 가장 많은 단백질의 섭취가 필요하다.

> 하루 필요열량=(이상체중(kg)×체중 1kg당 필요한 열량)+(임신전기 150kcal,
> 후기 350kcal)
> 단, 비만도가 125% 이상인 사람의 이상체중=이상체중×(현재체중-이상체중)×0.25
> 비만도 110%, 60kg의 체중, 임신 전기인 보통 활동을 하는 여성
> 하루 필요열량=(60(kg)×35)+150=2,250kcal

(3) 칼슘의 섭취를 위해 우유를 하루에 2컵 이상 마신다

임신기에는 태아의 골격과 치아 형성을 위하여 칼슘의 필요량이 증가한다. 만약 이때 그 필요량을 충족하지 못할 경우 어머니에게 있는 칼슘을 태아가 뺏어가기 때문에 충분히 섭취해야 한다. 뼈째 먹는 생선, 말린 새우, 우유, 치즈, 요구르트, 두부 등은 칼슘의 좋은 급원이며 채소에도 칼슘이 있지만 몸에 흡수되기 어렵다. 우유는 하루 2~3컵을 먹는 것이 좋으며, 우유를 먹어 속이 거북한 경우에는 따뜻하게 데워 천천히 씹는 기분으로 마시거나 요구르트, 치즈 또는 유당 분해 우유를 이용하면 도움이 되고 달걀, 버터, 소간, 버섯 등 비타민 D가 들어있는 식품을 충분히 섭취함으로써 칼슘의 흡수와 이용율을 높일 수 있고 피부에서도 생성되므로 산책 등을 통하여 하루 1시간 정도 햇빛을 쬐는 것이 좋다.

(4) 임신 20~24주부터는 주치의와 상의하여 철분과 엽산 보충제를 복용하도록 한다

임신 시에는 모체의 혈액량이 50% 증가하게 되고 태아의 혈액도 만들어져야 하므로 다량의 철분이 요구된다. 그리고 출생 후 수개월간 사용하기 위해서 태아는 간에 철분을 저장하기 때문에 더 많은 철분이 필요하게 된다. 그러나 음식물에서만 필요한 철분을 모두 섭취하기 어려우므로 철분 보충제를 복용해야 하며 비타민 C가 많은 채소나 과일(귤, 딸기 등)과 함께 먹으면 철분의 흡수율을 높일 수 있고 태반에서의 물질 투과성을 조절하므로 임신중독증 예방에도 효과적이다.

(5) 카페인, 술, 담배는 피하도록 한다

알코올은 태아의 두뇌를 손상시키고 담배의 니코틴은 태아의 산소와 영양공급에 영향을 미치며 커피나 홍차, 콜라, 초콜릿 등에 들어 있는 카페인은 신경을 자극하는 물질로써 작용하며, 철분과 칼슘 같은 무기질의 흡수를 방해하고, 태반을 자유롭게 왕래하기 때문에 태아에게도 영향을 미치게 된다.

특히 임신 초기의 술과 담배는 기형아 발생률을 높이므로 삼가야 한다.

(6) 임신 중의 권장식품

- 우유 : 전유 또는 탈지유를 3컵 이상 섭취한다.

· 과일과 야채 : 잎이 무성한 녹색 채소, 감귤류, 토마토 포함해서 1일 5~7회 섭취한다.
· 육류, 가금류, 생선류 : 적어도 하루 120g 정도, 간은 적어도 1주 1회 정도 섭취한다.
· 계란 : 적어도 하루 1개 섭취하는 것이 좋으나, 콜레스테롤 수치가 너무 높은 경우에는 섭취하지 않도록 한다.
· 곡류와 빵 : 밥은 콩밥이나 잡곡밥을 섭취하는 것이 좋다.
· 등푸른 생선, 식물성 지방, 견과류 등을 섭취하면 좋다.
· 해조류와 굴 등을 섭취하면 좋다.

3) 임신 전기의 식사관리

임신 전기에는 입덧, 식욕 감퇴, 소화불량, 기호의 변화 등으로 인하여 섭취가 안되어 영양불량에 걸릴 수 있으므로 세심한 영양관리가 필요하다.

〈입덧관리하기〉

· 아침이나 공복 시에 입덧이 심해지므로 위를 비우지 말고 배고픔이 느껴질 때 가벼운 간식을 한다(예 : 달지 않은 비스킷, 샌드위치, 카스테라 등) 아침에 늦게 일어나서 침대에서 일어나기 전에 앉아서 차나 음료수를 마시거나 과자나 토스트를 먹은 후 몇 분간 앉거나 누워 흡수를 시킨 다음 일어나도록 한다.
· 신맛이 나며 산뜻한 것을 먹도록 한다.
· 껌을 씹거나 사탕을 먹는 것도 도움이 될 수 있다.
· 튀기거나 기름기가 많은 음식은 역류하기 쉬우므로 피하도록 한다.
· 임신 초기에는 대부분 신맛을 좋아하므로 감귤류, 식초절임, 레몬의 신맛을 곁들인 드레싱이나 샐러드 등을 먹는 것이 좋다.
· 소화하기 쉽고 영양가 높은 식품을 여러 번에 나누어 먹도록 한다.
· 차고 입맛을 돋울 수 있는 것을 먹는다. 따뜻하거나 뜨거운 음식은 위를 자극하여 구토를 일으키기 쉬우므로 된장국도 식혀 먹는 것이 좋다.
· 우유 냄새가 싫으면 딸기, 바나나와 같은 과일을 넣어 주스를 해서 먹거나 미숫가루를 타서 먹어도 좋다.
· 음식 냄새가 싫다고 식사량을 줄이거나 편식하지 않도록 한다.
· 자신이 직접 조리하기보다는 다른 사람이 만든 것을 먹거나 짧은 시간에 요리 가능한 것(샌드위치, 쌈)을 선택하고, 자주 환기를 시킨다.
· 수분, 무기질, 비타민이 부족되기 쉬우므로 과일을 준비해 두었다가 먹도록 한다.
· 산책을 하거나 환기를 자주 하여 기분전환을 한다.
· 직장인의 경우 간식을 준비해 두었다가 공복감을 느낄 때 수시로 먹도록 한다.
· 우울증, 오심, 구토 등이 일어날 수 있으므로 이를 예방하기 위해 집중할 수 있는 일을 만들도록 한다.
· 식전 후 30분 정도 안정을 취한다.

임신을 한 여성의 대부분이 아침에 빈속에 속이 울렁거리고 하루 중 어느 때라도 오심이 일어나는 것을 경험한다. 이러한 입덧은 특히 첫 임신일수록, 산모가 젊을수록, 다태아 임신일수록 심하게 나타나게 된다. 이러한 입덧은 임신에 의한 호르몬의 변화로 일어나게 되는 것으로 마지막 생리 시작일 4~8주 후부터 나타나는데 대개 마지막 생리 시작일 14~16주 후부터 감소하게 된다.

4) 임신 후기의 식사관리

임신 후기에 과다한 체중증가와 임신중독증, 빈혈, 변비 등이 있을 때는 치료와 동시에 식사 내용을 양적, 질적으로 관리해야 한다. 임신 중에는 비임신 시보다 300Kcal 정도 증가시켜야 하며, 고른 영양섭취가 중요하다. 또 철분의 요구량이 높아지므로 철 결핍성 빈혈이 오기 쉽다. 보통 임신 후반기에 이런 현상이 오는데 보통 하루 30~60mg 정도의 철분 제제를 복용하면 되나 때로 심한 빈혈 시에는 더 많은 양을 복용하는 경우도 있다.

① 식품은 편식하지 말고 골고루 섭취한다.
② 설사를 일으킬 수 있으므로 찬 음식은 피하도록 한다.
③ 임신을 하게 되면 위의 활동이 적어지고, 위액 분비가 감소되므로 음식은 소화가 잘되고 영양이 풍부한 것으로 섭취하도록 한다.
④ 자궁이 커지면서 위와 장을 누르기 때문에 한 번에 많은 양을 먹지 말고 조금씩 자주 먹는 편이 소화에 좋다.
⑤ 섬유소가 들어 있는 과일, 해조류, 채소를 충분히 섭취한다.
⑥ 충분한 단백질을 섭취한다.
⑦ 요오드가 들어 있는 식품을 섭취한다. 요오드는 모유가 잘 나오도록 하므로 김, 미역, 다시마 같은 해조류를 충분히 섭취한다.
⑧ 몸이 붓기 쉬우므로 싱겁게 먹고 너무 많은 수분을 섭취하지 않도록 한다.

〈염분이 많이 들어있어 섭취량에 주의해야 할 식품〉

- 육류의 내장, 조개류, 새우, 게, 해산물
- 장류 : 고추장, 된장, 간장
- 염장 식품류 : 김치류, 젓갈류 식품
- 가공식품 : 햄, 치즈, 베이컨, 버터, 어묵, 마요네즈, 케첩, 통조림
- 인스턴트 식품 : 라면, 피자 등
- 화학조미료, 베이킹 파우더

(5) 직장 임신부를 위한 식사관리

임신부가 직장 생활을 계속하는 경우 부담이 되는 작업은 피하고 일을 하더라도 심하게 피곤할 때까지 계속하지 말고, 중간 중간 적절한 휴식을 취하는 것이 좋다. 특히 쉬는 동안에는 다리를 올려 다리의 붓기를 경감시켜 주는 것이 좋고, 피로한 경우에는 짧게라도 낮잠을 자는 것이 도움이 된다.

보통 시간에 쫓겨 아침식사를 거르게 되고, 점심식사는 항상 외식을 하게 되면 곤란하다. 아침식사는 조금 일찍 일어나 거르지 않도록 힘쓰고 외식은 영양의 균형을 잃게 하고 염분이 많은 음식도 많기 때문에 손수 마련한 도시락으로 점심식사를 하도록 하는 것이 좋다. 저녁식사는 아침과 도시락의 영양을 고려하여 식단을 짜도록 한다.

(6) 고령 임신의 특징과 주의해야 할 점

최근에는 여성의 사회 참여도가 높아지면서 출산 시기를 늦추는 경우가 많이 나타나고 있다. 일반적으로 여성의 나이 22~29세를 임신 적령기로 간주하는데, 35세 이후의 임신을 고령 임신(Older Pregnancy)이라고 하고, 이때에는 수태율이 저하되고 모체의 질병 상태에 따라 임신의 성공 여부가 달라지며 태아뿐 아니라 임신부의 위험도 증가시킨다. 임신, 출산 중 합병증의 발생이 20대의 임신에 비해 2배로 증가할 뿐만 아니라 임신 전 만성질환, 과체중, 고혈압 등의 빈도가 높기 때문에 문제가 많을 수 있다. 미국의 연구에 의하면 고령 임신부의 50%가 과체중을 가진 사람이었고, 섭취량이 권장량에 못 미치는 영양소가 많았으며, 헤모글로빈과 헤마토크리트 값이 기준보다 낮은 사람이 30~40%나 되는 실정이었다.

고령 임신, 특히 늦은 나이에 초산을 하는 경우는 조산아, 저체중아 출산율이 높고 기형 발생률도 증가한다. 특히 염색체 이상에 의한 기형이 유의하게 증가하는 것으로 나타났다.

그러나 현재 아무런 질환도 갖고 있지 않다면 늦더라도 아이를 임신하고 건강하게 낳는 것이 가능하기 때문에 임신에 영향을 주거나 임신에 의해 영향을 받을 수 있는 질환, 즉 당뇨나 고혈압, 신장 질환의 여부를 확인하고 영양 상태를 향상시키며 나쁜 습관을 교정하는 것이 중요하다. 임신을 하기 전에 건강한 임신을 할 수 있을지 의사와 상담을 먼저 해 보는 것도 좋다.

표 8-3 연령에 따른 염색체 이상 발생 빈도(1,000명 출생당)

임신부의 나이	다운증후군	기타 염색체 이상
25세	0.7	2.1
30세	0.8	2.6
35세	2.5	5.6
36세	3.1	6.7
37세	4.1	8.1
38세	4.5	9.5
39세	5.5	12.4
40세	11.2	15.8
41세	13.3	20.5
42세	13.4	25.5
43세	16.9	32.6
44세	26.3	41.8

* 자료 : (주)메디칼데이타코리아

8-2 수유부의 영양교육

1 수유기의 영양교육의 필요성

모유의 영양소 함량은 아기에게 가장 적절하게 들어 있고 면역 글로블린이 있어 질병에 대한 저항력과 식품에 대한 알레르기 적다. 또한 모유 수유는 미생물학적으로 안전하면서 아기에게 가장 이상적인 음식이기 때문에 아주 특별한 경우를 제외하고 가능한 모유를 먹이는 것이 좋다. 이렇게 모유가 우유보다 영양적인 면뿐만 아니라 임신으로 인한 체중증가를 쉽게 조절할 수 있는 등 영양 외적으로도 우수하기 때문에 모유 수유를 위해서 수유부의 건강과 영양이 매우 중요하므로 균형잡힌 질 좋은 식사를 통한 충분한 영양이 공급되어야만 한다. 수유부의 경우 하루 850ml 수유를 기준으로 2,400칼로리를 섭취하도록 권장하고 있다. 엄마가 제대로 영양섭취를 하지 않으면 모유의 성분이 부실해지는 것은 아니지만 모유의 양이 줄게 되므로 아기가 모유만으로는 제대로 먹을 수 없게 되므로 엄마의 영양관리는 곧 아기의 건강에 직접적인 영향을 미치게 된다.

2 수유부의 영양지도 내용

① 모유와 우유의 성분비교로 모유의 우수성 인지와 모유 수유 시 장점에 대해

② 수유부의 올바른 식사 지침
③ 수유 중의 영양소 권장량과 균형식에 대해
④ 수유부가 주의해서 섭취해야 할 식품과 산후 영양식
⑤ 인공 영양법과 조제분유와 생유와의 성분 비교
⑥ 이유식에 대해
⑦ 체중 조절법

3 수유부의 올바른 식생활 지도 내용

수유부도 임신부와 같이 지역 모자보건 사업의 대상으로 지역 보건소를 통해서 뿐만 아니라 여러 경로를 통한 지도를 하는 것이 바람직하며 그 내용은 다음과 같다.

① 충분한 열량을 섭취하도록 한다.
수유 기간 동안에는 하루 400kcal의 열량을 추가로 섭취해야 한다. 모유를 만들기 위해서는 600～800kcal가 더 필요한데 6개월 동안은 이 중 300kcal를 임신기 동안 저장된 체지방에서 공급하므로 400kcal의 열량을 추가로 섭취해야 하나 수유부의 식사 내용에 따라 개별적인 조절이 필요하다. 피로가 누적된 산모에게는 충분한 휴식과 함께 충분한 영양보충이 뒤따라야 한다. 레몬, 식초, 무즙, 겨자와 같은 강한 향신료를 이용한 생미역 겨자초 무침, 해파리 냉채 혹은 야채나 과일을 이용한 샐러드 등의 식욕을 돋우면서도 열량이 높은 음식을 다양하게 섭취해야 피로회복이 빨라진다.

② 양질의 단백질을 섭취해야 한다.
단백질은 모유의 생성과 질에 직접적인 영향을 미치기 때문에 특히 질적인 면에 신경을 써야 하는데 적어도 50% 이상을 동물성 단백질, 즉 어패류, 육류, 우유, 요구르트, 치즈와 같은 유제품, 달걀들과 두부 등을 섭취할 것이 권장되는데 보통 우유 2컵 이상, 달걀 1～2개, 육류, 생선, 콩류는 지방이 적은 부위를 선택해서 매일 150～160g 정도 섭취한다.

③ 출산 후나 수유부의 철분 섭취가 부족한 경우 젖을 먹는 영아는 빈혈이 생길 가능성이 크므로 철분이 많이 들어있는 식품이나 철분제를 보충하는 것이 좋다.
간, 콩팥, 쇠고기, 말린 과일, 견과류, 푸른 채소 잎(무청), 전곡 분, 김, 재치조개, 대합, 맛살, 노란 콩을 섭취하는 것이 좋다. 커피나 홍차는 철분 흡수를 저해하므로 되도록 삼가는 것이 좋다.

④ 손톱 및 치아의 건강 상태를 개선하고 골다공증을 막기 위해서 칼슘을 충분히 섭취한다. 우유, 치즈, 요구르트, 깻잎, 멸치, 미역 등을 많이 섭취한다.

⑤ 신선한 과일과 채소들은 비타민 A, C, 무기질, 섬유소를 제공하며 식욕 촉진, 소화기능에도 좋은 역할을 하기 때문에 많이 섭취한다.

⑥ 수분을 충분히 섭취한다. 적어도 2L 이상의 물을 마시는 것이 수유에 좋다.

⑦ 젓갈, 장아찌, 아이스크림, 단 과자, 도넛, 진한 커피, 술, 매운 음식 등 염분이 많거나 설탕 등의 단 것, 자극적인 식품은 피하도록 한다.

⑧ 카페인이 함유된 음료는 가급적 피하도록 한다.

⑨ 약물복용이나 흡연, 음주는 피하도록 한다.

⑩ 긴장과 피로는 모유 분비를 어렵게 하므로 충분한 휴식을 취하도록 한다.

⑪ 출산 후 겪게 되는 피로를 덜기 위해 조리가 간편한 식품을 선택한다.

⑫ 늘어난 체중은 가능한 한 빠른 시일에 줄이는 것이 좋으나 출산 후 바로 체중 감량을 위해 식사요법을 시작하면 오히려 건강을 해칠 염려가 있으므로 소모된 건강을 보강한 다음 시작해야 하며 수유는 많은 열량을 필요로 하기 때문에 임신 중 늘어난 체중을 줄이는 계기로 삼을 수 있다.

4 수유 시 주의해야 할 점

① 커피, 홍차, 녹차, 코코아, 콜라, 초콜릿과 같은 카페인이 함유된 식품을 많이 섭취하는 것을 가급적 피해야 한다. 섭취된 카페인이 모유로 분비되며 이를 먹은 아기는 배설이 늦고 축적된 상태가 되어서 보채거나 잠을 자지 않고 흥분 상태로 있을 수 있다.

② 약물 복용, 흡연, 음주는 피해야 하는데 맥주나 와인 한잔 정도를 간혹 마시는 정도는 문제가 없지만 술을 많이 마시고 젖을 먹이면 아기에게 문제가 될 수 있고 흡연은 더 심각한 문제를 일으키기 때문에 모유 수유 중에는 피하는 것이 좋다. 담배를 아기가 없는 데서 피운다고 해도 모유를 통해서 분비되며 니코틴이나 타르가 독성이나 성장발달 부진을 초래할 수 있고 모유가 적게 나와 모유를 먹일 수 없게 되기도 한다. 그리고 불가피하게 약을 먹어야 할 경우에는 꼭 주치의와 상의하도록 한다.

③ 수유를 하는 엄마가 콩, 양배추, 양파, 마늘, 브로콜리, 순무같은 음식을 많이 먹고 모유를 먹일 경우 4~6시간 정도 지난 후에 이런 음식의 성분이 모유로 나와서 일부 아기에게 문제를 일으킬 수도 있다. 아기가 음식에 과민반응을 해서 배에 가스가 차서 아파 울거나 보채는 경우가 있는데 원인이

되는 음식을 끊으면 24시간 내에 다시 정상으로 돌아온다. 하지만 보통 먹는 양을 먹여서는 이런 문제가 일어나지 않는다. 참외, 복숭아, 감귤, 살구, 자두 같은 과일도 지나치게 많은 양을 먹고 수유하면 아기에게 설사나 복통을 일으킬 수 있다.

드물지만 엄마가 우유, 치즈, 요구르트, 아이스크림 같은 유제품을 먹고 수유를 하는 경우 아기가 알레르기 반응을 일으켜 심한 복통을 일으키는 수도 있다. 이런 경우 보통 2주 정도 유제품을 끊어야 통증이 사라지게 된다. 우유에 알레르기가 있다고 의심되는 경우나 알레르기가 심하게 있는 사람이 있는 경우 소아과 의사와 상의를 하는 것이 좋다.

표 8-4 수유 중의 영양소 권장량(2000년 7차 개정)

	열량(kcal)	단백질(g)	칼슘(mg)	철분(mg)	비타민 C(mg)
비임기	2100	50	650	14	100
수유기	2420	75	1020	14	135

표 8-5 생애주기에 따른 식품군별 1일 권장 섭취 횟수

식품군	청소년(12~18세)		청장년(19~64세)		노인(65세 이상)		임신부
	남	여	남	여	남	여	(후반기)
	2600kcal	2000kcal	2400kcal	1900kcal	2000kcal	1600kcal	2550kcal
곡류 및 전분류	4	3	4	3	3.5	3	4
고기, 생선, 계란, 콩류	6	4	5	4	4	2.5	6
채소류	7	7	7	7	7	5	7
과일류	2	2	3	2	1	1	2
우유 및 유제품	2	2	1	1	1	1	2
유지· 당류	6	4	5	4	4	3	6

* 자료 : 2010 한국인영양섭취기준

표 8-6 모유와 우유의 성분 비교

	모 유	우 유
수 분	89%	88%
단백질	0.9%	3.4%
지 방	3.8%	3.8%
탄수화물	7%	4.8%
칼로리	70cal/100cc	70cal/100cc
소 화	더 빠르다	늦다
산 도	약알칼리	약산성
curd	부드럽고 양털모양	딱딱하고 큰 알갱이
철분(흡수율)	0.5mg/dl(50%)	0.5mg/dl(10%)

* 자료 : 이미숙(2000)

5 수유부의 산후 영양식

출산 후 수유부는 다음과 같은 식품을 섭취하는 것이 좋다.

- 동물성 단백질이 풍부한 식품 : 생선, 우유, 닭고기, 계란
- 비타민을 많이 함유한 식물성 식품 : 시금치, 호박, 감자, 당근, 토마토, 배추, 우엉, 바나나, 딸기, 사과, 감귤, 감, 레몬, 고구마, 설탕, 배, 포도
- 철분 및 칼슘이 풍부한 멸치와 같은 작은 생선류
- 감자국, 토란국, 곰탕 등과 같이 걸쭉한 국물과 미역국을 많이 먹어야 한다. 미역국은 요오드 성분과 무기질이 다량 함유되어 있어 피를 맑게 하여 젖을 잘 나오게 할 뿐 아니라 산후풍을 없애고 부기를 빼는 작용을 가지고 있다.
- 호두, 깨, 꿀, 복숭아, 팥

8-3 성인의 영양교육

1 성인의 영양교육 필요성

성인기에는 이미 성장과 신체발달을 위한 영양적인 면에서의 요구가 끝난 상태이기 때문에 열량 요구량이 성장기인 청소년기에 비해서 오히려 줄어들게 되지만 자신의 신장에 맞는 이상체중을 유지하기 위해서 에너지 섭취와 소비 간에 균형유지가 중요하다.

신체 기능은 20대 중반이 되면 대부분 발달이 최고에 달하며 그 후 20~30년에 걸쳐 점차 감소하게 되지만 중년기까지 그 정도는 완만하다. 근육량은 60세에 최고치에서 10% 정도 감소한다고 하며 이것은 개인의 영양상태, 운동량 및 기타 건강상태에 따라 차이가 있다. 그리고 여성에게는 50세를 전후로 폐경이라는 매우 큰 변화가 있으며 이에 따른 여러 가지 건강 문제가 대두된다. 이에 건강한 식사는 신체를 유지하고 보수하며 그리고 만성질환으로부터 보호할 수 있는 영양소를 공급해 준다.

우리나라 성인의 영양섭취 상태는 크게 향상한 반면 활동량과 운동량 감소, 불규칙한 생활습관, 각 영양소의 불균형 섭취, 지나친 음주와 흡연, 경제활동으로 인한 스트레스가 주요 원인으로 성인병이 증가하고 있어 새로운 영양섭취의 문제가 대두되고 있다. 미국인 주요 사망원인 10가지 중 심장병, 암, 뇌졸중, 당뇨병 등에 식사가 영향을 미치며 또 간경변, 사고, 자살 등은 음주와 강하게 관련되어 있는 것으로 나타났다. 또한 매년 거의 백만 명의 사람들이 심혈관질환으로 사망하고 있고 이는 암으로 인한 사망률의 3배에 가까운 수치이다. 1999년 한국 통계청이 발표한 자료에서도 주 사망원인 1위가 뇌혈관질환이고 심장질환, 운수사고, 위암, 간질환으로 나타난 결과로 보아 이와 같은 질환과의 관련이 있는 식습관은 성인의 건강에 중대한 영향을 미치는 것을 알 수 있다. 이처럼 질병의 양상이 변모되어 최근에는 성인병의 발병률과 이로 인한 사망률이 점차 높아지고 있어, 현대인의 주요 사망원인이 되고 있다. 그리고 성인병의 원인적이고도 핵심적인 고혈압, 동맥경화, 당뇨병은 매우 밀접하게 서로 연관되어 있기 때문에 고혈압이 오래 지속되면 필연적으로 동맥경화증과 당뇨병의 발생률이 증가된다. 따라서 이 세 가지 성인병은 서로 맞물려 상호 연속적으로 돌아가는 매커니즘적 연결 상태에 있다고 볼 수 있어 더욱더 식사관리가 필요하게 되고, 성인기의 건강은 바로 노년기의 건강과 밀접한 관련이 있기에 이 시기의 영양관리가 중요함은 두말 할 나위가 없다. 그래서 각 개인의 식생활의 문제점을 파악하여 질병을 미리 예방하도록 하고 식생활 개선의 저해 인자를 규명해서 해결하는 구체적인 지도가 필요하게 된다.

2 성인의 영양지도의 방향

경제가 성장하면서 우리나라 성인의 영양섭취 상태는 뚜렷하게 향상된 반면 운동부족과 잦은 결식, 외식, 과음 등 식사관리의 잘못으로 각종 성인병에 이환되기 쉬우므로 평소 이들의 영양관리는 더욱 절실히 요구된다.

현재 영양상의 문제를 가지고 있거나 혹은 위험요인이 있는 사람의 식생활 및 건강 상태 전반에 걸친 명확한 진단을 통해 개개인이 올바른 영양과 건강에 대한 지식을 가지게 하고 자신의 문제를 깨달아 스스로 조절할 수 있는 능력을 키우면서 영양 문제를 해결할 수 있도록 하고 올바른 식생활을 하도록 식사 행동을 변화시켜 개개인 각자가 생활화되도록 지도한다. 또한 건강증진을 위해 영양과 식생활에 관한 올바른 정보를 제공하고, 지속적으로 교육, 관리함으로써 식생활에 관심을 가지게 하고, 영양에 대해 잘못된 지식을 바로 잡으며, 스스로 자신의 건강을 관리해 나갈 수 있도록 유도한다.

식생활 개선을 위한 해결 과제로는 매끼 식사의 영양성분의 균형적 분배, 제철 식품을 고려한 경제적인 식단, 성인병에 대한 치료 및 예방을 위한 식사지도, 노동강도, 정신노동에 대한 새로운 영양지도 등을 들 수 있다.

3 성인기 영양교육의 지도 내용

1) 중년기의 생리적 특성의 변화

먼저 뇌와 신경계의 변화를 살펴보자면 나이가 들수록 뇌 무게가 조금씩 줄어들고 신경전도 속도도 젊을 때와 큰 차이는 아니지만 떨어지는데 그보다는 연령이 증가되면서 고혈압이나 기타 뇌혈관질환을 비롯한 여러 뇌질환이 증가되면서 뇌 기능이 더 떨어지게 된다.

에너지를 많이 소모하는 활성조직인 근육조직도 나이가 들어가면서 상대적으로 줄어든 대신 에너지 소모가 적은 지방이 늘어나 기초대사율이 떨어지게 되어 중년이 되면 30대 때와 다르게 같은 열량을 섭취할 경우 살이 찌게 된다.

심장, 신장, 폐의 기능은 뇌·신경계와 달리 중년기에 상당히 저하되는데 심장과 신장기능 모두 중년 말에는 최고치의 80% 내외로 줄어들고 폐 기능은 나이가 들면 제일 급격하게 감소된다. 칼륨, 칼슘, 단백질의 체내 함량이 기본적으로 남자가 여자보다 1.5~2배 정도 되는데 남자는 25세 이후 35세까지 체내 칼륨, 칼슘, 단백질이 급격히 감소되지만 그 후 55세까지 비교적 일정한 수준을 유지하고, 65세 이후 칼륨의 감소가 매우 급격하다.

남자와 달리 여자는 35세 이후에 체내 칼륨과 단백질이 지속적으로 감소되고, 칼슘은 45세 이후 급격히 감소하게 된다. 이것은 폐경과 밀접한 관련이 있다.

여성이 50세 전후에 이르면 여성호르몬인 에스트로겐이 급격히 줄어 배란이 중지되고 월경이 불규칙하다가 없어지게 된다. 이것은 정상적인 생리과정이기는 하지만 약 15%의 여성이 폐경 후 증상이라고 불리우는 열감증으로 불편을 느끼며 피로나 불안정한 증세를 갖는다. 상당수의 여성들이 심리적인 우울증을 갖기도 하며 건강상으로 제일 문제가 되는 것은 에스트로겐의 감소로 뼈의 밀도가 감소되어 골다공증이 생기기 쉽고, 또 고지혈증이나 동맥경화 발생도 급격히 증가하게 된다.

2) 성인 남녀의 식생활 관리지침

(1) 중년기 남성

이 시기의 남성들은 대체로 활발한 사회활동을 하므로 외식과 음주의 기회가 많아 음식 조절이 자기 의지대로 하기 어려울 때가 많고 음주 문화로 인해 과음하기 쉽다. 이러한 식문화가 개선되도록 하는 것이 개인의 식생활 관리에 상당히 중요하다.

① 세 끼를 균등하게 먹고 매일 아침식사를 하도록 한다.
② 정상적인 체중을 유지하고 절대 과음, 과식을 하지 않는다.
③ 탄수화물은 복합당질을 위주로, 즉 밥의 경우 잡곡밥을 먹도록 하고, 식이섬유소가 많이 든 식품을 충분히 섭취한다.
④ 스태미너의 원천인 양질의 단백질을 충분히 섭취하되 지방이 많은 육류보다 생선류, 콩류를 많이 섭취한다
⑤ 지방은 총 섭취열량의 20~25% 정도로 섭취하고 식물성 식품 위주로 섭취하는 것이 좋다.
⑥ 녹황색 채소와 과일을 충분히 섭취하도록 한다.
⑦ 짜거나 매운 자극성 있는 음식과 지나치게 뜨겁거나 탄 음식은 피하도록 한다.
⑧ 흡연은 금하는 것이 좋고 시판되고 있는 몸에 좋다는 건강식품에 너무 의존하지 않는다.

(2) 중년기 여성

우리나라 중년여성들은 가족의 식사를 담당하면서도 본인의 식사의 내용이나 형식면에서 부실한 경우가 많고 식사 내용이 균형적이지 못해 체중과다가 적지 않는 편이다. 그래서 체형에 과민하게 되어 절식, 단식 등의 극단적인 방법으로 건강을 해칠 수가 있다. 중년기 남성과 중복된 부분은 생략하였다.

① 세 끼를 고르게, 적당량을 섭취하고 규칙적으로 먹는다.
② 자신과 가족의 균형된 식사를 위해 5가지 식품군이 골고루 들어가도록 식사관리를 한다.
③ 섭취하는 음식의 양을 정확히 측정하도록 식탁 옆에 저울을 마련한다.
④ 식사 후 남은 음식을 아깝다고 억지로 먹지 않는다.
⑤ 잡곡밥, 녹황색 채소, 과일을 정기적으로 섭취한다.

⑥ 골다공증 예방과 혈압관리를 위해 칼슘을 충분히 섭취하기 위해 하루 1팩 이상의 우유를 섭취하고 식물성 에스트로겐이 들어있어 폐경에 즈음한 여성에게 좋은 콩제품을 많이 섭취하도록 한다.

⑦ 철분을 많이 섭취하도록 하고 가공식품, 탄산음료의 섭취는 자제하는 것이 좋다.

표 8-7 성인남자와 여자의 식품군별 1일 섭취분량 구성(2010 개정)

식품군	남자(2400kcal 기준) (19~64세)	여자(1900kcal 기준) (19~64세)
곡류 및 전분류	4	3
고기, 생선, 계란, 콩류	5	4
채소류	7	7
과일류	3	2
우유 및 유제품	1	1
유지 및 당류	5	4

3) 각 성인병 발생요인과 성인 질환에 따른 관리지침

우리나라 40대 중년 남자의 20%, 여자는 30% 정도가 체중과다나 비만이라고 한다. 비만은 보기 좋지 않을 뿐 아니라 심혈관질환의 대표적인 위험인자로 동맥경화가 생길 확률이 높고 비만으로 인하여 지방세포 크기가 커지면 인슐린이 제대로 작용하지 못해 성인형 당뇨병이 발생하게 된다. 그리고 뼈의 유연성과 운동성을 감퇴시키고 관절에 무게를 주어 뼈와 관절질환을 촉진시킨다. 성인형 당뇨병은 40대가 되며 급증하며 비만한 사람에게 잘 발생한다. 정기적으로 점검하고 병원에서 실시하는 당뇨 교실에 참여하여 식사요법, 운동요법에 대하여 교육을 받음으로써 혈당을 조절하거나 병의 진전이나 합병증 예방에 힘쓰도록 한다.

중년기에 특히 혈액 내의 지방질, 즉 콜레스테롤과 지방이 높아지는 현상으로 이 자체로 질병은 아니지만 이것은 동맥경화성 심장질환을 일으키는 제1의 위험요인으로 알려져 있다. 따라서 40대 이상에서는 정기적인 건강진단을 통하여 자신의 혈중 콜레스테롤이나 중성지방 수준이 어느 상태인지 항상 점검해야 한다. 혈중 콜레스테롤이 200mg/dℓ 미만이면 정상으로 간주하고, 200~240mg/dℓ이면 중간 정도 높은 편으로 식사 및 운동요법이 필요하며 240mg/dℓ 이상이면 높은 편으로 식사 및 운동요법 반드시 필요하고, 의사의 진단에 따라 약물요법도 실시해야 한다. 혈중 지방은 200mg/dℓ 미만이면 대체로 정상으로 간주하고, 콜레스테롤과 같이 엄격한 지침이 정해지지 않았으나 술을 많이 마시는 사람에게서 높기 때문에 술을 절제하거나 열량을 제한하면 저하된다.

중년에 들어 증가하는 대표적인 질환인 혈청 지질 동맥경화증은 고지혈증뿐 아니라 연령의 증가, 폐경, 고혈압, 당뇨, 흡연과 같은 중년기의 생리 변화나 주요 생활습관과 밀접한 관계를 가지므로 식생활과 생활습관을 점검하여 바른 방향으로 정착되도록 노력해야 한다. 중년 남성에게 주로 많이 발생하는 간질환은 대부분 알코올성 지방간이 많으며 여성의 경우는 간염 등이 많다. 일반적으로 모든 간질환은 금주를 함으로써 상당히 호전될 수 있고 단백질과 비타민, 무기질의 충분한 섭취 등 적절한 식사도 중요하다.

중년 여성에게서 심각해지는 골다공증은 폐경과 밀접한 관계가 있지만 유전적인 요인과 폐경기 이전의 영양 상태, 운동 정도, 호르몬 상태가 중요하다. 물론 뼈의 발달시기인 청소년시기에 충분한 영양을 통한 관리로 후에 일어나는 심한 골다공증을 예방할 수 있는데 40세 이상의 여성들도 칼슘 섭취와 체중이 실리는 걷기, 등산 등의 운동을 규칙적으로 하는 것이 골다공증을 완화시킬 수 있다. 폐경 즈음해서는 병원에서 골밀도 측정 등을 실시하여 자신의 뼈의 상태를 정확히 파악하여 대처하는 것이 바람직하다.

우리나라의 유방암 발생 빈도는 서구에 비하여 아직 낮은 수준이지만 1990년대 들어서면서 급격한 증가 추세에 있다. 자궁경부암, 위암에 이어 여성암 발생 빈도의 3위에 올라 있다. 서구 선진국에서는 50대 이후의 발생 빈도가 높은 반면 우리나라에서는 30~40대 여성들에게 높아 중년 초기 여성들의 경각심을 요구하고 있다.

이것은 현재 50~60대의 여성들은 젊었을 때 비만인인 경우가 적고, 출산연령이 낮으며 대부분 수유를 하였던 데에 반해 현재의 30~40대 여성들이 생활태도가 바뀐 데 큰 원인이 있다고 본다. 한 연구에서는 과다한 지방섭취와 비만이 유방암의 한 원인으로 여기고 있고 비타민 A, C, E와 셀레늄 같은 무기질의 부족도 유방암 발생을 높인다고 알려졌다. 특히 에스트로겐이 유방암을 촉진할 수 있어 유방암을 치료한 경험이 있는 여성의 경우 폐경 후 에스트로겐 요법은 삼가야 한다.

성인병 중 주로 남성에게 잘 발병되는 질환으로 동맥경화증, 고혈압, 비만, 암(위암, 간암, 폐암), 당뇨병이며 여성에게 잘 발병되는 질환으로는 인슐린 비의존형 당뇨병, 암(자궁경부암, 위암, 유방암), 골다공증, 갱년기 장애이다.

4) 암과 식생활의 상관성

표 8-8 암과 식생활의 상관성

분 류	암의 증가요인	암의 감소요인
위암	고염분 식품, 뜨거운 음식 과식, 불규칙한 식사	우유, 유제품, 신선한 채소, 과일, 싱거운 된장국
대장암	고지방식, 저섬유소식, 맥주(직장암)	고섬유소식(잡곡, 두류, 채소류), 양질의 단백질 식사(쇠고기, 어패류, 우유, 치즈)
간암	곰팡이독, 술, 식품첨가물(방부제 등), 중금속, 농약, 단백질 부족	고단백식, 신선한 채소, 과일, 콩과 콩제품
폐암	흡연, 고지방식	녹황색 채소
유방암	고지방, 음주	고에너지식
식도암	뜨거운 식음료, 영양가 낮은 식생활, 음주	양질의 단백질, 비타민, 무기질이 풍부한 식사, 채소, 과일

* 자료 : 대한지역사회영양학회(2000)

5) 암 예방을 위한 식생활

① 정상 체중 유지를 위해 과식을 피하고 지나친 지방의 섭취를 줄인다.
② 편식 않고 여러 가지 음식을 골고루 섭취한다.
③ 섬유질이 많은 신선한 채소, 과일을 충분히 섭취한다.
④ 소금에 절인 식품이나 훈제식품(햄, 베이컨, 소시지)의 섭취를 줄인다.
⑤ 불에 직접 태운 고기나 생선은 피한다.
⑥ 너무 맵거나 짠 음식, 뜨거운 음식과 같은 자극성 식품의 섭취를 피한다.
⑦ 스트레스를 피하고 과음과 흡연을 삼가 한다.

6) 중년기의 생활습관의 개선 요인인 운동, 음주, 흡연 스트레스 관리 문제

중년기의 건강은 식생활 외에도 여러 가지 생활방식에 따라 달라질 수가 있다. 이 중에 대표적인 요인들이 운동, 흡연, 음주와 스트레스 관리 등이다. 성인 질환의 초기 증세를 보이거나 유전적으로 만성질환에 걸릴 위험이 높은 사람들은 운동을 비롯한 건강한 생활방식을 취함으로써 질병의 발생과 진전을 늦출 수 있다. 적정한 음주는 관상동맥질환, 뇌졸중 등에 긍정적인 효과도 있으나 과도한 음주는 만성질환 및 손상의 원인이 되며 2009년 음주운전사고는 28,207건으로 1990년 7,303건에서 4배정도 증가 하였고 사고로 인한 사망자도 2배 이상 증가하였다. 우리나라 사망자의 8.9%는 음주관련질환 또는 사고 등으로 사망하는 것으로 보고되고 있다. 그리고 음주를 통해 발생된 문제는 안주와 함께 마시는 알코올의 과다섭취로 인하여 열량이 과다섭취 됨으로써 비만이 유발되는 한편, 비타민 B군들과 아연과 같은 미량 무기질의 흡수를 감소시켜 심한 영양불균형을 초래하고 소화기관의 장애와 함께 알코올성 간질환을 야기시키는 주요한 요인으로 작용한다. 뿐만 아니라 간암, 뇌졸중, 구강암, 유방암과 췌장암의 발생도 증가시킨다.

우리나라의 현재 흡연율(만 19세 이상)은 2009년 전체 26.6%이었고 남자는 46.7%로, 1998년 이후 감소 경향이었으나 HP2010 (보건복지부 새국민건강증진종합계획수립, 2005년) 목표 30%에 미치지 못하였고 여자의 현재 흡연율 6.9%로 역시 HP2010 목표 2.5%와 차이가 있었다. 연령별로 남자는 30대, 여자는 20대의 흡연율이 가장 높았고 연령이 낮을수록, 소득수준이 낮을수록 흡연율이 높았다. 음주보다 흡연은 그 자체로 매우 유해하며 만성질환에 위험인자로 작용하고 폐암, 동맥경화성 심질환으로 인한 사망의 원인이 거의 흡연에 기인한다고 알려졌으며, 영양적으로는 체내 비타민 C를 많이 소모시켜서 정상인보다 1.5~2배의 비타민 C를 섭취해야 하지만 실제로 흡연자들이 과일을 더 많이 섭취하지 않으므로 중요한 문제가 되고 있다.

중년은 사회적으로 가정적으로 많은 책임을 지고 있으므로 상당히 많은 스트레스를 받는 시기다. 또한 직업적으로 성공하거나 경제적으로 안정한 경우도 40대에 이르러 심리적인 허탈감 등의 정신적 스트레스를 많이 받는다. 스트레스의 증세를 요약하면 다음과 같은데 긴장성 두통, 편두통, 소화불량, 위염, 위궤양, 과민성 대장 증후군, 설사와 변비가 교대로 나타나고, 만성질환의 악화 등이다.

이러한 문제 발생을 예방하기 위해서 먼저 자신이 어느 정도의 스트레스를 받고 있는지 설문으로 평가해 보고 스트레스 관리요령을 익히는 게 중요하다.

표 8-9 연령별 주요 성인 질환 유병률(명/인구 1,000명)

연령대	당뇨병	고혈압	중풍	심장병	간질환
20~29세	1.7	2.2	0.3	2.2	13.9
30~39세	4.79	9.4	0.3	5.4	13.6
40~49세	23.0	34.7	3.3	16.7	18.0
50~59세	46.6	82.8	12.5	30.2	21.6
60~69세	79.8	112.9	31.1	39.5	24.0
70세 이상	49.8	101.5	43.9	44.9	8.8

* 자료 : 대한지역사회영양학회(2000)

8-4 노인의 영양교육

1 노인기의 영양교육의 필요성

평균 수명의 연장과 노인 인구의 증가로 인한 인구의 고령화 추세는 경제성장과 현대의학의 발달에 의한 전 세계의 추세이다. 우리나라의 경우 1960년에는 65세 이상의 노인 인구가 전체 인구의 2.9% 이었으나 1996년에는 5.8%로 증가되었으며 2000년 이후 가속화되어 2020년에는 12.5%에 달할 것으로 추정되며 평균수명도 1960년대 55.3세에서 2000년도에는 74.3세로 크게 늘어났다. 이러한 현상은 새로운 사회문제로 대두되고 단순한 평균수명 연장이 아닌 노인의 삶의 질을 향상시키기 위한 건강증진이 무엇보다 중요하다. 노인의 건강은 영양 섭취와 질병 상태, 그리고 사회적, 심리적, 경제적 요인 등 여러 가지 요인에 의해 영향을 받는다. 많은 사람에게 있어 노화는 사회적 역할과 활동을 점진적으로 줄게 만들며 자녀들이 도시로 나가서 혼자 남게 되고 식사도 혼자하며 그나마 생활비마저 넉넉하지 않다. 또한 혼자 사는 노인들은 식사를 종종 거르며 식사가 불량해질 수 있어서 각자 스스로 식생활을 영위하는 방법과 기술을 익혀야 할 필요가 커졌다. 그러나 노인 단독가구의 증가는 곧 노인들을 부양할 책임질 가족이 없거나 같이 살고 있지 않다는 점에서 사회적 부담을 증가시키는 요인이 되고 일반적으로 높은 만성질환 유병률, 노동능력 상실 등으로 빈곤, 가족 및 사회로부터의 소외 등 복합적인 문제를 안고 있어 노인들의 신체적, 경제적, 정서적 부양 서비스의 제공과 관련한 복지대책의 측면에서의 적극적이고 체계적인 노인 급식프로그램 실시가 시급히 요구되고 있다. 크게 시설 입소 노인과 재가 노인들로 분류해서 실시해야 할 것이다.

2 노인의 영양교육 내용

1) 노년기의 신체적, 생리적 변화에 대한 이해

첫째로 감각기관의 변화를 들 수 있는데 연령이 증가함에 따라 시각, 미각, 후각, 청각, 피부 감각기능 등은 점차 감소한다. 이러한 변화는 40세 이후부터 시작하여 60세경부터는 미각과 후각의 지각능력이 더 떨어지고 70세 이후에는 좀 더 심해지게 된다. 맛의 지각능력 변화는 영양 상태, 약물, 구강위생, 중추신경의 상태 등에 의하여 영향을 받는데, 특히 짠맛과 단맛에 대한 역치가 상승해서 점점 짜고 달게 먹는 걸 좋아하게 된다. 여자보다 남자에게 뚜렷하게 나타난다.

또한 청각, 시각, 운동 감각의 감소는 입맛, 음식인지 능력, 스스로 먹을 수 있는 능력 등을 떨어뜨려 식품섭취의 감소를 초래하기 쉽다.

두 번째는 소화기관의 변화인데 구강에서는 치아의 저작운동인 기계적 소화와 타액의 당질분해효소에 의한 화학적 소화가 일어난다. 나이가 들어감에 따라 치아가 빠지고, 남아있는 치아도 약해져서 충분하게 음식물을 씹는 활동이 힘들고 타액 분비 및 효소의 분비량이 감소하여 저하되므로 구강이 건조해지고 음식물을 삼키기가 힘들며, 맛에도 둔감해져 식욕을 저하시키는 요인으로 작용한다.

노화가 진행됨에 따라 위액(위산)과 효소 분비량이 감소하여 젊은 사람의 1/2~1/3 정도가 되어 노인에게 저산증이나 무산증이 많고, 단백질 소화능력도 떨어지게 되고 또한 위액의 감소로 인해 칼슘과 철 같은 무기질의 흡수를 저하시켜 골격계 질환과 빈혈에 걸릴 위험이 증가하므로, 이들 무기질의 섭취를 증가시키는 것이 바람직하다. 장근육의 수축과 이완에 의한 장 운동능력도 노화가 진행됨에 따라 약해지고 장세포의 퇴화와 장액 분비 감소로 소화 능력이 감소된다. 이로 인해 지방의 흡수 능력이 저하되고 당질 흡수도 지연되며 철분, 칼슘, 비타민 B_{12}의 흡수가 저하되고, 각종 영양소의 소화기능도 저하된다. 또한 장의 연동운동 감소로 노인에게서는 이완성 변비가 자주 나타나기도 한다.

세 번째, 신장은 특히 노화의 영향을 크게 받는 장기 중에 하나인데, 나이가 들면서 신장의 구조와 기능에 변화가 생겨 소변 속에 당과 단백질이 섞여 나오게 된다. 이러한 신장의 장애는 여과물을 걸러주는 사구체의 기능이 점점 퇴화되는 것을 시작으로 하여 재흡수와 배설이 일어나는 세뇨관의 이상이 생겨 신장병으로 발전될 수도 있다. 신장은 수분과 전해질 균형, 산 염기평형, 체내 노폐물 배설 등을 통해 체내의 항상성을 유지하는 중요한 기관이다. 그러므로 노화에 따른 기능 저하는 체내의 항상성을 유지하는 데 많은 어려움을 주어 칼슘대사에도 불리하게 작용하게 된다.

네 번째, 중추신경계의 변화로 인간의 뇌세포는 재생이 되는 않는 세포로 30세 이후부터 매일 수천 개씩 죽어 간다고 한다. 20~50세에서는 회백질이 백질보다 더 빨리 감소하며 그 이후에는 백질이 회백질보다 더 빨리 손실된다고 한다. 부위별로는 감정, 인지, 시각, 청각, 기억을 담당하는 대뇌 부위의 세포수는 현저하게 감소하는 반면 촉각, 진동을 담당하는 부위에서는 변화가 없었다고 한다. 나이가 들어감에 따라 뇌동맥경화증과 지방갈색소 등의 축적으로 뇌는 저산소증이 되어 수면장애, 기억력 감퇴, 시력, 운동장애를 초래할 수 있다.

다섯 번째, 대개의 호르몬들은 호르몬을 분비하는 조직들의 위축에 의해 분비가 감소하는 경향을 보인다. 골격계 대사와 관계하는 호르몬 중에서 혈액 중의 칼슘을 골격에 집어넣는 역할을 하는 갑상선호르몬인 칼시토닌은 노화가 진행됨에 따라 그 분비량이 떨어지고, 골격에서 혈액으로 칼슘을 빼내는 부갑상선호르몬(PTH)의 분비는 거의 젊을 때와 같아 골격의 칼슘 손실이 지속적으로 일어나게 되어 골격계 질환의 발병률이 높아진다.

여섯 번째, 나이가 들어감에 따라 면역계의 기능이 감소하여 감염에 대항하는 힘이 떨어지고, 암의 발병률도 증가된다고 한다. 면역기능과 여러 가지 영양소의 관계가 연구되고 있는데, 예를 들면 비타민 E의 보충이 수개월 동안 노인에게 면역력을 증가시켰고, 아연의 수준이 면역기능에 아주 중요한 역할을 하며, 복합 비타민의 보충이 면역기능을 향상시켰다는 보고가 있으나 아직 확실치는 않다.

2) 노인의 영양관리와 식사지침

노년기에는 기초대사율이 감소되고 육체활동 또한 적어지므로 노년기의 열량섭취는 총 1600~2200Kcal 정도이면 바람직한데 20~49세 연령층의 영양권장량보다 10~20% 적은 양이 적당하다.

① 매일 영양적으로 균형잡힌 식사를 해야 하며, 특히 부족해지기 쉬운 영양소는 충분히 다양하게 섭취하도록 한다.

② 음식은 소화흡수가 잘되는 것을 선택하여 조리해 먹도록 한다. 예를 들면 콩의 섭취로 두부나 두유를 선택하거나, 치아 부실로 생과일 먹기가 불편할 경우 믹서에 갈아서 반드시 필요량을 섭취한다.

③ 단백질, 비타민, 무기질은 거의 같은 양을 섭취해야 한다. 특히 부족해지기 쉬운 단백질은 하루에 한 번 육류나 생선, 간 등 동물성식품을 통해 섭취하는 것이 좋고, 인체의 신진대사 촉진과 활력을 유지하기 위해 비타민 A, B, C가 풍부한 식품을 섭취하도록 해야 한데 비타민 A의 경우는 유일하게 흡수율이 증가하므로 영양보충제 과다복용 시 오히려 독성을 초래할 위험이 있어 주의가 필요하고 반면 비타민 D는 실외활동의 감소와 피부노화에 따른 합성능력 저하로 결핍의 우려가 높으므로 정기적인 산책이나 일광욕 등으로 합성을 유도하는 것이 좋다.

④ 평소에 정상체중을 유지하도록 한다.

⑤ 노년기에 부족해지기 쉬운 칼슘과 철분은 충분히 섭취해야 한다. 노년기에는 철분 흡수율이 낮아지고 노년기에 운동이 부족하면 칼슘이 몸밖으로 빠져나가 뼈가 약해지는 등 골다공증을 초래할 수 있다.

⑥ 단순 당질은 피하고 섬유질을 적당히 섭취하여 변비에 걸리지 않도록 예방한다.

⑦ 자극적인 양념과 지나친 염분 사용을 피해야 한다.

⑧ 지방은 열량의 20% 정도로 식물성 지방을 주로 섭취하는 것이 좋다. 심혈관계질환의 예방에 도움을 준다.

⑨ 흡연은 골밀도를 저하시키므로 금연하는 것이 바람직하며, 지나친 음주는 삼가야 한다.

3) 노년기 영양과 관련된 건강문제

(1) 골다공증

골다공증은 뼈의 골질량이 감소된 상태를 말하는 것으로서 노화, 폐경기의 여성호르몬의 감소, 즉 갑상선 기능 저하 및 에스트로겐 분비 저하, 칼슘 흡수 저하, 기타 내분비계 질환, 활동량 감소 등이 원인으로 증상은 폐경기 후반에 나타나고 대부분 노화 현상으로 생각되는 요통 외에는 특이한 증상이 없는 것이 특징이다. 이미 진행된 후의 증상으로는 허리가 구부러지고, 키가 작아지며, 경미한 충격에도 척추를 비롯한 다리, 팔목, 늑골 등 골절을 일으키게 된다. 골다공증에 걸리기 쉬운 여성은 조기 폐경된 여성, 고령자, 가족력이 있는 사람, 운동을 하지 않거나 음주, 흡연을 많이 하는 사람, 소화기관 장애로 영양 흡수가 불량한 사람 등이다. 치료와 예방엔 식사요법과 운동요법, 호르몬 대체요법 등이 있는데 식사요법으로는 보통 일일 권장 칼슘의 양은 약 1,000mg이지만 폐경기 이후 여성의 골다공증 예방을 위해서 호르몬 대체요법과 더불어 일일 칼슘 1,500mg과 비타민 D 700~800IU를 같이 복용할 경우 골 소실을 정지시킬 수 있어 비타민 D 투여를 병행하여 사용한다. 우유나 유제품 이외에도 뼈째 먹는 생선(멸치, 미꾸라지, 뱅어포, 생선통조림 등), 우렁이, 굴, 대하, 두부, 깨, 호두, 미역, 다시마 등에도 칼슘이 많이 함유되어 있다. 칼슘 흡수를 증가시키기 위해서는 저지방 식품과 같이 먹고, 또한 적당한 일광욕(햇빛에 노출)을 해서 비타민 D가 활성화되어야 한다. 흡연은 골밀도를 저하시키므로 금연하는 것이 바람직하며, 지나친 음주는 삼가야 한다. 그리고 운동은 강한 뼈를 만들고 유지시키는 데 중요한 역할을 한다. 뼈는 근육이 붙어 있는데 이 근육을 스트레칭시키는 운동을 함으로써 뼈를 자극시켜 골밀도를 증가시킬 수 있어 운동 중에서 뼈에 체중을 실어주는 운동이 골다공증에 유익하다. 호르몬 대체요법은 운동요법과 같이 하는 것이 중요하다.

(2) 빈혈

노인에게 있어 빈혈의 원인은 크게 철분결핍성 빈혈과 거대 혈구성 악성빈혈로 나눌 수 있다. 거대 혈구성 악성빈혈은 발병 나이가 평균 60세이며 인구의 1% 미만에서 볼 수 있다. 비타민 B_{12} 결핍, 엽산 결핍이 주요 원인이며 안색이 나쁘며 가슴이 두근거리거나 숨이 차고 몸이 노곤해지는 일반적인 빈혈 증상 외에 혀가 붉고 미끈미끈한 것이 특징이고 식사 때에는 쓰리는 느낌이 있으며 맛을 모른다. 빈혈은 이처럼 비타민의 결핍도 관계가 있기는 하나 소화기관을 통한 혈액의 손실이 노인들에게 흔히 나타나며, 이로 인한 철분의 결핍이 빈혈의 주요한 원인이 된다.

65세 이상의 남자노인의 경우 헤모글로빈 수준이 나이에 따라 감소하게 되는데 그 이유는 노년기에는 골수의 변화가 생기며 또 조혈 영양소들의 결핍으로 인해 적혈구 조혈작용의 효율성이 떨어지기 때문이다. 단백질 열량 부족이 되면 적혈구 생산이 저하되며, 감염이 되었다든지 하여 신체 철분이 헤모글로빈 합성을 위해 방출되지 않을 때 적혈구 조혈작용은 감소한다. 그래서 열이 있거나 염증, 신장염과 같이 만성적인 감염 상태에 있을 때는 적혈구 조혈 및 정상 적혈구 수의 감소, 혈청 철분의 부족 등으로 인해 빈혈이 생긴다. 식사로 철분을 충분히 섭취할 수 없을 때는 권장량만큼의 철분이 들어있는 철분 보충제를 써도 좋다. 그러나 권고 단위 철분 보충제를 복용하면 매우 위험하며, 혈색소증과 간의 손상을 일으킬 수 있다.

4) 노인을 위한 조리방법과 식욕을 증가시키는 방법

연령이 증가됨에 따라 저작능력이 둔화되고 장기의 운동기능과 소화흡수 능력이 떨어지면서 식욕저하와 식사 섭취 능력 등에 영향을 미치므로 조리할 때 세심한 주의가 필요하다.

(1) 저작 능력 저하에 따른 조리방법

치아가 없거나 의치를 착용할 경우 개개인의 상태를 고려해야 한다.

음식을 먹기 쉬운 크기로 자르거나 칼집을 넣어 조리하거나 조리한 후 다지거나 믹서에 갈고 으깨는 방법을 사용한다든지 또는 가압솥을 이용하여 통채로 푹 삶아 부드럽게 하여 먹게 해도 된다. 모든 음식을 일률적으로 하기보다 가능한 자연스러운 식사 형태가 되도록 하는 것이 바람직하다.

(2) 감각둔화와 운동기능이 저하되었을 때의 조리방법

감각 중 특히 미각의 역치는 나이가 들어감에 따라 계속 상승하여 특히 쓴맛과 짠맛을 느끼는 능력이 현저하게 떨어져서 식염을 과잉 섭취하지 않도록 맛의 변화를 주도록 연구하고, 후각과 미각이 저하되었을 때는 재료를 자르는 방법이나 상차림에 대하여 연구하여 보기에 아름답게 조리, 상차림함으로써 식욕이 생기도록 한다.

운동장애가 있는 노인의 경우 본인이 직접 먹을 수 있도록 한 입 크기로 썰거나 쥐고 먹을 수 있도록 주먹밥, 김밥 등을 만들어주며, 연하장해, 저작기능장애가 있을 경우에는 조리를 한 후 잘게 다지거나 믹서에 갈아먹도록 하며, 그 밖에 반고형식, 유동식 형태로 조리하는 방법도 효과적이다.

(3) 소화흡수 능력의 저하에 따른 조리방법

일반적으로 소화흡수 기능의 저하는 소화액의 분비 감소, 호르몬의 효소활성 저하 등을 일으키며, 식욕부진이 되기 쉽고, 장의 유동운동에도 장애가 일어나 변비를 일으키기 쉽기 때문에 위와 장의 부담을 가볍게 하여 주기 위하여 저작을 충분히 하고 부드러운 채소요리와 펙틴(과일류), 수분 보존성이 높은 식품(해초, 한천), 적당한 지방(식물성 기름의 요리, 종실류)을 섭취하도록 한다. 또한 식물섬유가 함유되어 있는 식품을 선택하여 장의 유동운동을 촉진시키며 가능한 한 가열하여 부드럽게 조리한다. 그리고 위의 운동과 위액분비를 촉진시키기 위하여 적당히 산이 있는 식품, 향신료와 향미가 있는 채소를 사용하고, 타액 분비량이 저하되는 경우가 많으므로 타액 분비를 촉진하는 식품(과일주)을 사용하고, 식전에 소량의 포도주, 정종 등 알코올 성분이 낮은 술로 식욕을 촉진하도록 한다.

일반적으로 위와 장의 기능저하는 부담이 큰 단백질 식품을 멀리하게 하게 되어 빈혈이 걸리기 쉬우므로 빈혈 예방의 의미로 환자의 기호를 반영하여 먹기 쉽도록 조리하여야 한다.

〈노인을 위한 식욕을 증가시키는 방법〉

1. 음식의 색깔, 모양, 향 등을 다양화한다.
2. 양념을 다양하게 사용하고 소금은 그동안 적응해 온 정도로 유지한다.
3. 식당은 편안한 분위기와 청결하게 하고 예쁜 식기와 기구를 사용한다.
4. 새로운 음식을 제공하고 유래를 설명해 준다.
5. 가족이나 친지들과 함께 식사하는 등 외롭지 않게 한다.
6. 식사 전에 걷기 운동으로 식욕을 증진시킨다.
7. 영양소가 농축된 음식을 제공한다.
8. 식사하기 편하도록 음식을 다듬어 조리한다.
9. 치아가 빈약할 경우 반 가공한, 유연하고 으깬 식사를 제공한다.

♣ 참고문헌 ♣

1. 모수미, 최혜미, 구재옥, 이정원. 생활주기영양학. 효일문화사, 1998
2. 김숙희, 유춘희, 김선희, 이상선, 강명희, 장남수. 가족영양학. 1994
3. 보건복지부, 질병관리본부, 2009국민건강통계국민건강조사 제4기 3차년도, 2009
4. 한국영양학회, 2010한국인영양섭취기준 개정판, 2010
3. Endres J, Dunning S, Poon S-W, Welch P,Duncan H, Order pregnant women and adolescents : Nutritional data after enrollment in WIC. J Am Diet Assoc 87, 1987, pp1011-1016
4. Brown, J.E. and Toma, R.B. : Taste Changes During Pregnancy, Am J Clin Nutr 43, 1986, pp414-418
5. American Dietetic Association : Nutrition Care for Pregnant Adolescents, J Am Diet Assoc 93 ,1993, pp816-821
6. American Dietetic Association : Fad Diets : What You May Be Missing, J Am Diet Assoc, Feb. 2000.
7. American Dietetic Association : Straight Answers About Vitamin and Mineral Supplements : J Am Diet Assoc, April. 1997
8. Julie Swarts : Staying on track: The benefit of exercise combined with healthful eating, J Am Diet Assoc, 2000, 100(1):15
9. http://node3.assembly.go.kr:5555/law/tbl/d6/td601030/001.htm
10. http://members.tripod.lycos.co.kr/hsahnlee/Intro.htm)
11. http://www.mdk.co.kr/food-1/임신시%20좋은%20요리.htm)
12. http://www.scnc.org/commonsense/common-19.htm
13. http://www.dietnote.co.kr/diet/diet22.htm
14. user.chollian.net/~allsave/diet/chap13.htm
15. http://www.icda.or.kr/foods/food-m05.html
16. http://www.mdk.co.kr/home.asp?rf = t&mnu = nutrition_control&mnumode = 4medidata

제 9 장 영양교육 행정 및 영양개선 사업

9-1 영양행정과 활동

헌법에 명시되어 있는 바로 모든 국민은 건강하고 문화적인 최저한도의 생활을 할 수 있는 권리를 가지고 있다. 따라서 영양행정이란, 식생활 개선을 위한 모든 분야의 각종 영양개선의 행정업무를 총괄해서 말한다.

영양행정은 영양관계법규에 따라 국민 전체를 대상으로 영양개선을 시도하는 국가 및 지방자치제의 행위이므로 대상은 농어촌의 주민, 근로자, 학생, 임산부로부터 노인에 이르기까지 국민 전체로 다양하다.

우리나라 국민영양에 있어서 정책상의 문제점으로 국민영양 개선지도를 위한 각종 기초자료의 미비, 보건소의 인력 부족 및 비전문가의 겸임 등을 들 수 있으며, 또한 일반 국민들의 영양에 관한 인식 부족으로 국민영양 개선사업을 등한시하고 있다.

영양 행정기능을 완수하기 위해서는 과학적이며 객관적인 기능과 인간적이고 주관적인 기능의 양면이 필요하다.

계획하는데 있어서 가장 중요한 일은 의사결정이며, 집행에서 행정기관이 업무를 명확하게 합리적으로 집행하는 데 있다. 통제 및 평가하는 데에 있어서는 기준이 가장 중요하다.

계획 → 집행 → 평가 등의 관리순환의 형성과 관련업무가 서로 유기적으로 결합하는 것과 입수한 자료를 여러 목적에 이용하여 올바른 영양행정을 하는 것이 중요하다.

최근에 식생활 양상이 변화함에 따라 질병과 영양에 대한 새로운 과제를 선정하여 계몽하고자 각 부처별로 영양 사업을 추진하고 있다. 우리나라 영양정책의 현황은 다음과 같다.

① 국민건강·영양조사 실시
② 국민 식생활지침 제정
③ 영양사 제도
④ 영양섭취기준 제정
⑤ 국민건강증진법 제정
⑥ 영양표시제도 시행
⑦ 식품보조정책
⑧ 응용 영양 사업 실시
⑨ 대 국민 보건교육 활동 강화
⑩ 식품군의 제정
⑪ 국민영양관리법 제정
⑫ 한국영양교육평가원 설립

9-2 국제영양기구

영양행정의 국제기구로는 WHO(World Health Organization, 세계보건기구), FAO (Food and Agriculture Organization, UN 식량농업기구) 및 UNICEF(United Nations International Children's Emergency Fund, UN 아동구호기금) 등을 들 수 있다.

1 WHO(세계보건기구)

국제연합(UN) 산하에 설치되어 있으며, 우리나라도 그 회원국이다. 전 인류의 건강 및 영양의 장애가 되는 여러 원인을 제거할 목적으로 설립되었고, 계속적인 계획, 회의, 연구, 실시를 통해서 전 인류의 보건 향상에 공헌하고 있다. 세계보건기구의 기능은 다음과 같다.

① 보건 통계의 수집과 분석
② 보건교육

③ 환경위생
④ 전염병관리
⑤ 모자보건
⑥ 의료
⑦ 보건간호

2 FAO(식량농업기구)

국제연합 부설에 있으며, 그 설치 목적은 세계의 영양 상태 개선에 있고 이 목적을 달성하려면 식량의 생산증가, 식량의 분배 개선, 생활수준의 향상 등이 수반되어야 한다는 기준 위에서 영양개선에 관한 큰 방침을 세워 각국의 영양행정에 영향을 주고 있다.

3 UNICEF(아동구호기금)

UN산하의 모자 교육기관으로서 FAO, WHO와 공동계획을 하여 학교의 영양교육 활동을 하고 있다. 특히 일상생활의 에너지 기준값과 영양권장량을 산출하여 개발도상국의 영양문제를 조사하여 원조하고 있다.

9-3 영양과 관계있는 행정기구

1 보건복지부

보건복지부는 사회적 위험으로부터 국민을 지키고 사회 통합을 증진하며 사람에 대한 투자와 사회 서비스 제공을 통하여 국민의 삶의 질 향상과 국가발전에 기여함을 목표로 하고 있으며, 국민 누구나 건강하고 행복이 넘치는 희망 사회 실현을 비전으로 삼고 있다.

주요 업무에는 건강검진, 질병관리, 암관리, 정신보건, 구강보건, 모자보건, 기초생활보장, 노인복지, 장애인복지, 아동복지 등이 있다.

보건복지부는 영양행정의 중앙기관으로서 대국민 영양사업을 총괄하고 있으며, 식품위생법, 국민영양개선령 및 국민건강증진법의 시행 등의 업무를 관장하고 있다.

국민건강·영양조사를 2007년 7월부터 질병관리 본부 주관 하에 실시한다.

2007년도 개편된 보건복지부의 행정 체계는 그림 9-1과 같다.

그림 9-1 보건복지부의 행정체제

1) 보건소

보건소는 지역주민의 질병을 예방하고 건강을 증진시켜 국민보건 향상에 이바지하는 지역보건의료기관으로 보건소의 설치는 지역보건법이 정하는 기준에 따라 당해 지방자치단체의 조례로 정하는데 대개 각 시군구에 설치되어 있다.

기능으로는 지역보건법 제9조에 명시되어 있는 바와 같이 당해 속해 있는 지방자치단체 내에서, 국민건강증진 사업을 비롯하여 지역사회 보건의료 현황의 연구 사업 등 총 16가지 업무를 수행하고 있다.

① 국민건강증진・보건교육・구강건강 및 영양개선 사업
② 감염병의 예방・관리 및 진료
③ 모자보건 및 가족계획 사업
④ 노인보건 사업
⑤ 공중위생 및 식품위생
⑥ 의료인 및 의료기관에 대한 지도 등에 관한 사항
⑦ 의료기사・의무기록사 및 안경사에 대한 지도 등에 관한 사항
⑧ 응급의료에 관한 사항
⑨ 농어촌 보건의료를 위한 특별조치법에 의한 공중보건의사・보건진료원 및 보건진료소에 대한 지도 등에 관한 사항
⑩ 약사에 관한 사항과 마약・향정신성의약품의 관리에 관한 사항
⑪ 정신보건에 관한 사항
⑫ 가정 사회복지시설 등을 방문하여 행하는 보건의료 사업
⑬ 지역주민에 대한 진료, 건강진단 및 만성퇴행성질환 등의 질병 관리에 관한 사항
⑭ 보건에 관한 실험 또는 검사에 관한 사항
⑮ 장애인의 재활 사업 기타 보건복지부령이 정하는 사회복지 사업
⑯ 기타 지역주민의 보건의료의 향상・증진 및 이를 위한 연구 등에 관한 사업

보건소는 질병의 예방, 건강증진, 환경위생 등 공동 위생활동의 중심적 기관으로서 지역주민의 생활과 건강에 중요한 역할을 맡고 있다.

1995년에 보건소법이 지역보건법으로 개정되어 각 지방자치단체에서 주민들의 건강증진에 관한 사업을 추진하고 있다.

2) 질병관리본부

국립보건원이 2004년에 질병관리본부로 확대 개편되었으며 감염병 및 특수질환에 관한 조사・연구・평가 업무를 관장하고 있으며, 감염병에 관한 조사연구 업무는 전염병의 전파 방지, 효과적인 예방, 진단, 치료법의 개발, 신종 전염병 발생에 대비하는 것을 주요 내용으로 하고 있다. 2011년에는 질병예방센터 건강영양조사과 신설되었다. 질병관리본부는 국가 감염병 연구 및 관리와 생명과학연구를 수행하는 중추기관이다.

3) 식품의약품안전청

식품의약품안전청은 식품・의약품의 기준・규격・시험방법 등의 제・개정과 유통되는 제품의 품질관리를 위한 지도와 단속, 식품・의약품 안전관리를 위한 주요 정책 수립과 시험・연구 및 안전에 관한 새로운 지식・정보의 보급 등의 업무를 수행하고 있으며, 그 기능은 식품, 의약품, 화장품, 의료기기 등의 허가관리, 식중독관리, 부정불량식품단속, GMO(유전자조작) 식품관리, 식품안전관리 등의 업무를 수행하고 있다.

4) 한국보건사회연구원

한국보건사회연구원은 국민보건의료・국민연금・건강보험・사회복지 및 사회정책과 관련된 제 부문의 정책과제를 현실적이고 체계적으로 연구 분석하고 주요 정책과제에 대한 국민의 의견수렴과 이해증진을 위한 활동을 수행함으로써 국가의 장・단기 보건의료 사회복지 정책수립에 이바지함을 목적으로 설립되었으며, 다음과 같은 업무를 수행하고 있다.

① 보건의료・국민연금・의료보험・사회복지・인구 및 사회문제에 관한 제도 평가 및 정책개발
② 보건의료・사회복지 분야의 정책수립 및 개발을 위한 국가 기초통계자료의 생산
③ 보건의료・사회복지분야의 중장기 발전계획 수립
④ 보건의료・사회복지 분야 정부의 주요 정책위원회 지원
⑤ 보건의료・사회복지 주요 정책과제에 대한 국민 여론 수렴
⑥ 보건의료・사회복지 관련 국내외 전문기관과의 기술 정보교류, 공동연구 및 이에 대한 지원
⑦ 정부, 국내외 공공기관 및 민간단체로부터의 공익성이 있는 연구용역의 수탁보건의료・사회복지에 관한 교육, 연수 및 홍보

⑧ 기타 연구원의 목적달성을 위해 필요한 사업

한국보건사회연구원은 인구와 보건 전반에 관한 정책수립에 필요한 연구 및 평가사업을 수행하며, 국민건강증진과 체위향상 등 국민영양에 관한 전반적인 연구를 한다. 과거에는 영양권장량 책정 사업도 시행하였다. 최근에는 보건복지부의 용역을 받아 국민건강·영양조사 중 국민의 건강 상태, 의료 이용실태 및 보건의식 형태 등 건강 면접조사를 수행하고 있다.

2 농림수산식품부

농림수산식품부는 농산·농촌개발·식량·수리·농산물유통 및 축산에 관한 업무를 관장한다. 2009년에는 식생활에 대한 국민적 인식을 높이고 국민의 삶의 질을 향상시키기 위해 식생활교육지원법을 제정하였다.

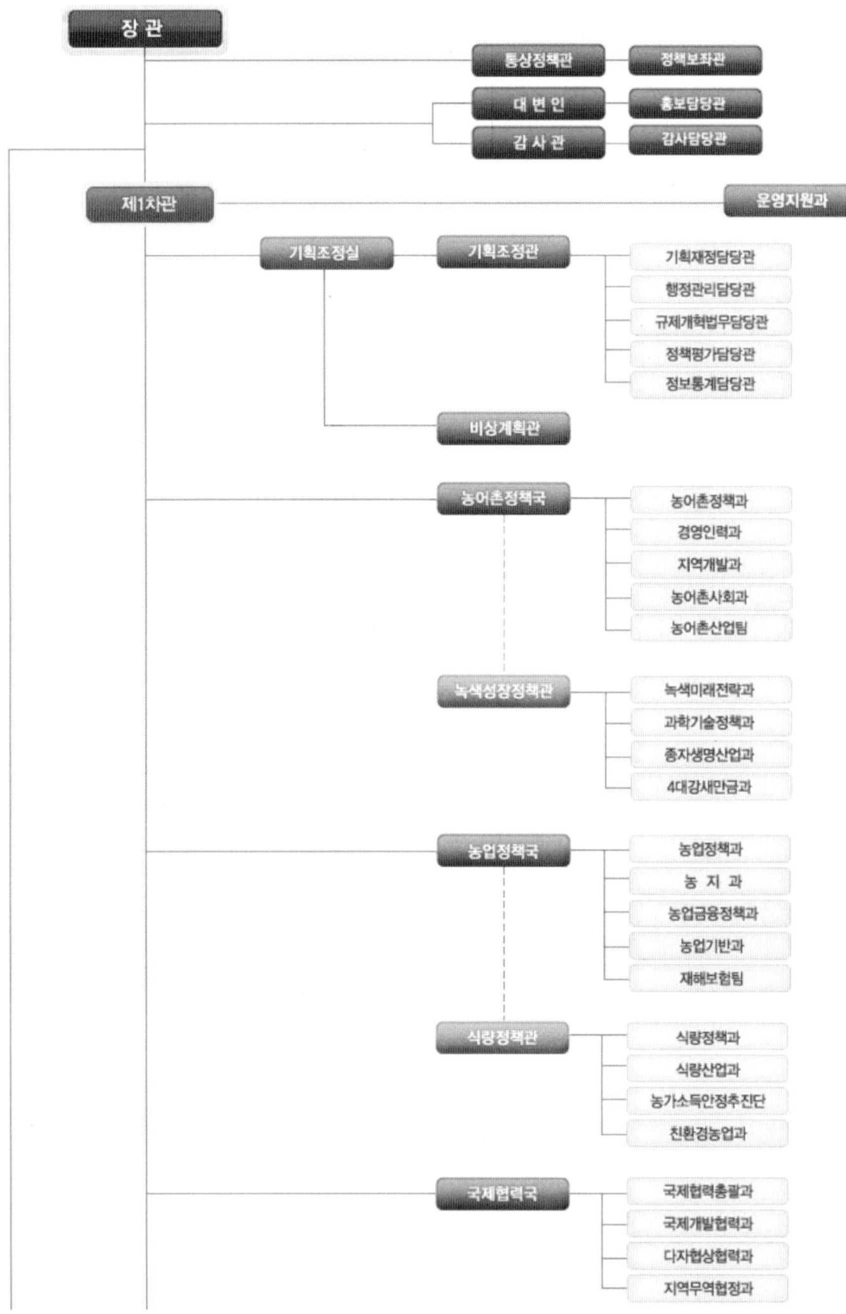
장 관
통상정책관
정책보좌관
대 변 인
홍보담당관
감 사 관
감사담당관
제1차관
운영지원과
기획조정실
기획조정관
기획재정담당관
행정관리담당관
규제개혁법무담당관
정책평가담당관
정보통계담당관
비상계획관
농어촌정책국
농어촌정책과
경영인력과
지역개발과
농어촌사회과
농어촌산업팀
녹색성장정책관
녹색미래전략과
과학기술정책과
종자생명산업과
4대강새만금과
농업정책국
농업정책과
농 지 과
농업금융정책과
농업기반과
재해보험팀
식량정책관
식량정책과
식량산업과
농가소득안정추진단
친환경농업과
국제협력국
국제협력총괄과
국제개발협력과
다자협상협력과
지역무역협정과

그림 9-2 농림수산식품부의 행정체제

농림수산식품부의 주요 업무는 아래와 같다.

① 식량의 안정적 공급과 농수산물에 대한 소비자 안전
② 농어업인의 소득 및 경영안정과 복지증진
③ 농수산업의 경쟁력 향상과 관련 산업의 육성
④ 농어촌지역 개발 및 국제 농수산업 통상협력 등에 관한 사항
⑤ 식품산업진흥 및 농수산물 유통에 관한 사항

농업정책국의 식량정책과에서는 쌀 가공산업육성 및 소비확대 등 양곡정책 및 수급계획에 관한 업무와 식량수급 관리 및 자급률 제고 등의 업무를 관장하고 있으며, 식품산업정책실의 소비안전정책과에서는 지리적표시제도, 가공식품 KS인증제도, 유기가공식품 인증제도 등을 관장하며, 식품산업정책과에서는 지역전략 식품산업 육성, 국가식품클러스터추진, 식생활 개선에 관한 업무를 관장하고 있다.

1) 농촌진흥청

농촌진흥청은 국가의 기본산업인 농업의 발전과 농업인의 복지향상을 도모하기 위하여 농업과학기술의 진흥을 위한 시험연구사업·농촌지도 사업 및 농업 관련인에 대한 교육훈련 사업의 실시에 관하여 필요한 사항을 규정함을 목적으로 설립되었으며, 주요 기능으로는 농업경영기술개발, 농업기술정보화, 시험연구 사업의 기획·운영관리, 국제협력, 농자재 등록 및 품질관리, 농촌지도사업 기획지원, 농업·농촌 생활기술 보급, 인력육성 등의 업무를 수행하고 있다. 1968년부터 농촌 영양 수준의 향상을 위한 응용 영양 사업을 국제기구의 도움으로 전개하고 있다. 우리나라 응용 영양 사업의 목표는 농민의 식품유통 소비구조의 개선, 부족 영양의 충족과 체위향상, 영구적인 식량자급 등이다. 2008년에는 한식세계화연구단을 발족하여 한식의 세계화를 추진하고 있다.

2) 한국식품연구원

한국식품연구원은 식품기능성 규명, 신소재·신공정 연구개발, 식품저장·유통·안전성 기술 연구 개발, 전통식품의 세계화 연구개발, 식품분석, 정보, 표준화 및 기반조성 연구개발 등의 사업을 수행한다.

3 교육과학기술부

교육복지국의 학생건강안전과에서는 학교보건법에 준하여 학생 건강증진에 관한 기본정책 수립, 학교보건 기본정책의 수립에 관한 사항, 학생 건강검사 제도개선, 국가차원의 학생건강 실태조사에 관한 사항, 학생 정신건강관리에 관한 사항, 학교 감염병 및 학생 만성질환 예방에 관한 사항, 중앙학교보건위원회 구성·운영, 학교급식 기본정책의 수립에 관한 사항, 학교급식의 영양관리에 관한 사항, 저소득층 자녀 학교급식비 지원에 관한 사항, 어린이 식품안전 보호구역 운영에 관한 사항, 학교 식중독 예방대책 수립 및 지원, 학교급식 환경개선 및 운영에 관한 사항, 영양교사 및 보건교사 수급 계획에 관한 사항 등을 관장하고 있다.

4 법무부

법무부 산하 교정본부에서 2005년부터 전국 모든 교정시설에 영양사를 배치하여 식단작성, 검수, 조리 및 위생교육 등 급식의 관리감독을 담당하고 있다.

5 국방부

국방부의 보건정책과에서는 장병의 건강증진 업무와 군대 내 감염병 예방, 식품, 수질 검사 및 건강증진을 담당하며 군무원으로 영양사를 채용하여 장병의 식생활의 질을 향상시키고 있다.

6 대학기관

2년제, 3년제 및 4년제 대학의 식품영양조리 분야, 식품가공 분야, 생활과학대, 생명공학대, 의대, 약대 등이 있으며, 이곳에서 식품과 영양 과목의 강의가 개설되어 전문적인 연구가 진행되고 있다.

♣ 참고문헌 ♣

1. 박영숙 외. 영양교육과 상담. 교문사, 2005
2. 김성란. 보건소 영양상담의 실제. 지역사회영양학회지, 2(3):438-439, 1999
3. 김삼근. 보건소 시범영양사업과 영양상담. 지역사회영양학회지, 2(3):434-437. 1999
4. 문현경, 박혜련 외. 지역사회 영양사업 지도서 -보건소 영양 사업을 중심으로- 대한영양사회, 1999
5. 장유경, 정영진 외. 지역사회 영양학. 신광출판사, 1998
6. 박영숙, 이정원, 서정숙, 이보경, 이혜상. 영양교육과 상담. 교문사, 1999
7. 보건복지부. 국민건강증진시책. 1996
8. 손정숙. 영양사 관련법과 제도. 영양사보수교육교재. 7-45. 대한영양사회. 1996
9. 정해랑. 영양표시제도의 현황 및 정착을 위한 과제. 국민영양 96(5) : 2-10
10. 정해랑. 국민영양과 식품 정책. 국민영양 95(5) : 36-37
11. 조병윤. 한국의 영양정책. 한국영양학회지, 28(6):545-547, 1995
12. 한국식품위생연구원. 국민영양증진법에 근거한 영양조사 및 개선사업에 관하여. WHO/96-97 정규협력 세미나, 1996
13. 中村丁次. 일본에서의 근로자 건강증진을 위한 THP운동. 대한영양사회・대한지역사회영양학회 제3차 소비자가 만족하는 영양서비스 제공을 위한 심포지움, 1996
14. 難波三郎. 일본에 있어서 영양서비스의 최신 동향. 대한영양사회 소비자가 만족하는 영양서비스 제공을 위한 심포지엄, 1994
15. Flores M.T. LAKASS : A partnership with communities for nutrition. International Workshop, 한국영양학회지 28(6) : 563, 1995
16. Flores M.T. National Nutrition Policy and Plan of Action : Instruments for Philippine Developement, 1995년도 한국영양학회 춘계심포지움, 한국영양학회지 28(6) : 525, 1995
17. http://www.mohw.go.kr
18. www.mnd.mil.kr
19. http://www.moj.go.kr
20. http://www.moe.go.kr
21. http://www.maf.go.kr

22. http://www.kfri.re.kr
23. http://cdc.mohw.go.kr
24. http://www.cdc.go.kr
25. http://www.kfda.go.kr
26. http://www.kihasa.re.kr
27. www.mifaff.go.kr
28. www.rda.go.kr
29. http://www.mest.go.kr

제 10 장 식품과 영양교육

10-1 영양표시제

1 식품의 영양표시제도

영양표시제도(Nutrition labeling)란 식품표시 항목 중의 하나로 '영양'에 대한 표기를 하는데 있어 정해진 규칙에 따라 표기하도록 강제화하여 적절한 식품의 영양정보를 소비자에게 전달해 줌으로써, 합리적인 영양관리 및 올바른 식품 선택을 유도하고 건강한 식생활을 유지할 수 있도록 하는데 그 목적이 있는 제도이다.

영양표시제도의 기능으로는 소비자보호 수단, 소비자에 대한 영양교육, 건전한 식품의 생산을 유도하기 위한 수단, 식품산업의 국제화에 대처하기 위한 수단으로의 역할을 한다.

이 제도는 식사요법을 시행해야 하는 환자와 현재 영양 과다섭취로 인한 비만, 성인병 증가 등의 추세로 보아 건강에 관심이 있는 사람에게는 필요한 제도이고 가공식품의 영양적 특성을 일정한 기준과 방법에 따라 표현하도록 국가가 관리하는 제도로써 이로 인한 허위 과대의 표시나 광고로부터 소비자를 보호하고 국민건강 증진에 이바지할 수 있다.

영양표시제의 근거 법령으로는 「식품위생법」 제10조의 규정에 의한 「식품 등의 표시기준」(식약청 고시), 농산물원산지표시요령(농산물품질관리법), 수산물원산지표시업무처리요령(수산물품질관리법), 친환경농업육성법(유기가공식품 원재료), 유전자재조합식품 등의 표시 기준(식약청 고시), 주세법, 자원의 절약과 재활용 촉진에 관한 법(용기 · 포장재질표시) 등에 규정되어 있다.

그림 10-1 영양표시의 예

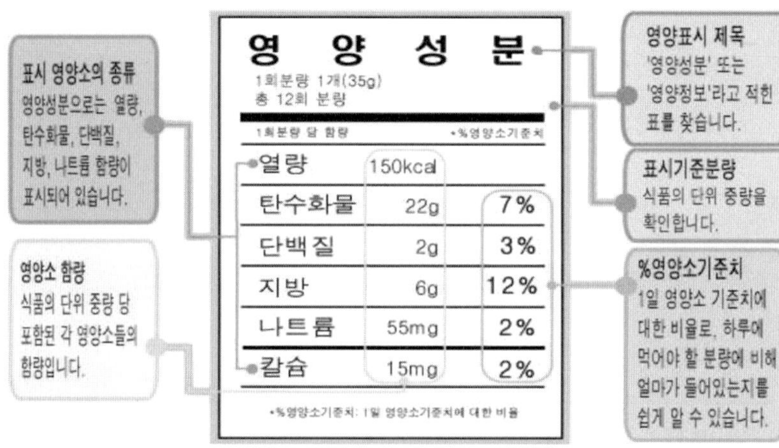

② 영양표시제도의 내용

영양표시제도에 해당하는 표시 대상 품목에는 특수 영양식품 또는 건강보조식품, 영양성분 표시를 하고자 하는 식품, 그리고 영양 강조 표시를 하고자 하는 식품으로 정하고 있으며, 제품의 영양적 특성을 그 표지에 나타내는 모든 표현을 대상으로 하며, 표지에 실제 나타나는 표현은 그 표시 대상이나 표현 방법이 다양하지만 크게 다음과 같은 3가지 범주로 구분해 볼 수 있다.

1) 영양성분표시(nutrient declaration)

영양성분은 그 식품이 가진 영양적인 가치를 표준화된 양식으로 숫자나 그래프 등을 이용하여 제품이 판매되는 시점에서의 100g당, 100㎖당, 또는 소비자가 1회에 섭취하는 양인 경우에는 1포장당 함유된 값으로 표시하여야 하며, 용기 · 포장에 소비자에게 제공하는 횟수를 표시한 경우(예 : "○○인분" 또는 "○○회용")에는 1인 분량당 또는 1회 분량당 함유된 값으로 표시할 수 있다. 〔예 : 1회 분량당 ○○그램(○○

인분용) 또는 1회 분량당 ○○그램(○○회분용)]. 또한, 액체에 담긴 것으로써 통상 그 액체를 섭취하지 아니하는 제품은 고형량에 근거한 함량을 기준으로 산출하여야 한다.

- 제품에 함유된 영양소의 함량을 일정 기준에 따라 표시토록 한다.
- 열량, 탄수화물 : 당류, 단백질, 지방 : 포화지방, 트랜스지방, 콜레스테롤, 나트륨은 그 명칭과 함량을 반드시 표시하여야 하고 비타민, 무기질, 식이섬유질 등은 임의로 표시할 수 있으나 이 경우 반드시 그 명칭과 함량을 표시하여야 한다.

2) 영양강조표시(nutrition claim)

일일이 영양표시된 수치를 읽지 않고도 제품의 영양적 특성을 금방 알 수 있도록 특정 용어를 사용하여 표현하거나 암시하는 모든 표현을 말한다.

- 용어별('저' '무' '고' 또는 '풍부' '함유')로 사용기준에 부합할 경우에만 표시할 수 있다.

  예) "저지방"이라고 표기하기 위해서는 제품 100g당 지방이 3g 미만이어야 한다.
- 열량을 비롯하여 다량 영양소 함량이 다른 제품의 표준값과 비교하여 최소 25% 이상 차이가 있고, 미량 영양소의 경우 최소 1일 권장량의 10% 이상 차이가 있는 경우에는 '덜' '더' '감소' '라이트' '강화' '첨가' 등으로 표시할 수 있다.

3) 건강정보표시(health claim)

그 제품에 함유된 특정 성분과 질병 간에 상관성이 있음을 표현하거나 암시하는 표현을 말한다.

- 식품 내 특정 영양소나 성분이 특정 질병과 상관성이 있음을 주장할 경우 정해진 기준에 부합하여야 한다.

예) "칼슘이 많이 함유된 식품을 섭취할 경우, 골다공증의 발생 위험을 줄일 수 있습니다"라고 표기하기 위해서는 제품 내 칼슘함량이 일정량 이상이어야 하며 칼슘과 인의 비가 1:1이어야 한다. 제품 내 총 지방, 포화지방, 콜레스테롤, 나트륨이 일정량 이하여야 한다.

3 영양표시의 필요성

첫째, 영양표시는 소비자가 자신의 건강에 적합한 제품을 선택할 수 있도록 도와준다. 오늘날 건강에 대한 소비자들의 관심이 높아지면서 건강과 직접적인 영향을 미치는 식생활에 대한 관심도 높아지고 있지만, 실제로 건강한 식생활을 위한 구체적 실천 방법을 제대로 알고, 실천하지를 못하고 있는 실정인데, 예를 들면 당뇨병 환자나 당뇨병 가족력을 가진 일반인이 제품의 당 함량을 알아서 스스로 당 섭취를 조절할 수 있게 된다면 소비자가 자신의 건강에 적합한 제품을 선택할 수 있고, 마찬가지로 고혈압 환자들이 제품에 들어있는 나트륨의 함량을 알 수 있다면 나트륨 함량이 더 적은 제품을 고르려고 노력하게 될 것이므로 국민건강 향상에 기여하게 된다.

둘째, 생산자는 표시 기준에 부합시키기 위하여 제품의 영양 수준을 향상시키게 된다. 예를 들어 '저 나트륨'이라고 표기하기 위하여 제품에 사용되는 식염의 양을 줄일 수 있는 방안을 연구하게 되어 전 국민이 가공식품으로부터 얻는 나트륨 섭취량이 감소하게 될 것이다.

셋째, 영양표시는 국가 의료비 절감에 기여할 수 있다. 영양교육의 도구로 식품표시를 사용하여 올바른 정보를 확산시킴으로써 소비자의 건강에 중요한 영양소의 섭취를 조절함으로써 국민영양의 불균형을 예방하고 질병의 발생 및 치료에 영향을 미쳐 결과적으로 국민 의료비를 절감할 수 있게 되는 것이다. 식품산업체가 자발적으로 모든 자사 제품에 영양표시를 하고, 소비자가 자신의 건강에 적합한 제품을 선택하기 위해 영양표시를 활용하게 되면, 건강에 중요한 영양소의 섭취를 조절할 수 있게 됨으로써 질병의 발생 및 치료에 영향을 미쳐 국가 의료비 절감에 기여할 수 있다.

넷째, 영양표시는 생산자가 자사 제품이 가진 영양적 특성을 알릴 수 있도록 해준다. 영양표시를 통해 식품산업체는 소비자들에게 자사 제품이 타사 제품보다 영양적으로 우수하고, 건강에 좋은 제품이라는 것을 알릴 수 있다. 예를 들어 소비자들이 나트륨이 적거나 지방 함량이 적은 제품을 선호한다면 식품산업체는 제품에 사용되는 식염이나 지방의 양을 줄일 수 있는 방안을 적극적으로 연구하고 제품을 개발하게 되고, 이렇게 개발된 제품들에는 '저나트륨' 혹은 '저지방' 등의 표현을 하여 이것을 홍보할 수 있다. 이로 인해 전 국민이 가공식품으로부터 얻는 나트륨과 지방의 섭취량이 감소될 수 있을 것이다.

다섯째, 식품산업의 발달로 인해 수많은 가공식품이 생산됨에 따라 소비자에게 제품을 선택하는 데 영양 정보를 주어 활용할 수 있게 한다.

2010년 1월에 어린이 비만예방 및 건강한 식생활을 조성하기 위하여 어린이 기호식품 영양성분 표시제가 시행되었다. 어린이 건강지킴이 신호등 표시도 있다.

4 표시사항

1) 제품명 (기구 또는 용기 · 포장은 제외함)

'제품명'이라고 함은 개개의 제품을 나타내는 고유의 명칭을 말한다. 제품명은 소비자를 오도하거나 혼동시키지 않도록 상호 · 로고 또는 상표 이외의 표현이나 허위 · 과대의 표시 · 광고에 해당하는 표현 및 다른 유형의 식품과 오인 · 혼동할 수 있는 표현을 포함하여 사용하여서는 아니 된다.

2) 식품의 유형 (따로 정하는 제품에 한함)

'식품의 유형'이라 함은 식품위생법 규정에 의한 식품 등의 기준 및 규격의 최소 분류 단위를 말한다. 그 분류 단위는 다음과 같다.

가. 다류
나. 음료류(기타 음료에 한한다.)
다. 특수 영양식품
라. 기타 식품류 중 추출 가공식품
마. 식품별 기준 및 규격 이외의 일반 가공식품
바. 식품의 특성이나 유형과 관련이 없는 가상의 명칭을 제품명 또는 그 일부로 사용한 식품
사. 식품별 개별 기준에 의하여 식품 유형을 표시하도록 한 식품

위의 식품별 기준 및 규격 이외의 일반 가공식품은 식품 유형에 따라 곡류 가공품, 두류 가공품, 서류 가공품, 전분 가공품, 식용유지 가공품, 당류 가공품, 과실류 · 채소류 가공품, 수산물 가공품, 축산물 가공품, 기타 가공품으로 표시하여야 하고, 법 규정에 의한 식품별 기준 및 규격상의 식품군, 식품 종, 식품 유형의 명칭을 표시하여서는 아니 된다.

3) 업소명 및 소재지

식품 등 제조 · 가공업소의 경우에는 식품위생법 규정에 의하여 영업허가나 신고시 허가 또는 신고 관청에 제출한 업소명 및 소재지를 표시하여야 한다. 이 경우 소재지를 표시함에 있어 반품교환업무를 대표하는 소재지를 표시할 수 있다. 식품소 분업소, 유통전문판매업소 경우에는 제조업소명(소재지를 포함한다.)과 함께 당해 업소명 및 소재지를 병행하여 표시하여야 한다. 식품 등의 수입 판매업소의 경우에는 업

소명 및 소재지와 당해 제품의 제조업소명을 표시하여야 한다. 다만, 외국의 제조업소명이 외국어로 표시되어 있는 경우에는 그 제조업소명을 한글로 따로 표시하지 아니할 수 있다. 기타 판매업소 등의 업소명 및 소재지를 병기하고자 하는 때에는 재조업소명의 표시 활자와 같거나 작은 크기의 활자로 표시하여야 한다.

4) 제조연월일(따로 정하는 제품에 한함)

'제조연원일'이라 함은 포장을 제외한 그 이상의 제조나 가공이 필요하지 아니한 시점(포장 후 멸균 및 살균 등과 같은 별도의 제조공정을 거치는 제품은 최종 공정을 마친 시점)을 말한다. 다만, 캡슐제품은 충전·성형 완료 시점으로, 소분 판매하는 제품은 소분용 원료제품의 제조연월일로, 원료제품의 저장성이 변하지 않는 단순 가공처리만을 하는 제품은 원료제품의 포장 시점으로 한다. 표시 대상은 도시락류, 설탕, 재제, 가공 소금 및 주류(다만, 주류의 경우 제조번호 또는 병입 연월일을 표시한 경우에는 제조일자를 생략할 수 있다.)에 한하며 도시락류의 경우에는 제조 시간까지 표시하여야 한다.

5) 유통기한(식품첨가물과 기구 또는 용기 · 포장은 제외함)

'유통기한'이라 함은 제품의 제조일로부터 소비자에게 판매가 허용되는 기한을 말한다. 식품은 그 유통기한을 정하여 표시하여야 한다. 다만 설탕, 아이스크림류, 빙과류, 식용얼음, 과자류 중 껌류(소포장 제품에 한한다.)와 제제·가공·정재 소금 및 주류(탁주 및 약주를 제외한다.)는 유통기한 표시를 생략할 수 있다. 유통기한의 표시는 사용 또는 보존에 특별한 조건이 필요한 경우 이를 함께 표시하여야 한다. 이 경우 냉동 또는 냉장보관·유통하여야 하는 제품은 '냉동보관' 또는 '냉장보관'을 표시하여야 한다. 유통기한이 서로 다른 두 가지 이상의 제품을 함께 포장하였을 경우 그 중 가장 짧은 유통기한을 표시하여야 한다.

6) 내용량(기구 또는 용기 · 포장은 제외함)

내용물의 성상에 따라 중량·용량 또는 개수를 표시하여야 한다. 이 경우 내용물이 고체 또는 반고체일 경우 중량으로, 액체일 경우 용량으로, 고체와 액체의 혼합물(직접 음용하지 아니하는 액체를 포함한다.)일 경우 중량 또는 용량으로 표시하고, 개수를 표시할 때에는 중량 또는 용량을 괄호 속에 표시하여야 한다. 섭취 전에 버리게 되는 액체(제품의 특성에 따라 자연적으로 발생하는 액체 제외)와 함께 포장되는 식품은 액체를 뺀 식품의 중량을 표시하여야 한다. 정제 형태로 제조된 제품의 경우에는 판매되는 한 용기·포장 내의 정제수와 총 중량을, 캡슐 형태로 제조된 제품의 경우에는 캡슐 수와 피포제 중량을 제외한 내용량을 표시하여야 한다. 이 경우 피포제의 중량은 내용물을 포함한 캡슐 전체 중량의 50% 미만이어야 한다.

7) 원재료명(기구 또는 용기·포장은 재질로 표시) 및 함량(원재료를 제품명 또는 제품명의 일부로 사용하는 경우 등에 한함)

'원재료'라 함은 인위적으로 가하는 정제수를 제외한 식품 또는 식품 첨가물의 제조·가공 또는 조리에 사용되는 물질로써 최종 제품 내에 들어 있는 것을 말한다. 인위적으로 가한 정제수를 제외한 모든 원재료명 또는 성분명을 제조·가공 시 많이 사용한 순서에 따라 표시하여야 한다. 다만, 법 제7조의 규정에 의한 식품의 기준 및 규격에서 정한 주원료의 원료명을 우선 표기할 수 있으며, 중량 비율로서 2% 미만인 경우에는 함량 순서에 따르지 아니하고 표시할 수 있다.

8) 성분명 및 함량(성분표시를 하고자 하는 식품 및 성분명을 제품명 또는 제품명의 일부로 사용하는 경우에 한함)

'성분'이라 함은 제품에 따로 첨가한 영양소 또는 비영양소이거나 제품에 따로 첨가하지 아니한 식품 또는 식품첨가물의 제조·가공 또는 조리에 사용된 원재료의 구성요소를 말한다. 제품에 직접 첨가하지 아니한 제품에 사용된 원재료 중에 함유된 성분명을 표시하고자 할 때에는 그 명칭과 실제 그 제품에 함유된 함량을 중량 또는 용량으로 표시하여야 한다. 다만, 이러한 성분명을 영양소 강조표시에 준하여 표시하고자 하는 때에는 영양소 강조표시 관련 규정을 준용할 수 있다.

9) 영양성분(따로 정하는 제품에 한함)

식품영양표시제도 내용

10) 기타 식품 등의 표시 기준에서 정하는 사항

- 회수 병을 사용하는 제품의 경우에는 공병 보증금 환불에 관한 사항을 용기 또는 병마개에 잘 보이도록 표시하여야 한다/
- 조사처리식품의 경우에는 조사처리업소명, 전화번호, 조사연월일, 조사선량과 조사 처리된 식품임을 나타내는 표시를 하여야 한다.
- 식품소분업소에서 식품을 소분하여 재포장한 경우에는 소분한 식품의 원래 표시사항을 변경하여서는 안 된다.
- 육류 등 냉동식품에는 "이미 냉동된 바 있으니 해동 후 재냉동시키지 마시길 바랍니다"라는 내용의 안내 표시를 하여야 한다.

- 과실 · 채소음료, 우유류 등 개봉 후 부패 · 변질될 우려가 높은 식품은 "개봉 후 냉장보관하시거나 빨리 드시기 바랍니다."라는 내용의 안내 표시를 하여야 한다.
- 통 · 병조림은 내용물의 고형량 및 내용량을 성분명 표시란에 표시하여야 한다. 산성 통조림식품은 "산성통조림"으로 표시하여야 한다. 개봉 시 상해 우려가 있는 "원터치캔" 통조림은 "개봉 시 캔 절단 부분에 손이 닿지 않도록 주의하십시오." 라는 내용의 주의 안내 표시를 소비자가 쉽게 확인할 수 있도록 표시하여야 한다.
- 레토르트식품은 "레토르트식품"으로 표시하여야 한다.
- 냉동식품은 비가열 섭취 냉동식품 또는 가열 후 섭취 냉동식품으로 구분 표시하여야 한다. 가열 후 섭취 냉동식품은 가열여부 등에 따라 "냉동 전 가열제품" 또는 "냉동전 비가열 제품"으로 구분하여 추가 표시하여야 하며, 발표제품 또는 유산균첨가제품은 효모 또는 유산균 수를 함께 표시하여야 한다.
- 음주 전후, 숙취 해소 등의 표시를 하고자 하는 때에는 "과다한 음주는 건강을 해칩니다." 등의 경고문구를 함께 표시하여야 한다.
- "이온수, 생명수, 약수 등의 용어를 사용하여서는 아니 된다." 등의 표시 사항이 있다.
- 유전자재조합식품의 경우 유전자재조합식품 등의 표시기준에 따른다.

<표시의 예>

- 열량과 열량과 그 값은 8포인트 이상으로 진하게 표시
- 탄수화물, 단백질, 지방, 콜레스테롤 및 나트륨의 명칭과 % 영양소 기준치는 8포인트 이상으로 진하게 표시
- 그 밖에 강조표시를 하고자 하는 영양성분의 명칭, % 영양소 기준치 및 그 값은 8포인트 이상으로 표시
  ※ 당알코올, 식이섬유 및 불포화지방은 자율 표시 사항임
  ※ 열량은 탄수화물, 단백질, 지방, 알코올 및 유기산 1g당 4kcal, 4kcal, 9kcal, 7kcal, 3kcal를 각각 곱한 값의 합으로 산출. 단, 탄수화물 중 당알코올 및 식이섬유의 함량을 별도로 표시하는 경우에만 당알코올은 2.4kcal/1g (에리스리톨 0kcal), 식이섬유는 2kcal/1g,, 당알코올 및 식이섬유 제외한 탄수화물은 4kcal/1g를 각각 곱한 값의 합으로 탄수화물 열량 산출

표 10-1 식품품질마크의 종류와 의미

종 류	의미
유기 재배마크	유기농법을 3년 이상 재배 포장에서 유기농법으로 생산
무농약 재배마크	유기 합성 농약을 전혀 사용하지 않고 추천 시비량 준수
저농약 재배마크	농촌지도소장의 추천 시비량 준수, 유기합성 농약은 안전 사용기준의 1/2 이하 및 수확 전 30일까지 사용
안전 재배마크	농약 안전사용기준 및 농촌지도소장의 추천 시비량 준수
수산물전통식품 품질인증	

수산특산물 품질인증	
HACCP 인증마크	HACCP(Hazard Analysis and Critical Control Point) 는 '헷섭'이라 부르며, 식품의 원료에서부터 제조·가공·조리·유통 과정을 거쳐 소비에 이르기까지 모든 단계에서 인체에 위해를 가할 수 있는 요소를 공정별로 분석하고 이를 중점 관리하여 식품의 안전성을 확보하기 위한 과학적인 위생관리 체계하에 생산된 제품에 HACCP 적용을 인증하는 표시를 의미한다.
친환경농산물	농약의 안전 사용기준 및 작목별 시비(施肥) 기준량을 준수한 농산물에 부여하며, 가축사료 첨가제의 사용 등 화학 자재 사용을 적정 수준으로 유지하고 축산 분뇨의 적절한 처리 및 재활용 등을 통해 환경을 보전하고 안전하게 생산된 농산물에 대해 정부가 친환경농산물 표시를 부여한다. 친환경농산물은 생산방법과 사용 자재에 따라 유기농산물, 전환기 유기농산물, 무농약 농산물, 저농약 농산물로 구분한다.
가공식품 KS	가공식품의 제조·가공에서부터 유통, 제품의 품질관리까지 모든 과정에 대해 심사를 거치고 합격품에 부여하는 인증 표시이다. 인증된 제품에 대하여는 주기적인 사후 관리가 이루어지고 있다.
건강기능식품	건강에 유용한 기능성을 가진 원료나 성분을 사용하여 정제·캅셀·분말·과립·액상·환 등의 형태로 제조·가공한 건강기능식품에 부여하고 있다.
전통식품	국산 농수산물을 주원료로 제조·가공하면서 예로부터 전승·계승되어 오는 우수 전통식품에 대해 정부가 품질을 보증하는 제도이다. 공장 입지, 작업장 환경, 종업원 위생관리, 용수관리 등을 심사하고 품질시험을 거쳐 전통식품 표시를 부여한다.

5 표시사항의 적용 특례

1) 즉석판매제조·가공업소에서 자신이 제조·가공한 식품을 진열 판매하면서 표시사항을 진열상자나 별도 표시판에 표시한 경우 개별 표시 생략 가능
2) 식품제조가공업소나 식품첨가물 제조업소로 공급되는 원료용 제품의 경우 인쇄된 스티커 사용 가능
3) 제품 포장의 특성상 잉크·각인 또는 소인 등의 표시가 불가능한 통·병조림 및 병제품의 경우 인쇄된 스티커 또는 라벨 사용 가능
4) 자연 상태의 농·임·축·수산물로서 용기·포장에 넣어진 식품은 "제품명(내용물의 명칭 또는 품목), 업소명(생산자 또는 생산자단체), 제조연월일(포장일 또는 생산 연도), 내용량, 보관 및 취급방법"만 표시 가능
5) 절임식품, 두부류, 묵류를 운반용 위생 상자를 사용하여 판매하는 경우 그 운반상자에 "업소명 및 소재지"만 표시 가능
6) 수출국에서 유통되고 있는 식품을 수입하는 경우 한글이 인쇄된 스티커 사용 가능
7) 자사의 제품을 제조·가공하기 위하여 수입하는 식품 및 식품첨가물의 경우에는 "제품명, 제조업소명과 제조연월일(식품첨가물에 한함) 또는 유통기한(식품에 한함)"만 표시 가능하며, 동 내용이 표시된 수출국 포장 또는 라벨이 있는 경우 한글 표시도 생략 가능
8) 용기·포장에 넣어지지 아니한 자연 상태의 농·임·축·수산물을 수입하는 경우 한글 표시 생략 가능
9) 즉석판매제조·가공업소에서 제조·가공하는 식품과 최종 소비자에게 제공되지 아니하고 다른 식품의 제조·가공 시 원료로 사용되는 식품에 대하여는 영양성분 표시 생략 가능
10) 제품의 주표시 면적이 30㎠ 이하인 경우 영양성분 표시 생략 가능한 5가지 이상의 원재료명만 표시 가능하며, 포장 면적이 150㎠ 이하인 경우 영양성분 표시를 8포인트 이상으로 표시할 수 있음

6 식품규격과 관련 있는 국제기구

식품규격과 관련있는 국제기구로는 UN 산하 국제식품규격위원회(CODEX)가 있다. Codex는 1962년에 설립된 FAO/WHO 합동식품규격사업단의 사업으로 설립된 정부간기구(Intergoverment Organization)로서 현재 회원국 수는 170여 개 국이다. 1985년 영양표시에 관한 코덱스 지침서를 채택하였으며 현재 식품에 대한 건강강조표시에 관한 지침서를 검토 중에 있고, 영양소함량 강조표시를 한 제품에는 반드시

영양정보를 표시하여야 하며, 그 외제품은 임의 표시토록 하였다. 표시할 경우 열량, 탄수화물, 단백질, 지방 및 해당 국가에서 국민건강에 중요한 것으로 결정한 영양소의 함량을 표시하도록 하였다. 우리나라는 2001년 7월에 배추김치가 코덱스 규격에 채택되었다. 인삼, 된장, 고추장도 규격화 중에 있다.

7 식품영양표시제도의 효과

국민의 만성질환 발병을 감소시키고 예방하기 위한 식생활 변화를 기대할 수 있고 식품의 영양정보의 유통으로 식품시장의 경쟁을 보다 증진시키고 소비자에게는 식품안전 문제를 해결할 가능성을 제시할 수 있다. 그리고 특정 건강식품의 오남용과 과대광고로 인한 소비자 피해 방지 효과와 시장 개방화로 인한 특수 건강식품의 수입 증가가 예상되므로 이에 대한 소비자의 영양정보를 제공할 수 있으며 특수 건강식품의 소비자 안전 확보할 수 있는 효과가 있다. 또한 식품업계로는 더욱 국민건강에 유용한 제품개발을 노력하도록 유도할 수 있다.

8 2006년도 주요 개정 사항

1) 주요 개정내용

(1) 영양성분 표시의 활자 크기 조정 ('07. 12. 1시행)

6포인트 → 8포인트

(2) 의무 표시 영양성분 확대 ('07. 12. 1시행)

당류, 포화지방, 트랜스지방 및 콜레스테롤 추가 → 열량, 탄수화물 : 당류, 단백질, 지방 : 포화지방, 트랜스지방, 콜레스테롤, 나트륨

** 영양성분 임의표시 영양소 : 비타민 A, 비타민 C, 칼슘, 철분, 수분, 회분, 식이섬유

(3) 비타민과 나트륨에 영양소 기준치 조정 ('07. 12. 1시행)

비타민 : 55mg → 100mg으로 상향

나트륨 : 3,500mg → 2,000mg 하향

(4) 식품첨가물에 대한 취급 주의 문구 표시 의무화('07. 12. 1시행)

수산화암모늄, 초산, 빙초산, 염산, 황산, 수산화나트륨, 수산화칼륨, 차아염소산나

트륨, 표백분

(5) 기구 중 압력솥의 표시 사항 일원화 ('07. 12. 1시행)

품질경영 및 공산품안전관리법에 의하여 적합하게 표시된 경우 표시기준에 의해 표시한 것으로 간주

(6) 농·수산물의 중량 허용오차 범위 완화 ('07. 12. 1시행)

- 버섯류, 엽경채류 등 : 표시된 양의 5%
- 과채류, 근채류 등 : 표시된 양의 3%
- 서류, 곡류, 두류, 과실류 등 : 표시된 양의 2%

(7) 합성착향료 표시방법 개선 ('06. 9. 6 시행)

국제 기준에 맞추어 효율적으로 표시 : 합성착향료(딸기향)

(8) 수소 첨가된 식용유지 제품에 경화유 또는 부분 경화유 표시 의무화 ('07. 12. 1 시행)

- 트랜스지방과 밀접한 관계가 있는 경화유 또는 부분 경화유를 사용한 경우 원재료명 및 함량란에 표시 → 식품성유지(대두부분 경화유)

10-2 건강기능식품

기능성이란 인체의 구조 및 기능에 대하여 영양소를 조절하거나 생리학적 작용 등과 같은 보건 용도에 유용한 효과를 얻는 것을 말하며, 건강기능식품(GMP : Good Manufacturing practice)이란 인체에 유용한 기능성을 가진 원료나 성분을 사용하여 정제·캅셀·분말·과립·액상·환 등의 형태로 제조·가공한 식품을 뜻한다.

정부에서는 소비자에게 신뢰받는 안전하고 우수한 품질의 건강기능식품을 제조하도록 하기 위하여 작업장의 구조, 설비를 비롯하여 원료의 구입으로부터 생산·포장·출하에 이르기까지의 전 공정에 걸쳐 생산과 품질의 관리에 관한 체계적인 기준을 정하였다.

식품의약품안전청장이 우수 건강기능식품 제조기준 및 품질관리기준을 준수하는 건강기능식품 제조업소를 GMP적용업소로 지정하고 있다.

건강기능식품(GMP)의 목표는 인위적 과오의 최소화, 오염 및 품질변화 방지 및 품질보증 체계의 확립이다.

표10-2 식품의 종류별 건강기능성 원료(2007)

분 류	원 료	분 류	원 료
탄수화물류	글루코사민 뮤코 다당·단백 식이섬유 키토올리고당 키토산 프락토올리고당 난소화성 말토덱스트린	단백질류	대두단백 아미노산류 정어리펩타이드 자라분말 로열젤리
지질류	감마리놀렌산, 레시틴 배아유, 뱀장어유 식물스테롤/식물스테롤에스테르 스쿠알렌, 알콕시글리세롤 옥타코사놀, DHA/EPA 자라유, 지방산유 포도씨유 씨스팜리프리놀(초록잎홍합추출오일복합물)	비타민/ 무기질류	베타카로틴 비타민 A, D, E, 비타민 B_1, B_2, B_6, B_{12}, C, 비오틴, 나이아신, 엽산, 판토텐산 칼슘, 마그네슘, 철, 아연, 구리, 망간, 요오드, 셀레늄, 몰리브덴, 크롬
식물성분	녹차추출물 매실추출물 배아 알로에 인삼 엽록소 홍삼 바나바주정추출물 참당귀주정추출물	발효 미생물류	식물추출 발효물 유산균 홍국 효모 효소
조류	스피루리나 클로렐라	기타	프로폴리스 화분 버섯류

표10-3 건강에 도움을 주는 기능별 건강기능성식품

기능	식품
장 건강	유산균, 프락토올리고당, 목이버섯, 알로에, 효소
건강한 콜레스테롤 유지	감마리놀렌산, 레시딘, 키토산, 키토 올리고당, 대두단백, 식물스테롤, 홍국
건강한 혈액 흐름	EPA/DHA, 감마 리놀렌산, 버섯
건강한 혈압 유지	정어리 펩타이드
건강한 체지방 유지	식이섬유, 히비스커스 복합추출물, 공액 리놀렌산
건강한 혈당 유지	난소화성 말토덱스트린, 바나바 주정추출물
유해산소 제거(항산화 기능)	녹차 추출물, 엽록소, 베타카로틴
건강한 면역기능 유지	인삼, 홍삼, 알콕시글리세롤
뼈와 관절	뮤코다당, 단백, 글루코사민, 프락토 올리고당, N-아세틸 글루코사민, 유니베스틴케이황금 등 복합 추출물, 디메틸썰폰(MSM), 초록잎 혼합 추출물 오일 복합물
인지능력	참당나귀 뿌리 주정 추출 분말
치아 건강	자일리톨

♣ 참고문헌 ♣

1. http://khidi.or.kr/banner/Label_Nutrition.htm#2
2. http://www.khidi.or.kr/%7efoodinfo/databank/sub/irradiation9.htm
3. http://www.health-station.com/jhnfa
4. http://www.mhw.go.jp/shingi/seikatu.html#eiyouhojo
5. http://www.mhw.go.j.p/houdou/1203/h0327-3_13.html
6. http://nutrition.kfda.go.kr/nutrition/main/index.jsp
7. http://nutrition.kfda.go.kr
8. http://www.hfoodi.net

부 록

제 1 주 영양교육의 학습안

1-1 영양교육을 위한 계획안

언 제	언제 교육을 실시할 것인가? / 날짜 / 하루 중의 시간	
무엇을	강연자, 영양교육 담당자에게 기대되는 내용은?	
	현장 교육	개별 상담
	워크샵	연속 강좌 또는 특강
	강연	TV를 통한 교육
	회의식 교육	강연 테이프(비디오/오디오)
	패널 형식	전시교육
	세미나	발표회
누 가	교육 대상자는? 인원은?	
	교육 대상자에 대한 사전 지식은?	
	나이	
	성별	
	교육 정도	
	특별 사항(언어, 시각, 특별한 관심 사항)	
왜	영양교육 프로그램이 왜 필요한가? / 누가 영양교육을 원하는가?	
어디서	어떤 장소에서 영양교육을 할 것인가? / 장소 / 방의 크기	
	교육 장소 내 부대시설의 배치(교실 또는 강당)	
	시청각 자료를 이용할 수 있는 장소인가?	
어떻게	교육 대상자들의 요구 평가 / 교육의 필요성, 목적 설정	
	제목 선정 / 교육의 형태, 전략, 방법, 자료 등 선정	
	평가도구 준비 / 사전의 집회, 리허설	
기타	교육용 보조 기자재 : 마이크 / 시청각 기자재 / 교육 자료	

1-2 영양교육 학습지도안의 실제

<table>
<tr><td>일 시</td><td></td><td>발표조</td><td colspan="2"></td></tr>
<tr><td>대 상</td><td></td><td>영양교사
(발표자)</td><td colspan="2"></td></tr>
<tr><td colspan="5">학습주제</td></tr>
<tr><td colspan="5">학습목표</td></tr>
<tr><td colspan="5">학습자료</td></tr>
<tr><td colspan="5">학습내용</td></tr>
<tr><td>단 계</td><td colspan="2">내 용</td><td>시 간</td><td>제시할 자료
및 비고</td></tr>
<tr><td>1) 동기유발
및 도입</td><td colspan="2"></td><td></td><td></td></tr>
<tr><td>2) 내용 전개</td><td colspan="2"></td><td></td><td></td></tr>
<tr><td>3) 결말 및
마무리</td><td colspan="2"></td><td></td><td></td></tr>
<tr><td>4) 형성평가</td><td colspan="2"></td><td></td><td></td></tr>
<tr><td colspan="5">교육효과
1.
2.
3.</td></tr>
<tr><td colspan="5">평가 및 토의</td></tr>
</table>

1-3 영양교육의 효과적 진행 방법

J. D. Osman 박사는 미국 영양사회의 모임에서 "성공적인 영양교육이라는 것은 바로 예술을 행하는 것이다."라고 말한 적이 있다. 피교육자들의 기대는 그만큼 다양하다는 것으로 받아들일 수 있다. 피교육자는 영양교육을 보다 흥미있게 진행해 주기를 기대할 것이다. 즉, 실질적이면서 관련이 있는 정보를 흥미롭게 알려주기 위해서는 그 내용을 잘 전달할 수 있는 기술도 필요하다는 것을 의미한다.

① 교육자로서 자기 자신의 교육기법을 파악하고 현재 수준에서 시작하여 실습을 통하여 전달 능력을 향상시킨다.

② 자신의 몸짓, 말하는 태도, 대화 기술 등을 비디오를 이용하여 평가해 본다.

③ 미리 교육장소에 도착하여 피교육자, 좌석 배치 및 시설 등을 사전에 점검한다. 강단을 꾸미기 전에 강의실이나 자리를 미리 돌아보는 것이 효과적인 프로그램을 계획하는 데 도움이 된다.

④ 말소리가 제대로 전달되는지 마이크를 점검하고 마이크의 이동성이나 위치 등에 대해서도 점검한다.

⑤ 사전에 시청각 기자재를 시험해 본다. 슬라이드의 순서 및 프로젝터의 점검, 조명조절 방법 등과 기자재 사용을 도와줄 사람이 있는가를 사전에 알아야 한다.

⑥ 질문시간에 필요하게 될 보충 자료를 쉽게 찾아 볼 수 있도록 참고 목록이나 파일을 준비한다.

⑦ 그 교육 대상 집단에 어울리게 옷을 입는다. 이는 신뢰감을 주는 데 중요하다. 어떤 대중연설에 관한 책에서는 연설 내용에 따라 어떤 종류의 옷, 심지어는 어떤 색깔이 어울리는지를 제시하고 있다. 예를 들면 정장 차림은 스커트-브라우스, 바지-스포츠 자켓, 브레이저-바지 차림보다는 권위적이며 전문가다운 분위기를 낸다. 감색이나 진한 회색은 밝은색보다 더욱 권위적이다. 단색이나 줄무늬 옷은 큰 체크나 어떤 다른 모양보다 힘이 있어 보인다. 강연 형태에 따라 다양하게 변화를 주어 '옷 잘 입는 것'도 하나의 기술이다. 만일 당신의 강연 스타일이 걱정되는 경우 신뢰성을 주는 옷을 입으면 자신감이 생길 것이다.

⑧ 떨리는 것을 극복하기 위하여 강연하기 전에 다음과 같은 것들을 시도해 본다.

- 강연하기 전에 물을 한 컵 마시면 목의 근육을 이완시키고 입이 타는 느낌을 누그러뜨릴 수 있다.

- 숨을 크게 들이쉬고 내쉬어 본다.
- 가능하다면 손을 양옆에 붙이고 주먹을 꽉 쥐었다가 편다(물론 피교육자 앞에서는 안 되고 테이블 뒤쪽에 있는 경우라면 가능하다).
- 가볍게 걸어 본다(빨리 걷는 것은 피한다).
- 연습을 해본다. 그러나 암기하지는 않는다.

일단 피교육자들 앞에 서면,

⑨ 피교육자들이 모두 집중한 다음에 시작한다.

⑩ 시선은 피교육자에게 골고루 준다. 교육 대상 집단이 큰 경우에는 그 강의실에서 중심이 될 수 있는 곳이나 친근한 분위기의 얼굴을 가진 피교육자에게 시선을 두는 것도 좋은 방법이다.

⑪ 소음, 밖에서의 방해, 마이크의 잡음 등과 같이 분위기를 산만하게 하는 것이 없는가 하는 점도 고려해야 한다. 만일 이런 것들이 문제가 된다면 잠시 중단하고 이런 문제를 먼저 해결하도록 한다.

⑫ 안경을 올리거나 머리를 만지는 행동, 목소리가 꺼져 들어가거나 구부정하게 서 있는 것과 같이, 남에게 신경이 쓰이게 하는 행동은 교육을 하기 전에 반드시 고쳐야 한다. 만일 습관적으로 이런 행동을 한다면 '바로 설 것', '손을 볼 것' 등을 적은 카드를 단상 앞에 붙여놓아 교육 시 교육자 자신을 상기시켜 줄 수 있도록 한다.

⑬ 대화를 하듯이 자연스럽게 편안한 마음으로 이야기할 수 있도록 계획을 세운다. 대부분 계획을 잘 세워 정열적이거나 독창적이면서도 분위기를 산만하게 만들지 않고 잘 이끌어 나가지만, 어떤 강연자들은 약장수처럼 지나치게 과장된 행동 때문에 도리어 어색한 분위기를 만들기도 한다.

⑭ 피교육자들의 머릿속에 오래 기억되도록 교육 내용을 반복하거나 또는 도중에 잠깐씩 멈추어 중점이 되는 내용을 강조하도록 한다.

⑮ 내용이 바뀌는 경우에는 '음, 에, 말하자면' 등으로 간격을 두고 다음 내용으로 넘어가도록 하며, 물을 한 모금 마시는 것도 주위를 환기시키기에 좋은 방법이다.

⑯ 교육을 진행하는 초반에 중점 내용을 강조하고 시작하도록 한다. 피교육자는 '말하고자 하는 내용'을 확실히 알고 싶어한다.

⑰ 구체적인 단어와 짧은 문장을 사용하도록 한다. 비전문인들을 대상으로 전문적인 용어를 쓰거나 새로운 용어를 소개하는 경우에는 먼저 그 단어를 써주고 정의를 내려주는 것이 좋다. 칠판, 오버헤드 프로젝터 또는 차트를 이

용하면 좋다.

⑱ 특수용어나 속어를 피하고 요점을 이야기하며 장황하게 끌지 않도록 한다.

⑲ 자신을 갖고 모두 다 알아들을 수 있는 목소리를 유지해야 한다.

⑳ 말하는 속도가 빠르면 흥분된 분위기로 이끌기 쉽다. 여러 연구에 의하며 피교육자들이 받아들일 수 있는 정도의 빠르기로 말하는 경우 친친히 말하는 경우보다 교육 내용을 기억하는 정도는 25% 정도 더 높다고 제시하고 있다. 그러나 전달 내용을 명확하게 이해할 수 있을 정도의 속도를 유지하는 것이 중요하다.

㉑ 목소리의 톤을 바꾸거나 말하는 속도를 변화시킴으로써 관심을 끌거나 분위기를 고조시킬 수 있다.

㉒ 일화나 실례를 들려준다면 흥미를 더해 주게 되고 피교육자들이 요점을 파악하기가 쉬울 것이다. 피교육자들은 지나치게 간추린 내용보다는 구체적으로 설명해 주는 것을 더 좋아한다는 사실을 기억해야 한다.

㉓ 전략적으로 침묵을 이용하는 것도 좋은 방법이지만 너무 자주 이용하지는 않도록 한다.

㉔ 몸가짐과 태도를 통해 당신의 기분을 전달할 수도 있다. 꼿꼿이 서서, 팔과 손을 자연스럽게 내려뜨리면 피교육자들이 편안한 마음을 갖게 된다. 몸을 구부리거나 손가짐이 어색하면 주의가 산만해지고 교육이 제대로 이루어지지 않아 피교육자들이 불쾌해 한다.

㉕ 앉아서 강연을 하거나 토론을 하는 경우 팔짱을 끼거나 기대어 앉은 자세는 부정적인 태도이므로 좋지 않다.

㉖ 웃거나 얼굴 표정을 부드럽게 갖는다. 당황한 듯한 표정을 지으면 신뢰감이 없어지며, 우울하거나 기분이 좋지 않아 보여 다른 곳에 관심을 갖게 된다.

㉗ 시간을 지켜서 제시간에 시작하고 끝내도록 한다. 시계를 몸에 지니거나 다른 사람에게 시간이 되면 알려달라고 미리 부탁을 한다.

㉘ 계획 시 질문 시간을 넣도록 하며, 시작할 때 다음과 같이 미리 알려주면 좋다. "강연이 끝난 후 질문 시간이 있겠습니다." 또는 "주제 강연이 끝나면 자유롭게 질문하실 수 있습니다." 등과 같이, 교육 시작 선에 알려준다.

㉙ 시청각 자료나 유인물을 적절하게 이용하도록 한다.

㉚ 유인물이 있는 경우 다음 사항을 고려한다. 전반적인 프로그램의 내용을 알리는 범위 내에서 교육 내용을 이해하는 데 도움을 주는 경우에만 유인물을 나누어주도록 한다. 모든 자료를 바인더로 한 데 묶어서 나누어주고 필요한 부분을 한 장씩 나누어서 볼 수 있게 해 주면 편리하다. 대상 집단이 너무

크거나 잘 정돈되어 있지 않은 경우 자료를 넘겨가면서 교육을 한다면 분위기가 어수선해질 수 있다. 교육 후 맨 마지막에 자료를 나누어주면 잊을 수도 있지만 진정으로 필요로 하는 사람들이라면 잊지 않고 가져갈 것이며 이 경우 원하는 사람만 줄 수 있어 경비도 절약할 수 있다.

㉛ 마지막으로 시청각 자료는 꼭 필요한 내용에 관해서만 보여 준다. 사람들은 사진이 아니라 실제로 사람이 말하는 것을 보고 듣기를 원한다.

1-4 영양교육 자료 관련기관

◆ 보건사회부(☎ 503-7171)
보건교육부(☎ 503-7538) : 보사부 자료실
- 국민영양조사 보고서 · 보건연감
- 보건사회백서 · 식품공전

◆ 식품의약품안전청(☎ 02-380-1800)
- 식품 · 의약품 · 영양기능식품 · 생물의약품 등

◆ 경제기획원(☎ 503-7171)
- 주요 경제지표 · 총인구 및 주택조사 보고서
- 한국사회지표 등

◆ 통계청(☎ 222-1901)
- 사회통계과 · 도시가계 연보

◆ 관세청(☎ 512-0011)
- 통계부호표 · 식품 수입과 수출 실적 자료

◆ 한국 보건사회연구원(☎ 355-8001~7)
- 한국영양권장량의 개정과 관련된 자료
- 사회복지제도, 보건 정책개발에 관한 자료

◆ 한국농촌경제연구원(☎ 962-7313~5)
- 「식품수급표」 발간
- 식품경제실 → 통계자료, 출판 자료 제공

◆ 식품개발 연구원(☎ 031-40-5114)
- 농수산 자원의 손실 방지 및 합리적 이용 강화
- 식품산업기술 향상
- 새로운 식품소재 개발
- 국내외 식품관련 최신정보 수립 분석
- 산업체의 공동체 및 국제협력 강화에 관련된 연구와 자료 제공

◆ 식생활개선 범국민운동본부(☎ 579-8121)
- 식생활 잡지 발간 · 영양사 교육
- 예지원
- 주부교실(도별, 지역별 연간 1회), 급식학교의 교사, 학부모 대상 요리 교육
- 식생활과 질병 예방에 관한 세미나 개최

◆ 성인병협회(☎ 392-4722)

- 성인병 홍보사업 : 매주 화요일 무료 강좌
- 정기간행물, 신문, 각종 질병에 관한 책자 발간

◆ 농촌진흥청(☎ 503-7130)

- 생활개선과(☎ 031-292-4370~6)
- 농촌생활과학 잡지 발행(분기마다)
- 영양개선연구원
- 생활개선 자료
- 응용영양사업 진행
- 식품분석표 발간

◆ 대한영양사협회(☎ 823-5680)

- 영양사 권익 옹호
- 영양사 자질 향상
- 국민 건강증진을 위한 봉사활동 → 대민 영양강좌 및 전시회
- 정부사업보조 - 국민영양조사
- 국내외 학회 주관
- 국내외 관련 단체와 관련 여성단체와 활동 연계

1-5 현재 활용되는 영양교육용 매체의 종류와 사용 실제 예

<table>
<tr><th rowspan="2">교재의 종류</th><th rowspan="2">자료의 종류</th><th colspan="3">교육 사용 예</th></tr>
<tr><th>교재의 예</th><th>교육 대상</th><th>교육 내용</th></tr>
<tr><td rowspan="10">인쇄매체</td><td rowspan="3">팜플릿, 리플릿, 광고지</td><td>한국인의 영양권장량</td><td>일반인, 전문가</td><td>영양권장량, 식사구성안</td></tr>
<tr><td>질환별 식사관리</td><td>환자</td><td>질환별 식사관리</td></tr>
<tr><td>모자 영양</td><td>임신, 수유부</td><td>이유식, 모자영양의 중요성</td></tr>
<tr><td>신문, 지역신문, 홍보지</td><td>신문기획기사</td><td>일반인</td><td>식생활과 건강</td></tr>
<tr><td>포스터</td><td>식품구성탑, 식품군</td><td>일반인, 전문가</td><td>식사구성안</td></tr>
<tr><td>만화</td><td>달리의 시골기행</td><td>초등학생</td><td>우리나라 농수산물 홍보</td></tr>
<tr><td>스티커, 표어</td><td>97영양캠페인,</td><td>일반인</td><td>바른 식사, 건강한 내일</td></tr>
<tr><td>소책자</td><td>식사계획을 위한 식품교환표</td><td>당뇨환자, 일반인, 영양사</td><td>식품교환단위, 식사관리</td></tr>
<tr><td rowspan="2">기타(홍보용라벨, 풍선, 부채, 가계부)</td><td>여성지의 연말가계부</td><td>주부</td><td>조리, 식재료관리, 영양관리</td></tr>
<tr><td>식품구성탑 비닐화일</td><td>성인, 어린이</td><td>식품분류, 영양소</td></tr>
<tr><td rowspan="3">전시·게시매체</td><td rowspan="3">게시판자료(도표, 그림자료, 사진자료)
궤도
융판자료</td><td>게시판을 이용한 영양교육(직장인의 영양관리)</td><td>직장인</td><td>성인의 식생활 영양관리</td></tr>
<tr><td>사진으로 보는 음식눈대중량(소책자형태)</td><td>일반인, 전문가</td><td>일회분량, 조리후 변화량</td></tr>
<tr><td>당뇨식단집</td><td>당뇨환자</td><td>당뇨질환 예방, 치료식 180종</td></tr>
<tr><td rowspan="4">입체매체</td><td>실물</td><td>각종 식품, 조리기구</td><td>초중고, 대학생</td><td>조리실기지도</td></tr>
<tr><td>모형</td><td>식품모형, 인체모형</td><td>일반인, 전문가</td><td>식이요법, 1회 분량, 생리형상</td></tr>
<tr><td>표본</td><td>세포표본</td><td>중·고·대학생</td><td>식이요법, 질병</td></tr>
<tr><td>인형</td><td>만화영화, 인형극</td><td>유아</td><td>골고루 먹는 습관, 야채섭취</td></tr>
<tr><td rowspan="3">영사매체</td><td>슬라이드</td><td>식품영양위생관련 슬라이드 세트</td><td>일반인, 전문가</td><td>식품, 위생, 영양, 건강관련내용</td></tr>
<tr><td>OHP 필름</td><td>운동영양</td><td>운동선수, 코치</td><td>운동선수의 영양관리</td></tr>
<tr><td>영화</td><td>바베트의 만찬, 음식남녀</td><td>일반인, 전문가</td><td>음식과 인간관계</td></tr>
</table>

교재의 종류	자료의 종류		교육 사용 예		
			교재의 예	교육 대상	교육 내용
전자 매체	녹음자료		학교급시영양 교육자료 시리즈	초등학생	건강한 식생활, 식습관관리
	VCR 자료 라디오 프로그램		세계의 음식문화시리즈	일반인, 전문가	세계 각국의 식문화 소개
	TV 프로그램		무엇이든 물어보세요 뽀뽀뽀	일반인, 전문가	식품영양건강 관련 내용
	TV 프로그램		케이블 채널 F 프로그램	일반인, 전문가	음식조리 관련 전문 채널
	컴퓨터용 프로그램	web site 자료	각종 diet site, 조리 site	일반인, 전문가	체중조절, 조리법, 영양상식
		S/W 프로그램	영양평가용 s/w(CAN, 프로영양 98)	일반인, 전문가	영양평가, 상담

제 2 주 영양판정

2-1 체력 측정을 통한 영양판정

표 2-1 신체계측 및 식이섭취 조사

번호:	이름:		24시간회상법 (CAN)	24시간회상법 (식품분석표)
연령		열량		
신장		당질		
체중		단백질		
BMI(kg/㎡)		단백질 (동:식물성)		
Impedance		지질		
Fat(%)		지질 (동:식물성)		
Fat(kg)		칼슘		
LBM(kg)		칼슘 (동:식물성)		
TBW(l)		철분		

번호:	이름:		24시간회상법 (CAN)	24시간회상법 (식품분석표)
Waist(cm)		철분 (동:식물성)		
Hip(cm)		비타민A		
Waist-Hip Ratio		비타민B_1		
Thigh(cm)		비타민B_2		
TSF(triceps)		나이아신		
MAC		비타민 C		
MAMC		CPFRatio		
혈압(mmHg)		콜레스테롤		

식습관 조사 점수 (　　　　　)점: 판정--- A　B　C　D

식습관 간이 진단표 점수 (　　　　)점

2-2 24시간 회상법(CAN Program 이용 분석)

표 2-2 식이 섭취 조사서 작성 방법

	음식명	식품재료	분량
아침			
간식			
점심			
간식			
저녁			
간식			

* 음주종류:
  음주량 : 주____잔
  횟수 : 주 ____회
* 흡연 유무 :
* 카페인 섭취 유무 :

2-3 식습관 조사

※ 다음 질문에 대하여 해당하는 번호에 "o"표 하시오.

	Ⅰ(0점)	Ⅱ(1점)	Ⅲ(2점)
① 식사는 늘 배가 부르도록 먹습니까?	1. 만복이 될 때까지 먹는 일이 많다.	2. 많이 먹을 때도 적게 먹을 때도	3. 항상 8부 정도를 먹는다.
② 식사 시에는 식품의 배합을 생각하여 먹습니까?	1. 별로 관심이 없이 먹는다.	2. 때로 배합을 생각하여 먹는다.	3. 항상 균형을 생각하며 먹는다.
③ 1일 3끼의 식사 중 걸르는 일이 있습니까?	1. 거의 매일 1끼는 거른다.	2. 주 2-3회는 거르는 편이다.	3. 거의 거르지 않는다.
④ 채소는 좋아하여 늘 먹는가?	1. 싫어하여 거의 먹지 않는다.	2. 매끼는 아니나 하루 1번은 먹는다.	3. 거의 매끼 먹는다.
⑤ 당근, 시금치같은 녹황색 채소를 먹는가?	1. 싫어하여 거의 먹지 않는다.	2. 주 2-3회 먹는다.	3. 거의 매일 먹는다.
⑥ 과일은 매일 먹는가?	1. 거의 안 먹는다.	2. 주 2-3회 먹는다.	3. 거의 매일 먹는다.
⑦ 매끼마다 생선, 고기, 달걀, 대두 제품을 먹는가?	1. 안 먹는 편이다.	2. 하루 1끼는 먹는다	3. 거의 매끼 먹는다.
⑧ 우유는 매일 마시는가?	1. 거의 안 마신다.	2. 주 2-3회 마신다.	3. 매일 마신다.
⑨ 기름을 이용한 음식을 먹는가?	1. 거의 안 먹는다.	2. 주 2-3회 먹는다.	3. 하루 1회 먹는다.
⑩ 해초류(다시마, 미역, 김 등)을 먹는가?	1. 거의 안 먹는다.	2. 주 2-3회 먹는다.	3. 거의 매일 먹는다.
합계	( )	( )	( )

* Ⅰ에 해당하는 것은 0점, Ⅱ는 1점, Ⅲ은 2점으로 하여 총 합계를 산출하여 다음과 같이 판정한다.

A 16~20 점-우수 B 11~15 점-보통 C 6~10점-약간 나쁨 D 0~5점-나쁨

2-4 식습관 간이진단표

다음 질문에 대하여 맞으면 0표 아니면 X를 하시오.	응답란
1. 아침식사는 매일 하십니까?	○
2. 매일 당근이나 시금치같은 녹황색 채소를 잡수십니까?	○
3. 매일 과일을 잡수십니까?	○
4. 매일 고기나 생선을 잡수십니까?	×
5. 달걀을 1주일에 3번 이상 잡수십니까?	×
6. 우유 및 유제품을 1주일에 1번 이상 잡수십니까?	×
7. 뼈째 먹는 잔 생선류를 하루에 한 번 이상 잡수십니까?	○
8. 기름을 사용한 음식을 하루에 한 번 이상 잡수십니까?	○
9. 보리나 기타 잡곡을 섞은 밥을 매일 잡수십니까?	○
10. 미역, 김 같은 해조류를 일주일에 2번 이상 잡수십니까?	○
합계	7

① 각 항목 0표는 1점, X표는 0점으로 하여 모두 10점 만점으로 한다.

② 진단은 필요 시에 1회 정도로 할 수 있다.

③ 많은 사람을 대상으로 한 설문조사에 편리하다.

④ 이 방법은 섭취식품 종류 간의 균형과 식습관을 판단할 수 있는 방법이다.

2-5 하루 에너지 소비량

1 기초대사량

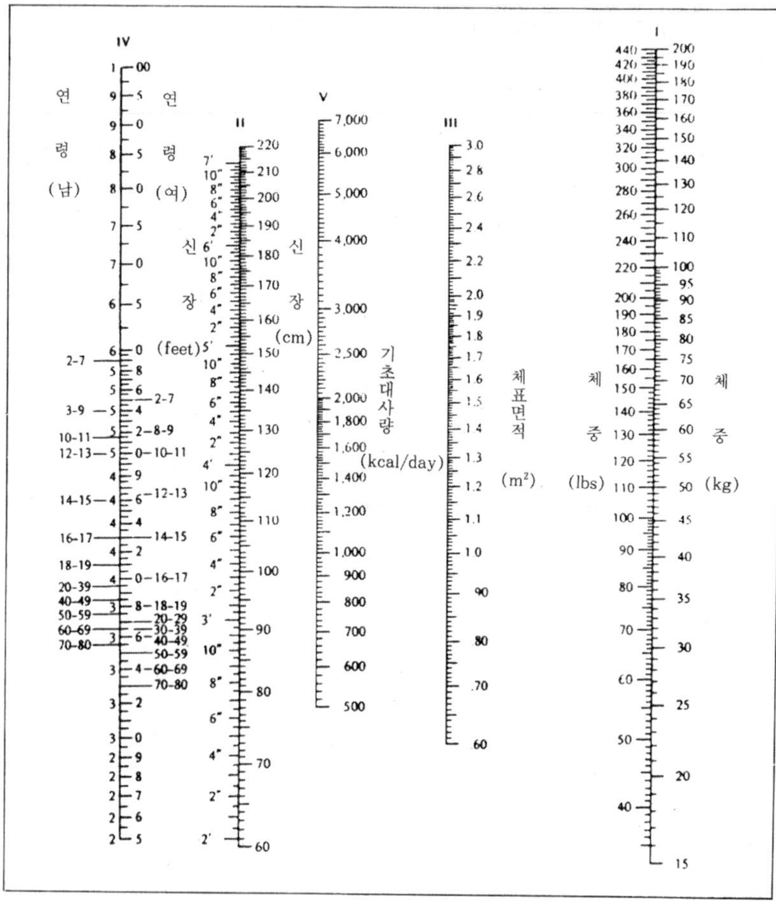

2 활동에 따른 소비에너지량

표 2-3 각종 활동강도에 따른 열량소모량

열량소모 활동군	활 동 상 태	kcal/kg/min
0. 수면(기초대사량 수준에서 활동에 의한 열량소모량을 더해줄 필요가 없음)		
1. 깨어서 누워 있는 정도의 활동		0.002
2. 앉아 있는 활동	편안히 앉아 있는 상태, 소리내어 책을 읽는 상태, 바느질하기, 글을 쓰는 상태, 먹는 상태, 공부하는 상태	0.007
3. 서 있는 활동		0.008
4. 일상생활 작업활동	옷입기, 옷벗기, 서면, 목욕, 면도 등	0.012
5. 아주 가벼운 활동	자동차 운전, 부엌에서의 가사노동, 다림질, 세탁기에서 빨래하기, 타이프를 치는 상태, 실외에서 천천히 걷는 상태	0.017
6. 가벼운 활동	직장에서 앉아서 일을 하는 상태, 손빨래하기(가벼운 세탁물을 세탁하는 경우), 그림을 그리거나 가구의 페인트칠하기, 구두닦기, 중간 정도의 속도로 걷는 경우	0.025
7. 중간 정도의 활동	중간 정도의 속도로 자전거를 타는 경우, 골프나 야구 등의 운동을 하는 경우, 목공일, 춤을 추는 경우, 청소하는 경우, 약간 빠른 속도로 걷는 경우(3~3.5mph)	0.042
8. 약간 심한 활동	빠른 춤을 추는 경우, 말타기(말이 걷는 정도의 속도로), 탁구치기, 스케이트 타기, 급히 걷는 겨우	0.067
9. 심한 활동	나무 판자를 톱질하기, 테니스, 뛰는 말타기, 계단오르고 내리기, 뛰기	0.108
10. 극심한 활동	권투, foot ball, 레슬링 등의 운동, 배를 저으면서 타기(중간 속도), 수영, 달리기	0.142

표 2-4 1일 각종 활동대사량

급	활 동 상 태	kcal/kg/hr
A	하루 종일 휴식하고 있는 상태 : 주로 앉아서 책을 읽거나, 바느질을 하거나, 약간 걷거나, 서 있는 종류	0.50
B	아주 가벼운 노동(활동) : 주로 앉아서 하루 종일 일을 하거나, 약 2시간쯤 걷거나 서 있는 종류	0.59
C	가벼운 노동(활동) : 앉아서 타이프 치고, 실험실 등에서 서 있거나 걸어 다니는 일을 종류	0.79
D	중간 노동(활동) : 서 있거나 걸어다니면서 집안일을 주로 하고, 때때로 마당 손질하기	1.10
E	심한 노동(활동) : 서 있거나 걷거나 또는 운동, 춤 등의 활동을 하며, 별로 앉아 있지 않는 상태	1.69
F	격심한 노동(활동) : 심한 운동으로 수영, 정구, 농구, 배구, 달리기 등의 운동을 많이 하는 사람	2.40

표 2-5 1일 활동조사표

시 분	소요시간	활동상태	소비에너지계산(kcal)
총 계			kcal

제 3 주 유아를 대상으로 한 영양교육 I

3-1 교육목표

1. 유아들이 식사시간이 즐겁다는 인식을 갖도록 한다.
2. 다양한 종류의 식품을 먹도록 유도한다.
3. 건강에 이로운 식습관을 갖도록 강조한다.
4. 일상생활과 놀이 중심으로 교육한다.

3-2 식사지도의 기본 방침

1. 가능한 한 빠른 시기에 식습관을 확립시키도록 한다.
2. 유아의 발달에 맞는 내용으로 식습관의 자립을 유도한다.
3. 바람직한 식습관을 갖기 위해서는 매일 되풀이 지도한다.
4. 식생활에 관련된 사항의 칭찬과 꾸중에 대한 구분은 분명히 한다.
5. 일관성 있는 지도를 한다.
6. 사랑과 끈기로 지도를 한다.
7. 호기심을 만족시키도록 한다.
8. 음식의 양은 자신에게 맞는 양으로 정하도록 지도한다.

3-3 영양교육의 실제

1) 조리를 이용한 영양교육

◉ 밥을 싫어하는 아이, 채소를 싫어하는 아이

<채소를 밥과 함께 완자 모양으로 빚은 채소 완자밥!>

색깔의 예쁜 모양과 한입에 먹기 좋은 크기로 과자같은 모양으로 만들어 아이들이 즐겁게 먹을 수 있게 한다.

☞ 방법

오이 : 소금에 약간 절인 후에 기름에 살짝 볶는다.

연근 : 간장과 설탕을 넣고 졸여 잘게 다진다.

당근, 양파, 감자, 그외 채소류 : 잘게 썰어서 살짝 볶는다.

쇠고기 : 곱게 다져서 양념한 후 볶는다.

달걀 : 삶은 후에 곱게 체에 가루를 낸다.

◉ 채소를 싫어하는 아이

<여러 채소를 부드럽게 섭취할 수 있고 아이들이 좋아하는 단맛을 느낄 수 있는 야채 탕수!>

☞ 방법

완두콩, 옥수수, 감자, 사과, 당근을 적당한 크기로 썰어 녹말가루와 밀가루, 달걀을 풀어 잘 섞어서 기름에 튀겨낸 후 소스를 만들어 끼얹어 낸다.

소스 : 냄비에 육수를 붓고 간장, 소금, 설탕을 넣고 조린 후 식초, 녹말물을 넣어 걸쭉하게 만든다.

2) 그림을 이용한 영양교육

◉ 편식을 하면(채소를 먹지 않으면!!!)

① 감기에 잘 걸린다.

② 자주 아프고 친구와 잘 놀지 못한다.

③ 신경질을 자주 내고 보챈다.

④ 응-가 보기가 힘들다(변비).

⑤ 머리가 아프다(빈혈).
⑥ 뚱뚱해진다.
⑦ 놀이터에서 오래 놀지 못한다.

◉ 충치를 예방하기 위해
① 식사 후, 자기 전 이를 꼭 닦는다.
② 당분이 많이 든 식품을 피한다.
당분이 많이 든 식품 : 콜라, 사이다(청량음료), 과자류, 사탕, 초콜릿
③ 우유와 채소를 많이 먹는다.
: 우유, 과일류, 멸치, 당근, 시금치, 김치, 오이, 미역, 김

3) 구연동화를 이용한 영양교육

◉ 토끼와 거북이 경주 ◉

해 설 : 햇볕이 쨍쨍 내리쬐던 날 토끼와 거북이가 만났다.
토 끼 : "거북아 우리 경주할래?"
거 북 : "글쎄."
토 끼 : "하자~응?"
거 북 : "좋아"
해 설 : 다음날이었다. 토끼와 거북이는 경주하기로 한 장소에 모였답니다.
토 끼 : "저 산 꼭대기까지다."
거 북 : "알았어. 준비. 땅."
해 설 : 둘은 열심히 달렸어요. 토끼는 거북이가 보이지 않을 정도로 앞질러갔지요. 반쯤 갔을까? 토끼는 점점 기운이 빠져옴을 느꼈어요.
토 끼 : "어휴~힘들어. 왜 이렇게 기운이 빠지지. 더 이상 못 뛰겠다. 거북이가 보일 때까지만 쉬었다 가야지.
해 설 : 토끼는 주저앉고 말았어요. 저 멀리서 거북이가 보이기 시작했어요. 토끼는 일어서려고 했지만 일어설 수가 없었어요.
노 끼 : "어~왜 이러지?
해 설 : 거북이는 쉬지 않고 열심히 뛰어 토끼를 따라 잡았어요.
거 북 : "토끼야, 왜이래. 어서 일어나렴."
해 설 : 그러나 토끼는 일어설 기운이 없었어요. 거북은 결승점을 향해 열심히 뛰었답니다. 결국 거북이 우승을 했고 거북은 토끼에게 다가갔습니다. 토끼는 거북에게 물었답니다.

토 끼 : "거북아, 너 힘들지 않니?"
"계속 뛸 수 있는 기운이 어디서 난거야?
"나도 너처럼 그렇게 뛰고싶어."
거 북 : "음~난 엄마가 만들어준 음식을 하나도 빼지 않고 다 먹었다."
"김치, 콩, 시금치, 고기, 우유, 달걀, 과일."
토 끼 : "정말? 그런 음식을 다 먹었단 말야?"
"맛없어서 어떻게 먹어?"
"난 라면, 햄버거, 피자, 초콜릿만 먹었는데."
거 북 : "토끼야, 그러니까 기운이 없지."
"사자 아저씨가 그러는데, 그런거 많이 먹으면 이만 썩고 튼튼한 어른이 될 수 없다고 하더라."
토 끼 : "하지만…"
거 북 : "토끼야, 넌 지금 달릴 수도 없잖아."
"계속 그런 것만 먹으면 넌 어쩜 걸을 수도 없게 될지 몰라."
토 끼 : "나, 어떡하지?"
거 북 : "그러니까 토끼야, 이것저것 가리지 말고 모든 음식을 맛있게 먹으면 넌 튼튼한 어른이 될거야."
토 끼 : "고마워, 거북아."
"이제부터 맛있게 먹을래."
해 설 : 얼마 후 그들은 만나서 경주를 했고, 토끼와 거북은 동시에 결승선에 도착할 수 있었습니다.

◉ 채소를 싫어하고 단 것을 좋아하는 영수의 이야기 ◉

해 설 : 여러분 안녕하세요?
네에… 우리 친구 영수의 생활을 지켜보기로 해요.
엄 마 : "영수야, 일어나라! 밥 먹구 유치원 가야지."
영 수 : "흐응~싫어. 졸리단 말야."
"조금만 더 잘래."
엄 마 : "영수야, 엄마가 유치원에 데려다 줄께 빨랑 일어나서 세수하고 밥 먹자."
영 수 : "엄~마, 밥 먹기 싫단 말야."
엄 마 : "영수야, 엄마가 멸치볶음이랑 나물이랑 맛있게 했어. 자아, 어서 먹자."
영 수 : "싫어. 싫어"
엄 마 : "그럼 우유라도 마시자. 응?"

영 수 : "우유도 싫단 말야."
"엄마! 나 과자 사줘~."
해 설 : 영수는 아침 먹기가 싫은 가봐요.
엄마한테 투정을 하네요.
아침부터 과자를 사 달라고 조르니 엄마가 얼마나 속상하실까요?
해 설 : 유치원이 끝나고 영수가 엄마랑 같이 시장엘 가네요.
여러분, 우리 영수랑 같이 시장엘 가 볼까요?
엄 마 : "영수야, 무슨 반찬을 해 줄까?"
"달걀이랑 닭고기랑 신선한 채소들도 많구나."
"엄마가 이것들로 야채튀김 해 줄까?"
영 수 : "싫어. 엄마, 엄마 어서 사 가지구 우리 햄버거 먹으러 가요. 응?"
해 설 : 영수가 사탕이랑 초콜릿을 한아름 사고 있네요.
저런~벌써 입안 가득 사탕을 물고 가네요.
영수는 정말 사탕을 좋아하나 봐요.
우리 친구들은 어때요?
저러면 이가 상해서 치과에 가야 할텐데…
어머나! 영수가 이가 아픈가 봐요.
치과 선생님이 영수에게 뭐라고 하시는지 들어볼까요?
사 : "영수는 사탕이랑 초콜릿을 좋아하는구나."
영 수 : (고개를 끄덕이며)
의 사 : "이제는 사탕이랑 초콜릿을 그만 먹어요."
"또 먹으면 이가 자꾸 아프니까."
"그리고 오늘부터는 매일 이 닦는 것 잊지 말구요."
영 수 : (끄덕)
해 설 : 영수가 좀 불쌍하지요?
엄마 말을 안 듣더니…
어머 저런~ 영수 좀 보세요.
의사 선생님 말씀을 잊어 버렸나 보죠?
이도 닦지 않고 낮잠을 자네요.
영수가 꿈을 꾸는 것 같은데 우리 친구들, 살짝 들여다 볼까요?
영 수 : "우와! 맛있는 게 너무 많다."
우 유 : "영수야, 나를 먹어."
"우유를 먹으면 몸이 튼튼해져."

멸 치 : "영수야, 나를 먹어봐. 멸치를 먹으면 키가 큰단다."

사 탕 : "영수야, 나야 나. 늘 네 주머니에 있는 달콤한 사탕이라구. 입안에서 살살 녹는 난 정말 맛있는 음식이지?"

"나를 먹어."

쵸콜릿 : "영수야, 나두 있어. 맛있는 초콜릿이야."

"우린 아주 친하잖아? 나를 먹어."

우 유 : "안돼. 사탕과 초콜릿은 네 이를 망가뜨리잖아?"

멸 치 : "맞아. 맞아. 몸에 좋지 않아."

사탕, 초콜릿 : "아냐, 아냐."

"나를 먹어.."

"나를 먹어.."

.

.

.

영 수 : "엄마아~"

엄 마 : "영수야! 영수야! 얘가 왜 울고 그래."

"나쁜 꿈이라도 꿨니? 일어나라."

"아빠가 네가 좋아하는 케이크랑 아이스크림을 사 오셨어."

영 수 : "아냐, 엄마."

"이젠 사탕이랑 초콜릿 안 먹을래."

"그리구 나 이빨두 잘 닦구 손두 꼭 씻을게"

해 설 : 영수의 생활이 바뀌었어요.

여러분은 어떤 음식을 좋아하나요?

혹시 영수 같은 어린이가 여기 있다면 이제 어떻게 해야 될까요?

제4주 유아를 대상으로 한 영양교육 II

4-1 물놀이 게임을 이용한 영양교육

I 게임명

· 컬러푸트(색깔 음식) 바구니 공 넣기 : 물속 게임

II. 게임 진행 준비 물품

· 과일나라 & 야채나라 음식 모형 세트

· 3색 바구니 : 파랑(뚜비팀), 노랑(나나팀), 빨강(뽀팀)

· 점수판 및 수성펜, 보드지우개

· 확성기 및 호루라기

III. 진행 순서

1. 준비 운동

2. 게임 방법 안내

3. 게임 진행 팀 차례 지정

   1) 팀의 이름을 정한다.

      - 뚜비

- 나나
- 뽀

2) 팀 나누는 방법
- 모두 가위, 바위, 보를 한다.
- 가위를 낸 사람 ①, 바위를 낸 사람 ②, 보를 낸 사람 ③
- 공정하게 나눠지지 않을 경우, 수가 많은 팀에서 다시 가위, 바위, 보한다.

4. 물속 게임
5. 자유 시간(수영)
6. 게임 이긴 팀 시상(간식 시간)

Ⅳ. 게임 방법

1. 진행자가 어린이 교육과 관련된 색깔 음식 문제를 낸다.
   - 한 팀의 각 순서의 어린이들에게 2문제씩 출제된다.
   - 각 팀의 ①번 팀 → ②번 팀 2문제 → ③번 팀 2문제(총 6문제)
2. 문제를 들은 팀은 호루라기 소리와 함께 출발한다.
3. 어린이는 문제에 해당하는 색깔 음식 모형을 골라야 한다.
4. 어린이는 선택한 색깔 음식 모형을 자신의 팀 바구니에 넣어야 한다.
5. 최종적으로 팀 바구니에 음식 모형이 많이 들어있는 팀이 이긴다.
   - 한 문제가 끝날 때마다, 바구니를 들고 있는 도우미가 문제에 해당하여 올바르게 넣어진 색깔 음식 모형 수를 세어준다.
   - 점수판에 계속 기록하여 최종적인 점수를 공개한다.

Ⅴ. 진행 규칙

1. 각 순서 팀이 게임을 할 때, 다른 순서 팀은 응원을 한다.
   - ①팀이 수영장 안에서 게임을 하면 ②, ③은 밖에서 응원을 한다.
2. 각 순서 팀이 게임을 할 때, 다른 순서 팀은 정답을 말하면 실격처리된다.
   - ①팀이 게임을 할 때 ②, ③팀이 정답을 말해주면(외치면) 그 팀은 실격처리된다.

Ⅵ. 게임 내용

1. 정답 : 초록색
   - 이 색깔 음식은 나쁜 공기를 잡아먹어서 몸을 깨끗하게 해줘요.
   - 감기에 자주 걸리는 친구들이 이 색깔 음식을 먹으면 감기를 막아줘요.

- 우리가 나쁜 병에 걸리지 않게 도와줘요.

2. 정답 : 보라색
   - 항상 건강하고 젊게 해줘요.
   - 꼬부랑 할머니처럼 허리도 휘지 않게 해줘요.
   - TV를 보거나 컴퓨터를 많이 하는 친구들의 눈을 쉽게 나빠지지 않게 보호해줘요.
3. 정답 : 빨강색
   - 힘을 솟게 해줘요.
   - 달리기를 잘하게 해줘요.
   - 심장을 튼튼하게 해줘요.
   (과일에 이 색깔이 아주 많아요)
4. 정답 : 검은색
   - 친구들이 공부할 때, 생각 주머니를 잘 열게 해줘서 즐겁게 공부하도록 도와줘요
   - 뼈를 튼튼하게 해줘서, 잘 다치지 않게 막아줘요.
   - 키를 쑥쑥 자라게 해줘요.
5. 정답 : 노란색
   - 우리 몸에 필요한 기름만 남기고, 안 좋은 기름을 몸 밖으로 빼줘요.
   - 맛있는 밥을 먹을 수 있게 밥맛을 좋게 해줘요.
   - 식이섬유가 많아서 뚱뚱해지지 않게 막아줘요.
6. 정답 : 흰색
   - 우리 몸속으로 들어오는 나쁜 세균과 맞서 싸울 수 있는 힘을 키워줘요.
   - 목이나 코에 먼지가 들어가는 것을 막아줘요.
   - 끙끙대며 바나나 똥이 나오지 않는 친구들은 화장실을 잘 갈 수 있게 도와줘요.
7. 정답 : 하얀색, 초록색(동점이 나올 경우, 동점 팀의 지원자만 진행)
   - 감기에 잘 걸리는 친구들이 먹으면 좋아요.

VI. 시상 내역

- 총 6게임에서 가장 많은 득점을 획득한 팀 전원에게 색연필 12색 증정

4-2 빙고판게임을 이용한 영양교육

☞ 방법

인사말 : 우리 친구들 안녕하세요. ^^ 어느 팀이 대답을 잘하는지 봐야겠네요. ^^ 뚜비팀/나나팀/뽀팀 우리 친구들 오늘 색깔 음식에 대해서 도움을 주는 것과 종류에 대해서 들었고, 자석판 붙이는 게임도 했어요. 우리 친구들 모두 참 잘했어요. 그럼 이제 우리 팀으로 게임을 할 거예요. 선생님이 말하는 나가 누구인지? 맞추는 거예요. 아는 친구들은 먼저 손을 들고 나를 말하면 되요. 나를 찾은 친구는 여기 보이는 숫자에 나를 붙일 수 있어요. 그래서 먼저 세 줄을 완성한 팀이 이기는 게임으로 상품과 먼저 점심을 먹을 수 있으니깐, 모두 열심히 해봐요.

1	2	3
4	5	6
7	8	9

☞ 나는 누구일까요?(토마토)

- ▶ 나는 힘을 솟게 해줘요(이게 무슨 색이었죠?)를 물을 수 있다.)
- ▶ 나는 갈아서 주스로도 먹을 있어요.
- ▶ 나는 케첩도 만들 수 있어요.

☞ 나는 누구일까요?(수박)

- ▶ 나는 심장을 튼튼하게 해줘요.
- ▶ 나는 여름에 많이 먹고, 과일 중에 제일 커요
- ▶ 나는 겉은 초록색이지만, 안은 빨간색이에요.

☞ 나는 누구일까요?(당근)

- ▶ 나는 맛있는 밥을 먹을 수 있게 식욕을 좋게 해줘요.
- ▶ 나는 김밥에 여러 친구들과 함께 들어가요.
- ▶ 나는 토끼가 좋아해요.

☞ 나는 누구일까요?(고구마)

▶ 나는 몸의 필요한 기름만 남게 하고 다 몸 밖으로 빼줘요.

▶ 나는 간식으로 먹을 수 있어요.

▶ 나는 쪄 먹을 수도 있고 구워 먹을 수도 있어요.
(겨울엔 군______사세요 하는 아저씨들이 계세요.)

☞ 나는 누구일까요?(상추)

▶ 나는 나쁜 공기를 잡아먹어서 몸을 깨끗하게 해줘요

▶ 나는 주로 음식들을 싸주는 일을 해요

▶ 나는 삼겹살을 먹을 때 같이 먹어요.

☞ 나는 누구일까요?(배추)

▶ 나는 감기에 걸리지 않게 해줘요.

▶ 나는 식탁에 언제나 올려져 있어요.

▶ 나로 김치를 만들 수 있어요.

☞ 나는 누구일까요?(포도)

▶ 나는 항상 건강하고 젊게 해줘요.

▶ 나는 아빠가 좋아하는 붉은색의 술로도 만들 수 있어요.

▶ 나는 알알이 붙어 있어요.

☞ 나는 누구일까요?(가지)

▶ 나는 TV와 컴퓨터로부터 우리 눈을 보호해 줘요.

▶ 나는 나물로 먹을 수 있어요.

▶ 나는 바나나 모양과 비슷해요.

☞ 나는 누구일까요?(양파)

▶ 나는 똥도 잘 나오게 해요.

▶ 나는 썰면 눈물이 나요.

▶ 나는 벗겨도 벗겨도 똑같아요.

☞ 나는 누구일까요?(무)

▶ 나는 나쁜 세균으로부터 우리 몸을 보호해 줘요.

▶ 나는 김치를 만들때 들어가고 나물이나 국에도 사용되요.
▶ 나는 갈갈이로 유행했죠 _____를 주세요.

☞ 나는 누구일까요?(미역)
▶ 나는 생각 주머니로부터 덧셈, 뺄셈을 잘하게 해줘요.
▶ 나는 바다에서 살아요.
▶ 나는 생일날 엄마가 끓여줘요.

☞ 나는 누구일까요?(검은콩)
▶ 나는 키를 쑥쑥 자라게 해줘요.
▶ 나는 동글동글하게 생기고 완두콩이랑 친구예요.
▶ 나는 밥을 먹을 때 골라내지만 우리 몸에 꼭 필요해서 골라먹으면 안 되요.

4-3 실습을 통한 영양교육

표 4-1 식품 알기(맛있는 콩 이야기)

활동의 주제	맛있는 콩 이야기
대상연령 및 규모	5-6세(대집단)
학습목표	① 콩이 몸을 튼튼하게 한다는 것을 알도록 한다. ② 몸에 좋은 콩을 가리지 않고 맛있게 먹도록 한다. ③ 콩이 깍지에 들어 있다는 것을 알도록 한다. ④ 깍지에 들어 있는 콩을 까면서 근육을 사용하도록 하고 자율성을 기른다. ⑤ 일을 하고 난 후 주위를 청결하게 청소하는 것을 배우도록 한다.
준비물	깍지에 들어 있는 콩, 콩을 담을 수 있는 그릇들, 콩깍지를 담을 수 있는 비닐봉지 및 빗자루, 콩이 매달려 있는 사진
① 3~4명의 아이들을 한 그룹으로 만들어 여러 그룹으로 나눈다. ② 콩깍지에 들어 있는 콩을 보여주면서 콩이 깍지 않에 들어 있고, 매달려 있다는 것을 설명한다. ③ 깍지를 열고 콩을 꺼내어 흘리지 않고 그릇에 넣을 수 있도록 격려한다. ④ 깍지는 잘 모아서 비닐봉지에 담는다. ⑤ 콩은 우리 몸을 튼튼하게 하고 특히 '밭에서 나는 고기'라고 하며 두부, 순두부 등을 만들 수 있다는 것을 설명한다.	

⑥ 콩을 다 깐 후 주위를 깨끗이 청소하도록 격려한다.
⑦ 가능하면 그날 급식 시 그 콩을 이용하여 콩밥을 배식하도록 한다.

교육 안
자! 여러분~ 오늘은 콩깍지에 대해서 알아볼 거예요. 여러분 콩깍지가 뭔지 아나요? 잘 모르는 치구들도 있을덴데요. 콩까지 인을 열이볼게요 ·! 지 동글동그란 콩들이 기득있지요. 콩깍지는 콩의 껍질을 말하는 것입니다. 여러분 탁자 앞에 콩깍지가 다 있지요? 이것을 앞에 비닐에 예쁘게 넣어 보도록 해요. 여러분들은 이 콩을 어디서 먹어보았나요? 콩밥에서도 먹어보고, 콩조림에서도 봤지요? 그리고 또 두부, 콩나물, 청국장을 만들지요? 이러한 콩은 우리 키를 쑥쑥 자라게 하고, 몸을 튼튼하게 한답니다. 그래서 콩은 밭에서 나는 소고기랍니다. 같이 따라해봐요. 밭에서 나는 쇠고기~! 그러니까 버리지 말고 다 먹어야 겠지요? 콩을 예쁘게 모두 깠나요? 네~ 그럼 주위에 콩이나 껍질이 떨어진 곳은 없는지 살펴보세요. 그리고 오늘은 특별히 여러분들이 잘 먹나, 안 먹나 지켜볼 거예요. 앞으로 집에서도 건강에 좋은 콩을 먹을 수 있나요? 자! 그럼 모두 모두 잘 먹어서 씩씩한 어린이가 되도록 약속해요!

제5주 초등학생을 대상으로 한 영양교육 I

5-1 교육목표

1. 어린이가 현재 영양과 관련하여 대두되고 있는 문제점을 이해하도록 한다.
2. 음식과 질병과의 관계를 알린다.
3. 식량자원의 생산, 소비, 음식 쓰레기 등의 지식을 알게 한다.

5-2 아동의 식사지침

1. 학령기 어린이는 학습능력을 높이기 위하여 매끼 식사를 거르지 말고 먹도록 한다.
2. 간식을 너무 많이 먹으면 밥맛이 없으므로 간식을 너무 많이 먹지 않도록 한다.
3. 칼슘, 비타민, 단백질의 급원이며 흡수율이 높은 유당이 있는 우유를 매일 마시도록 한다.
4. 비타민과 무기질의 공급소인 녹황색 채소나 담색 채소를 충분히 공급하며, 될 수 있으면 날것과 제철의 신선한 과일을 많이 공급하도록 한다.
5. 음식을 짜게 먹지 않도록 한다.

6. 치과 질환의 원인인 당이나 비만증의 원인인 지방이 많은 음식을 피한다.
7. 식사는 바르게 앉아 꼭꼭 씹어먹도록 한다.
8. 식사는 즐겁게 한다.

5-3 학교급식과 영양교육 중요성

영양교육은 어린시절에 철저히 행하지 않으면 성인이 된 후에는 아무리 영양지식이 풍부하여도 이미 형성된 식습관과 식생활 양식에 대한 사회적 심리 때문에 올바른 식생활 실천의 가능성이 희박해진다.

1. 성장이 매우 활발한 시기이므로 식생활로 인한 성장, 발달과 건강에 미치는 영향이 크다.
2. 감수성이 예민하여 영양에 관한 지식을 잘 흡수하고 조기에 식습관 형성이 용이하다.
3. 학생에게 가르쳐진 지식은 가정으로 파급되어 가족 구성원의 행위 변화에 촉진자가 될 수 있어 최소의 비용과 시간으로 많은 효과를 얻을 수 있다.
4. 점심식사 시 현장지도를 통하여 편식 등의 영양교육을 효과적으로 할 수 있다.

5-4 영양교육의 내용

1) 식생활에 대한 올바른 이해와 인식에 관한 내용

① 영양 섭취 기준과 영양 부족 및 과잉 문제
② 영양 섭취 실태 및 식품 소비 유형의 변화
③ 편식, 과식, 결식 등 일상 식생활의 결함 문제
④ 음식쓰레기 등 식품의 낭비와 손실 문제
⑤ 우리 농산물과 수입 농산물 비교 등 식량 생산과 분배 문제

2) 식생활의 기초지식과 기능에 관한 내용

① 식품의 영양소 및 식품 구성탑
② 다섯 가지 기초 식품군과 균형식
③ 식단짜기
④ 과학적인 식품가공 및 조리법
⑤ 신선한 식품 감별법

3) 바른 식생활 실천에 관한 내용

① 계획적인 식생활
② 바른 식습관 형성(식사 자세, 식사 예절)
③ 식품위생관리
④ 경제적인 식품 선택법(계절 식품, 지역 특산물)
⑤ 식량 절약

4) 아동의 식생활에 대한 태도 평가 항목

표 5-1 아동의 식생활 태도 평가 항목

영역	문항	반 응	평가	
			교육 전	교육 후
식	1. 식사할 때 감사하는 마음을 갖는 정도	① 항상 감사하는 마음으로 식사한다. ② 가끔 그런 마음을 갖는다. ③ 그저 그렇다.		
	2. 어른과 식사할 때 지켜야 할 예절의 인지 정도	① 잘 알고 있다. ② 대충 알고 있다. ③ 관심이 없다.		
사	3. 어른과 식사할 때 알고 있는 예절 실천	① 항상 지킨다. ② 가끔 지킨다. ③ 그저 그렇다.		
예	4. 식사할 때의 바른 자세 태도	① 항상 바른자세로 식사한다. ② 가끔 바른자세로 식사한다. ③ 관심이 없다.		
절	5. 수저의 올바른 사용 방법	① 사용 방법을 정확히 알고 지킨다. ② 편리하게 한 손에 두 가지를 들고 사용한다. ③ 젓가락 대신 포크를 사용하기도 한다.		

영역	문항	반 응	평가	
			교육 전	교육 후
영양교육면	1. 식사할 때 그 식품에 대한 영양가의 인지	① 항상 먹고 있는 식품의 영양가를 생각한다. ② 특별히 좋아하거나 관심이 있는 식품의 영양가만을 생각한다. ③ 영양가를 생각하지 않고 먹는다.		
	2. 다섯 가지의 기초 식품군에 대한 인지	① 5개 식품군에 따라 식품을 분류할 수 있다. ② 5개 식품군이 있다는 것을 알고 약간 분류할 수 있다. ③ 5개 식품군이 있다는 것을 알고 있다.		
	3. 혼분식의 좋은 점은 알고 실천하는 정도	① 혼·분식의 좋은 점을 알고 실천하고 있다. ② 알고는 있으나 실천이 어렵다. ③ 잘 안 되고 있다.		
	4. 좋은 식품 선택 방법의 인지 정도	① 잘 알고 있으며 좋은 식품을 선택하려 애쓰고 있다. ② 알고는 있으나 항상 지키기 어렵다. ③ 관심이 없다.		
	5. 계절에 따른 식품의 인지	① 계절에 따른 식품을 잘 알고 있다. ② 관심이 없다. ③ 그저 그렇다.		
위생관리면	1. 식사할 때마다 손 씻기	① 반드시 씻는다. ② 씻을 때도 있고 씻지 않을 때도 있다. ③ 관심이 없다.		
	2. 식중독 예방 방법의 인지	① 확실히 알고 있다. ② 대충 알고 있다. ③ 관심 없다.		
	3. 식사 후 뒷처리의 실천	① 항상 뒷처리를 잘한다. ② 할 때도 있고 안할 때도 있다. ③ 학교 급식 시에만 있다.		
합리적인 조리법	1. 조리의 기본 원칙의 인지	① 잘 알고 있다. ② 그저 그렇다. ③ 관심이 없다.		
	2. 여러 가지 조리 기구의 사용	① 잘 알고 있다. ② 대충 알고 있다.		
	3. 식품에 따른 당야한 조리방법의 인지	① 잘 알고 있다. ② 대충 알고 있다. ③ 관심이 없다.		
	4. 가정에서의 식단짜기	① 매번 식단을 짜고 그대로 실천한다. ② 가끔 식단을 짜며 실천한다. ③ 식단을 짜지 않고 그냥 한다.		

5-5 지도상의 유의점

1) 되도록 빨리

식사 중의 태도나 음식물의 기호, 위생습관 등의 식습관은 유아기에 형성되어 아동기를 거쳐 사춘기에 고정화되기 때문에 그 다음에 고치는 것은 매우 어려운 일이다. 그러므로 적기에 잡아 되도록 빨리 시작하는 것이 중요하다.

2) 발달과 개인차에 적합한 내용

연령이나 성장 발달 과정에 맞는 내용의 교육을 해야 하며, 각기 다른 학생의 생활습관과 환경을 이해하여 적절한 영양지식과 정보를 제공하여야만 그것을 쉽게 흡수하고 행동의 변화를 가져올 수 있다.

3) 되풀이하여 지도한다.

습관은 같은 행위를 되풀이하여 반복함으로써 형성되는 것이므로 바람직한 습관이 정착되기 위해서는 매일 일정한 조건하에 되풀이하여 지도하는 것이 중요하다.

4) 칭찬할 것, 꾸짖을 것

아동들은 야단 맞거나 칭찬받는 과정을 통해 무엇이 좋고 나쁜가를 체득하여 간다. 따라서 꾸짖는다는 것은 교육의 중요한 수단이다.

바람직하게 꾸짖는 방법으로 유의할 점은

① 나쁜일을 하면 곧 꾸짖는다.

② 꾸짖는 일에 일관성을 갖는다.

③ 꾸짖는 이유를 아동에게 이해시킨다.

④ 한 가지 일로 두 번 꾸짖지 않는다.

그러나 꾸짖는 것보다는 칭찬하는 것이 더욱 효과적이다. 칭찬을 통해 칭찬한 사람에 대한 친밀감, 호의가 생기고 자기자신에 대한 자신감이 생겨 긍지를 가지게 되므로 아동 발달에 매우 중요하다.

5) 일관성이 있는 지도

가정과의 연락을 긴밀히 하여 가정과 학교에서 일관성을 유지하는 것이 중요하다.

6) 좋은 본보기를 통한 자연스런 지도

아동들은 부모나 교사의 행동을 모방하므로 구체적으로 좋은 본보기를 보여 자연스럽게 배우도록 하는 것이 중요하다.

제 6 주 초등학생을 대상으로 한 영양교육 II

6-1 퍼펫(puppet)을 이용한 영양교육

나오는 이 : 튼튼이, 밥, 오징어, 사과, 시금치, 우유, 버터

튼튼이 : 오늘은 냉장고 안에 있는 여러 식품들이 자기자랑을 한다고 합니다.
여러분! 무슨 일이 일어날지 궁금하죠?
자! 우리 모두 조용히 냉장고 문을 열어보도록 하죠.

밥 : 저는 저의 친구들이 하루 동안 신나게 뛰어 놀 수 있도록 힘을 준답니다. 저를 안 먹으면 배에서 '꼬르륵, 꼬르륵' 하고 소리가 나지요. 혹시 저를 안 먹을 경우 는 빵, 고구마, 감자, 국수를 먹어도 돼요.

튼튼이 : 와! 정말 대단하시군요. 자! 다음은 누구죠?

오징어 : 네, 바로 접니다. 저는요, 마징가나 슈퍼맨처럼 튼튼해 질 수 있답니다. 감기에도 안 걸리구요. 나쁜 균이 들어오면 혼내주지요. 나와 친한 친구들에는 고등어, 닭, 소고기, 새우 등이 있지요.

튼튼이 : 우와! 마징가처럼 될 수 있다구요. 너무너무 신나는 일인데요. 이? 이번에는 사과 아가씨가 나오셨네요?

사과 : ♬ 사과같은 내 얼굴, 예쁘기도 하지요--♬
여러분, 이 노래 아시죠? 저 어때요? 예쁘지요? 저를 많이 먹으면 저처럼 예뻐진답니다.
귤, 포도, 파인애플, 바나나, 배, 딸기들이 모두 내 친구랍니다.

튼튼이 : 정말 사과를 많이 먹으면 예뻐질 수 있나요? 내 여자친구에게도 꼭 가르쳐 주어야지.

우유 : 아이 참, 나도 빨리 나가게 해줘요~. 나는 여러분이 너무너무 좋아하는 아이스크림, 요플레, 요쿠르트와 친한 친구랍니다.

그런데 저보다 아이스크림을 좋아해서 샘이 나요.

사실은 알고 보면 나도 참 괜찮은 친구인데 말예요.

절 많이 먹으면 몸도 튼튼해지고 키도 크고 이도 튼튼해지고…

너무 많아 다 말할 수가 없네요.

튼튼이 사회자님이 말 좀 잘해 주세요. 제가 얼마나 좋은 친구인지 말예요.

튼튼이 : 그럼요! 나도 잘 알고 있어요. 그래서 매일 아침 엄마가 꼭 우유 친구를 먹게 하지요.

자, 다음엔 어떤 친구가 기다리고 있나요?

시금치 : 저예요. 뽀빠이가 제일 좋아하는 시금치랍니다. 뽀빠이 아저씨처럼 나쁜 사람을 혼내주고 싶으면, 또 사랑하는 올리브를 구해주고 싶으면 나를 많이 먹어야 해요.

내 친구들은 무척 많아요. 누구냐구요? 김치, 당근, 오이, 호박, 상추, 양파…

튼튼이 : 그만! 그만! 하세요, 너무 많아 끝이 없네요. 다음 친구가 기다리겠어요.

버터 : 아휴! 기다리느라고 힘들었답니다. 그래도 나니까 기다렸지요.

저는 힘을 많이 낼 수 있거든요.

저는 빵에 발라먹거나, 볶음밥을 볶을 때 매우 맛있게 해준답니다.

제 친구에는 새우를 튀길 때 필요한 식용유, 밥 비벼 먹을 때 넣는 참기름이 있답니다.

아주 고소하게 해주지요.

튼튼이 : 여러분! 서로 자기자랑하느라고 야단이군요.
자! 자! 이제 제가 할 일이 남아 있어요.
이 친구들이 각각 혼자 놀면 심심하고 재미없잖아요.
모두 골고루 함께 어울려 놀아야 재미있듯이 여러 친구들도 서로 함께 놀아야 한답니다. 알았지요?
자! 모두 손잡고 나와보세요!!

튼튼이, 밥, 오징어, 사과, 우유, 시금치, 버터 모두 다정하게 손잡고 나온다.

6-2 퍼즐을 이용한 영양교육

1 탄			3 영	양	4 사		
2 수	박		계		5 과	수	원
화				6 편			
물		7 불	량	식	품		9 우
							유
8 비	타	민				10 김	
만				11 시	금	치	
		12 고	추	장			

<가로 열쇠>

② 여름 과일 중 초록색 바탕에 줄무늬가 있는 것

③ 여러분의 영양관리와 식단작성 및 급식을 담당하는 선생님은?

⑤ 과실나무를 재배하는 농원

⑦ 이름 없는 회사의 제품이나 날짜가 오래된 제품, 먹지 않아야 될 식품

⑧ 정상적인 성장과 발달 및 건강 유지에 반드시 필요한 물질. 영양소의 한 가지

⑪ 뽀빠이가 좋아하는 것

⑫ 고춧가루로 만든 장

<세로 열쇠>

① 쌀에 가장 많은 영양소

③ 어린 닭…?

④ ○○ 같은 내 얼굴…?

⑥ 음식을 골고루 먹지 않고 가려먹는 식습관

⑧ 살이 뚱뚱하게 찐 상태

⑨ 소에서 짜낸 젖으로, 칼슘의 좋은 급원 식품이다.

⑩ 배추를 소금에 절여 만든 우리의 고유 음식

⑪ 배가 고픈 상태

6-3 인형극을 통한 영양교육

초등학교 저학년을 대상으로 영양교육을 하려면 재미있고 이해하기 쉽도록 인형극으로 꾸몄고 인형도 사람보다는 유아들이 좋아하는 친근감 있는 동물을 등장시켜 이해를 도왔다. 초등학교 저학년은 집중하는 시간이 짧으므로 인형극의 내용을 너무 길지 않게 하고, 전달하고자 하는 내용을 동물의 특징에 살려서 초등학교 저학년들에게 흔히 나타나는 좋지 않은 식습관을 일목요연하게 표현하였다. 인형극이 끝난 후 사회자와의 짧은 질문과 대답으로 이해도를 확인하고 잘못 이해한 것은 다시 인식시켜 주는 시간을 가져 실천도를 높였다.

사회자 : 어린이 여러분? 안녕하세요.
여기 등장하는 하마, 기린, 토끼는 친한 친구 사이예요.
그런데 하마랑 기린 친구랑 무얼하고 있을까요?
잘 보고 무엇이 문제인지 생각해 보세요.

기린 : 이이이… 난 몰라 ~

하마 : 기린아? 왜 그러니? 왜 울어?

기린 : 나좀 봐. 내 머리좀 보라구. 뿔이, … 뿔이 … 잉잉잉 ~

하마 : 어머머 어떻게 하다가 그랬니? 너무 너무 아프겠다.

기린 : 우리 엄마가 그러시는데 나쁜 멸치 때문이래.

하마 : 멸치?

기린 : 그래. 내가 멸치를 먹지 않아서 뿔이 부러졌다고 하셨어.

하마 : 그랬구나. 그러게 왜 멸치를 안 먹었니? 나처럼 골고루 먹어야지.
난 말이지. 초콜릿, 캐러멜, 콜라, 사탕, 젤리 가리지 않고 모두 골고루 먹는다구!

기린 : 하마야? 그런데 이빨에 김이 묻었어. 왠 김이야?

하마 : 이건 김이 아니야. 아이 창피해.
의사 선생님이 그러시는데 단 걸 너무 많이 먹어서 그렇다고 하셨어.
그래서 몸도 이렇게 뚱뚱해졌고.

토끼 : 얘들아 안녕? 너희들 여기서 뭐하니?

기린 : 음, 난 뿔이 부러졌구 하마는 이빨이 새까맣게 됐어.

하마 : 토끼야? 너는 어떤 음식을 좋아하니? 나같이 초콜릿, 사탕 같은 것 좋아하겠지? 히히히….

토끼 : 물론 그런 것도 좋아하지만 많이 먹지는 않아. 난 말이야 뭐든지 잘 먹어.
너희들도 골고루 먹으면 나처럼 튼튼해 질 수 있을 거야.

기린 : 토끼야, 너는 멸치 좋아하니?

토끼 : 좋아하지는 않지만 엄마가 맛있게 요리해 주면 잘 먹을 수 있거든.

하마 : 난 뭐니뭐니해도 초콜릿이 제일 좋은데…….

기린 : 하마야? 우리도 토끼처럼 좋아하는 음식만 먹지 말고 싫어하는 음식도 골고루 먹는게 어떨까?

하마 : 그래, 나도 토끼처럼 날씬해지고 싶어!

기린 : 우리 엄마가 그러시는데 어릴 때 너처럼 단 것만 좋아하면 어른이 되어서도 튼튼하지 못하대.

토끼 : 그래, 우리 골고루 먹는 착하고 튼튼한 동물이 되자.

하마 : 그럼, 우리 오늘부터 시작해 볼까.

동물들 : 그래, 야! 신난다.

인형극 끝. 사회자 등장

사회자 : 어린이 여러분 잘 보셨어요?
여기 등장하는 하마와 기린과 토끼 중 어느 동물이 가장 튼튼할까요?
여기에는 잘못된 점이 3가지가 있는데 어린이 친구들 무엇이 있는지 아시겠어요? (대답)

말해 볼 어린이? (대답)
네, 아주 잘 알고 있군요. 하마 친구는 단 것을 너무 많이 먹어서 이가 새까맣게 되고, 기린 친구는 멸치와 우유를 먹지 않아서 뼈가 허약해졌어요.
우리 친구들은 토끼 같은 친구가 되어야겠죠? (대답)
우리 모두 골고루 먹어 튼튼한 어린이가 됩시다.

6-4 음악시간을 이용한 영양교육

좋아하는 동요나 가요을 개사하여 부르게 한다(각자 직접 작업하도록!).

◉ 우리 모두 다함께 ◉

1. 매일 아침 우유를 먹어요. (많이)
고기 계란 콩 등도 먹어요. (많이)
우리 모두 언제나 골-고루 먹어요.
우리 모두 즐거운 식사를 (냠냠)

2. 매일 야채 과일을 먹어요. (많이)
쌀밥 보단 보리밥 좋아요. (그렇죠)
우리 모두 언제나 골-고루 먹어요.
우리 모두 즐거운 식사를 (냠냠)

3. 땅콩 튀김 치즈도 먹어요. (많이)
너무 많이 먹으면 살쪄요. (뚱보)
우리 모두 언제나 골-고루 먹어요.
우리 모두 즐거운 식사를 (냠냠)

6-5 가정통신문을 이용한 영양교육

안녕하세요?

우리 어머님들?

많은 시간을 들여서 맛있는 음식을 준비했지만, 정작 아이는 반찬투정을 하며 밥에 물을 붓거나 라면을 끓여 달라고 해서 속상하신 경험들 있으시죠?

향과 맛이 강한 패스트푸드나 인스턴트식품에 길들어 있는 아이들에게 엄마의 수고로움 정도는 아무렇지도 않게 생각되는 것이 무척 속상합니다.

먹고 싶은 음식을 빠른 시간 안에 골라 먹을 수 있는 패스트푸드!!

하지만 그 뒤에 숨겨진 부작용들로 몸살을 앓고 있는 가정이 많이 늘어나면서 사회적인 문제로 부각되기 시작했습니다.

그래서 1986년 이탈리아에서 처음 패스트푸드(fast food)의 반대 개념으로 우리에게는 '초라한 시골 밥상'으로 알려진 슬로우푸드(slow food)가 바로 해결 방안으로 나왔습니다.

특히 고칼로리 음식(fast food)을 좋아하는 사람들에게 조리법과 재료를 바꿔가며 몸에 좋거나 최소한 덜 해로운 음식을 먹도록 단계적으로 건강한 식습관으로 가는 '다리(bridge)'를 놓아 유도하는 방법입니다.

패스트푸드에 들어있는 지방과 염분이 가식을 유도하고 운동부족과 함께, 아동의 경우 1주일 TV 시청시간이 평균 22시간 정도이며 TV에서 이를 겨냥한 패스트푸드 광고가 넘친다는 사실이 우리 아이들을 병들게 하는 원인입니다.

소비자보호원 실태조사에 따르면 우리 아이들 절반 이상이 커피우유, 커피맛 빙과류, 초콜릿, 초코우유, 코코아, 콜라 등 자신도 모르게 카페인이 함유되어 있는 음료를 마시는 것으로 나타나 이들 음료를 자주 마시다 보면 카페인으로 인해 안절부절못하며 신경질적이고, 흥분을 자주하는 행동이 나타날 수 있음을 우려하여 다른 음료로 대체하여 먹도록 지도해야 함을 알리고 있습니다.

어린이에게 하루 1~2회 간식은 영양섭취에 필수적입니다.

푸드브리지(food bridge)를 이용해 식사를 준비하신다면 패스트푸드를 적게 먹을 수 있는 한 방법이 될 것입니다.

또 한 가지, 우리 아이들에게 식사준비 전에 "오늘은 뭐가 먹고 싶은지……."

한 번 물어봐 주세요. 먹고 싶은 음식을 해주는 것이 훨씬 효과적이니까요.

우리 아이들의 식습관은 무엇보다도 부모가 몸소 건강한 식습관을 실천하는 것이 가장 중요합니다.

건강하고 행복한 가정! 함께 만들어 봐요.

이런 음식을 좋아한다면…	이렇게 바꿨다가	이런 음식으로
햄버거	햄이나 고기를 넣은 샌드위치	햄을 넣은 보리빵 샌드위치
양념통닭, 닭튀김	전기구이 통닭	닭백숙
초콜릿, 치즈케익	애플파이	사과
매시드포테이토	재료를 감자에서 고구마로	고구마에서 당근으로
치즈 마카로니	치즈빵에 야채샐러드	야채에 치즈 소스 뿌리기
크림 스파게티	시금치 파스타	토마토, 해산물 파스타
탄산음료	과일맛 우유	흰우유, 생과일주스
치킨너세겟	생선튀김	생선조림

6-6 교육방송을 이용한 영양교육

주 제	불량식품
방송내용	불량식품의 해로운 점

어린이 여러분 안녕하세요?
지난 주에 내린 단비로 운동장가의 플라타너스 잎들이 더욱 생기있게 인사를 하는 초여름이죠. 이제부터는 깨끗한 음식과 청결을 더욱 중요시해야겠어요.
아침에 등교하다 보면 학교 옆 문방구에서 무엇인가를 사 먹으면서 교실로 향하는 어린이를 자주 보게 되죠. 오늘은 그렇게 사먹는 식품에 대해서 이야기할까 해요.
자! 그럼 우리들이 건강하고 씩씩하게 자라기 위해서는 어떻게 해야 할까요?
음식을 가리지 않고 먹어야 하겠지만 먹지 않아야 될 식품도 있답니다. 이렇게 먹지 않아야 될 식품을 '불량식품'이라고 하지요.
우리가 조그만 구멍가게에서 과자를 사먹을 때 볼 수 있는 이름 없는 회사의 제품, 날짜가 오래된 제품, 지나치게 색이 곱고 돋보이며 값이 너무 싼 것은 일단 의심해야 합니다. 또 포장이 잘 되지 않은 벌레나 파리 등이 들어가 병균을 옮길 염려가 있으니 주의하도록 해야 하며, 이상한 냄새가 나면 상한 식품이니 먹어서는 안 됩니다. 이러한 불량식품을 먹게되면 병균이 몸속에 들어와 배가 아프고 머리도 아프게 되어 병원에 가야만 합니다.

어린이 여러분!
오늘부터는 이러한 불량식품을 사먹지 말고 집에서 어머니께서 직접 만들어 주시는 간식을 먹어서 더욱더 건강한 어린이가 되도록 합시다.
참! 꼭 한 가지 우기가 학교에서 마시는 우유나 어린이들이 좋아하는 빵을 사먹을 때는 반드시 날짜를 확인하고 유통기한이 넘은 것은 절대로 먹지 말도록 해야겠어요.
그럼 오늘도 건강한 하루가 되도록 하세요. 안녕.

주 제	이 닦기
방송내용	충치의 원인 및 예방법

어린이 여러분 안녕하세요?
아침저녁으로 기온차가 심해져 건강에 특히 주의해야 겠어요.
여러분 건강은 어떠세요? 혹시 감기에 걸리지나 않았는지 궁금하군요.
오늘은 우리가 음식을 섭취하는 데 아주 중요한 역할을 하는 치아의 중요성과 치아의 충치 원인과 그 예방법을 알아보겠어요.
이는 앞니 8개, 송곳니 4개, 어금니 20개 모두 32개가 있는데 이의 중심에는 신경과 혈관이 통하고 있어요.
이의 역할로는
① 음식물을 씹는 역할을 합니다.
② 이는 아름다운 표정을 만드는 역할을 합니다.
③ 이가 있어야 정확한 발음을 할 수 있습니다.

이가 나쁘면 음식물을 잘 씹지 못해 위장장애를 일으키게 되어 음식을 충분하게 소화, 흡수하지 못하게 됩니다.
충치의 원인은 입안에 음식물 찌꺼기가 남아 있기 때문입니다.
이러한 충치를 예방하기 위해서는 어떻게 할까요?
첫째, 하루 3번, 식사 후 3분 이내, 3분 동안 이를 잘 닦아야 합니다. 이것을 '3.3.3 운동'이라고 하는데 꼭 실천해야 되겠어요.
둘째, 이 사이의 치석을 정기적으로 제거해야 합니다. 치석은 이 사이에 낀 프라그 등의 찌꺼기가 오랫동안 잇몸 사이에 달라붙어 돌처럼 딱딱하게 굳은 것인데 이와 잇몸을 벌어지게 하고 세균의 서식처가 됩니다.
셋째, 단 음식을 많이 먹지 않아야 합니다.
넷째, 올바른 칫솔질을 해야 합니다.
① 이의 면을 따라 위아래로 둥글게 닦습니다.
② 음식물을 씹는 면도 닦습니다.

치아 건강은 우리의 건강에 중요한 역할을 합니다. 그러므로 오늘 배운 것을 꼭 실천해야 겠어요.
그럼 다음 이 시간에 또 만나요. 안녕.

6-7 바른 식생활 실천 카드를 이용한 영양교육

바른 식생활 실천 카드 제 학년 반 번 이름( )

구분			3		4		5		6		7	1학기 후 부모님 평가 말씀	9		10		11		12		2	2학기 후 부모님 평가 말씀
			2	4	2	4	2	4	2	4	2		2	4	2	4	2	4	2	4	2	
식사전	1	꼭 손을 깨끗이 씻기																				
	2	바른자세로 앉기																				
	3	감사하는 마음 갖기																				
식사후	4	어른보다 나중에 수저 들고 먹기																				
	5	즐겁게 식사하기																				
	6	알맞은 속도로 잘 씹어먹기																				
	7	음식을 입에 넣고 이야기 안 하기																				
	8	음식을 가리지 않고 골고루 먹기																				
	9	음식 흘리지 않고 먹기																				
	10	음식 남기지 않고 깨끗이 먹기																				
	11	식사 후 어른보다 나중에 자리뜨기																				
	12	식탁과 주위를 깨끗이 정리하기																				
	13	이 닦기																				
계	○ : 잘함																					
	△ : 보통																					
	× : 못함																					
확인	학 부 모																					
	담 임																					

6-8 퀴즈를 이용한 영양교육

<어린이 영양 왕국 비디오를 보여준 후 교육의 효과를 판정하기 위한 퀴즈>

1. 사람의 건강에 필요한 영양소와 그 나라 사람들의 음식 먹는 습관 및 부족되기 쉬운 영양소를 강조하여 식품을 몇 개의 군으로 나눈 것을 무엇이라고 하는가?
2. 우리나라의 기초식품군은 몇 가지?
3. 우리나라의 다섯 가지 기초식품군을 말해 보세요.
   1군 : 단백질군 2군 : 칼슘군 3군 : 비타민 · 무기질군
   4군 : 당질군 5군 : 지방질군
4. 다음 식품은 무엇입니까? 독일인의 주식으로 잘 알려져 있고 알카리성 식품이며 비타민 C도 풍부한 것은?
5. 영국의 처칠은 자라나는 어린이에게 이 식품을 꼭 먹도록 권했습니다. '완전식품' 이라고도 하며 특히, 칼슘이 풍부하죠. 우리가 매일 먹고 있는 이것은 무엇일까요?
6. 다섯 가지 기초식품 중에서 신선한 채소나 과일에 많이 들어 있는 영양소의 이름은?
7. 생선 특히, 등푸른생선(예 : 고등어, 꽁치, 참치)에 많은 성분으로 이것을 많이 먹으면 머리가 좋아진다고 하죠. TV에서 개그맨 아저씨가 I · Q 참치를 선전할 때 강조하기도 한 이 성분의 이름은?
8. 우리의 전통 음식으로 겨울에 부족하기 쉬운 비타민을 공급해 주고 요구르트에 들어있는 유산균이 있어서 소화도 잘되게 하는 음식은?
9. 음식을 너무 많이 먹거나 운동이 부족할 때 생기는 병적 현상은?
10. 우유의 지방만을 모아 만든 유제품은?
11. 같은 무게의 다음 식품 중 칼로리(열량)가 가장 많은 식품은?
    ① 버터 ② 설탕 ③ 쇠고기 ④ 우유
12. 우리가 하루에 먹는 단백질 중 질좋은 단백질, 즉 동물성 단백질은 총 단백질량의 얼마나 먹어야 할까?
13. 우리 땅에서 나는 식품이 우리 몸에 가장 좋다는 뜻의 한자 말은?
14. 이 식품은 무엇일까?
    · 곱추병을 예방하는 비타민 D가 많죠. · 어둡고 습한 곳이 자랍니다.
    · 기둥 하나에 지붕만 있는 모습이구요.

15. 학교에서 매일 마시는 우유 1팩의 양은 몇 ㎖일까?
16. 빈혈 증상이 나타나는 것은 어떤 영양소의 부족일까요?
17. 힘을 내는 영양소는 아니며, 필요량은 적지만 부족하면 무서운 병의 원인이 되는 영양소의 이름은?
18. 다섯 가지 기초식품군 중 같은 양으로 에너지(힘)를 가장 많이 낼 수 있으며 지나치게 많이 섭취하면 비만을 초래하는 영양소는?
19. 여러분의 뼈와 치아의 발육에 도움을 주는 영양소는?
20. 보리밥, 쇠고기무국, 시금치나물, 김치 등을 음식이라고 하죠. 그러면 이러한 음식을 만들기 위한 재료는 무엇이라 할까요?
21. 우리나라 명절 중 토란탕, 햇과일, 송편을 먹는 명절의 이름은 무엇일까요?
22. 괴혈병(입에서 피가 나는 병)은 다음 어떤 식품을 잘 안 먹는 사람에게 생기기 쉬울까요?

① 딸기 ② 케이크 ③ 쇠고기 ④ 버섯

23. 나는 누구일까요? 우리 몸 안에서 조절작용을 해 주지요. 그러나 너무 먹어도 안 되고 너무 안 먹어도 안 된답니다. 대체로 우리나라 사람들은 다른 나라 사람보다 많이 먹어 고혈압의 원인이 되기도 하죠. 그런데 음식에 이것을 안 넣으면 맛이 없어서 못 먹지요. 바다에서 태어난 나는?
24. 저는 흰색이나 누런색으로 되어 있지요. 여러분들도 저를 매우 좋아합니다. 그러나 너무 먹으면 살이 찌고 이도 상해요. 탄수화물 식품인 저는 음식에서 약간의 소금과 함께 맛을 더욱 강하게 하지요. 누구일까요?
25. 식사 사이사이에 부족한 영양을 보충하기 위해 먹는 것을 무엇이라고 하나요?
26. 다음 중 같은 영양소 가족이 아닌 식품은?

① 국수 ② 떡 ③ 감자 ④ 두부

27. 다음 중 몸의 기능을 조절하여 피부를 곱게 해주는 영양소가 많이 들어있는 식품은?

① 버터 ② 아이스크림 ③ 시금치 ④ 오징어

28. '밭에서 나는 고기'라고도 하면 식물성 단백질이 풍부하고 두부나 된장을 만드는 재료로 쓰이는 식품은?
29. 다음 달걀 중 어떤 것이 더 신선한 것일까요?

① 껍질이 매끄럽고 반들반들하다.

② 껍질이 거칠거칠하다.

30. 배도 안 부르고 몸매를 예쁘게 해주고 생리작용, 특히 배설작용을 도와주는 성분이지 영양소는 아니지요. 무엇일까요?

31. 무기질과 비타민이 풍부한 식품이 아닌 것은?
   ① 당근 ② 미역 ③ 식용유 ④ 사과
32. 비만증인 어린이가 먹어도 좋은 식품은?
   ① 튀김 ② 귤 ③ 아이스크림 ④ 콜라
33. 우리 몸의 피와 살을 만드는 단백질이 많이 들어 있는 식품이 아닌 것은?
   ① 참기름 ② 두부 ③ 된장 ④ 달걀
34. 음식을 너무 많이 먹어서 생기며, 모든 병의 근원이 되는 질병은 무엇일까요?
   ① 빈혈 ② 비만증 ③ 담석증 ④ 위장병
35. 식사 시 부족한 영양을 보충하기 위한 간식으로 가장 적당한 것은?
   ① 라면 ② 초콜릿 ③ 우유 ④ 콜라
36. 건강을 유지하기 위해서는 매일 운동을 해야 하는데 다음 중 같은 시간에 가장 많은 열량을 소비하는 운동은 무엇일까요?

37. 돼지고기에는 우리가 밥 등의 탄수화물을 먹었을 때 소화를 도와주는 비타민이 들어 있는데 무엇일까요?
38. 다이어트를 위한 방법으로 옳지 않은 것은 무엇일까요?
   ① 다양한 식품을 골고루 먹는다.
   ② 채소와 과일도 고루 먹는다.
   ③ 표준체중을 유지하기 위해 끼니를 한 번씩 거른다.
   ④ 잠자기 직전에는 먹는 것을 삼간다.
39. 고기 · 생선 · 기름기 있는 음식을 먹을 때 곁들이면 소화를 촉진시키는 이 식품은 설탕보다는 소금을 찍어 먹는 것이 영양적으로 효율이 높다고 합니다. 퓨레나 케첩이 원료이기도 하죠. 무엇일까요?
40. 비타민이 풍부해서 겨울철 비타민 공급원이기도 한 이 식품은 기름과 함께 먹으면 잘 흡수되므로 기름을 발라 구워 먹으면 맛이 좋지요. 이것 1장의 비타민 A와 달걀 2개의 비타민 A 함유량이 같다고 합니다. 무엇일까요?
41. 과일 · 채소류에는 많지만 육류 · 생선에는 거의 없는 비타민은?
42. 눈을 밝게 해주는 비타민이 들어있으며 붉은색의 날씬한 채소의 이름은?
43. 우리나라의 주식은 주로 어떤 영양소가 많이 들어 있는가?
44. 꿈돌이는 오늘 아침에 달걀반숙, 토스트, 채소샐러드를 먹었습니다. 다섯 가지 기초식품을 생각할 때 무엇을 먹어주면 좋을까요?
45. 다음 중 비타민에 대한 설명으로 틀린 것은 무엇일까요?
   ① 지용성과 수용성이 있다.

② 우리 몸에서 만들어지지 않기 때문에 꼭 음식으로 섭취해야 한다.
③ 뼈와 살이 되는 영양소이다.
④ 채소나 과일에 많이 들어 있다.

46. 우리 몸을 구성해 주는 매우 중요한 영양소이지만 너무 많이 먹으면 배설될 때 우리의 신장을 피곤하게 하죠. 노랑 요정이 알려주었던 이 영양소의 이름은?
47. 우리가 지나온 영양 왕국의 신호등 중 초록색이 뜻하는 영양소는?
48. 눈과 피부의 도우미인 비타민 A가 많이 들어 있는 식품이 아닌 것은 어떤 것인가요?
① 당근 ② 깻잎 ③ 감자 ④ 시금치
49. 현대병이라고 하는 암을 막아주는 영양소가 들어있는 식품은 어떤 것이 있나요?
50. 빨강 나라에서 만난 당질과 지방은 우리가 활동하는 데 필요한 영양소입니다. 같은 양을 먹었을 때 어느 것이 더 많은 열량을 낼까요?

< 답 안 >

1	기초식품군	2	5가지	3		4	감자	5	우유
6	비타민과 무기질	7	DHA	8	김치	9	비만	10	치즈
11	1	12	1/3	13	신토불이	14	버섯	15	200mℓ
16	철분	17	비타민	18	지방	19	칼슘	20	식품
21	추석	22	1	23	소금	24	설탕	25	간식
26	4	27	3	28	콩	29	2	30	섬유소
31	3	32	2	33	1	34	2	35	3
36	4	37	비타민B_1	38	3	39	토마토	40	김
41	비타민C	42	당근	43	탄수화물	44	우유	45	3
46	단백질	47	비타민과 무기질	48	3	49	마늘,버섯	50	지방

6-9 게임을 이용한 영양교육

(1) 식품 청백전

게시판 위에 식품을 쌓아 놓는다. 학생들을 두 팀으로 나누고 서로 마주 서게 한다. 사회자가 식품을 들어올리면서 줄의 맨 첫 번째 사람부터 시작하여 두 팀이 번갈아가면서 식품군을 알아 맞추도록 한다. 답을 맞추었을 경우 상으로 사탕을 준다. 사탕수가 많은 팀이 이긴다.

(2) 간이 식당 차리기

식탁에 식품 모형 등을 늘어놓는다. 각자 종이 접시에 균형잡힌 점심식사를 선택해 보도록 한다. 맨 끝의 '계산대'에 앉아 있는 사람이 선택한 식사가 다섯 가지 기초식품군으로 구성되어 있는가를 평가한다.

(3) 음식박람회

국제 음식박람회를 준비한다. 각 조마다 한 나라에 대하여 연구하고 각 나라의 음식을 선택하여 준비하도록 한다. 마련한 음식을 전시하고 각 음식명, 나라명, 식품군의 이름을 써서 붙인다. 전시실에는 각 나라의 식문화에 관련된 여러 자료들을 같이 전시할 수도 있다.

(4) 라벨 만들기

각자 주위에서 얻을 수 있는 정보를 이용하거나 창의력을 발휘하여 한 가지 식품에 대한 라벨을 만들어 보도록 한다. 각자 라벨을 비교해 보면서 자신이 강조해서 만든 부분에 동그라미를 치도록 한다.

(5) 광고 만들기

30초 짜리 광고 문구를 만들어 보도록 한다. 그 내용이 사실인지, 과장된 것인지를 평가하도록 한다. 흥미를 끌기 위하여 만든 광고 내용을 녹음하여 교육 마지막 시간에 들려준다.

6-10 학습지도안의 실예

<table>
<tr><th colspan="2">주 제</th><th colspan="2">식사 예절</th><th>관련요소</th><th>식사예절</th><th>시기</th><th>○월 ○주</th></tr>
<tr><td colspan="2">지도목표</td><td colspan="3">· 일상생활에서의 식사 예절과 어린이를 위한 식사 지침을 안다.</td><td>자료</td><td colspan="2">괘도(바르게 식사하는 모습)</td></tr>
<tr><td rowspan="2">단계</td><td rowspan="2">지도
요소</td><td colspan="4">교수 - 학습 활동</td><td rowspan="2">시간
(분)</td><td rowspan="2">자료 및
유의점</td></tr>
<tr><td colspan="2">교 사</td><td colspan="2">학 생</td></tr>
<tr><td rowspan="4">안
내</td><td>동기유발
및
학습문제</td><td colspan="2">· 식사 때 부모님께 자주 듣는 말은 어떤 것이 있습니까?
· 학습 문제 제시</td><td colspan="2">· 가정에서의 식사 습관을 반성하여 발표한다.
· 학습 문제 확인</td><td>5</td><td></td></tr>
<tr><td>식사예절
소집단
토의 및
발표</td><td colspan="2">· 일반적인 식사 예절을 조별로 토의해서 발표해 봅시다.</td><td colspan="2">· 식사 전에는 반드시 손을 씻습니다.
· 바른 자세로 감사하는 마음으로 식사합니다.
· 젓가락, 숟가락을 함께 쥐지 않습니다.
· 음식을 먹을 때는 소리 없이 먹습니다.
· 여럿이 음식을 같이 먹을 때 멀리 있는 음식은 옆 사람이 집어서 줍니다.
· 어른을 모시고 식사할 때는 어른이 먼저 수저를 드시길 기다립니다.</td><td>20

10</td><td>· 손씻기와 바른자세가 습관화 되도록 유념하여 지도한다.
· 괘도 - 바르게 식사하는 모습(그림)</td></tr>
<tr><td>어린이를
위한 식사
지침 알기</td><td colspan="2">· 어린이를 위한 식사 지침에는 어떤 것이 있는 아는 대로 발표해 봅시다.</td><td colspan="2">· 어린이를 위한 식사 지침이 어떤 것인지 발표한다.
1) 다양한 식품을 골고루 먹자.
2) 표준체중을 유지하자.
3) 매끼 거르지 말고 먹자.
4) 간식을 많이 먹지 말자.
5) 우유를 매일 마시자.
6) 채소 및 과일을 많이 먹자.
7) 짜게 먹지 말자.
8) 당이나 지방이 많은 음식을 피하자.
9) 바르게 앉아서 꼭꼭 씹어 먹자.
10) 식사를 즐겁게 하자.</td><td></td><td>· 우유가 체내에 미치는 영향과 지나친 간식은 오히려 건강을 해침을 알게 한다.
· 학교와 가정생활 모두를 연관지어 지도한다.</td></tr>
<tr><td>정리</td><td colspan="2">· 식사때 지켜야 할 예절을 말하여 봅시다.
· 나의 식생활 중 부족하거나 고쳐야 할 점을 발표해 봅시다.</td><td colspan="2">· 정리된 내용을 발표한다.
· 식사 지침을 기준으로 반성하여 본다.</td><td></td><td></td></tr>
</table>

주 제	우유	관련요소	영양	시기	○월 ○주
지도목표	·우유의 식품으로서 우수성을 알고, 바른 섭취 태도를 갖는다.		자료		괘도 또는 파워포인트(우유의 성분)
단계	지도요소	교수 - 학습 활동 교 사	학 생	시간(분)	자료 및 유의점
안내	동기유발 및 학습문제	·우유와 관련된 경험을 발표해 봅시다.	·처음에는 잘 먹지 않았는데 지금은 좋아합니다. ·우유를 학교에서 마시지 않고 집으로 가져간 적이 있습니다.	5	
		·학습 문제 제시	·학습 문제 확인		
	우리나라 우유 소비량	·우리나라의 우유 소비량에 대해 조사해 온 것을 말해 볼까요?	·선진국에 비해 우유를 적게 먹고 있습니다. ·우리나라의 1인당 연간 우유 소비량은 20.5kg입니다. ·뉴잴랜드는 우리의 30배, 미국은 13배, 일본은 3배를 먹고 있습니다.	25	
	우유의 영양소	·우유는 우리 몸에 어떤 좋은 영향을 미칠까요? 성분표를 보고 알아봅시다.	·키를 크게 해 주고 두뇌 발달을 도와 줍니다. ·알카리성 식품으로 98%가 소화되는 완전식품이라 할 수 있습니다. ·성장 발달을 빠르게 해줄 뿐만 아니라, 이와 뼈를 튼튼하게 해 줍니다. ·유당을 함유하고 있어, 유산균 증식을 도와 장을 튼튼히 해주고 변비도 막아 줍니다. ·성장기 어린이에게 칼슘은 특히 필요합니다. ·칼슘은 골격과 치아 발달에 중요한 영양소입니다. ·성장기 어린이의 칼슘 필요량은 7~9세 500mg, 10~12세 700mg입니다.		·우유는 칼슘뿐만 아니라 모든 영양소를 고루 갖춘 식품임을 알린다.
	칼슘과 우유	·우유를 바르게 마시는 방법을 말해 볼까요?	·하루에 우유 2컵 정도를 마시면 좋습니다. ·되도록이면 가공하지 않은 흰우유를 마십니다. ·좋아하지 않을 경우, 처음에는 조금씩 마시다가 점차 양을 늘립니다. ·마실 때는 천천히 씹듯이 마십니다.	10	·흰우유가 영양 보존 상태가 가장 우수함을 알려준다. ·우유
	정리	·실제로 우유를 마셔 볼까요?	·바르게 앉아 우유를 마신다.		

주 제	전통 음식(김치, 장)	관련요소	기 타	시기	○월 ○주
지도목표	·식생활에 나타나나 조상들의 슬기를 찾아 말할 수 있다.	자 료	슬라이드 자료(김치, 장)		

단계	지도요소	교수 - 학습 활동: 교 사	교수 - 학습 활동: 학 생	시간(분)	자료 및 유의점
안내	동기유발 및 학습문제	·전통 음식에 대한 슬라이드 자료를 보여준다.	·슬라이드 보기	5	·슬라이드
		·학습 문제 제시	·학습 문제 확인		
		·요즈음 우리가 먹는 음식 중 조상들이 즐겨 먹던 음식은 어떤 것이 있나요?	·김치와 간장, 고추장, 또 명절 음식이 있습니다. ·여름에 시원한 화채를 먹고 겨울에 따뜻한 차와 수정과, 식혜를 먹습니다.		
	김치의 재료와 종류 알기 장의 종류와 영양	·김치에 대해 조사해 온 것을 발표해 봅시다. 재료는 어떤 것을 쓰며, 어떻게 담금니까?	·김치는 소금에 절이는 염장법을 이용하여 적당히 발효시킨 발효 음식입니다. ·가장 많이 쓰이는 재료는 무와 배추이고 고춧가루, 파, 마늘, 생강, 소금, 젓갈 등으로 간을 합니다. ·추운 북쪽 지방에서는 덜 맵고 싱겁게 만들고 남쪽 지방에서는 맵고 짜며 젓갈을 많이 씁니다.	15	·김치의 역사는 고려 시대 이규보의 시문에 기록으로 나타나 있다.
		·김치의 종류는 어떤 것이 있으며 어울리는 음식은 무엇입니까?	·배추김치, 깍두기, 총각김치, 씀바귀김치가 있습니다. ·오이소박이김치, 갓, 파, 부추 김치도 있습니다. ·국수 종류에는 물김치, 배추김치도 있습니다.		·고추가 들어온 1700년대 이후 보편화된 것으로 추측한다.
	정리	·장의 종류는 어떤 것이 있습니까? ·어떤 재료로 만든 음식인가요?	·간장, 된장, 고추장이 있습니다. ·흰콩을 불려 쪄서 메주를 쑤어 띄운 다음 소금으로 간을 하여 만듭니다. ·단백질이 풍부하여 오늘날까지 가장 잘 이용하는 식품입니다.	15	

제 7 주 청소년을 위한 영양교육

7-1 교육 목표

청소년기는 소아에서 성인으로의 이행기로서 가장 큰 특징은 성적인 발육이 시작되어서 성숙단계에 이르며 생식능력을 갖게 된다는 점이다. 정서적으로 복잡하여 매사에 예민해지기 쉬운 시기인 동시에 특히 우리나라 청소년의 경우 과중한 학업과 입시에 대한 부담으로 식생활이 불규칙하고 아침을 적게 먹고 폭식과 결식이 많으며 자신이 선택하여 먹는 기호식품의 양이 늘어남에 따라 청량음료, 가공식품, 편의 식품에 지나치게 의존하는 등 영양섭취의 불균형이 두드러지는 경우가 많아 비만, 충치, 골절, 빈혈의 위험이 많은 시기이다. 또한 청소년기는 부모가 권위적이고 엄격할 때 종종 부모의 권위에 대한 반항의 수단으로 식품을 이용하기도 한다. 그리하여 권위적인 부모를 둔 청소년들에게서 심한 폭식, 강한 식품혐오, 식품 거절, 기이한 식이, 단식, 그리고 식사를 거르는 것과 같은 엉뚱하고 특별한 식행동이 나타나는 것을 볼 수 있다. 이 시기는 운동량이 늘어나고 지적 기능으로서 기억과 사고가 발달되어 정서 반응이 복잡하다. 사회생활은 자기 중심 경향에서 탈피하고 주위의 간섭에서 독립된 행동을 하게 된다. 식사는 자기가 선택해서 먹는 기호식품이 늘어남에 따라 영양의 불균형을 가져오기 쉽다. 그리고 여학생은 입시공부에 운동과 다이어트에 의해 빈혈이 되기 쉽고, 남학생은 불규칙한 식사와 폭식 및 결식 등의 영양적 결함을 안고 있다. 따라서 청소년들의 현재의 영양에 대한 인식을 파악하고 교육내용과 지도 방법을 조사한 후 알맞는 교육이 필요하다.

7-2 교육 지침 내용

1. 스낵, 피자, 햄버거 등 청소년들이 간식이나 외식으로 즐겨 먹는 음식에는 고지방, 고콜레스테롤 식품이 많고 영양소가 편중되어 있어 줄여야만 된다. 기름진 음식은 맛이 있어 청소년들이 즐겨 찾는다. 그러나 지방을 무조건 못먹게 하지 말고 식물성 지방과 필수지방산을 권장해야만 된다.
2. 인스턴트 식품과 설탕은 고열량식, 고지방식으로 지속적으로 섭취할 때는 비만 등 성인병을 촉진시킬 수 있어 잠재성 영양결핍 상태가 올 수 있으므로 올바른 식품 선택을 위해서 식품 속의 영양소 함량을 인지할 수 있도록 함이 필요하다.
3. 고교생의 경우 수면부족과 운동부족이 되기 쉬우므로 소화가 잘되고 영양이 풍부한 음식을 장만해 주어야 한다. 머리를 쓰는 공부는 피로를 가중시켜 에너지의 소비를 많이 한다고 해서 무조건 많이 먹이는 것은 좋지 않으므로 하루 세 끼의 식사 외에 가벼운 밤참 및 간식을 주는 것이 좋다. 수험생의 간식은 기호, 건강상태를 세밀히 관찰하여 주어야 하는데, 너무 피곤해서 입맛이 떨어졌을 때에는 가볍게 우유나 코코아에 비스킷을 주고 너무 만복감에 있을 때는 소화가 되기 쉬운 과일 한 쪽을 곁들이는 것이 좋다. 소화가 잘되는 것만 먹이면 소화기의 기능이 약해지고 이것은 변비의 원인이 되므로 섬유소가 있는 채소와 과일의 적절한 섭취가 요구되고 있다. 특히 밤참으로는 뇌신경이 산만해지는 것을 막고 침착하게 가라앉히기 위해서 칼슘이 필요하고 뇌신경의 피로를 막기 위해서는 비타민 B_1이 필요하다.
4. 여학생의 경우 날씬한 몸매를 유지하기 위해 절식이나 간단히 우유나 커피, 빵 등으로 아침식사를 때우는 경우 심한 영양불균형과 빈혈의 원인이 되기 쉬우며, 또한 월경으로 손실되는 혈액 등을 보충할 필요가 있으므로 동물성 식품을 통한 철분 섭취와 신선한 야채와 과일을 통한 비타민을 충분히 섭취하도록 하는 교육이 필요하다.
5. 저소득층의 청소년이나 일부 편식이 심한 청소년의 경우 임상적인 증상이 나타나지 않을 정도의 무기질, 비타민 결핍이 나타날 수 있으므로 세심한 관찰이 필요하다.
6. 청소년기에는 혈액량이 많아지고 근육의 양이 늘어나므로 철분 필요량이 늘어

나므로 더 많은 양의 철분이 필요하다.

7. 취업 청소년의 경우 육체적으로 피곤한 생활을 하기 쉬워 식사를 즐기기보다는 때우는 식으로 처리하고 입는 것, 치장하는 것에 비해 덜 중요시할 수 있으므로 균형잡힌 식생활의 필요성을 교육한다.
8. 편의식품 이용률이 증가하므로 올바른 식품 선택법의 지도가 필요하다.

7-3 신경성 식욕부진증과 신경성 탐식증

구분	신경성 식욕부진증 (Anorexia nervosa)	신경성 탐식증 (Bulimia nervosa)
원인	지나친 체중감량, 지나친 부모의 통제로 자기감정 개발 부족, 스트레스, 가족의 불화	불안, 우울, 불행감, 흥분 등의 감정변화는 무분별한 과식을 촉진한다. 일반적으로 정상체중인 경우에 일어나므로 진단하기가 어렵다. 주로 스트레스와 관련하여 한 번에 1,200~1,500kcal 정도의 고에너지 식품을 하루에 몇 차례씩 섭취한 후에 구토를 한다.
증상	맥박이 느려지고 과행동증, 폭식, 구토유발, 저혈압, 무월경, 발병전 체중보다 약 25%의 체중손실 동반	체중손실, 탈수 외에 합병증 수반, 즉 신부전, 경련, 급성발작, 심부정맥을 초래하여 심지어는 사망하게 된다.
치료	균형잡힌 열량 보충을 위해 복합 당질, 지방, 단백질의 공급, 식사거부 시 영양제, 튜브급식, 심리적, 신체적 치료를 한다.	주된 목표는 정신적인 치료와 영양교육으로 식습관의 정상화를 꾀하도록 한다. 1주일에 1kg의 체중 증가를 목표로 한다.

7-4 모니터를 통한 영양교육

청소년 관련 주제인 흡연, 음주, 신경성탐식증, 다이어트 등 비디오(예 : KBS 영상사업단제작 작품) 상영을 통하여 함께 문제점을 발견하고 토의 및 개선해 나갈 수 있는 시간을 갖는다.

제 8 주 직장인을 위한 영양교육

8-1 교육 목표

1. 바른 식생활 습관을 갖도록 한다.
2. 만성퇴행성 질환에 대한 교육을 한다.
3. 아침식사를 꼭 하도록 한다.
4. 정상 체중을 유지하도록 한다.
5. 적절한 알코올 섭취와 흡연을 줄이도록 한다.

8-2 외식에 관한 영양교육

☞ 서류, 파일, 표지, 식탁매트 등을 이용하여 교육 내용을 전달한다.

1) 외식의 바른 선택을 위한 조언

외식산업에서 제공하는 식품의 질은 영양이나 보건적인 측면보다는 소비자의 인기 요소가 되는 간편성, 경제성, 미각성에 따라 결정되는 경우가 많다. 또한 최근 각종 가공식품의 소비가 급증하고 있으나 가공식품의 원재료의 배합 비율이나 영양성분

조성이 명확하지 못하여 개인의 식생활에 지장을 초래하고 있다. 따라서 영양성분의 표시가 제도적으로 마련되어 외식자 스스로가 상품을 올바르게 선택하기 위한 기술도 필요하다.

외식으로 인한 영양 문제로는 우선 열량이 높고 영양적으로 불균형하다. 또한 만복감이 적으며 식염을 과잉 섭취하는 경향이 높다. 따라서 외식의 바른 선택을 위해서 다음 사항을 고려함이 좋을 것 같다.

1. 식사를 거르지 말고 일정한 식사 간격을 유지한다.
2. 여러 가지 식품을 고루 갖춘 식사를 선택한다.
3. 매번 다른 음식으로 다양하게 주문한다.
4. 식사는 천천히 즐겁게 한다.
5. 싱싱한 채소를 충분히 섭취한다.
6. 되도록 싱겁게 먹는다.
7. 가공식품과 인스턴트 식품의 섭취를 줄인다.
8. 일주일에 3일은 금주한다.
9. 기호음료는 하루 3잔 이상 마시지 않는다.
10. 매일 우유를 한 컵씩 마신다.
11. 외식요리의 영양가를 표시하도록 권장하고 음식점을 선택할 때 이를 고려하도록 한다.
12. 자신의 기호도와 경제에 알맞게 선택한다.

2) 외식을 할 때 가장 우선적으로 고려하는 점

맛(39.8%) → 위생(19.8%) → 간편성(15.9%) → 영양(14.8%) → 가격(8.6%)의 순으로 나타났다.

4) 외식의 열량

한 식		양 식		분 식	
음식명	열량 (kcal)	음식명	열량 (kcal)	음식명	열량 (kcal)
비빔밥	582	포크커틀릿	967	칼국수(사골국물)	457
불낙전골(1인분)	532	안심스테이크	866	사골만두국	425
갈비구이	580	생선커틀릿	945	수제비	413
불고기(1인분)	313	정식	1,044	고기만두(1인분)	326
생등심구이	294	햄버그스테이크	900	돌냄비우동	573
육개장	498	햄버거(불고기버거)	391	김밥(1줄)	269
순두부백반	578	통닭(후라이드)	3,041		
보쌈	1,183	통닭(양념)	3,407		
김치찌개	479	피자(regular)	1,110		
된장찌개	410	오므라이스	698		
김치전	271	카레라이스	601		
녹두전	315				
갈비탕	606				
설렁탕	469				
삼계탕	904				
진곰탕	515				
전복죽	272				
회냉면	513				
비빔냉면	545				
물냉면	462				

일 식		중 식	
음식명	열량 (kcal)	음식명	열량 (kcal)
생선초밥	361	자장면	674
대구매운탕	527	짬뽕	526
메밀국수	473	탕수육	1,965
김초밥	364	볶음밥(중국식)	730
유부초밥	508		
회덮밥	541		

표 8-1 기타 가공식품의 열량

유 제 품	포장단위 각 1개 (g)	열량 (kcal)	과 자 류	포장단위 각 1봉지(g)	열량 (kcal)
요플레(딸기)	110	120	초코빼빼로	40	175
꼬 모(딸기)	110	115	아몬드빼빼로	45	240
요델리퀸(딸기)	110	100	더브러	121	335
다농(딸기)	110	115	에이스	154	810
비피더스(딸기)	110	85	양파링	95	470
요델리퀸(플레인)	110	100	새우깡	85	440
바이오거트(딸기)	100	100	포테이토칩	55	310
바이오거트(플레인)	100	95	쌀로본	192	925
한국요쿠르트	65	80	쌀로랑	125	600
불가리스	150	150	초코파이	38	160
파스퇴르요구르트	150	87	밀크캬라멜	57	220
덴마크요구르트	180	69	죠리퐁	90	370
음 료 수	**포장단위 1캔 (ml)**	**열량 (kcal)**	버터링	80	430
			다이제스티브		
			(일반)	149	425
코카콜라	250	100	(초코)	178	580
펩시콜라	250	100	쌀로별	80	425
라이트콜라	250	30	고래밥		
킨사이다	250	120	(볶음양념맛)	55	70
칠성사이다	250	100	(불고기맛)	55	75
데미소다(사과)	250	100	컨츄리콘	80	400
환타(오렌지)	250	120	홈런볼	50	250
환타(포도)	250	160	캬라멜콘과 땅콩	85	420
전원메론	250	100			
미에로화이바	100	50	후레쉬베리	40	180
탄산미에로화이바	100	30			
크리미	250	125			
밀키스	250	150			
스프라이트	250	75			
게토레이(레몬맛)	250	80			
포카리스웨트	250	60			
하이칼스	250	95			
이오니카	250	60			
아쿠아리스	250	40			
마하-7	250	60			
미에로화이바-베타	100	30			
화이브미니	100	40			

<술>	알코올 농도 (%)	1병 용량 (cc)	1병 열량 (kcal)	1회 용량 (cc)	열량 (kcal)
고량주	40	250	690	50	140
소 주	25	360	630	50	90
이강주	25	750	1,310	50	90
문배주	40	700	1,960	50	140
안동소주	45	400	1,260	50	160
청 주	16	300	390	50	65
막걸리	6	750	410	200	110
맥 주	4	500	240	200	95
생맥주	4	500	190	500	185
샴페인	6	640	280	150	65
위스키	40	360	1,000	40	110
백포도주	12	700	650	150	140
적포도주	12	700	590	150	125

표 8-2 간식 열량

식품명	어림치	중량(g)	열량(kcal)	식품명	어림치	중량(g)	열량(kcal)
라면	1개	120	500	프랜치토스트	1쪽	30	100
컵라면	1개	65	300	애플파이	1쪽	90	295
김밥	1개	30	40	피자	1쪽	100	250
유부초밥	1개	30	50	핫도그	1개	100	280
찹쌀떡	1개	70	160	햄버거(맥도널드)	1개	100	260
개피떡	1개	30	80	햄버거(버거킹)	1개	130	310
송편	1개	20	60	켄터키프라이드치킨	1쪽	70	210
소보로빵	1개	60	200	셈베이	1개	7	25
링도우넛	1개	30	125	아이스크림	1개	60	100
카스테라	1개	100	317	밀크세이크	1컵	240	340
파운드케이크	1쪽	70	230	초콜릿	1개	30	150
핫케이크	1개	70	200	캐러멜	6개	30	120

8-3 아침식사와 영양

☞ 마우스 패드, 탁상달력을 이용하여 교육내용을 전달한다.

1) 아침식사를 거르면 어떤 문제가 있나?

① 수면 중에서도 대뇌와 근육, 전신의 세포는 그 내부에서 비교적 활발한 신진대사를 통하여 가벼운 한끼 분의 식사에 해당하는 에너지(300~500Kcal)가 소모되므로 아침식사를 안할 경우 공복상태가 길어지고 혈당치 저하로 뇌신경이 둔해져 무기력해지며 머리가 무겁고 집중력이 저하되는 등 근무의욕이 떨어져 작업능률을 저하시킨다.

② 아침 결식은 불규칙한 식사습관으로 이어져 과식, 야식, 결식 등의 악순환과 장기적인 영양불균형으로 건강을 해친다.

③ 아침 결식은 공복감을 메우기 위해 간식의 섭취나 점심의 폭식으로 연결되어 위장이나 그 밖의 소화기에 해로운 영향을 미친다.

④ 당질 흡수량이 갑자기 많아지면 간장에서 지방으로 바뀌어 혈중 중성지방을 증가시키기도 하여 심혈관계 질환을 유발시킬 수도 있다.

⑤ 일부 비타민, 무기질은 한꺼번에 흡수되면 보유능력에 한도가 있어 필요량 이외에는 소변으로 배설되어 영양소의 이용면에서 손실이 크다.

2) 아침식사 왜 중요한가?

① 오전 중에 필요한 에너지를 확보하고 내장의 활동을 활발하게 촉진시켜 생활의 활력을 높인다.

② 하루에 필요한 영양을 균형있게 섭취하여 건강을 유지할 수 있다.

③ 세 끼 식사를 통하여 고른 영양섭취로 영양소 이용의 효율을 높일 수 있다.

④ 규칙적인 식습관의 형성으로 평생 건강을 도모할 수 있다.

3) 아침식사 어떻게 해야 할까?

① 준비 시 고려사항

a. 하루에 다섯 가지 기초식품군을 포함해야 한다.

b. 손쉽게 만들 수 있어야 한다.

c. 먹기에 간편해야 한다.

d. 위장에 부담을 주지 않아야 한다.

② 아침 식욕을 돋우려면?

a. 충분한 수면을 취한다. - 충분한 수면 후의 개운한 몸의 상태, 식욕이 증진된다.

b. 야식을 피한다. - 전날 늦은 밤에 먹은 음식이 채 소화되지 못한 채 장과 위에 그득하게 남아 있을 때, 당연히 식욕이 떨어진다.

c. 과음을 피한다. - 전날의 과음으로 피로해진 우리의 간과 쓰리기만 하는 위장으로 식욕은 떨어지기만 한다.

d. 가벼운 아침운동을 한다. - 맨손체조, 줄넘기, 조깅, 산책 등의 간단한 운동은 장의 기능을 촉진시켜 식욕을 증진시킨다.

e. 식전 냉수를 마신다. - 식전의 냉수 한 컵으로도 우리의 장은 활발히 움직여서 식욕을 돋운다.

4) 아침식사 점수판을 이용한 자기관리법

식품군	제 1 주						
	월	화	수	목	금	토	일
곡류군		V	V				
어육류군		V					
채소 및 과일군		V					
우유군		V	V				
유지류군							
점수	-2	+5	+2				
총 점							

◈ 채점요령

1. 매일 아침식사를 하면서 어느 식품군이 포함되었는지를 V로 표시한다.
2. 5가지 식품군 중 4가지 이상이 포함되면 +5점, 한두 가지만 포함되면 2점, 아침식사를 거르게 되면 -2점을 한다.
3. 점수 평가는 다음 표에 준한다.
4. 계속 2주간 표시한 후 제1주와 제2주의 총점을 비교하여 얼마나 향상되었는지 검토한다.

1주간 총점	평 가
35점	만점입니다. 매우 잘하고 계시군요.
28~34점	좋은 편이긴 하지만 빠뜨린 식품이 종종 있군요. 약간만 신경을 더 쓰시면 좋겠군요.
14~27점	불량합니다. 좀 더 다양한 식품을 골고루 드시도록 노력하세요.
13점 이하	밤새 긴긴 시간 동안 에너지가 고갈된 상태인데 몸을 너무 혹사 시키는 것 같군요. 아침마다 충실히 보충해 주시고 꼭 챙겨드세요.

8-4 한국인을 위한 식사지침을 중심으로 한 영양교육

☞ 식탁매트, 사내달력 및 회보 등을 이용하여 교육내용을 전달한다.

1) 다양한 식품을 골고루 먹자

인체가 생명을 유지하고 건강하게 매일의 생활을 영위해 나가는 데 필요한 영양소는 약 40여 종에 달한다. 이들 영양소의 체내 역할은 다양하며 또 영양소 상호간에 유기적인 관계가 있어 한 영양소라도 과다 혹은 부족되면 영양상 균형이 깨지게 된다. 영양상 균형이 잡힌 식사를 하려면 위의 모든 영양소를 각 개인의 필요량에 만족되도록 섭취하여야 하는데, 실제로 우리가 섭취하는 식품은 매우 다양하고 또 각 식품마다 영양소의 종류와 함량이 달라 섭취량을 매일 계산하기는 어렵다. 그러므로 영양소의 조성이 비슷한 식품들을 식품군으로 묶어, 이 식품군을 골고루 섭취하면 대체로 필요한 영양소를 얻을 수 있도록 하였다. 더욱이 미량 영양소인 비타민과 무기질은 같은 식품군에 속하는 식품이라도 그 종류와 함량이 매우 다르다. 그러므로 다양하게 식품을 선택함으로써 영양소의 상호 보완 효과를 부족되는 영양소가 없도록 하는 것이 바람직하다.

2) 정상 체중을 유지하자

한국은 서구 여러 나라의 경우에 비하면 과다체중에서 오는 건강 문제는 아직 비교가 안 된다. 그러나 경제수준의 향상과 더불어 생활양식이 서구화되어 가는 경향이 있고, 체중과 신장이 점차 증가되어 가면서 성인병의 발병률과 사망률도 증가 추세에 있다. 체중이란 건강과 밀접한 관계가 있어, 섭취한 열량과 소비된 열량이 서로 균형이 맞았을 때 그대로 유지될 것이다. 그러나 만일 열량섭취가 소비된 열량보다 더 높을 때는 여분의 열량은 체내에 지방으로 저장되어 체중이 증가된다. 그러므로 체중을 줄이고 싶을 때에는 열량만 높은 설탕, 탄산음료 등의 단 음식이나 튀김 같은 고열량 음식을 적게 섭취하여 우선 열량섭취를 감소시켜야 하고, 또 생활에서 활동량을 늘려 열량을 더 소비하게끔 하여 에너지대사의 균형을 유지해야 한다. 그러나 정상체중이하로 체중을 줄이는 것은 건강을 해칠 우려가 있으므로 조심하여야 한다.

3) 단백질을 충분히 섭취하자

단백질은 성장기 어린이나 성인에게 새로운 조직의 발달을 도와주며, 동시에 낡은 조직을 대치하여 정상적인 성장과 건강을 유지시켜 준다. 따라서 단백질의 결핍은 체조직의 손실을 일으켜 성장부진과 체력의 약화를 초래한다.

단백질은 여러 식품에 상당량이 함유되어 있으면서도 일상생활에서 부족되기 쉬운 영양소이다.

단백질의 섭취는 곧 아미노산을 공급하기 위한 것이기 때문에 필수아미노산이 균형된 식사를 하는 것이 중요하다. 아미노산 조성에서 식물성식품은 인체의 요구량에 비해 한두 가지 아미노산이 부족되는 경향이 있다. 반면에 육류, 어류 및 계란, 우유 등 동물성식품은 아미노산의 보완기능이 높다. 따라서 질이 좋은 단백질의 섭취량을 늘리고, 골고루 여러 가지 식품들을 섭취하여 매일 필요한 양의 단백질을 섭취하는 것이 중요하다.

4) 지방질은 총 열량의 20% 정도를 섭취하자

한국인의 지방질 섭취량은 아직 부족한 실정이다. 발전도상기에 있는 우리나라의 경우 지역이나 생활양식 등에 따라 지방질 섭취량에는 큰 격차가 있다. 국민영양조사(보건사회부, 1984) 결과에 의하면 대도시에서는 총 열량 섭취의 약 15%를 차지하고 있으며 농촌의 경우는 총 열량 섭취의 약 9%를 점하고 있다.

서구 여러 나라에서는 너무 높은 지방섭취(총 열량섭취의 40% 이상)로 인해 초래되는 여러 가지 성인병의 예방책으로 지방섭취를 우선 30%까지 줄이려는 노력을 하고 있다.

한국인의 경우는 영양권장량에서 추천한 바와 같이 총 열량 섭취의 20% 정도를 지방질로 섭취할 것을 권장한다. 특히 식물성과 동물성 유지섭취의 균형을 지키도록 강조하며, 생선과 콩의 섭취도 권장한다. 즉, 질적인 면에서의 필수지방산 섭취의 균형을 유지하도록 한다.

식물성 기름은 체내외에서 산패되기 쉬우므로 보관 시 공기 및 금속과의 접촉과 높은 온도를 피하고 신선하게 보관하며, 여러 번 튀기는 것을 삼가고, 구입 시 제조일을 확인하도록 한다.

5) 우유를 매일 마시자

우유는 칼슘과 리보플라빈의 함량이 특히 높은 식품이다. 이 두 영양소는 우리나라 식사에서 특히 부족한데, 우유 한 컵(200ml)에는 칼슘 250mg, 리보플라빈이 0.36mg 정도로 함유되어 있어, 매일 우유를 한 컵씩 마신다면 이들 영양소의 섭취 수준을 크게 향상시킬 수 있다. 또한 우유의 단백질은 양적으로는 많지 않으나 필수아미노산의 함량이 높아, 우리나라 식사의 단백질 질을 높일 수 있다. 그러나 우유는 철분의 함량이 낮고, 비타민 D, 비타민 C, 비타민 B_1 등의 함량도 낮으므로 이들 영양소들의 공급은 크게 기대할 수 있다.

또한 우유는 위궤양, 위염, 골다공증, 간장질환, 당뇨병 등의 치료 및 예방을 위해서도 권장되는 식품이다. 이러한 우유의 영양학적 효과는 우유뿐만 아니라 요구르트, 치즈 등의 유제품을 섭취함으로써 얻을 수 있다.

6) 짜게 먹지 말자

식염의 성분이 되는 나트륨(Na)은 체내 대사에 꼭 필요한 무기질이다. 그러나 나트륨 섭취가 높은 사람들 중에서 고혈압 발생빈도가 높아 과잉의 나트륨 섭취가 건강상의 문제로 대두되고 있다. 고혈압은 다른 여러 가지 합병증을 유발시킬 수도 있으므로 고혈압을 예방하는 것은 매우 중요한 일이다. 최근 우리나라에서도 고혈압의 합병증으로 인한 사망률이 점차 증가 추세에 있다.

한국인은 곡류의 과잉 섭취로 인하여 매우 짜게 먹는 식습관을 형성해 왔다. 우리나라 사람의 1일 평균 식염 섭취량은 20g이 넘어 서구 여러 나라보다 높은 편에 속한다. 그러므로 우리는 짜게 먹는 식습관을 고쳐 나트륨의 섭취를 줄이도록 노력해야 할 것이다.

나트륨의 섭취를 줄이려면 간장, 된장, 고추장 등의 사용량을 줄이고 동시에 식염을 이용한 가공식품의 사용을 제한하여야 할 것이며, 화학조미료의 무절제한 사용을 금해야 할 것이다.

7) 치아건강을 유지하자

설탕을 많이 함유한 식품을 먹을 때 일어나는 가장 큰 건강 문제는 충치의 유발이다. 충치 문제는 유아기 및 학령기 어린이에게서 심각하며, 우리나라 사람의 약 90% 이상이 충치를 가지고 있다. 설탕에 의한 충치발생은 설탕의 총섭취량보다 섭취빈도에 더 영향을 받으며, 특히 간식을 통한 섭취와 가장 밀접한 관련이 있다. 사탕, 과자류, 아이스크림, 과일 가공식품 등 대부분 간식은 설탕함량도 높을 뿐 아니라, 부착성이 높아 충치의 발생을 조장하며, 청량음료의 잦은 섭취도 충치를 유발시킨다. 이에 반하여 신선한 과일이나 야채는 구강 내에서 청정작용을 극대화한다. 따라서 설탕이 많은 식품을 줄이고 신선한 과일을 섭취하도록 권장한다.

8) 술, 담배, 카페인음료 등을 절제하자

알코올 음료는 열량을 제공하지만, 다른 영양소가 거의 없고 식욕을 감퇴시키며, 몇 가지 필수 영양소의 흡수를 방해하기 때문에 비타민·무기질 등의 부족을 일으키기 쉽다. 또한 만성적인 과음자는 간경병이나 지방간 등 간장질환의 발생 위험이 크며, 임신중 알코올의 섭취는 기형아를 낳을 확률도 높다.

흡연은 폐포대식세포에 과산화수소의 발생을 증가시켜 폐기종을 유발하기 쉬우며, 항단백질 분해효소의 부족을 가져와 폐를 상하게 함을 물론, 혈중의 HDL의 수준을 떨어뜨리고 혈청의 중성지방을 상승시켜 심장병과 말초혈관계의 질병을 높이는 경향이 있다. 카페인은 주로 커피나 홍차에 많으나 요즈음 많이 마시는 콜라에도 많은데 이는 중추신경을 자극하며, 이뇨촉진의 효과 외에도 혈압을 상승시키고, 철분흡수를 방해하며, 불면증을 유발시킨다. 그러므로 과량 섭취하면 부작용이 많다. 커피중독이 되면 커피를 마시지 않을 경우 두통, 무기력, 초조, 불안 등의 증세를 보인다.

9) 식생활 및 일상생활의 균형을 이루자

한 사람의 하루 일과는 쉬고, 먹고, 활동하는 것의 세 부분으로 나누어 볼 수 있다.

식생활은 하루 생활의 중요한 부분으로 인식되어지며, 일상생활과 식생활의 관계는 다음과 같이 관련되어질 수 있다.

첫째, 섭취하는 열량과 활동에 소비하는 열량 사이에 균형을 맞추기 위하여 열량이나 한두 가지의 영양소가 편중되어 있는 음식물의 다량섭취를 지양해야 할 것이다. 둘째, 개인의 식사에 양과 질은 그날의 일과량과 현재까지의 건강상태에 의해서 결정된다. 따라서 식사의 질과 양, 활동량과 운동량을 조절하므로써 건강을 유지하도록 해야 할 것이다. 셋째, 규칙적으로 식사하고 배설하고 수면을 취함으로써 일상생활과 식생활에 있어 항상성의 관계를 유지해야 할 것이다. 넷째, 원만한 식생활은 일상생활의 성취감에 중요한 영향을 미친다. 따라서 규칙적인 식사, 균형된 식사 및 유쾌한 식사를 하도록 노력해야 할 것이다.

10) 식사는 즐겁게 하자

가족들이 한 자리에 모여 정성껏 만든 음식을 섭취할 때 가족들이 즐거움은 한층 더 증가될 수 있다. 즐겁고 바람직한 식사시간을 위해서 몇 가지 사항을 고려할 필요가 있다. 즉, 영양소가 골고루 섭취될 수 있도록 여러 가지 식품을 선택하며, 적합한 조리방법으로 영양소의 손실을 막는다. 식품의 특성과 조리 시의 변화를 잘 이해하여 식품의 소화율을 증가시키고 가족들의 기호를 만족시킬 수 있는 방법으로 조리한다.

또한 식품에 들어있는 미생물이나 기생충이 파괴될 수 있도록 식품에 맞는 조리온도를 선택한다. 이와 더불어 가정 내에 사랑과 존경이 넘칠 때 식사시간은 하루 생활을 즐겁게 만들 수 있는 원동력이 될 수 있고, 더 나아가 밝은 사회의 기초가 될 것이다.

8-5 퍼즐을 이용한 영양교육

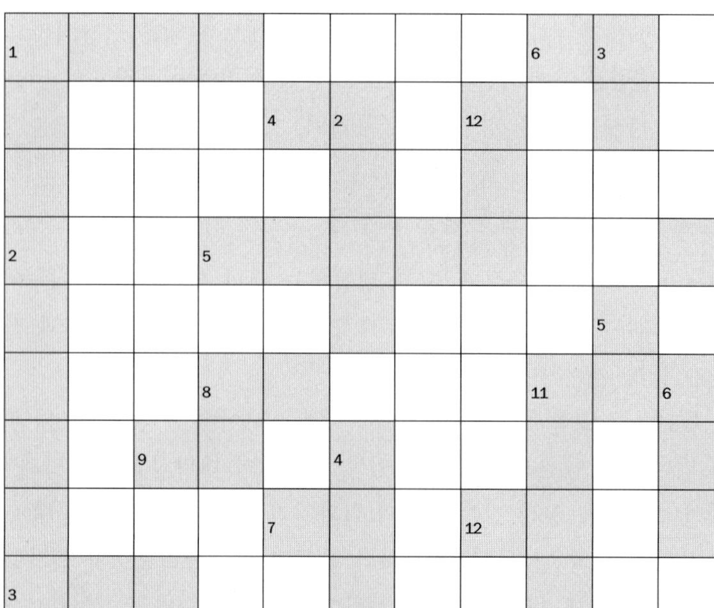

<가로 열쇠>

1. 살을 뺀다는 의미로 알려짐
2. 배에 축적된 영양소
3. 식사 외에 섭취하는 것, 과자 등
4. 조깅, 에어로빅 등을 가리킴
5. 특히 위의 이상여부를 검사
6. 영양가는 없으면서 열량만 많은 인스턴트 식품, 주식 대용
7. 철분의 섭취 부족으로 어지럼증을 일을키는 병
8. 칼슘 섭취에 좋은 식품, 음메~
9. 에너지, 단위는 Kcal
10. 위○, 간○, 골수○, 자궁○
12. 피부가 늙는 현상

<세로 열쇠>

1. 영양학에서 식품을 다섯 가지로 나눈 군
2. 혈관에 콜레스테롤 침착으로 혈액 이동 시 문제 발생을 일으키는 병
3. 태아에게 모유를 먹이면 특히 병 저항 기능이 생김
4. 성인병의 한 가지로 혈압이 정상치보다 높은 병
5. ○○은 국력
6. 중년기 이후에 많이 나나타는 병을 통틀어 이르는 말. 고혈압, 당뇨병, 심장병, 암 등
8. 몸이 토실토실한 아기, ○○아
11. 다섯 가지 기초 식품군 중 제4군으로 주로 곡류에 많은 영양소
12. 주로 단체급식소에서 영양가 있는 식단을 작성하고 더 나아가서 국민영양을 책임지는 전문직

8-6 직장인을 위한 영양교육 프로그램 안내

종 류	교육방법	교육대상	교육내용
바른 식생활	전체 영양교육 뉴스레터 게시판	전직원	균형잡힌 식생활과 기초식품군, 각 영양소 간의 기능 및 한국인을 위한 식사 지침, 권장량 등에 대한 교육
체중조절 교실	그룹지도 개인지도	비만도 120 이상 또는 BMI 남: 26, 여: 28 이상인자	6주 정도의 프로그램으로 비만의 원인, 식사계획, 식습관 및 식사행동, 운동의 효과 등에 관하여 교육
콜레스테롤 교실	그룹지도 개인지도	혈중 콜레스테롤이 200mg/ 이상인 자	3주 정도의 프로그램으로 식이 중 전체 지방량, 포화지방산, 콜레스테롤의 섭취를 줄이고 섬유소와 운동량을 늘리는 방법에 대한 교육
암예방 교실	전체 영양교육 뉴스레터 게시판	전직원	암 예방을 위하여 바른 식생활, 적절한 지방섭취, 체중조절, 식품첨가제와 오염에 대한 교육
알코올과 건강	전체 영양교육 뉴스레터 게시판	전직원	간에서의 알코올대사, 알코올의 영양성분 및 칼로리, 알코올이 건강에 미치는 영향, 적절한 음주량 및 방법 등에 대하여 교육
외식의 요령	전체 영양교육 뉴스레터 게시판	전직원	외식 시 선택요령 및 문제점에 대한 보완책, 특히 질병 유소견자의 외식 선택 요령 등을 교육
고혈압과 영양	개인지도	고혈압 유소견자	식염과 고혈압, 비만과 고혈압의 관계를 설명하고 식사 시 특별히 조심해야 할 음식 및 주의사항, 권장식품 등에 관하여 교육
금연 교실	그룹 지도	흡연자	흡연과 질병과의 관련성을 설명하고 금연을 권장하며, 흡연 시 추가 요구되는 영양소에 대한 교육
가족 영양교실	가정통신문 근로자 가족 초빙	근로자 가족	아침식사의 중요성, 어린이 영양, 노인 영양, 빈혈 및 골다공증, 예방을 위한 영양교육 등 전반적인 가족을 위한 영양교육 실시

제9주 노인을 대상으로 한 영양교육

9-1 노년기의 변화와 영양문제

노년기의 신체적 악화는 유전적 인자에 따라 그리고 지난 시절의 환경적 요인과 질병 경험에 따라 그 변화속도가 결정되나, 일반적으로 중년에서부터 노년기로의 변화과정에서 세포의 양적 감소와 기관의 구조적 변형 및 기능의 퇴화 변화상을 집약해 볼 수 있다. 건강과 정력을 유지하고 이미 발생한 질병을 치료하는 데 도움이 되는 식사가 노인식의 초점이다. 노인들이 극복해야 할 영양적인 문제들에는 노인성 식욕감퇴(Senile anorexia), 감각기능의 상실, 치과적 문제, 타액선 크기의 감소, 소화효소 분비의 효소, 간기능의 점진적 감소, 혈관의 문제 등으로 나타난다.

(1) 노인성 식욕감퇴(Senile anorexia)

대부분의 한국 노인들이 경제적으로 자립하지 못하기 때문에 고독과 불안, 우울 등을 보이고, 이로 인하여 식욕감퇴가 일어날 수 있다. 또한 활동이 적은 노인들은 사회생활을 통한 회식의 기회가 적기 때문에 단조로운 가정 내 식사로 식욕을 잃기가 쉽다.

(2) 감각기능의 상실

노인은 미각, 후각, 시각 등의 식사와 관련된 감각이 둔해지기 때문에 식사가 더 어려워진다.

(3) 치과적 문제

65세 경의 노인들 중 1/2은 치아를 잃게 되고, 잇몸질환도 앓게 된다. 또한 의치가 필요한 데도 경제적인 이유로 할 수 없는 경우, 해도 잘 적용할 수 없는 경우들이 영양 문제를 일으키는 또 다른 원인이 된다.

(4) 타액선 크기의 감소

음식물은 입안에 들어가는 순간부터 소화가 시작된다. 그것은 타액에 의해서인데 노인이 되면 타액분비가 원활치 못해 음식 섭취가 어려워진다.

(5) 소화효소 분비의 감소

노인의 경우엔 위산과 펩신 등의 위액분비량이 줄어들어 소화에 장애를 받는다. 그뿐만 아니라 소장에서는 지방 소화효소인 라이페이즈(Lipase)의 분비량도 감소된다. 또한 스트레스가 있을 때엔 여러 가지 영양장애(탈수 및 전해질대사 이상 등)에 빠질 수도 있다.

(6) 간기능의 점진적 감소

20~30대의 간의 무게는 1.5kg 정도이나, 노화가 되면서 점차 감소하다가 80대에는 1.0kg으로까지 줄게 된다. 그러면서 간에서 하는 갖가지 일들 - 당질, 단백질, 지방의 대사과정도 장애를 받게 된다.

(7) 혈관의 문제

우리의 동맥은 3층의 벽으로 되어 있는데, 노화되면서 그 중간 벽인 중막에 칼슘이 침착되고 안쪽 벽인 내막에 콜레스테롤이 쌓이게 된다. 그로 인하여 동맥이 점차 딱딱해지고(동맥경화), 경화되지 않은 동맥이라도 그 직경이 점차 좁아져 혈압이 올라가게 된다.

9-2 영양교육의 실제

(1) 노년기의 변비 예방을 위한 영양교육

☞ 휴지케이스를 이용하여 교육내용을 전달한다.

나이가 들수록 노년의 건강 유지를 위한 바람직한 식생활이란 어떤 것인가에 대해 더 많은 관심을 갖고 이를 지키도록 노력해야만 한다. 나이가 들어감에 따라 신체 전반의 기능 저하, 식사량 감소, 스트레스 등 여러 원인에 의해 변비로 고생하는 사람이 많은데(미국 노인의 약 20%), 이를 예방하기 위해 충분한 수분과 식이 섬유의 섭취, 그리고 규칙적인 운동을 권장하고 있다.

☞ 수분의 섭취
나이가 들면 체내에서는 수분을 필요로 하는데 갈증에 대한 반응이 늦어져 탈수의 위험에 처할 수도 있다. 그러므로 노년기에는 가끔씩 소변의 색깔을 보아 짙은 노란색이라면 체내에서 수분이 필요하다는 신호로 받아들이고 수분을 더 보충해야만 한다.

☞ 식이섬유의 섭취
과일 채소류는 비타민 A와 비타민 C, 엽산 등의 풍부할 뿐 아니라 신선한 식품은 식이섬유의 좋은 급원이 된다. 그러나 치아의 기능 저하로 이런 식품의 섭취가 줄어들게 되므로 질감이 연한 것, 예를 들면 잘 익은 토마토나 바나나 등의 과일, 푹 삶아 으깬 감자, 푹 삶아 조리한 콩제품, 잘게 썰어 익힌 채소류 등은 노인들에게 필요한 식이섬유의 좋은 급원이 된다.

☞ 규칙적인 운동
노인이라고 해서 자꾸 실내에만 있을 것이 아니라 매일 규칙적인 운동을 해야만 한다. 하루에 시간을 정해 놓고 가볍게 걷는 것이 가장 좋은 운동 중의 하나이며, 이를 통해 비타민 D도 얻을 수 있어 뼈가 튼튼해질 뿐 아니라 변비의 예방에도 큰 도움이 된다.

(2) 노인의 치매에 관한 영양교육

☞ 부채, 카드 등을 이용하여 교육내용을 전달한다.
치매란 뇌의 기질적 병변에 의하여 기억력장애를 비롯한 언어장애, 행동장애 및 지적 기능이 떨어지는 증상이다.
치매의 원인 중 50~60%는 알츠하이머병(Alzheimer's disease)으로 주로 노령층에 나타난다.
알츠하이머병은 1907년 독일의 신경과 의사인 Alois Alzheimer가 최초로 보고했던 진행적인 퇴행성치매를 말한다.
① 치매의 증상

- 기억력이 급격하게 떨어진다.
- 언어장애가 찾아온다.
- 늘 다니던 길임에도 불구하고 길에서 방황하는 장애가 발생한다.
- 옷을 입고 벗는 일조차도 제대로 하지 못하는 신체적 장애 증상도 나타난다.
- 방금 식사한 사실도 잊는다.
- 자신에 대해 무관심해져 목욕하는 것조차도 싫어하게 되는 등 이상한 행동이 끊이지 않는다.

② 치매 예방법

◆ 식생활 개선

- 지나친 쌀의 편식과 과식을 삼간다.
- 육류, 어류, 달걀, 콩을 매일 섭취한다.
- 생선기름을 매일 매일 조금씩 섭취한다.
- 해초를 자주 먹는다.
- 우유를 많이 먹는다.
- 과일과 아울러 채소의 섭취량을 늘린다.

◆ 일상생활 개선

- 술과 담배를 줄인다.
- 가정의를 두고 정기적으로 건강진단을 받는다.
- 적당한 운동을 꾸준히 한다.
- 오감(청각, 후각, 미각, 시각, 후각)을 발달시킨다.
- 균형잡힌 식사는 건강의 기본이다.
- 노후생활을 설계하고 준비한다.
- 신체 조건이 허락하는 한 일을 갖도록 하고 육체적, 정신적 활동을 끊임없이 하는 것이 좋다.
- 끊임없이 머리를 쓰자.
- 규칙적이면서도 융통성 있는 생활을 한다.
- 외로움이 밀려들기 전에 친구와 가까이 지내고 적극적으로 사회에 참여한다.
- 평상시 메모하는 습관을 기른다.
- 노후의 응급생활에 대비하자.

③ 치매 예방에 좋은 식품 : 현미, 통밀, 보리, 우유, 요구르트, 달걀, 간, 어류, 두부, 비지, 김, 다시마, 미역 등이 효과적이다.

- 저지방 닭고기로 동맥경화를 예방 : 닭가슴살 냉채 – 닭고기는 다른 육류에 비해 포화지방산이 적고 칼로리도 낮아 비만이나 콜레스테롤의 염려가 없다. 수삼과

채소를 곁들여 비타민, 섬유질도 강화시킨 성인병 예방식

- 고단백 쇠고기에 잣의 비타민 E를 보강 : 육회 – 잣에 풍부한 비타민 E와 불포화지방산이 지방의 산화를 막아 주며 콜레스테롤이 혈관벽에 들러붙는 것을 예방한다. 혈압을 내리는 효과도 있다.
- EPA, DPA가 혈관을 깨끗이 : 고등어 시금치 오븐구이 – 등푸른 생선에 풍부한 DHA, EPA가 혈액 속의 콜레스테롤이나 지방의 축적을 예방해주고, 시금치에는 비타민과 칼슘, 철분 등의 미네랄이 골고루 들어 있어 빈혈을 막아준다.
- 삼치의 DHA가 노화로 오는 건망증을 예방 : 삼치버섯말이 – DHA, EPA가 혈전을 예방하고 혈관벽의 노화를 막아 나이가 들어서 오기 쉬운 뇌혈관성치매를 방지하는 데 효과적이다.
- 비타민 A가 세포노화를 막는다 : 장어구이 – 장어 100g에는 성인이 하루에 필요한 비타민 A의 양이 들어 있다. 비타민 A는 세포의 성장과 생식작용을 돕고 저항력과 시력을 향상시킨다. 또 지질의 산화를 방지, 세포의 노화를 막는 작용도 한다.
- 비타민 C가 모세혈관의 노화를 억제 : 미나리 강회 – 미나리는 비타민이 풍부한 알칼리성 식품으로 피를 맑게 하며 모세혈관의 노화를 억제해 젊음과 생기를 유지해 준다.
- 칼슘 보급이 골다공증을 막는 비결 : 마른 새우 채소볶음 – 새우는 단백질과 칼슘을 비롯한 미네랄, 비타민이 풍부한 강장식품, 특히 칼슘은 약해지기 쉬운 노인들의 뼈를 튼튼히 해주어 골절과 골다공증 예방에 좋다.
- 빙어꼬치조림 – 머리와 뼈까지 통째로 먹어 칼슘 섭취에 효과적, 잔 생선의 칼슘 흡수율은 38%로 우유나 유제품의 흡수율 53%보다 크게 떨어지지 않는다.

표 9-1 노년을 위한 영양교육 프로그램

	Content	Method & Material
영양상담 (개인별)	개인별 영양 섭취량 및 식습관에 대한 분석 자료 제공 신체 계측 및 체지방률 조사에 의한 신체체격지수. 식습관 및 만성질환에 대한 식생활 상담	영양 상담용 컴퓨터 프로그램 (아원 다이어트 플러스), 식품 모델, 신체 계측기, 체지방 측정기

		Content	Method & Material
영양교육 (단체)	1차	바람직한 식생활과 건강한 노년 생활 (노년기의 신체적 변화와 영양의 중요성)	바른 식생활(보건복지부 발행) OHP(Over Head Projector)
	2차	5대 영양소와 기초 식품군 기초 5군 식품군 바로 알기	OHP, 기초 5군 식품군 포스터 부착 (대한영양사회 발행)
	3차	영양소의 기능 칼로리를 알자. 하루 적정한 식사량 알기	포스터 제작(수원 권선구 보건소) 그림판, 식품 모델, 당뇨 책자
	4차	칼로리 많은 식품, 적은 식품 칼로리와 비만, 영양부족 지방식품은 질과 양을 고려해서 먹자. 식물성 기름과 동물성 지방 콜레스테롤과 성인병	포스터, 그림판, 식품 모델, 소책자
	5차	콜레스테롤이 많은 식품 칼슘이 많은 식품을 먹자. 골다공증과 골절을 예방하자. 칼슘 식품	포스터, 그림판, 식품 모델, 소책자
	6차	싱겁게 먹자. 각 음식에 있는 염분량 바로 알기 고혈압과 신장질환	포스터, 그림판 식품 모델

제 10 주 비만을 위한 영양교육

10-1 비만의 정의

비만은 지방조직의 세포 수가 증가하던가 지방세포의 크기가 커지고 온몸의 조직에 지방이 많이 쌓여서 체중이 지나치게 증가해서 생긴다. 지나친 열량섭취, 내분비의 장해, 운동부족, 유전적 요인이 주요 원인으로 그중 에너지 축적이 가장 직접적인 관계로 장기간 섭취열량이 소비에너지보다 많으므로 열량의 과잉 상태가 되기 때문이다.

섭취열량 > 소비에너지 =≫과잉열량==≫비만

10-2 비만도 측정

◎ 표준체중 : (신장(㎝) - 100) × 0.9 = 체중(kg)

신장 165㎝ 미만 = (신장(㎝) - 105) × 0.9 = 체중(kg)

신장 165㎝ 이상 = (신장(㎝) - 115) × 0.9 = 체중(kg)

$$\text{비만도}(\%) = \frac{\text{실제체중} - \text{표준체중}}{\text{표준체중}} \times 100$$

① 표준체중 - 10% 이하 : 체중미달

② 표준체중 ± 10 % 이내 : 정상체중
③ 표준체중 + 20 % 이상 : 비만
④ 표준체중 + 10 ~ 20 % 이상 : 과체중

10-3 연령별 비만요인

① 소아기 : 과식, 당질, 편식, 가공식품 과식
② 사춘기 : 운동부족, 성호르몬의 지방 축적
③ 약물복용 : 어떤 사람들은 약 때문에 체중 증가
④ 사회인 : 과식과 운동부족
⑤ 임신기 : 과다한 체중증가가 일어나면 후에 살빼기 힘듦.
⑥ 주부 : 가족들이 남긴 음식 먹어 치우게 된다.
⑦ 중년 이후 : 먹는 것은 줄지 않고 운동량은 줄어든다.
⑧ 우울해지거나 걱정이 생기면 먹는 것을 통해 해소하려 한다.
⑨ 담배를 끊으면 대신에 음식을 많이 먹게 된다.

10-4 비만으로 인해 발생되는 질병

비만은 성인병 유발시키는 촉진제, 대사장애로 심장병, 간질환, 당뇨병, 고혈압, 동맥경화증을 발생시킨다.

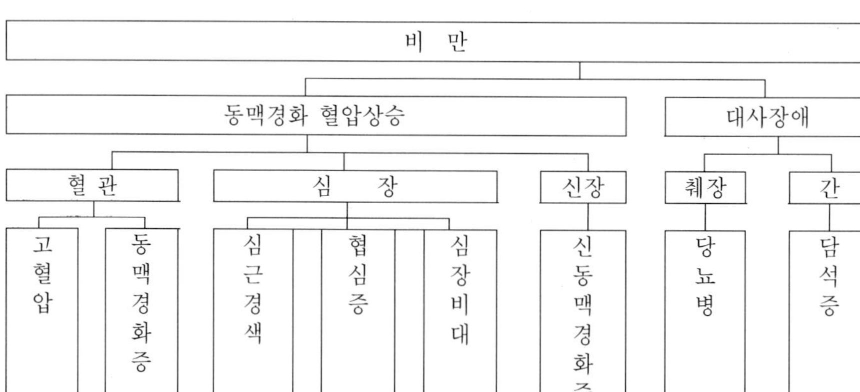

10-5 영양교육의 실제

1) 조리법 및 식이요법을 통한 교육

① **저칼로리, 저지방** 위주로 섭취하고 자기 열량보다 적게 먹으면 부족한 양은 **채소나 해조류**와 같은 칼로리가 낮은 식사로 한다.

② **주3회 이상 운동**을 해서 칼로리 섭취보다 소비를 늘려 체지방 축적을 방지해야 한다. 장기적으로 계획을 세워 치료기간을 설정하고 비만은 만성적 재발 여지가 크며 **자기관리와 행동**에 따라서만 치료가 가능하므로 실천에 어려움이 크다.

③ 어려서부터 **과식하지 않도록** 지도하고 칼로리 조절하는 식사로 계획성 있게 해야 한다. 매일 알맞게 3회로 분배하고 식사 시간은 일정하게 **식사 속도는 천천히** 한다. 저녁식사의 **과식과 야식, 간식**은 비만의 원인이 되므로 삼간다.

영 양 소	식 품 명	요리 방법
저칼로리식품	설탕 대신 당분이 없는 아미노산제	튀김보다 국물요리 선택 담백한 맛이 있는 음식 쌀밥보다는 잡곡밥 위에 오래 머무르는 음식(단백질) 선택 자극적 향신료는 삼가
고단백식품	생선, 쇠고기, 달걀, 두부	
섬유질 많은 식품	미역, 야채, 다시마, 무, 배추, 당근	
저지방단백질식품	흰살 생선, 문어, 오징어	

④ 비만을 위한 채소 이용법

- 자장면, 비빔국수에 당근, 양파, 버섯, 피망을 더한다.
- 생선에는 브로콜리나 시금치를 한층 더한다.
- 냄비요리에는 완두콩, 당근, 샐러리, 양파, 피망과 버섯으로 색과 향을 더한다.
- 감자샐러드에는 당근, 콩, 샐러리를 더한다.
- 수프에는 채소, 감자, 옥수수와 콩을 더한다.
- 채소를 감자수프에 섞는다. 그 수프는 채소가 없는 크림수프처럼 보인다.
- 야채는 센불에서 익혀 먹는다. 육수를 이용하거나 버섯을 먼저 익히고 그 국물을 사용한다.
- 토마토, 호박, 피망, 고추, 양파, 버섯, 당근을 넣고 채식용 간식을 만든다.
- 식빵에 채소나 샐러드로 채운다.
- 고기를 먹을 때 채소를 더 많이 먹는다.

⑤ 비만을 위한 식습관 요령

- 야채는 샐러드보다는 익혀서 먹자.
- 튀김은 튀김옷을 벗겨서 먹자.
- 잘 씹어 먹으면 정량의 80%만 먹어도 배부르다.
- 질질 끌면서 먹지 말자.
- 음식은 익히거나 구워서 먹자.
- 밤 9시 이후엔 음식물 섭취를 피하자.
- 소나기식으로 먹는 것은 금물
- 매일 식사일기를 쓰자.
- 목이 마를 때는 물이나 우유를 마시자.
- 같은 식품이라도 저칼로리 메뉴를 고르자.
- 한 가지 식품만 먹지 말자.
- 칼로리가 없는 버섯과 곤약을 이용하자.
- 아침에 먹는 과일은 보약이다.
- 간식 떡볶이 대신 야채 샌드위치를 선택하자.
- 탄산음료 대신 녹차를 마시자.

⑥ 비만의 식습관 check point

☐ 아침을 거르는 경우가 많다.
☐ 식후 디저트가 먹고 싶어진다.
☐ 저녁식사 시나 저녁식사 후에도 많이 먹는다.
☐ TV나 책을 보면서 식사를 하는 습관이 있다.
☐ 큰 접시에 수북히 반찬을 덜어 먹고 있다.
☐ 과자나 스낵을 줄줄이 먹고 있다.
☐ 집에 언제나 과자를 사다 놓고 있다.
☐ 야채는 별로 좋아하지 않는다.
☐ 탄산음료를 잘 마신다.
☐ 오늘 하루 먹은 음식의 종류를 기억할 수 없다.

합계	판정	제언
0~2개	합격	특별히 문제가 없습니다. 현 상태를 계속 유지하십시오.
3~5개	요주의	숨겨진 비만군입니다! 규칙적이며 올바른 식습관을 갖는 것이 중요합니다.
6개 이상	대단히 위험	식사의 의미를 다시 한 번 잘 생각해보십시오. 지금 바로 고치도록 노력하십시오.

2) 식품에 대한 열량 지식을 통한 교육

※다음의 식품 양이 어느 정도의 칼로리를 내는지 보기에서 골라 번호를 쓰시오.

1. 125kcal	2. 100kcal	3. 75kcal	4. 50kcal	5. 45kcal	6. 20kcal

- 빵 1쪽 ( )
- 호두 1개 ( )
- 오이 70g ( )
- 두부 1/5모 ( )
- 식용유 1작은술 ( )
- 잣 8~10g ( )
- 귤 1개 ( )
- 살코기 50g ( )
- 마요네즈 1.5 작은술 ( )
- 달걀 1개 ( )
- 콩 20g ( )
- 떡 2개 ( )
- 흰살생선 1토막 ( )
- 우유 1개 ( )
- 포도 15알 정도 ( )
- 시금치 70g ( )
- 요쿠르트 1개 ( )
- 밥 1/3공기 ( )
- 배추 70g ( )
- 참외 1/2개 ( )
- 옥수수 1/2개 ( )
- 두유 1개 ( )

3) 비만관련 영양지식 문제를 통한 교육

1. 체중조절 시 가장 신경을 써야하는 것은?
   ① 음식의 총량 ② 마시는 물의 양 ③ 섭취 열량 ④ 섭취한 고기의 열량

☞ 체중에 영향을 미치는 것은 섭취 물량이다.

2. 체중조절 시 가장 이상적인 방법은?
   ① 단식 ② 벨트를 매거나 몸에 크림을 바르기
   ③ 사우나 ④ 운동과 식사조절

3. 감자 1개를 다음과 같이 조리하였을 가장 살이 찌는 곳은?
   ① 감자조림 ② 감자튀김 ③ 감자국 ④ 찐감자

☞ 지방이 첨가되면 열량가가 높아진다.

4. 다음 음료 중 열량이 가장 많은 것은?
   ① 커피 1잔(설탕 1찻술, 크림 1찻술 넣은) ② 콜라 1잔
   ③ 녹차 1잔 ④ 블랙커피 1잔

☞ 커피 : 40kcal 콜라 : 90kcal 녹차 : 0kcal 블랙커피 : 0kcal

5. 비만의 원인이 아닌 것은?
① 정신적인 불안정 ② 섭취 열량이 소비 열량보다 많을 때
③ 지역적인 기후의 영향 ④ 가족의 식습관

6. 키가 165cm인 경우의 표준 체중은 얼마인가?
① 50kg ② 60kg ③ 70kg ④ 80kg
☞ 표준체중 = (신장(cm) - 100) × 0.9

7. 비만증의 식사요법으로 적당하지 않은 것은?
① 열량 제한 ② 수분 제한 ③ 지방 제한 ④ 탄수화물 제한
☞ 수분을 제한할 필요는 없다.

8. 저열량식으로 체중을 감소시킬 때 1주일에 얼마를 줄이는 것이 이상적인가?
① 0.2~0.5kg ② 0.5~1kg ③ 1~1.5kg ④ 2kg 이상

9. 비만의 합병증이 아닌 것은?
① 관절염 ② 담석담낭염 ③ 지방간 ④ 급성위염
☞ 급성위염은 비만의 합병증과 관련이 없다.

10. 체중조절 시 섭취율을 늘려도 좋은 성분은?
① 섬유소 ② 지방 ③ 단백질 ④ 탄수화물
☞ 섬유소는 열량 영양소가 아니면서 포만감을 줄 수 있으므로 양을 증가시켜도 상관이 없다.

11. 단식 초기의 급격한 체중감소의 원인은?
① 체지방 감소 ② 체내 수분감소 ③ 혈액량 감소 ④ 체내 칼슘의 감소

※ 맞는 것에 ○표, 틀린것에 ×표 하세요.

12. 음식물의 지방을 많이 먹을 때만 체지방이 축적된다.
☞ 쓰이고 남은 열량은 모두 지방으로 축적된다.

13. 체중을 감소시키려면 고기류는 먹지 말아야 한다.
☞ 기름기 있는 고기, 튀긴 고기를 피하면서 고기량을 조절한다.

14. 과일은 많이 먹어도 살찌지 않는다.
☞ 과일이 다른 후식보다는 열량이 적다는 것이지 마음대로 먹어도 된다는 것은 아니다.

15. 물은 마음대로 먹어도 체중조절에 상관이 없다.
☞ 체중조절이란 몸의 지방을 줄이는 것이지 수분을 줄이는 것이 아니다.

16. 사우나 후에 줄어든 몸무게는 지방량이 줄어든 것이 아니고 몸의 수분량이 줄어든 것이다.
☞ 사우나 후는 일시적으로 수분이 줄어든 것으로 물을 마시면 다시 증가한다.

17. 비타민제를 많이 먹을수록 몸의 활력을 증가시킨다.
☞ 지용성 비타민(A.D.E.K)은 과량섭취 시 몸에 축적되어 독성을 나타낼 수도 있다.

정답	1.③ 2.④ 3.② 4.② 5.③ 6.② 7.② 8.② 9.④ 10.① 11.② 12.× 13.× 14.× 15.○ 16.○ 17.×

4) 행동 수정요법을 통한 교육

미국 페실베니아대학 정신과에서 사용되는 'Learn Program'을 응용한 것이다.

(1) 섭식 행동의 기록

☞ 식사일지의 기록으로 식사 시간, 섭식 내용, 섭식량 등을 구체적으로 기록한다. 이 같은 식사일기 작성을 습관화하는 것 자체가 반드시 필요하고 불가결한 중요 사항이며, 이것을 방치하면 치료의 성공은 기대하기 어렵다.

(2) 섭식 환경의 정비

☞ '빨리, 많이 먹기'와 같은 식사습관을 개선하기 위한 최초의 단계는 식품의 구입이다. 즉, 섭식 행동 전에 이루어지는 지도 항목으로 다음과 같은 항목을 고려해야 한다.

① 공복 시에는 물건을 사러가지 않는다.
② 식품은 냉장고, 선반 등 정해진 장소에 저장한다.
③ 식품은 내용물이 보이지 않는 열기 어려운 용기에 담아 심심풀이로 먹는 것을 방지한다.
④ 반찬을 큰 접시 하나에 모두 담지 말고 각 개인의 접시에 제한된 양만 담는다.
⑤ 식사하는 장소를 정해놓고 다른 장소에서는 음식물을 먹지 않는다.
⑥ 남은 음식은 빨리 버린다.

(3) 식습관의 개선

① 천천히 먹는다.
☞ 식사 시간은 최소 20~30분이 되게 하라!
식사를 하면 혈중 포도당 농도가 높아지면서 중추신경계를 자극, 포만감을 느끼기 시작한다. 이 과정에 최소 20~30분이 걸린다.
② 한 번에 20번 이상 씹어라.
☞ 이렇게 하면 과식을 피할뿐 아니라 비타민 등 필수영양소가 완전 섭취되어 중추신경계가 식사량의 부족함을 느끼지 않게 된다.
③ 저녁식사는 8시 이전에 하고 이후엔 먹지 말라.
☞ 저녁에는 운동량이 적어져 섭취된 열량이 소모되지 않고 몸에 축적되기 때문이다.
④ 식사 중 TV를 보거나 신문을 읽지 말라.
☞ 식사에 정신 집중이 안 되어 포만감, 맛, 먹는 양 등에 무감각해 진다.
⑤ 식사는 지정된 장소에서 하라.
☞ 식당이나 식탁 등을 벗어나 책상, 소파 등에서 아무렇게나 식사를 하면 절제감이 없어져 과식을 부른다.
⑥ 정해진 시간에만 식사하라.
☞ 하루 세 끼 정해진 식사 시간을 지켜야 간식, 과식 등을 피하게 된다.
⑦ '홀로 식사'를 피하라.
☞ 다른 사람과 함께 이야기하면서 식사하면 먹는 속도를 조절하게 되어 과식을 피한다.
⑧ 야채, 해조류를 즐기라.
☞ 이들 식품에는 섬유소가 많아 칼로리 섭취는 낮으면서 포만감을 느끼게 해준다.
⑨ 아침식사를 거르지 말고 세 끼 식사량은 균등하게 하라.

☞ 아침식사는 종일 포만감을 유지시켜 음식 섭취를 줄일 수 있다.

⑩ 과식 경향이 있는 사람은 물 2~3컵을 마신 뒤 식사를 시작하라.

☞ 식사 시간 외에 허기를 느낄 때도 물을 마시면 좋다.

(4) 생활 행동 습관의 변화

① 많이 걷는다.

② 계단을 이용한다.

③ 활동량을 재어본다.

④ 연속 행동 고리(Behavior chain)를 초기에 중단시킨다.

☞ 그녀가 과자를 샀다 → 눈에 띄는 곳에 놓았다 → 토요일 오후 혼자 집에 있었다 → 따분했다 → 먹고 싶은 충동이 생겼다 → 과자를 방으로 가지고 왔다 → TV를 보면서 먹었다 → 배가 부르도록 먹은 후에 정신이 들었다 → 그녀의 자제심이 약해졌다 → 다른 음식을 더 먹게 되었다.

5) 어린이 비만 교실 프로그램

(1) 영양교육 계획서

① 목적

비만 어린이를 대상으로 식습관 및 생활습관에 관한 개인적인 문제 해결 방안을 제시하고 스스로 해결할 수 있도록 지속적인 영양교육을 실시하여 올바른 영양섭취와 건강의 중요성을 인식하게 하며 체중감량과 정신적, 육체적으로 건강하게 성장할 수 있도록 하는 데 있다.

② 목표

- 비만이 건강에 미치는 영향을 알게 한다.
- 각 영양소의 역할을 알게 한다.
- 식품의 열량 및 영양성분을 알게 하여 올바른 선택을 하도록 한다.
- 바른 식습관과 규칙적인 생활을 하게 한다.

③ 기대 효과

- 비만과 건강의 상관관계를 알고 식습관의 중요성을 알아 스스로 관리하는 능력을 기른다.
- 어린이의 체중감량으로 정신적, 육체적인 갈등을 해소시킨다.
- 건강한 성장 발육에 적극적 자세를 갖는다.
- 산학(보건소와 대학)의 협조 체계의 효과를 도모한다.

- 다른 대상을 위한 보건 서비스의 제공 기회를 넓힌다.

④ 대상 : 초등학교 비만 어린이 중 3~6학년(희망자)

⑤ 방법

- 보건소와 대학 식품영양과의 협조 체계 구성
- 보건소 방문 교육(4회 : 4주 연속)
- 학부모 및 대상 학생
- 학교 영양사의 영양교육(4회 : 월 1회)
- 추진 일정

⑥ 추진 일정

일 시		추진 일정		비 고
6월		비만 어린이 명단 접수		00학교 00명
7월		신체계측(신장, 체중, 허리, 엉덩이) 혈액검사		
7월	1회 교육			학부모 참석
8월	2회 교육	알고 싶어요.	*우리 가족 모습 *나의 체형 *나의 식생활	*빙고게임 (퍼즐 맞추기)
	3회 교육	영양 나라 탐험	*영양 나라 *건강 신호등 그리기 *나의 식사일기 작성 (24시간 회상)	*버섯돌이 우주여행
	4회 교육	튼튼이와 뚱뚱이	*왜 비만해질까 *식습관 관찰 *비만이 왜 나쁠까 *나의 식사일기 작성	*식품 모형 놀이
	5회 교육	간식이 너무 좋아요.	*간식의 열량 *얼마나 운동해야 할까 *나의 간식량=운동량	*간식류와 식품 모형
9월	6회 교육	나랑 바꿔 먹자	*바꿔 먹기표 *하루 나의 식단 꾸미기 *나의 식사일기 작성	*식품교환표
10월	7회 교육	친구들과 함께 역할극	나는 어떤 역할을 할까	*가면
11월	8회 교육	엄마! 제가 변했나요?		*영양지식설문 *학부모와 함께
12월		신체계측, 혈액검사 및 종합평가		

(2) 비만관련 자료

뚱뚱이와 튼튼이의 식습관 · 생활습관

나를 평가해 보세요!

♧ 뚱뚱이의 습관은 몇 개인가요? ________개

♧ 튼튼이의 습관은 몇 개인가요? ________개

뚱뚱해지는 이유는 무얼까 생각해 봅시다!

뚱뚱이의 식습관, 생활습관	튼튼이의 식습관, 생활습관
1. 튀김 같은 기름기가 많은 음식이나 설탕이 많이 들어간 단 음식을 좋아한다.	1. 열량은 적게 내면서 배부른 느낌을 주는 해조류와 채소류를 좋아한다.
2. 햄버거나 피자, 라면 등의 인스턴트 음식을 좋아한다.	2. 집에서 어머니께서 만들어 주신 음식을 좋아한다.
3. 아침은 굶고, 점심은 군것질로 때우고, 저녁을 지나치게 많이 먹는다.	3. 식사는 하루에 세 번, 규칙적으로 적당량을 먹는다.
4. 급하게 한꺼번에 많이 먹는다.	4. 음식을 조금씩 천천히 씹어 먹는다.
5. 혼자 먹는 경우가 많다.	5. 즐겁게 여럿이 사이좋게 먹는다.
6. 먹고 싶은 음식만 골라서 먹는다.	6. 음식을 가리지 않고 골고루 먹는다.
7. 짜고 매운 음식을 좋아한다.	7. 항상 싱겁게 먹는다.
8. 간식을 수시로 아무 때나 먹는다 .	8. 정해진 시간에 한두 번 간식을 먹는다.
9. 과자, 사탕, 아이스크림을 좋아한다.	9. 간식은 과일이나 우유를 먹는다.
10. 매일 늦잠을 자고, 아침을 먹지 않은 채 허둥지둥 학교에 간다.	10. 아침 일찍 일어나서 아침을 먹고, 느긋하게 학교에 간다.
11. TV나 비디오를 보면서 습관적으로 과자나 사탕을 먹는다.	11. 간식은 정해진 시간에 정해진 장소에서 먹는다.
12. 방안에서 오락을 하며 놀기 좋아하고 움직이기를 싫어한다.	12. 운동장에서 친구들과 신나게 뛰어 놀기를 좋아한다.

< 영양소 나라 신호등 >

나라 이름	영양소	가 족 들	우리몸에서 하는 일
초록나라	칼 슘	멸치, 뱅어포, 잔새우, 잔생선, 사골, 우유, 분유, 요구르트	뼈와 이를 튼튼히 해준다. 키가 쑥쑥 크게 한다.
	비타민	시금치, 당근, 쑥갓, 상추, 풋고추, 부추, 깻잎, 토마토, 배추, 무, 파, 오이, 콩나물, 사과, 배, 귤, 딸기, 포도, 수박, 과일주스	다른 영양소의 흡수를 도와준다. 피부와 고와지고 머리가 좋아진다. 눈이 잘 보이게 한다. 혈관이 튼튼해진다.

< 영양소 나라 신호등 >

나라 이름	영양소	가 족 들	우리몸에서 하는 일
노랑나라	단백질	쇠고기, 돼지고기, 오징어, 닭고기, 생선, 조개, 두부, 굴, 콩, 달걀, 된장, 햄, 베이컨, 소시지, 생선묵	튼튼한 근육과 건강한 피를 만들어준다. 손톱, 발톱, 머리카락 등이 자라도록 해주고 힘이 나게 한다.

< 영양소 나라 신호등 >

나라 이름	영양소	가 족 들	우리몸에서 하는 일
빨강나라	당 질	쌀, 보리, 팥, 옥수수, 밀가루, 감자, 고구마, 토란, 밤, 국수, 떡, 식빵	힘이 나게 도와주고 살을 찌게 한다.
	지 방	참기름, 콩기름, 옥수수기름, 채종유, 버터, 마가린, 깨, 잣, 호도	인체 내의 여러 기관을 보호하고 힘이 많이 나게 한다. 살을 찌게 한다.

< 영양소 나라 신호등 >

나라 이름	영양소	가 족 들	우리몸에서 하는 일
검정나라	단순당	과자, 사탕, 초콜릿, 설탕, 사이다, 꿀, 아이스크림	살을 많이 찌게 한다. 이를 썩게 만든다.

< 바꿔 먹기표 >

식 품 군		식품명(1단위=100kcal)	
노랑나라	어육류	돼지고기 〈탁구공크기 2개=80g〉 쇠고기 〈탁구공크기 2개=80g〉 참치통조림 〈1/5통=40g〉 닭고기 〈닭다리 1개=80g〉 계란 〈큰 것 1개=70g〉 두부 〈1/4모=100g〉 검정콩 〈1/3=30g〉 조갯살 〈1/2컵=100g〉 오징어 〈1/2컵=100g〉	새우 〈1/3컵=100g〉 갈비 〈1대=30g〉 햄 〈1쪽=50g〉 비엔나소세지 〈5개〉 마른오징어 〈1/2마리=30g〉 꽁치통조림 〈1토막=50g〉 후랑크소세지 〈1개=40g〉 런천미트 〈1쪽=40g〉 치즈 〈1장 반=30g〉

< 바꿔 먹기표 >

식 품 군		식품명(1단위=100kcal)
초록나라	채 소	시금치, 당근, 오이, 콩나물, 배추, 무, 연근, 김, 미역, 김치, 버섯, 깻잎, 가지, 깍두기, 고사리, 단무지, 양배추, 쑥갓, 호박, 도라지, 피망, 풋고추, 개일, 양파 등 채소와 해조류는 양을 제한하지 않아요.
	우 유	보통 우유 〈3/4컵=150g〉 두유 〈3/4컵=150g〉 저지방 우유 〈1컵=200g〉 전지분유 〈5숟가락=20g〉 요플레 〈1개=100g〉 요구르트 〈2병=130g〉 뱅어포 〈3장=30g〉 잔멸치 〈1/2컵=30g〉
	과 일	토마토 〈2개=50g〉 귤 〈2개=200g〉 자두 〈4개=160g〉 포도 〈30알=160g〉 단감 〈1개=160g〉 곶감 〈1개=50g〉 건대추 〈16알〉 배 〈1/2=200g〉 건포도 〈3큰숟가락=30g〉 수박 〈큰 것 2쪽=500g〉 딸기 〈24알=400g〉 레몬 〈큰것1개 400g〉 참외 〈1개=240g〉 사과 〈1개=200g〉 복숭아 〈큰 것 1개 400g〉 토마토주스 〈2컵=400g〉 그밖에 다른 주스는 모두 〈1컵=200g〉

< 바꿔 먹기표 >

식 품 군		식품명(1단위=100kcal)
빨강나라	곡 류	쌀밥 〈1/3공기=70g〉 식빵 〈1장=35g〉 감자 〈1개=150g〉 옥수수 〈1/2개〉 보리밥 〈1/3공기=70g〉 삶은국수 〈1/2공기=90g〉 인절미 〈1개=50g〉 고구마 〈1/2개〉
	지 방	마요네즈 〈큰숟가락1번=12g〉 기름 〈작은숟가락2번=10g〉 마가린 〈큰숟가락1번=12g〉 버터 〈큰숟가락1번=12g〉 땅콩버터 〈큰숟가락1번=12g〉 땅콩 〈큰숟가락2번=20g〉 호두 〈큰숟가락2번=15g〉 잣 〈큰숟가락2번=15g〉

< 바꿔 먹기표 >

식품군		식품명(1단위=100kcal)	
검정나라	단순당	사탕 〈6개=30g〉 체리 〈6개=30g〉 잼 〈큰숟가락2번=35g〉	초콜릿 〈4쪽=20g〉 콜라 & 사이다 〈1컵=200g〉 시럽 〈큰숟가락2번=30g〉

(3) 식품교환표

식품군		단위당 열량 (kcal)	1식품교환 단위당 분량(g)
곡류군		100	쌀밥(보리밥) 1/3공기(70), 식빵 1쪽(35), 국수 삶은 것 1/2공기(90), 율무 3큰술(30), 현미(찹쌀) 3큰술, 인절미 4개(50), 옥수수(중) 1/2개(50), 크래커 7개 고구마(중) 1/2개(70), 밀가루 5큰술(30), 미숫가루 5큰술(30), 감자(대) 1개(150)
지방군		45	식용유(참, 들기름) 1작은술(5), 참깨 1큰술(8), 마요네즈 1.5 작은술(7), 호도(잣) 1큰술(8), 땅콩버터 1작은술(7), 땅콩 1큰술(10)
어육류군	저지방	50	참치(소) 1토막(=조기, 갈치, 도미, 가자미) (50), 쇠고기(돼지고기) 썰어서 3~4쪽(40), 광어(소) 1토막(50), 건오징어채 1/4컵(15), 생굴 1/3컵(80), 북어 1/2토막(15), 닭고기(소) 1토막(40)
	중지방	75	삼치(소) 1토막(=병어, 꽁치, 민어, 이면수)(50), 검정콩 2큰술(20), 두부 1/5모(80), 햄 1쪽(40), 달걀(대) 1개(50), 돼지족(50), 곱창(40)
	고지방	100	참치 통조림 1/3컵(40), 소갈비(소) 1토막(30), 프랑크 소시지 1개(40), 치즈 1.5장(30), 뱀장어(50), 런치미트 1쪽(40), 쇠꼬리(40), 고등어(꽁치) 통조림 1/3컵(50)
채소군		20	시금치(=무, 숙주, 쑥갓, 근대) 익혀서 1/3컵(70), 배추김치(깍두기) 2/3컵(70), 오이(생) 1/2개(70), 당근(4×5cm 1토막)(70), 양송이(중) 3개(70), 풋고추(중) 7~8개(70), 상추(대) 8~10장(70), 콩나물(양배추) 익혀서 2/5컵(70)
우유군		125	목장우유 1컵(200), 탈지우유 1컵(200), 두유 1컵(200), 탈지(전지) 분유 5큰술(25), 무당연유 1/2컵(100), 조제분유 5큰술(25)
과일군		50	수박(대) 1쪽(250), 사과(중) 1/2개(100), 토마토 1개(250), 배(중) 1/3개(100), 바나나(중) 1/2개(60), 귤(중) 1개(100), 오렌지주스1/2컵(100), 자몽(그레이프 후르츠) 1/2개(120)

제 11 주 모니터링을 이용한 영양교육

11-1 모니터 활용의 중요성

매스 미디어의 모니터 활동이란 일종의 수용자 감시운동으로써 보도내용과 방송 프로그램을 분석하고 비평을 거쳐 언론계에 피드백하는 과정이라 할 수 있다.

우리나라에서는 1980년대 말에 모니터 활동이 시작되었으며 영양과 건강 정보 분야에 대해서는 1994년부터 대한영양사회에서 모니터 활동을 이끌고 있다. 영양정보 모니터링의 주된 목적은 식품, 영양과 관련된 내용이 일반 대중에게 바르게 전달되어 유익한 정보가 되도록 하는 데 있다. 수용자는 이제 단순한 매체의 소비자(cousumer)가 아니며 매체의 제작(production)에도 관여하여 수준 높은 매스 미디어를 소유할 수 있는 프로슈머(prosumer)가 되어야 한다.

영양 정보를 모니터할 때에는 매스 미디어의 특징을 잘 이해하고 다음의 원칙을 고려하여 분석해야 한다.

① 공공의 이익과 국민문화에 기여하고 있는가? (공익성)

② 공공생활과 관련된 문제는 공정한 가치판단에서 보도하였는가? (공정성)

③ 보도하고자 하는 내용을 공정하고 객관적으로 다루고 있는가? (객관성)

④ 풍부한 지식과 정보를 제공하고 깊이 있게 다루었는가? (전문성)

⑤ 시청자가 이해하기 쉽게 구성, 제작되었는가? (해설성)

⑥ 필요한 정보를 제때에 전달하였는가? (시의성)
⑦ 방송윤리에 어긋나는 점은 없는가? (윤리성)

11-2 언론 모니터링 목적

① 대중 매체에서 전달하고 있는 식품, 영양 관련지식에 대한 올바른 정보제공 풍토를 조성하여, 국민건강증진에 기여한다.
② 영양사직이 사회에 올바른 자리매김을 할 수 있도록 영양 전문인으로서의 사회적 기여도를 높이고 영양사 및 식품, 영양학도들의 끊임없는 자기개발의 터전으로 삼는다.

11-3 언론 모니터링 수행요령

(1) 모니터 대상 매체(선택)

① TV - 영양, 식생활 관련 연속기획 프로그램이나 보도 프로그램 중 관련 내용
② 신문 - 영양, 식생활 관련 기획기사나 일반기사 중 관련 내용
③ 잡지 - 영양, 식생활 관련 기획기사나 일반기사 중 관련 내용

(2) 모니터 영역

① 영양, 식품
② 식품위생
③ 건강 일반(보건 일반)
④ 식생활(식문화)
⑤ 영양사, 식품영양학, 식품영양학과 등의 이미지에 관한 내용
⑥ 집단급식

(3) 주요 분석 항목들(지적사항들)

① 실제보다 그 이상 또는 이하의 정보제공이나 여론 형성으로 사실과는 다른 식품, 영양에 대한 이미지를 표출하는 경우

② 전문적인 내용을 지나치게 단순화함으로써 오해를 불러일으키거나, 그 반대로 특정 사안을 지나치게 난해하고 복잡하게 설명하여 수용자(독자, 시청자)의 건간에 대한 관심을 오히려 떨어뜨리는 경우
③ 지나치게 부풀리거나 확대 보도하는 경우
④ '영앙', '건강', '영양사', '식품영양하' 등 관련 주제나 직업을 실제와는 다르게 그림으로써 이미지를 실추시키는 경우
⑤ 방송 프로그램의 일반적 속성인 유행, 인기, 흥미 위주로 건강을 다룸으로써 실제와는 다른 내용을 다루는 경우
⑥ 명확한 지침이나 입장(또는 실천사항)을 밝히지 않음으로써 오해를 불러일으킬 수 있는 여지가 있는 경우
⑦ 현행법(예 : 식품 위생법 등)이나 건강 관련 제도에 반하는 내용
⑧ 시의성이 없는 주제를 다룬 경우
⑨ 특정 분야나 일부만을 강조하여 균형성을 잃은 경우
⑩ 기타 건강, 보건 관련 프로그램이나 기사 중 개선(또는 수정)이 필요한 내용

(4) 긍정적인 기사나 프로그램 사례

모니터를 문제점 지적에만 국한시킬 필요는 없기 때문에 전반적으로 바람직하다고 판단되는 내용도 적극적으로 추출해낼 필요가 있다.

(5) 모니터 시 유의사항

① 모니터의 목표는 직접(또는 녹화된 프로그램을) 시청하면서 그때그때 지적 내용을 메모 형식으로 적어나간 후 이를 종합하여 하나의 보고서 형식으로 정리한다.
② '모니터'는 여러 의미가 담긴 활동이지만 그중 주로 '감시'의 개념에 충실한 공공적 활동이라는 점에 유의할 필요가 있다.
③ 모니터 운동이나 활동은 집단적 토론 활동이 필수적이므로, 학생들을 중심으로 토론 활동을 통한 보고서 제출이 가능할 것이다.
④ 훌륭한 모니터는 TV나 신문, 잡지의 기술적인 이해뿐 아니라 그보다는 오히려 '건강', '보건'에 대한 정확한 지식을 보다 폭넓고 정확하게 지니도록 노력해야 한다(관련 기사, 프로그램에 적극적으로 접촉해야 할 것이다).
⑤ 본 모니터 활동이 첫째는 국민건강의 실질적 향상을 위해 기여할 것이라는 확신과 둘째는 자신이 선택한 전공 학문의 전문성을 확보하는 귀중한 작업이라는 자부심을 가질 필요가 있으며, 전문가로서의 자원봉사 활동이다.

11-4 모니터링 서식

표 11-1 식품·영양관련 모니터 서식 1 - TV·라디오 등 방송매체용

프로그램명		소제목	
연출또는 제작진		출연진	
방송사명		방영일시	
모니터 성명			
내용 요약			
문제점 (지적사항)			
긍정적인 면			
개선과제 또는 제언			
문헌고찰			

표 11-2 식품 · 영양관련 모니터 서식 2 - 신문 · 잡지 등 인쇄매체용

매 체 명		일 자	
소 제 목			
모니터 성명			
내용 요약			
문제점 (지적사항)			
긍정적인 면			
개선과제 또는 제언			

11-5 모니터 대상 프로그램

표 11-3 1997년 모니터 대상 프로그램 분류

방송사명	프로그램명	모니터 건수(비율)
KBS1	9시 뉴스 - 건강하게 삽시다. 경제 - 주부가 나섭시다. 6시 내고향	16(18%) 1(1.1%) 1(1.1%)
KBS2	여성저널 무엇이든 물어보세요. 8시 뉴스 특종 비디오저널	1(1.1%) 24(27.3%) 1(1.1%) 1(1.1%)
MBC	9시 뉴스 - 건강이 최고 굿모닝코리아 세계의 병원 고향은 지금 굿모닝닥터 강남길 이성미 요리쇼 PD수첩	6(6.8%) 1(1.1%) 1(1.1%) 1(1.1%) 2(2.2%) 2(2.2%) 1(1.1%)
SBS	8시 뉴스 행복은 우리 가슴에 이홍렬쇼	7(8.0%) 1(1.1%) 1(1.1%)
EBS	육아일기	1(1.1%)
CABLE TV	불교방송 선재스님의 푸른요리 동아방송 I LOVE DIET	1(1.1%) 1(1.1%)
광고		11(12.5%)
기타		4(4.4%)
총		88(100%)

표 11-4 연도별 모니터 프로그램의 주제별 분류 비교

주제별/건수(비)	94년	95년	96년	97년
식품	14(37.8%)	35(61.4%)	40(48.2%)	39(44.3%)
질병, 식사요법	10(27.0%)	5(8.8%)	22(26.5%)	15(17.0%)
비만, 다이어트	7(18.9%)	5(8.8%)		13(14.8%)
요리	5(13.5%)	8(14.05)	17(20.5%)	4(4.5%)
식생활				8(9.1%)
기타	1(2.8%)	4(7.0%)	4(4.8%)	9(10.2%)

표 11-5 1997년 모니터된 프로그램 평가 분류

분 류	건 수
긍정적	4건(4.5%)
실생활에 필요한 구체적 대안 제시 미흡	29건(33.0%)
용어 등 자세한 설명 미흡	20건(22.7%)
주제의 과학적인 근거가 불충분	13건(14.8%)
과장	8건(9.1%)
잘못된 내용 전달(비교기준 등)	6건(6.8%)
주제 전달 불분명	2건(2.3%)
기타	6건(6.8%)
계	88건(100%)

11-6 모니터링의 실례

<table>
<tr><td>매 체 명</td><td>조선일보</td><td>일 자</td><td>1997. 5. 19</td></tr>
<tr><td>소 제 목</td><td colspan="3">「돌연사」 햄버거 - 피자 과잉섭취 피해야</td></tr>
<tr><td>모니터성명</td><td colspan="3">대학원 식품영양학과 김 정 혜</td></tr>
<tr><td>내용 요약</td><td colspan="3">돌연사의 원인이 되고 있는 동맥경화성 관상동맥 질환은 미국에서는 예방의학과 꾸준한 계몽교육으로 그 발병률이 줄고 있으나 우리나라의 경우 협심증이나 심근경색환자가 매우 증가하는 추세를 보이고 있다. 이는 햄버거나 피자 등의 과잉섭취와 관련이 깊어서 예방의학차원에서 관상동맥질환을 예방하기 위한 홍보와 국민교육이 절실하다.</td></tr>
<tr><td>문제점 (지적 사항)</td><td colspan="3">1. 제목이 "「돌연사」 햄버거-피자 과잉 섭취 피해야"인데 내용은 관상동맥질환을 막기 위한 계몽과 홍보가 필요하다는 것이고 햄버거, 피자와 돌연사와의 관계는 명확히 밝혀져 있지 않아서 제목과 기사내용이 잘 맞지 않는다.
2. 햄버거를 junk food라고 하며 돌연사와 관계를 지으려 한 의도를 대충 짐작은 할 수 있으나 햄버거와 피자를 먹는 자체가 영양적으로 나쁜 영향을 미치는 것은 아닐 것이므로 "햄버거, 피자=돌연사"라는 일반적인 주장은 근거도 미약하여 돌연사의 원인이 햄버거, 피자만은 아닐 것이므로 오해를 불러일으킬 소지가 있다. 특히 "햄버거 같은 쓰레기 음식~"이라는 문구에서는 junk food에 대한 설명이 필요하다.
3. 대다수의 구미인들이 김치를 특효식이라고 여기고 있지는 않을텐데 일부를 전체인 양 "구미인들이 김치를 특효식이라고 찬양하고 있다."고한 표현은 일부를 전체로 과장해서 표현한 것 같다.</td></tr>
<tr><td>긍정적 인면</td><td colspan="3">예방의학에 대한 국민교육과 홍보가 필요함을 미국의 예를 들어 경제적으로는 선진국일지 모르나 국민보건차원에서는 후진국임을 강조하여 미국의 50년대 수준이라 비유한 것은 독자에게 필자가 주장하는 바를 좀더 강하게 깨닫게 해준다.</td></tr>
<tr><td>개선 과제 또는 제언</td><td colspan="3">junk food에 관한 부연설명을 하면 돌연사와 햄버거 과잉섭취에 관한 설명도 더해질 것 같다. 또한 현재 관상동맥 앓고 있는 환자는 햄버거나 피자를 그다지 즐기지 않는 성인층일텐데 기왕 예방에 관한 내용을 쓰려면 관상동맥질환의 다른 원인에 관한 내용도 첨가했으면 좋을 것 같다.</td></tr>
</table>

제 12 주 기호식품에 관한 영양교육

12-1 술

신이 인간에게 준 최고의 걸작품이라는 '술', 적당히 마시면 100가지 약 중 으뜸[百藥之長]이요 지나치면 수명을 단축시키는 독약 [百毒之長]이라 하였다. 또 주유병이라하여 무기와 같이 잘 다루면 우리를 보호하지만 잘못 쓰면 생명에 위협을 주는 것이다.

우리나라는 역사적으로 술을 많이 마셔왔다. 관혼상제에 빠지지 않는 술, 추수기, 농번기 및 세시풍속에 따른 음주, 노동 후에 반드시 마시는 술, 스트레스 해소용 술, 건강을 위한 술 등 인생의 동반자 역할을 해왔다. 이런 풍부한 술문화가 우리나라 40~50대의 사망률 세계 1위라는 불명예를 갖는데 그 한몫을 차지했다고 하겠다. 특히 한국의 중년 남성들은 가정, 직장, 더 나아가서 사회에서 부딪치는 중압감과 스트레스를 음주로써 해소시키려 했다. 이제는 술이 인생에 있어서 이로운 존재가 될 수 있도록 술을 다스릴 수 있는 지혜를 가져야 하겠다.

1) 술의 영양

술은 에탄올 1g당 7㎉의 열량을 가지고 있으며 열량 이외의 다른 영양소는 거의 없다.

표 12-1 술의 영양가 분석표

술 종류 \ 영양가	열량 (kcal)	단백질 (g)	비고 알코올 농도(%)
맥주 1컵(200mℓ)	96	1.2	4
소주 1잔(50mℓ)	87	0	25
위스키 1잔(30mℓ)	83.4	0	40
청주 1잔(50mℓ)	65	0.25	16
포도주 1잔(30mℓ)	25.2	0.09	12
막걸리 1사발(300mℓ)	165	5.7	5
브랜디 1잔(30mℓ)	84	0	40

2) 술의 대사과정

섭취된 술은 20% 정도 위장에서 흡수되며 나머지 80%는 소장 부위에서 흡수된다. 흡수된 에탄올의 2~10%만이 신장이나 폐를 통하여 요나 내쉬는 호흡으로 체외로 배출되고 섭취된 에탄올의 90% 이상이 빠른 속도로 간에서 대사된다. 간에서 에탄올은 산화되어 아세트알데히드를 생성하고 다시 아세트산으로 변화되어 물과 탄산가스로 분해된다. 이때 중간 생성물질 아세트알데히드가 숙취의 원인 물질이며, 얼굴을 붉게하고 심장을 두근거리게 하며 두통과 위통을 유발시킨다.

간에서 에탄올의 분해 속도는 0.1에탄올/kg/1시간 정도이다. 그러므로 체중 60kg인 사람이 맥주 1병(500mℓ, 4%)을 마시는 경우 대사되는데 걸리는 시간은 약 3시간 정도이며, 소주 1병(360ml, 25%)을 마신 경우는 모두 산화되는데 약 15시간이 소비된다. 하지만 건강한 간이라해도 정상으로 회복되는데 72시간이 걸리므로 3~4일 간격으로 술을 마셔야 간에 별 지장이 없다.

3) 술의 효용

- 혈중 알코올 농도가 0.1%가 될 정도로 적당히 마셨을 때

① 위산분비 촉진으로 소화를 돕는다.

② 혈중 콜레스테롤중 동맥경화의 원인인 LDL의 양을 감소시키고 몸에 이로운 HDL의 양을 늘려줌으로써 성인병 예방에 도움을 준다.

③ 술은 중추신경을 억제하여 안정제, 마취제 역할을 하여 스트레스 해소에 도움을 준다.

※ 적당한 음주량(주 1~2회 이내)

소주 3잔(150㎎) 맥주 4잔(800㎎) 막걸리 2사발(600㎎) 위스키 3잔(90㎎)	청주 4잔(200㎎) 포도주 7잔(210㎎) 브랜디 3잔(90㎎)

4) 술이 인체에 미치는 영향

(1) 알코올과 뇌와의 관계

알코올을 조금 마시면 처음에는 중추 및 말초신경이 흥분되고 위산분비가 촉진된다. 또 도파민(Dopamine)이라는 신경전달물질이 분비되어 기분이 좋아지게 된다. 그러나 술을 과음하거나 장기간 남용 또는 과용하면 술이 불행하게도 뇌세포 파괴를 촉진시켜 뇌의 기능을 억제한다.

표 12-2 혈중 알코올 농도에 따른 증상

농도(%)	증　　상
0.05	사고, 판단 및 자제력이 약화되고 식채 식별력이 약해진다.
0.1	운동기능과 언어활동이 어느 정도 장애를 받는다.
0.2	전 운동 영역의 기능이 현저히 억제된다. 감정조절 기증도 장애가 온다.
0.3	감각기능이 장애를 받음으로써 혼수 상태가 된다.
0.4~0.5	감각기능이 완전 마비되고 혼수상태가 되어 완전 마취 상태가 된다.
0.6	호흡 및 심장박동의 장애로 사망하게 된다.

· 혈중 알코올 농도 산출 공식 : 농도(%) = 음주량(㎖)×0.8÷{체중(kg)×0.67×10}

(2) 알코올과 임산부

임신 초기 및 임산부의 음주는 태아에게 치명적인 영향을 미친다. 간에서 알코올 분해 중 생긴 아세트알데히드가 뇌의 발달 교란과 중추신경계의 교란작용으로 임신 초기의 음주는 기형아를 중·말기는 행동장애를 일으키므로 임산부는 절대 금주를 하여야 한다. 현재 미국의 임산부 1,000명당 3명의 신생아가 태아알코올증후군증상(FAS)을 나타내고 있다.

지나치게 알코올을 섭취하면 알코올증이라 불리는 비정상적인 신체발달이 올 수도 있으며 간질, 뇌성마비, 운동 실조를 유발시킨다.

※ 알코올이 태아에 미치는 영향

기 간	영 향
수태 전	수정력 저하
임신 기간	자연 유산, 미숙아
분만 시	사산, 태아알코올증
분만 후	음식섭취 및 수면장애

(3) 알코올과 구강암 및 인두암

알코올은 암의 직접적인 원인이 아니다. 지속적인 과음과 도수가 높은 술을 매일 마실 경우 구강암, 인두암, 식도암이 발생할 수는 있지만 꼭 알코올에만 원인이 있다고 볼 수 없고 과다한 흡연, 오염된 음식물, 환경오염, 스트레스 등도 영향을 미칠 수 있다.

(4) 알코올과 소화기관

술은 구강과 식도를 거쳐 위장과 소장에서 흡수된다. 알코올 도수가 높은 술은 공복이나 장기간 마시면 위장의 상피점막세포를 자극하여 탈수현상과 염증을 일으켜 따가운 느낌을 준다. 심하면 근육 층을 파괴하여 위궤양을 일으킬 수 있다. 동양인은 서양인에 비해 위염과 위궤양을 일으키는 '헬리코박테리아'를 많이 보유(75% 이상)하고 있어 과음을 하면 위장의 손상이 빨리 올 수 있다. 특히 알코올은 소장에서 흡수되는 인체에 꼭 필요한 필수아미노산, 지방산, 비타민 및 미네랄 등의 흡수를 억제, 저하시키므로 과음과 지속적인 음주를 피해야 한다.

(5) 알코올과 췌장

췌장은 소화에 필요한 단백질 분해효소인 '트립신'과 지방분해효소인 '리파아제', 탄수화물 분해요소인 '아밀라아제' 등을 분비하는 중요한 장기이다. 췌장도 하루 80g 정도의 알코올 섭취는 염려가 없으나 150g 이상의 알코올을 매일 섭취하면 만성췌장염이 발생할 수 있다.

(6) 알코올과 스트레스

사람마다 스트레스에 대한 반응이 다르지만 공통적으로 대개 나쁜 방향으로 나타난다. 사람이 환경의 자극을 받으면 인체의 거의 모든 조직에서 반응이 나타나 목이 마르고 열이 나며, 주의력과 집중력이 떨어진다. 또한 위산이 과다 분비되고, 근육이 파괴되어 약해지며 지방이 분해되어 결국 몸이 마르게 된다. 대부분의 사람들은 스트레스를 잊어버리려는 의도에서 술을 한두 잔씩 시작하여 기분 전환을 꾀하고 있다. 실제 소량의 알코올 음주는 여러 가지 스트레스 요인을 잠시나마 잊게 하지만 장기간 또는 과음이나 폭음을 하면 알코올 그 자체가 스트레스 반응에 관여하는 조직을 직접 작용하여 스트레스를 더욱 심하게 한다.

(7) 알코올과 비만

알코올은 비만과 직접적인 관계가 없으나 비만증이 있는 사람이 알코올을 많이 마시면 질병에 걸릴 확률이 높아져 주의를 필요로 한다. 비만인은 대부분 몸에 해로운 LDL콜레스테롤 함량이 높아 관상동맥경화증, 심장마비, 암 등 성인병을 일으킬 인자를 많이 갖고 있다. 적당량의 음주는 혈관 속의 몸에 해로운 LDL콜레스테롤을 감소시킨다.

(8) 알코올과 면역

지속적인 과음은 백혈구와 면역 단백질인 항체의 생산을 감소시켜 인체의 면역기능을 약화시킨다. 면역 단백질인 항체의 생산을 감소시켜 인체의 면역기능을 약화시킨다. 면역기능이 떨어지면 세균성, 바이러스 질환에 걸릴 확률이 높아 결핵, 폐렴 등에 잘 걸리며 암의 발병률이 높아진다. 특히 우리나라를 포함 동양인들은 서양인에 비해 높은 간염 바이러스를 보유하고 있어 급성과 만성적인 간질환에 노출되어 있다.

(9) 알코올과 호르몬

과음은 내분비기관(뇌하수체, 갑상선, 부신피질, 성호르몬, 췌장 등)에 나쁜 영향을 주어 인체의 여러 호르몬들의 생성과 합성, 분비 및 신호 전달 과정에 영향을 주어 질병을 일으킬 수 있다.

① 폐경기 이전

- 알코올의 장기 섭취는 테스토스테론의 분비를 감소시키고 성욕을 감퇴시킨다.
- 여성의 과다 음주는 월경의 불순과 중지 현상이 나타나며 폐경기가 빨리 오고 자연유산 골다공증이 나타날 수 있다.
- 알코올성 췌장염은 인슐린 분비를 비정상화시켜 당뇨병을 악화시킬 수 있다.

② 폐경기 이후

- 정상인들은 폐경기 이후 에스트로젠이 생산되지 않아 농도가 급격히 감소한다. 그래서 에스트로젠의 부족한 현상으로 심혈관계 질환이 높아지고 허리가 굽으

며, 골다공증 증상이 많이 나타난다.

- 폐경기 이후의 적정 음주(하루 1~2잔)는 장기간 음주에 의한 간질환, 에스트로젠에 의한 유방암의 위험없이 심장마비 등의 관상동맥계의 질환을 예방할 수 있다.

(10) 알코올과 뼈

단기간에 과다 음주하면 세포 내의 신호 전달 및 단백질 기능 조절 능력을 갖고 있는 칼슘이 오줌으로 배출되어 칼슘의 체내 농도가 떨어진다. 칼슘이 부족하면 인체의 조골세포를 직·간접적인 영향을 주어 빈혈을 일으키고 뼈의 기능을 약화시키며 골다공증을 촉진시킨다.

(11) 알코올과 근육

장기간 과음을 계속하면 심근, 골격근, 평활근 등 근육의 약화와 마비를 가져온다. 골격이 약해지면 심근경색증, 고혈압, 부정맥, 뇌졸증 등의 무서운 질병이 발생할 수 있는데 이는 음주 후 수반되는 영양실조와 주요 단백질인 마이오글로빈의 파괴에 의한 근육의 약화와 파괴에 의한 것이다. 또한 지속적이고 과도한 음주는 남성호르몬과 성징의 감퇴로 남성 고환이 줄어들고, 성욕도 없어지며 남성 성기의 근육 약화로 발기부전을 유발할 수 있다.

(12) 알코올과 영양

알코올은 1g당 7칼로리의 에너지를 갖고 있어 술만 마셔도 어느 정도 생명은 유지할 수 있다. 그러나 알코올은 췌장에서 분비되는 소화효소의 분비를 억제하고, 위장 및 소장에서 각종 영양분들의 흡수를 막아 영양장애를 일으키고 식욕을 떨어뜨린다. 그러므로 음주자들은 인체에 필요한 영양분을 인체에 필요한 영양분을 골고루 섭취해야 하며 특히 단백질과 비타민 A, B, C 등을 충분히 섭취해야 한다.

5) 바람직한 음주 방법

(1) 반드시 안주를 함께 먹는다.

① 단백질이 풍부한 식품을 먹는다.
단백질은 간장의 기능을 돕고 간세포의 파괴를 방지하고 간을 보호해 주기 때문이다.

② 비타민과 무기질이 풍부한 식품을 먹는다.
알코올을 과도하게 섭취 할때는 우리 몸속의 비타민 B, C, K 등과 칼슘, 아연, 마그네슘 등이 빠져나가기 때문이다.

(2) 3- 4일의 간격을 두고 마신다.

음주 후 72시간이 지나야 간이 정상적으로 회복되기 때문이다.

(3) 천천히 마신다.

간의 대사능력에는 한계가 있으므로 한꺼번에 술을 많이 마시면 완전대사되지 못하여 신체에 유해한 영향을 미치기 때문이다.

(4) 독한 술은 희석에서 마신다.

희석시킬 때는 냉수로 희석시켜 마시면 탄산수 등과 같이 마시면 오히려 더 빨리 취하므로 피한다.

(5) 배가 고플 때나, 피로할 때, 목욕 전에는 마시지 않는다.

급속하게 혈중 알코올 농도가 올라가기 때문이다.

(6) 울분을 풀기 위해서 극도의 불안 상태에서는 마시지 않는다.

(7) 술은 다른 종류끼리 섞어 마시지 않도록 하며 부득이 섞어 마실 때는 약한 술로 시작해서 강한 술로 끝내야 한다.

왜냐하면 강한 술로 받은 간의 손상이 회복되지 않은 상태에서는 약한 술로 간에 지속적인 손상을 입히기 때문이다.

(8) 담배를 피우면서 마시지 않는다.

니코틴이 알코올과 같이 간으로 가서 아세트알데히드 분해를 저해시켜 숙취를 일으킨다.

6) 숙취에 도움되는 음식

① 해물, 채소찌개 : 얼큰한 선짓국이나 시원한 동태국, 북어국 등의 해장 음

식의 해물, 채소 등을 섞어 다양하게 조리한 찌개나 전골, 수프 등은 술 마신 속을 푸는 데 효과적이다.

② 감, 연근, 들깨 : 과당이 풍부한 감은 알코올 농도를 낮추는 데 효과적이며, 연근은 그대로 씹어 먹거나 강판에 갈아 물에 타서 마시면 좋고, 들깨는 무기질과 비타민 풍부, 간과 위를 보호한다.

③ 율무, 유자 : 율무는 이뇨제, 건위제, 자양제의 역할을 하며 유자는 주독을 풀어준다. 설탕에 재어 놓았다가 꿀물에 타서 마신다.

④ 칡 : 음식을 잘 소화시키고 술독을 풀어 주기 때문에 생즙으로 마시면 좋다.

⑤ 인삼 : 강심장용, 건위작용, 간기능 회복작용이 있어 고혈압, 류머티즘, 알코올 중독에 효능이 있다.

⑥ 시금치국 : 시금치국은 비타민이 골고루 들어있고 칼슘, 철분, 요드가 풍부한 알카리성 식품으로 혈액순환을 도와주고 속을 편안하게 해주므로 주독에 효과가 있다.

⑦ 미역국 : 미역은 무기질이 풍부한 알카리성 식품, 신진대사를 촉진하고 혈액순환을 도와 몸의 기능을 빨리 회복시켜 준다.

⑧ 조갯국, 북어국 : 시원한 맛이 갈증을 덜어주고 단백질이 풍부한 영양식품으로 간장질환에 좋다.

⑨ 선짓국 : 몸을 풀어주고 숙취에 효과가 있으나 맵지 않고 짜지 않게 만들어야 한다.

⑩ 굴국 : 바다의 우유라고 할만큼 영양소를 이상적으로 갖춘 식품으로 소화가 잘되고 담백하며 독특한 맛이 일품이다.

⑪ 콩나물국 : 비타민, 무기질, 단백질이 풍부해서 숙취를 풀어주고 값이 싸서 좋다.

7) 퍼즐

◈ 퍼즐을 풀어 볼까요? ◈

								^{3}지	방	간		
^{1}알	^{1}콜	중	독	자						경		
	레						^{2}동	^{2}맥	경	화		폭^{4}
	스					산^{5}		주				탄
	테				^{5}여	성				^{4}표	고^{3}	주
	롤										혈	
						^{6}비	타	민			압	

<가로 열쇠>

1. 상습적인 과음, 다시 말해 습관성 과음을 하는 사람을 무엇이라 하는가?
2. 과음으로 인해 동맥혈관이 두꺼워지면서 구경이 좁아져 혈액의 흐름이 원활하지 못한 질병은?
3. 과음으로 인해 간세포에 지방이 침착되는 질병은 무엇인가?
4. 비타민 D 등이 힘유되어 노폐물 배출을 촉진하는 기능과 당뇨, 신장, 동맥경화에 예방 효과를 가진 버섯으로 만든 술?
5. 여성과 남성 중에 같은 양의 알코올을 섭취해도 알코올 분해능력이 낮아 쉽게 취해 버리는 성은?
6. 알코올 분해를 도와주는 대표적인 영양소는?

<세로 열쇠>

1. 난황에 많이 함유되어 있으며 성인병의 주원인이 되는 것은?
2. 보리의 싹을 발효시켜 쓴맛을 내는 호프와 물, 그리고 효모를 섞어 저장하여 만든 탄산가스가 함유된 알코올성 음료는?
3. 과음을 하면 혈중에 각종 호르몬의 분비량이 증가는 ○○○의 원인이 되며 160/95mmHg 이상?
4. 두 가지 이상을 섞은 술로 간 기능 손상의 최대적?
5. 술을 마실 때는 강한 ○○식품과 기름기가 많은 식품은 몸에 해롭다.

☞ VCR 자료(술, 담배, 스트레스에 관한 첨단보고서 : KBS 영양사업단 제작)를 통하여 토론 형식의 교육지도

제 13주 식품위생에 관한 영양교육

13-1 HACCP(식품위해요소 품질관리기준)

HACCP(Hazard Analysis Critical Control Point) 시스템은 식품의 안전성을 보증하기 위해 특정 위해를 확인하고 예방조치를 하는 위생관리제도이다. 즉, 최종 생산품에 대한 검사가 아닌 예방에 초점을 두고 위해요소를 분석하고 통제 방법을 설정하는 도구로 설명할 수 있다.

HACCP 시스템은 1959년 우주식량 개발에 참여했던 Pillsbury사, Natick의 미 육군 실험실과 NASA가 공동으로 참여함으로써 위생적으로 완전한 식품을 개발하게 되었다. 국제적으로 1993년 Joint FAO/WHO Expert committee on Food Safety에 의해 HACCP 개념이 식품안전보증 평가를 위한 종래의 방식을 대신하도록 하였다. HACCP은 현재 국제식품규격위원회에 의해 권고 사항으로 국제교역 시 적용을 의무화할 것으로 보이며, 국내에서는 1995년 12월 개정된 식품위생법에 HACCP의 근거를 마련하고, 식육제품에 적용하기 시작했다. 국내의 업체는 1997년 어육제품에 적용하기 시작하였으며, 1998년 유제품, 1999년 냉동제품으로 점차 확대해 2000년에는 식품 전반에 걸쳐 희망업체에 확대 적용될 계획이다.

급식 분야에서는 1970년대의 HACCP 3단계 개념이 적용되기 시작하여 급식의 미생물적 안전을 보증하기 위한 연구가 시도되었다. 1978년 Bobeng과 David는 병원급식의 entree 생산 단계에서 품질관리를 위해 HACCP 모델을 개발하여 여러 변형된 급식제도에 적용한 결과, 식재료의 저장 및 기기 위생, 취급자의 위생, 온도 및 소요 시간 관리를 중요관리점으로 지적하였고, 이들에 대한 통제 방법을 제시하였다. 노동 집약 산업으로 인식된 급식 분야에서 1980년대에 cook/chill 시스템의 이용이 급격히 증가되면서 이들 급식제도를 이용하는 병원급식소에서 다양한 음식을 대상으로 미생물적 품질의 보증을 위한 연구가 시행되었다. 편의점에서 제공되는 음식들, 가판음식과 민족음식에 대한 위해요소의 분석과 이의 통제 방법은 Bryan을 중심으로 한 학자들에 의해 연구되었다. 미국에서는 FDA Food Code 1993에 급식소에서 활용 가능한 위생관리 기준을 제시하였고, 미국식당협회(NRA)와 FMI(Food Marketing Institute)에서는 급식업계에서 활용할 수 있는 HACCP 적용 모델과 관리기준을 소개하였고, 종업원을 위한 교육훈련 프로그램을 제시하였다. 미국의 현재 HACCP 연구 동향은 급식업체를 위한 효과적인 교육훈련 방법과 이의 효과 평가에 대한 것이 주를 이루고 있다. 또한 현재 세계적으로 무역이 활발해지자 국가간 국제 표준화 제도인 ISO 9000 또는 TQM 방법과의 통합을 위한 연구들이 진행되고 있다.

국내의 경우 1980년대 중반부터 단체급식소와 일반 외식업체에서 제공되는 음식의 안전을 보증하는 위생관리 프로그램이 HACCP 개념을 적용하여 개발되었다. 국내의 일반 외식업체에서 HACCP제도를 도입한 사례는 극히 제한적이며, 급식위탁전문업체 중 일부 대형업체만이 고객 만족을 위해 한정된 업장에 적용하고 있다.

13-2 영양과 위생 · 안전관리 수칙

1.손의 청결
- 조리 시작 전 화장실 출입 후
- 쓰레기 및 청소도구 취급 후
- 전화 사용 후, 조리 중 얼굴이나 머리를 만진 후 반드시 사용하여 손을 씻는다. 손톱은 짧게, 매니큐어, 반지는 금지

2. 복장의 청결
- 조리 시 가운과 위생모 착용 : 앞치마, 위생모 착용한 채 화장실, 외부출입은 금지
- 고무장갑은 전처리용, 세정용으로 구분하여 사용하며, 사용 후 비누로 안·밖을 깨끗이 하여 건조

신발은 작업장용, 외부용, 배식용으로 구분하여 사용(외부인 출입 시에는 전용 슬리퍼 이용)

3. 칼, 도마, 행주
- 칼, 도마는 어육류, 채소용으로 구분하여 사용 : 사용 후 닦아서 온장고나 자외선 소독고에서 건조, 행주는 사용후 세제로 삶은 후 건조

4. 식기류
· 사용 후 즉시 세정하여 온장고에서 120℃, 30분간 살균 건조
· PVC 쟁반은 자외선 소독고 이용
5. 냉장실
· 문의 개폐는 빠르고, 횟수는 적게(10초 개폐-15분간 경과 후 온도 복귀)
· 뜨거운 식품은 식혀서, 적당한 간격 유지하여 보관
· 식품별 보관 장소
1호 냉장실 : 채소류
2호 냉장실 : 김치 및 잔식
3호 냉장실 : 우유 및 가공품
냉동실 : 육류 및 생선
· 주 1회 이상 청소하여 청결 유지
6. 잔식 처리 및 바닥청소
· 잔반통, 쓰레기통은 반드시 뚜껑을 덮음
· 방충 방서를 철저히 한다(배수로, 잔반처리장 청결).
· 쓰레기는 물기름 제거한 후 밀봉하여 버림.
· 쓰레기 운반차는 매일 닦음
· 바닥청소는 먼저 비로 쓸어내고, 세제로 닦아서 건조(기름이 떨어지면 즉시 청소하여 미끄럽지 않도록 한다.)
7. 전반적인 주의사항
· 조리 중 잡담을 하지 않는다.
· 음식의 맛을 볼 때는 조리용 스푼을 사용함
· 조리 중 기침, 재채기를 할 경우 음식에 들어가지 않도록 주의
· 식사는 정해진 장소에서 함
· 배식 후 남은 우유, 주스, 과일은 즉시 냉장실에 보관
· 수돗물, 온수를 절약하여 사용
· 작업을 하지 않는 장소는 전기를 끈다.
8. 전열기 사용
· 전열기 사용 중 자리를 비우지 말자.
· 전열기 위에 물건을 올려놓지 않음(화재)
· 청소시 콘센트에 물이 들어가지 않도록 주의(감전, 누전의 원인)
9. 스팀솥, 취반기 사용
· 스팀을 정면으로 받거나, 부주의로 화상을 입지 않도록 주의
· 취반기 스팀 압력이 '0'으로 내겨간 후 문을 연다.
10. 도시가스 사용
· 사용 전 가스가 새는지 냄새로 확인(가끔 비눗물로 확인)
· 사용 후 밸브를 꼭 잠글 것
· 점화용 고무관이 낡은 것은 새 것으로 교체
· 화재 시에는 먼저 밸브를 잠그고 불을 끈다.

♠기기 이상 시에는 담당 영양사에게 즉시 보고

13-3 식중독 예방 요령

1) 식중독 예방 3대원칙

청결의 원칙	청결한 손, 청결한 원료(재료), 청결한 조리기구 등 청결이 가장 중요
신속의 원칙	원료(재료)를 구입하여 신속히 조리하거나 식품을 조리하였을 때 장시간 방치하지 말고 신속히 섭취
냉각 또는 가열의 원칙	식중독균은 일반적으로 5℃ 이하 또는 60℃ 이상의 온도에서 생육이 억제되므로 냉각하거나 가열하여야 안전

2) 집단급식소별 예방요령

(1) 유아원·학교급식소

① 학부모가 학교급식을 보조하는 경우 준수사항

- 질환자이거나 질환을 앓고 있는 자는 급식 보조 업무에서 제외하여야 한다.
- 조리실 내에서 약을 복용하지 않아야 한다.
- 손에 상처가 있는 경우 상처를 소독하고 1회용 장갑을 착용하여야 한다.
- 화농성 상처가 있는 경우 급식 업무에서 제외하여야 한다.

② 식품의 구입 및 보관

- 살균이나 위생처리가 안 된 생우유는 반입하지 않아야 한다.
- 유아원에서 간식용 가공식품을 구입하는 경우 표시, 유통기한 등 기준규격에 적합한지 여부를 확인하여야 한다.
- 우유는 병원성미생물의 번식처로 이용되기 쉬우므로 어린이에게 직접 나누어주거나 음식에 이용되기 전에는 반드시 냉장고에 보관하여야 한다.

③ 음식의 조리 및 보관 : 별도의 조리장이 없는 경우 다음 사항을 준수하는 외부의 식품 제조업소나 공동조리실로부터 음식물을 조리하여 배달받아야 한다.

- 밥은 조리 후 30분 이내에 냉각시키며, 이때 가능한 공기청정장치를 갖춘 냉각기를 이용하여야 한다.
- 밥을 가열 조리 후 보관하는 단계에서는 위험 온도 범주인 5~60℃ 범위에서 4시간 이상 방치해서는 안 되며, 특히 실온에서 2시간 이상 방치해서는 안 된다.
- 음식을 배달하기 전 냉각시키기 위해서는 되도록 얇은 용기를 사용하고, 반찬인 경우 1인분씩 나눈 후 식히는 것이 바람직하다.

• 포장 시 완성된 음식을 포장용기에 담고 밀봉하는 과정에서의 위생적인 취급 습관이 중요하다.

④ 음식의 운반 및 재가열

• 음식을 차게 운반하는 경우에는 위생적인 시설을 갖춘 냉장운반차량으로 하며, 이때의 온도는 10℃를 초과하지 않도록 일정 온도가 유지되어야 한다.
• 배달받은 음식을 차게 배식되어야 하는 경우 급식 전까지 냉장 상태를 유지하도록 하여야 한다.
• 급식을 위해 배달받은 음식을 재가열하는 경우 75℃에서 15초 이상 실시하여야 한다.
• 음식을 배식하기 전 재가열할 수 없어서 뜨거운 상태로 배식해야 하는 음식은 그 상태를 유지할 수 있는 방법으로 운반되어야 한다.

(2) 산업체 급식소

① 급식 인원이 많아 다량의 식품을 한꺼번에 조리하는 경우 완전히 익지 않을 수 있으므로 주의하여야 한다.

② 가능한 자율 배식을 통해서 적정량의 음식을 제공하여 남기는 일이 없도록 하며, 일단 배식한 음식은 남더라도 재사용하지 않아야 한다.

③ 아무리 많은 음식이라도 배식하기 전 그릇에 담을 때에는 필요에 따라 집게, 국자의 이용 및 위생장갑을 착용하고, 음식과 접촉하는 손으로 용기나 기기를 만지지 않도록 하여 상호오염을 방지하여야 한다.

④ 많은 양의 튀김류를 조리할 때에는 식품 내부가 완전히 익지 않으므로 특히 주의를 필요로 한다. 그러나 200℃ 이상에서 튀기지 않도록 하여야 한다.

⑤ 음식을 가열 조리 후 보관하는 단계에서는 위험 온도 범주인 5~60℃ 범위에서 4시간 이상 방치해서는 안 되며, 특히 실온에서는 2시간 이상 방치해서는 안 된다.

⑥ 음식을 담는 용기를 겹쳐 놓아서 용기 밑바닥이 음식에 닿는 일이 발생하지 않도록 유의하여야 한다.

(3) WHO의 식중독 예방 10대 수칙

1. 안전하게 가공된 식품을 선택할 것
2. 철저하게 조리할 것
3. 조리된 식품은 즉시 먹을 것
4. 조리된 식품은 조심해서 저장할 것
5. 한 번 조리된 식품은 철저하게 재가열할 것
6. 날 음식과 조리된 식품이 섞이지 않도록 할 것
7. 손은 여러 번 씻을 것
8. 부엌의 모든 표면을 아주 깨끗이 할 것
9. 식품은 곤충, 쥐, 기타 동물들을 피해서 보관할 것
10. 깨끗한 물을 이용할 것

13-4 조리원을 대상으로 한 위생교육

(1) 조리원의 생활에서 나타난 위생 문제를 토의하기 위한 예시문

황신혜 씨는 아침에 출근이 조금 늦었다. 달리다시피 갱의실로 가서 위생복을 갈아입고 부랴부랴 자기가 맡은 작업부서실로 가서 작업에 가담하였다.

오늘 메뉴는 샌드위치다. 양배추를 다듬고 나서 햄과 달걀 등을 썰기 시작했다.

이때 전화벨이 울렸는데 아무도 받지 않아 황신혜 씨가 받았더니 조리사를 찾는 전화였다. 조리사에게 전화를 받으라고 소리치고 다시 재료를 썰기 시작했다. 샌드위치 속을 버무리기 위해 스테인리스 볼을 가져와 썬 재료를 다 넣었다. 이때 옆에 있던 조리원의 실수로 작업복이 물에 젖어 갱의실로 가서 다른 위생복으로 갈아입고 돌아와 샌드위치 속 버무리기를 시작했다.

① 위생상 잘못된 부문을 지적하라.
② 잘못된 부문을 바르게 고쳐라
③ 위와 같은 사례를 경험한 적이 있는가?
④ 현재 조리실에서 위생적으로 가장 문제되는 점에 대하여 이야기하라.

제 14주 인터넷을 활용한 영양교육

인류의 건강 증진을 위해 애쓰는 영양 전문가인 우리들도 인터넷을 피할 수는 없다. 오히려 인터넷을 잘 이용하여 필요한 모든 것을 찾아내고 내 것으로 만들어야 한다. 영양상담이나 영앙교육에 필요한 정보들, 식품 정보, 식품위생관리 정보 등 우리 분야에서 필요한 최신의 정보를 인터넷을 통해 찾아낼 수 있다. 이렇게 찾아낸 정보를 올바르고 효과적으로 이용하고, 나아가 우리가 갖고 있는 정보를 인터넷을 통해 알리는 것이 우리가 앞으로 해야 할 일이다.

영양사들이 주로 찾게 되는 영양 정보는 최신 의학 정보, 최신 식품 정보(영양가, 식품의 유통망, 신상품 소개 등), 최신 영양학 정보, 학회지 발표 내용, 해외 저널 검색, 최근 hot issue가 되는 기사, 공공시책 등일 것이다. 이들 정보를 제공해 주는 인터넷 사이트들은 공공기관(보건소 포함), 신문사, 잡지사, 병원, 학교, 연구소, 단체(예 : 영양사협회), 학술지, 식품회사 등일 것이다.

영양사들은 얻어낸 여러 형태의 영양 정보를 이용하여 대민 영양교육 자료를 만들어 낼 수도 있고, 잘못된 정보는 모니터하여 올바르게 개선해야 하며, 얻어낸 최신의 정보를 다른 사람들에게 전달하는 매개자로서의 역할을 해내야 한다.

대한영양사회에서 제공하는 「나는 프로 영양사」라는 정보 서비스는 KDA로 메뉴를 중심으로 제공하는 서비스이다.

일방적인 정보전달에서 벗어나 영양사의 교육 차원으로 정보 서비스의 단계를 고급화하는 한편 회원 사랑방을 통하여 대한영양사회의 모든 공지사항 등을 알리고 동호회 기능을 할 수 있도록 하여 영양사의 결속력과 정보공유를 통한 교육기능을 동시에 수행할 수 있도록 하였다.

1. NEWS 앞서가기	
〔엄마는 영양사〕	〔닥터 음식 남녀〕
11. 영양만점 아기이유식	31. 어린이 비만 엄마가 고친다.
12. 어린이 식습관 바로잡기	32. 아름다운 몸매를 위한 식생활
13. 수험생 25시 영양체크	33. 성인병을 빨리 낫게 하는 식이요법
14. 속쓰린 샐러리맨을 위한 건강식	34. 임신/산후를 건강하게 하는 음식
15. 미즈의 건강식	
16. 노인들을 위한 건강식	
〔영양 상식〕	〔우리 집 전속 영양사〕
21. 칼로리와 영양소	41. 식습관 자가진단
22. 한국인 영양권장량	42. 내각 먹은 칼로리
23. 국민영양조사 보고	43. DIET 12주 관리 프로그램
24. 위생적인 우리집 식탁	44. 영양상담실
25. 잘못 알고 있는 식품상식	
	55. 이용자 게시판
	66. 대한 영양사회 회원사랑방

대한영양사회가 서비스할 『나는 프로 영양사』 초기 화면

KDA의 서비스 영역을 살펴보면 다음과 같다.

가정에서의 식생활에서 부딪히는 문제를 해결해 주는 『엄마는 영양사』코너와 식품과 영양에 대한 기본개념 및 위생 등에 관한 일반 정보를 제공하는 『영양 상식』 코너, 식이요법 등의 정보를 제공하는 『닥터 음식 남녀』 코너, 그리고 전속 영양사란 개념을 도입하여 식습관을 진단하고 영양섭취량을 온라인으로 산출할 수 있는 기능에 직접 영양사가 메일 기능을 통하여 상담을 진행하는 『우리 집 전속 영양사』 코너 등이 있다.

참고 보건 및 식품영양 관련 인터넷 주소

(1) 국내의 식품유통 · 가격 정보 제공 웹사이트

가락시장 : www.garak.co.kr

농산문무역정보 : www.kati.net

농산물통합쇼핑몰 : www.acim.or.kr

농수산물 가공식품 cyber market : www.kati.net/kmdoc/index.html

농수축산신문 : www.inews.org/cgi-bin/section/aflnews/show.pl
농협가락공판장 : www.nacf.co.kr/karak/
농축산물가격 : www.affis.or.kr/farm/price/price.htm
대구중앙청과주식회사 : www.tgjungang.co.kr
인터넷 히니로클럽 : shopping.nonghyup
재치영양사 : www.yori.co.kr

(2) 영양사들이 운영하는 사이트

대한영양사회 : www.dietition.or.kr
Nutrition Bank : sookmyung.ac.kr/~k9932026(www.healthok21.co.kr로 변경)
영양도우미 : kda.new21.org
경기도 학교급식 영양사회 : www.schoollunch.or.kr
고양 영양사모임 : www.koyangnu.co.kr
달구와 영양탐험대 : www.kda.pe.kr
경북 학교 영양사 : www.borafood.com/yys
Dietitian Monitor : www.kdatk.pe.kr

(3) 국내의 식단·조리법 관련 웹사이트

푸드마켓 : www.foodmarket.co.kr
CJ FD시스템(제일제당) : www.cjfdsystem.co.kr
푸드웹 : www.foodweb.co.kr
테라스(인터넷요리사이트) : www.terrace.co.kr
해피스푼 : www.happyspoon.com
쿡쿡 : www.cookcook.com

(4) 관련기관(보건 및 영양관련 기관의 인터넷 주소)

삼성제일병원 : www.smc.samsung.co.kr/cheil
아산재단 서울중앙병원 : www.smc.seoul.kr
연세대의대 세브란스병원 : www.yumc.yonsei.ac.kr
이화여대의대부속 동대문병원 : www.ewhaumc.co.kr
이화여대의대부속 목동병원 : www.ewhaumc.co.kr
동아대병원 : www.dauhosp.or.kr

계명대의대부속 동산병원 : www.dsmc.or.kr
아주대병원 : madang.ajou.ac.kr/i.htm
단국대의대부속병원 : www.isdmc.co.kr
강남성모병원 : www.cmc.cuk.ac.kr
강동성심병원 : www.hallym.or.kr
한강성심병원 : www.hallym.or.kr/~hg
강북삼성병원 : www.smc.samsung.co.kr/kbsmc
삼성서울병원 : www.smc.samsung.co.kr
경희대의대부속병원 : medinfo. knmc.or.kr
국립의료원 : user.chollian.net/~nmcedps
서울대병원 : snuh.snu.ac.kr
서울위생병원 : www.3angels.com/sah/
순천향대병원 : hosp.sch.ac.kr
인제대의대부속 서울백병원 : www.inje.ac.kr
인제대부속 부산백병원 : www.inje.ac.kr
중앙대의대부속용산병원 : mc.cau.ac.kr
영남대의대부속병원 : medical.yeungnam.ac.kr
중앙길병원 : www.ghil.com
조선대병원 : www.chosun.ac.kr/sch.sch-fb.thm
충남대병원 : www.cnuh.co.kr
충북대병원 : bme.chungbuk.ac.kr
한국병원 : sobak.kornet.nm.kr/~mycho
동국대학교 포항병원 : www.dumc.or.kr
원자력병원 : www.kcchos.onner.co.kr
인하대의대부속병원 : www.inha.com
한양대의대부속구리병원 : www.hyumc.co.kr
병원협회 : www.kha.or.kr
대한영양사회 : unitel go KDA
ADA(미국 영양사회) : www.eatrighi.org
캐나다 영양사회 : www.dietitians.ca
네덜란드 영양사회 : www.nvdietist.nl
호주 영양사회 : www.daa.assn.au
뉴질랜드 영양사회 : hugs.nz@clear.net.nz

미보건성(NIH) : www.nih.gov
미농무성(USDA) : www.nal.usda.gov/fnic
유엔식량농업기구(FAO) : www.fao.org
국제건강기구(WHO) : www.who.ch
미국암연구소(AICR) : www.aicr.org
미국영양학회 : www.faseb.org/asns/
미국임상영양학회 : www.faseb.org/ajcn
한국보건산업진흥원 : www.khidi.or.kr/
대한화학회 : www.mylab.co.kr/
한국식품개발연구원 : www.kfri.re.kr/
성남농산물종합유통센터 : www.sungnamhanaro.co.kr/
한국소비자단체협의회 : www.consumernet.co.kr
국립수산진흥원 : www.nfrda.re.kr/
농촌진흥청 작물시험장 : www.nces.go.kr/
한국생명공학연구원 : www.biozine.kribb.re.kr/
한국식품정보원 : www.foodi.com/

(5) 식품 관련 사이트

FOOD INDEX : www.foodindex.co.kr
인터넷식품포털 : www.foodaily.co.kr
식품소재관련 전문 : www.foodonline.co.kr
식품정보광장 : www.foodnews.co.kr/technote/member
goldfood : www.goldfood.com

(6) 식사요법과 종합 건강정보 사이트

<식사요법>
대한영양사회<→영양 clinic> : www.dietitian.or.kr
DietNet<→질병과 식사관리> : www.dietnet.or.kr
경희대학교 임상영양연구소 : www.idietclinic.com/
영양사도우미<→식사요법, 성인병정보, 비만을 이기자> : kda.new21.org
경희의료원<→건강상담→영양상담(식사요법)> : www.khmc.or.kr
가톨릭대학교 성가병원 영양과 : sungka.com/food
Nutrition Bank<→영양학→식사요법< : www.healthok21.co.kr

질환에 따른 식사요법 : www.food2go.co.kr/html/health/health09_7.htm
질병 및 신체특징에 대한 식사요법 :
haje5.kaist.ac.kr/jihyun/health_treatmint00.html
베지밀(→제품정보→그린비아) : www.vegemil.co.kr/product/index_03.html
사이버 식생활 자가진단 시스템 : apwinc.sookmyung.ac.kr/~icd/
<종합건강>
건강길라잡이 : healthguide.kihasa.re.kr
건강샘 : www.healthkorea.net/
건강정보 : www.ghil.com/healthinfo/index_f.html
중앙일보건강정보 : healthcare.joins.co.kr/

(7) 질병별 의학정보 웹사이트

<암>
암닥터 : www.amdoctor.com
서울대학교의과대학 암연구소(일반인을 위한 암정보) :
cri.snu.ac.kr/explan-pub/explan-pub.html
휴메딕 : www.humadic.com
폐암 자료실 : www.lung.or.kr
인터넷 암클리닉 : myhome.naver.com/cancer1
<당뇨>
당뇨인의 쉼터 : bord.dacom.co.kr/~kchlib
당뇨병 이야기 : www.dangnyo.or.kr/main3.htm
경희의료원 당뇨병교실 : khmc.or.kr/~youngkmc/diasense.htm
<간질환>
한철주의 간질환클리닉 : liver.co.kr
대한간학회(일반인의 건강강좌) : www.kasl.org/html/lec.html
<심혈관질환>
대한순한기학회(임상의학정보) : www.circulation.or.kr/4/4html
심장혈관센터 : samsunghospital.com/cardiovascular
심장재활프로그램 : medicine.skku.ac.kr/cardiacrehab
한국심장재단(자료실) : www.heart.or.kr/main.html
심장병 : www.msd-korea.com/health/hmenu05.htm
<심장질환>
가톨릭대학교 의과대학 신장내과 : www.cmc-nephrolohy.com/main.htm

경북대학병원 신장내과(신장관련정보) : med.knu.ac.kr/depart/imn

<소화기질환>

대한소화기학회 : www.gastrokorea.org

궤양성대장염, 크론병 클리닉 : kscc.or.kr

고려대학교 소화기 연구소 : www.iddnku.re.kr/start.htm

<음주>

인제대학교 음주연구소 : www.iucas.com

제 15주 지역사회를 위한 영양교육

지역사회의 영양교육은 국민 영양교육이다. 지역사회의 영양교육으로 가장 효과적인 프로그램은 보건소를 중심으로 행해지는 교육이 활발하다.

1995년 국민건강증진법의 제정으로 보건복지부와 보건소를 중심으로 한 보건 영양교육이나 범 국민 식생활 개선 사업은 국민 보건의 향상 및 증진을 도모하는 데 매우 중요하다. 특히 영양 개선과 식품위생, 모자보건과 가족계획 등 구체적인 사업 내용이 계획 실시됨은 한 가정에서부터 지역사회까지 영향을 줄 문화 운동으로 인식시킴에 그 목적을 두고 있다.

15-1 보건소에서의 영양상담

보건소에서의 영양 사업은 건강증진 사업의 일환으로 바른 영양관리를 위해 지역 내 주민의 식생활 실태를 파악하고 그 문제점을 진단하고 적극적인 영양 서비스를 제공하여 효율적인 관리를 하는 데 중점을 두고 있다. 주요 사업 내용으로는 개인 영양상담, 노인정, 유아원, 학교를 방문하여 영양교육, 각 건강 교실 운영(당뇨 교실, 고혈압교실, 고지혈증, 비만예방 교실, 이유식 교실, 임산부 교실, 모자건강 교실 등), 어린이 비만 캠프, 당뇨를 알자 걷기 대회 등 다양한 사업을 전개하고 있다.

표 15-1 보건소의 영양상담 내용

영양상담 내용	실시 보건소 수	평균 대상자 수/월
영유아・이유식	28	76.5 ± 49.6
당뇨	28	15.1 ± 27.2
고혈압	26	22.5 ± 34.9
임신・수유부	26	10.0 ± 10.4
위장질환	19	4.0 ± 3.7
어린이 식습관	17	6.8 ± 8.6
비만	16	1.9 ± 1.1
변비	13	1.0 ± 0.0
빈혈	10	4.5 ± 8.6
관절염	8	1.9 ± 0.6
노인영양	4	2.5 ± 2.1
신경통	1	20.0 ± 0.0
기타	26	11.3 ± 17.7

	질문의 예
영유아	・모유가 잘 안 나올 때 어떻게 해야 하는가? ・모유 분비량이 부족한지, 충분한지의 판단 방법은 어떻게 하는가? ・모유를 언제까지 먹여야 하는가? ・모유를 먹이면 안 되는 경우는 어떤 경우인가? ・우유 알레르기의 경우 어떻게 대처해야 하는가? ・생후 개월 수에 알맞은 체중, 키 평가방법?(우리 아기가 잘 자라고 있는지?) ・이유식에 관하여(시작 시기, 식품의 종류, 진행방법, 섭취요령, 조리방법, 1일 알맞은 섭취량, 주의점 등) ・정상변(변비, 설사 등)이 아닐 때 어떻게 먹여야 하나? ・생후 개월 수에 알맞은 1일 우유량은 어느 정도인가? ・시판 이유식, 제품 활용, 선택 방법은 어떻게 하는 것이 좋은가? ・성장불량, 비만, 식욕부진, 편식, 구토일 때 어떻게 먹어야 하나?
임산수유부	・임신, 수유 시의 좋은 식품(금기식품)은? ・임신, 수유 시에 식사량을 하루에 어느 정도 먹어야 하는가? ・입덧, 식욕부진, 변비, 빈혈일 때 어떻게 먹어야 하는가? ・칼슘, 철분이 많은 식품은 어떤 것인가? ・아기의 뇌 발육에 좋은 식품은 어떤 것인가? ・모유분비가 잘되려면 어떤 식품을 먹어야 하는가? ・출산 후 빠른 회복을 위해 어떻게 먹어야 하는가?
일반인	・자신의 1일 알맞은 식사량은 어느 정도인가?(각 식품의 칼로리?) ・각 영양소별(식이섬유, 콜레스테롤, 칼슘, 철분, 염분 등)로 하루 필요량과 많이 함유되어 있는 식품은 어떤 것인가?(구체적으로…)

	질문의 예
노 인	· 장수식품, 노화·치매 예방 식품은 어떤 것이며 그 효과가 무엇인가? · 치아가 없을 때, 식욕부진, 피로, 소화불량, 신경통일 때 어떻게 먹어야 하는가? · 만성질환(당뇨병, 고혈압, 뇌졸중, 빈혈 등)시 어떻게 먹어야 하는가? · 지금까지의 자신의 식습관이 바른가? 좋지 않다면 꼭 개선해야 하는가? 어떻게 개선해야 하는가? · 혼자 사시는 경우, 가족들과 동거하고 있더라도 낮에는 혼자서 계시는 경우, 또 경제적으로 여유가 없을 때, 바람직한 식생활 방법은 어떻게 해야 하는가? · 노인기에는 어떻게 먹어야 하는가?

15-2 지역주민대상 식품위생 교육

구 분	내 용	방 법
1. 식품위생의 정의	· 식품위생의 의의와 중요성	· 슬라이드, OHP 사용
2. 식품과 미생물	· 식품에 오염되기 쉬운 미생물의 종류, 형태, 발육조건, 특성 · 식품의 부패·변패 원인균에 의한 식품 성분의 변화와 부패 및 부패의 진행과정 · 미생물의 서식 장소에 따라 토양세균, 담수, 해수, 하수세균, 공중낙하세균, 인축 분변세균의 종류와 오염되기 쉬운 식품 · 식생활에 유익한 미생물과 유해한 미생물 · 공중낙하균에 의한 오염, 기계용기에 의한 오염, 위생 해충, 위생 동물에 의한 오염, 인체로부터의 오염 미생물 · 미생물 오염 방지 대책, 소독과 멸균, 물리적·화학적 방법	· 미생물(세균, 곰팡이, 효모)에 대한 기초 지식을 그림이나 사진을 이용, 쉽게 이해할 수 있도록 함 · 식품 종류별 부패, 변패의 예를 들어 설명하고 실례 사진 이용 · 세균과 오염되기 쉬운 식품을 연결하여 그림으로 설명 · 식생활에 유익한 미생물을 이용한 식품의 예를 들어 설명 · 발효와 부패의 차이점 설명 · 최근에 그 지역에서 발생한 오염 문제를 중심으로 예를 들어 설명 · 손씻는 방법 설명 및 실습 · 이용할 수 있는 방법에 대해 설명
3. 식품 종류별 위생	· 식육, 우유 및 유제품, 달걀, 생선, 샐러드유, 채소류, 냉동식품	· 각 식품별 오염 경로 및 오염 방지, 보관 방법, 위생 관리 등을 설명
4. 식중독	· 식중독의 의의와 종류 ◇세균성 식중독 · 감염형과 독소형 식중독 원인균의 종류와 성상, 임상증상, 발병 시기 및 원인 식품 예방 · 식중독 발생의 예	· 슬라이드, OHP 사용 · 식중독 원인균의 형태는 그림이나 사진 이용 · 신문에 게재된 사건을 중심으로 임상증상, 원인식품, 발생경로 등을 조사한 후 토론
	◇독성 물질에 의한 식중독 · 식물성 자연독 · 동물성 자연독 · 화학적 식중독 · Mycotoxin	· 지역 내에서 발견되는 독성물질에 의한 식중독을 조사한 후 토론

구 분	내 용	방 법
5. 식품과 전염병	· 주된 경구 전염병 · 인수 공통 전염병	· 최근 유행하는 경구 전염병을 중심으로 설명 · 지역 내 발생했던 인수 공통 전염병 조사하기
6. 식품 첨가물	· 첨가물 관리 현황(우리나라) · 식품첨가물의 규격기준 · 식품첨가물을 사용한 식품 표시 · 식품첨가물의 감시 · 식품첨가물의 종류와 그 사용 현황	· 식품의 원료명 및 함량 표시 기준에 따른 표시 방법을 예를 들어 설명 · 식품 종류별 식품 표시를 모아와서 어떤 종류의 식품 첨가물이 있나를 확인하고 사용 목적, 성질에 대해 토론
7. 용기 및 포장	· 용기 포장의 특성 및 위생 및 용기 포장의 규격 및 기준	· 생활 주변에서 많이 사용하고 있는 용기 및 포장을 수거하여 특성과 위생에 대해 토론
8.환경오염과 식품 위생	· 공장 폐수에 의한 식품 오염 · 농약에 의한 식품오염 · 화공 약품 및 기타 물질에 의한 식품 오염 · 방사능 오염	· 지역 내 공장 폐수에 의한 중독사고 조사 · 지역 내 식품공장 폐수의 오염도 측정해보기 · 최근 환경보호 운동에 따른 신문에서의 자료 모집 · 지역 내 농약에 의한 식품오염으로 인한 중독사고 조사 · PCB, 석면, 항생물질 등 최근 발생한 사건을 중심으로 임상 증상, 오염 경로 등을 설명 · 오염 경로, 식품 섭취에 의한 인체 오염 등에 대한 설명
9. 음식 쓰레기와 환경오염	· 음식물 쓰레기가 환경오염에 미치는 영향 · 음식물 쓰레기 줄이는 방법 중 -식단 작성의 생활화, 계획 구매 -계량기 사용의 생활화 -합리적인 조리 방법 -최신 조리기구와 냉동식품의 적절한 이용 · 음식물 쓰레기의 효과적인 처리 방법	· 예를 들어 설명 · 각 가정의 계절별, 일주일, 15일 식단 작성 해보기 · 계량기 사용 실습 · 최신 조리기구 사용별 설명과 실습 · 처리 방법의 설명과 함께 실습

♣ 참고문헌 ♣

1. 국민건강증진을 위한 전시회 자료집. 대한영양사회.
2. 국민영양. 대한영양사회.
3. 대한비만학회지. 대한비만학회.
4. 대한지역사회영양학회지. 대한지역사회영양학회.
5. 모수미 : 식사요법. 교문사. 1989.
6. 보건소 시범 영양사업 평가 보고서. 보건복지부. 1997.
7. 손대현 외 2인 : 단체급식관리. 교문사. 1990.
8. 식품산업과 영양. 한국식품영양과학회.
9. 영양과 건강. 문수재. 신광출판사.
10. 영양과 식생활. 이현옥 외. 청구문화사. 1998.
11. 영양교육과 상담. 박영숙 외. 교문사.
12. 영양교육보수교육 자료집. 대한영양사회.
13. 영양사 직무 개발에 관한 워크샵. 대한영양사회 보수교육.
14. 영양사 학술대회 자료집. 대한영양사회.
15. 영양지도서. 보건복지부. 1997.
16. 영양판정. 이현옥 외. 청구문화사. 1999.
17. 인터넷 자료.
18. 임상영양관리. 대한영양사회.
19. 전세열 : 영양교육. 교문사.
20. 정희곤 : 영양교육. 형설출판사.
21. 한국식생활문화학회지. 한국식생활문화학회.
22. 한국영양학회지. 한국영양학회.
23. 한국인 영양권장량 제7차 개정판.
24. 한글 Powerpoint. 장미정. 도서출판. 한국실리콘.
25. 한양일. 이강자 : 영양교육. 수학사.
26. 한인규 외 4인 : 영양교육. 동명사.
27. Betty, B. A., Margaret, L. B. ; Nutrition during the life cycle, Prentic-Hall, Inc. 1985.
28. Derrick B. J., E. F. Patrice Jelliffe, Community Nutritional Assessment, Oxford, 1990.
29. Rosalind S. G. ; Principles of Nutritional Assessment. Oxford, 1989

찾아보기

(ㄱ)

(ㄴ)

(ㄷ)

저 자 소 개

김현오 : 장안대학 식품영양과 교수

이영순 : 계명문화대학 식품영양조리학부 교수

이현옥 : 안양과학대학 식품영양과 교수

이현주 : 목포과학대학 호텔소리영양과 교수

문숙희 : 경남정보대학 식품영양과 교수

김애정 : 경기대학교 대체의학대학원 대체의학과 부교수

개정판 영양교육 및 실습

2007년 9월 10일 개정1판 1쇄 발 행
2011년 9월 9일 개정3판 1쇄 발 행

지은이 : 김현오 · 이영순 · 이현옥
이현주 · 문숙희 · 김애정

펴낸이 : 박 정 태

펴낸곳 : **광 문 각**

413-756
경기도 파주시 교하읍 문발리 파주출판문화도시
500-8 광문각빌딩 4층
등 록 : 1991. 5. 31 제12-484호
전화(代) : 031) 955-8787
팩 스 : 031) 955-3730
E-mail : kwangmk@unitel.co.kr
홈페이지 : www.kwangmoonkag.co.kr

• ISBN : 978-89-7093-643-7 93590

값 22,000원

한국과학기술출판협회회원
KSPA